AF888592

Schule und Gesellschaft

Band 73

Reihe herausgegeben von

Barbara Asbrand, Goethe-Universität Frankfurt am Main, Frankfurt am Main, Deutschland

Merle Hummrich, Goethe-Universität Frankfurt am Main, Frankfurt am Main, Deutschland

Till-Sebastian Idel, Carl von Ossietzky Universität Oldenburg, Oldenburg, Deutschland

Anna Moldenhauer, Universität Bremen, Bremen, Deutschland

Svenja Jessen

Textile Bildung in Schulkulturen der Nachhaltigkeit

Autoethnografische Studie zu Praktiken und Diskursen in der textilen Vermittlung

Springer VS

Svenja Jessen
Carl von Ossietzky Universität Oldenburg
Oldenburg, Deutschland

Europa-Universität Flensburg
Flensburg, Deutschland

Die vorliegende Arbeit wurde von der Fakultät I für Bildungs- und Sozialwissenschaften der Carl von Ossietzky Universität Oldenburg unter dem Titel „Textile Bildung in einer Schulkultur der Nachhaltigkeit: Autoethnografische Studie zu Überlagerungen von Praxis-/Diskursformationen in der textilen Vermittlung" als Dissertation angenommen. Tag der Disputation war 16.06.2025. Erstgutachter: Prof. Dr. Till-Sebastian Idel, Schulpädagogik und Allgemeine Didaktik, Institut für Pädagogik. Zweitgutachterin: Prof. Dr. Michaela Kaiser, Kunstpädagogik und Kunstvermittlung, Institut für Kunst und visuelle Kultur .

ISSN 2512-143X ISSN 2512-1448 (electronic)
Schule und Gesellschaft
ISBN 978-3-658-51462-4 ISBN 978-3-658-51463-1 (eBook)
https://doi.org/10.1007/978-3-658-51463-1

Die Deutsche Nationalbibliothek verzeichnet diese Publikation in der Deutschen Nationalbibliografie; detaillierte bibliografische Daten sind im Internet über https://portal.dnb.de abrufbar.

Diese Veröffentlichung wurde aus Mitteln des Publikationsfonds NiedersachsenOPEN, gefördert aus zukunft.niedersachsen, unterstützt.

© Der/die Herausgeber bzw. der/die Autor(en) 2026. Dieses Buch ist eine Open-Access-Publikation.
Open Access Dieses Buch wird unter der Creative Commons Namensnennung 4.0 International Lizenz (http://creativecommons.org/licenses/by/4.0/deed.de) veröffentlicht, welche die Nutzung, Vervielfältigung, Bearbeitung, Verbreitung und Wiedergabe in jeglichem Medium und Format erlaubt, sofern Sie den/die ursprünglichen Autor*in(nen) und die Quelle ordnungsgemäß nennen, einen Link zur Creative Commons Lizenz beifügen und angeben, ob Änderungen vorgenommen wurden.
Die in diesem Buch enthaltenen Bilder und sonstiges Drittmaterial unterliegen ebenfalls der genannten Creative Commons Lizenz, sofern sich aus der Abbildungslegende nichts anderes ergibt. Sofern das betreffende Material nicht unter der genannten Creative Commons Lizenz steht und die betreffende Handlung nicht nach gesetzlichen Vorschriften erlaubt ist, ist für die oben aufgeführten Weiterverwendungen des Materials die Einwilligung des/der betreffenden Rechteinhaber*in einzuholen.
Die Wiedergabe von allgemein beschreibenden Bezeichnungen, Marken, Unternehmensnamen etc. in diesem Werk bedeutet nicht, dass diese frei durch jede Person benutzt werden dürfen. Die Berechtigung zur Benutzung unterliegt, auch ohne gesonderten Hinweis hierzu, den Regeln des Markenrechts. Die Rechte des/der jeweiligen Zeicheninhaber*in sind zu beachten.
Der Verlag, die Autor*innen und die Herausgeber*innen gehen davon aus, dass die Angaben und Informationen in diesem Werk zum Zeitpunkt der Veröffentlichung vollständig und korrekt sind. Weder der Verlag noch die Autor*innen oder die Herausgeber*innen übernehmen, ausdrücklich oder implizit, Gewähr für den Inhalt des Werkes, etwaige Fehler oder Äußerungen. Der Verlag bleibt im Hinblick auf geografische Zuordnungen und Gebietsbezeichnungen in veröffentlichten Karten und Institutionsadressen neutral.

Planung/Lektorat: Carina Reibold
Springer VS ist ein Imprint der eingetragenen Gesellschaft Springer Fachmedien Wiesbaden GmbH und ist ein Teil von Springer Nature.
Die Anschrift der Gesellschaft ist: Abraham-Lincoln-Str. 46, 65189 Wiesbaden, Germany

Wenn Sie dieses Produkt entsorgen, geben Sie das Papier bitte zum Recycling.

Zusammenfassung

Das Bedrucken alter T-Shirts oder das Nähen mit aussortierten Kleidungsstücken – textile Praktiken finden in wiederkehrenden Variationen in unterschiedlichen Schul- und Lernkulturen statt. In den letzten Jahren sind verstärkt politische Erlasse und Empfehlungen verabschiedet worden, *Bildung für nachhaltige Entwicklung* (BNE) in Schulen und anderen Bildungseinrichtungen zu implementieren. Die vorliegende Dissertation beschäftigt sich aus einer autoethnografischen Perspektive mit textilen Praktiken im Fach- und Projektunterricht, in neuen Lernformaten sowie in außerschulischen Angeboten. Ethnografische Beschreibungen und Interviews geben Einblicke in Chancen und Herausforderungen, die sich aus dem Zusammentreffen von textilem Lernen und BNE ergeben.

In Anlehnung an die *Situationsanalyse* von Adele Clarke (2018) untersucht die Arbeit zunächst das soziale Phänomen, um anschließend auf Basis praxistheoretischer Annahmen verschiedene Praxis-/Diskursformationen herauszuarbeiten, die in der textilen Vermittlungspraxis aufeinandertreffen (siehe *Project Map*, Anhang 1 im elektronischen Zusatzmaterial). Die Darstellungen dieses Aufeinandertreffens machen Verstärkungen und Widersprüche in der Sinn und Bedeutungskonstruktion innerhalb der Vermittlungspraxis sichtbar.

Textilpraktische Projekte, die explizit als BNE bezeichnet werden, fokussieren bislang stark auf Praktiken des nachhaltigen Konsums. Diese können zur Individualisierung und Entpolitisierung gesellschaftlicher Probleme beitragen und damit Ungleichheiten reproduzieren sowie nicht-nachhaltige Strukturen stabilisieren. Zugleich wird in der detaillierten Analyse textilpraktischer Gestaltungsprozesse deutlich, dass in der Auseinandersetzung mit textiler Kultur auch Chancen für ein Lernen im Sinne der BNE liegen.

Das performative Forschungsverständnis dieser Arbeit geht davon aus, dass Erkenntnisse sowohl im Schreib- als auch im Leseprozess entstehen. Die beschriebenen ethnografischen Episoden sind Momentaufnahmen und dienen der Reflexion textiler Vermittlungspraxis in einer Gesellschaft der Nachhaltigkeit bzw. nachhaltigen Nicht-Nachhaltigkeit.

Summary

Textile practices such as printing on old T-shirts or reworking discarded garments occur in recurring variations across different school and learning cultures. In recent years, political directives and educational policies have increasingly emphasized the implementation of *Education for Sustainable Development* (ESD) in schools and other learning contexts. This dissertation adopts an autoethnographic perspective to explore textile practices in subject-based teaching, new learning formats, and extracurricular settings situated. Ethnographic descriptions and interviews provide insights into the opportunities and challenges that arise from the intersections of textile learning and ESD.

Drawing on Adele Clarke's *Situational Analysis* (2018), the study first examines the social phenomenon and then, based on practice-theoretical assumptions, identifies various practice and discourse formations that converge in textile education (see *Project Map*, Appendix 1 in the electronic supplement). The analysis reveals how these convergences produce amplifications and contradictions in meaning-making within educational practice. Textile projects explicitly labeled as ESD often focus on practices of sustainable consumption. Such approaches can contribute to the individualization and depoliticization of societal problems, thereby reproducing inequalities and stabilizing non-sustainable structures. At the same time, a detailed examination of textile design processes shows that engaging with textile culture offers significant potential for learning in the context of ESD.

The performative research approach underlying this work assumes that knowledge emerges through both the processes of writing and reading. The ethnographic episodes presented here serve as situated reflections on textile educational practice within a society characterized by sustainability – and non-sustainability.

Inhaltsverzeichnis

Abbildungsverzeichnis

Tabellenverzeichnis

1 Vorab

1.1 Autoethnografie

Meine Forschungsidee im Oktober 2020 zum Start meiner wissenschaftlichen Qualifizierungsstelle im Institut für Materielle Kultur an der Universität Oldenburg war es, die Schnittstellen zwischen Textiler Bildung und Bildung für nachhaltige Entwicklung (BNE) zu untersuchen. Mit meiner universitären Stelle im Bereich Vermittlung materieller Kultur war auch die Lehre für Lehramtsstudierende des niedersächsischen Schulfaches ‚Textiles Gestalten' verbunden. Hier stellte sich für meine Kolleg:innen die Frage, wie BNE sinnvoll in das Schulfach und in die Lehre eingebunden werden kann. Während ich zu Beginn noch – mit wenig Ahnung von aktuellen Forschungen und theoretischen Konzepten – ein Forschungsdesign mit der Lernkiste „Slow Fashion"[1] angelehnt an den design-based-research plante, entwickelte sich meine Forschung aus einer Vielzahl von Gründen hin zu einer Autoethnografie (Bönisch-Brednich 2012, Adams et al. 2020). Durch die Corona-Pandemie war ich auch aus organisatorischen Gründen mehr und mehr dazu gezwungen, die Möglichkeiten zur Forschung zu

[1] Die „Slow Fashion" Material- bzw. Lernkiste ist ein Kooperationsprojekt des Instituts für Materielle Kultur der Carl von Ossietzky Universität Oldenburg und des Projekts „Eine Welt in der Schule" des Grundschulverbands e. V. Im Rahmen eines Seminars und in Kooperation mit dem Hafenmuseum Bremen sind Unterrichtsmaterialien für die Klassen 3 bis 8 entstanden.

Ergänzende Information Die elektronische Version dieses Kapitels enthält Zusatzmaterial, auf das über folgenden Link zugegriffen werden kann https://doi.org/10.1007/978-3-658-51463-1_1.

© Der/die Autor(en) 2026

S. Jessen, *Textile Bildung in Schulkulturen der Nachhaltigkeit*, Schule und Gesellschaft 73, https://doi.org/10.1007/978-3-658-51463-1_1

nutzen, die sich mir auftaten und auf stringente Planung zu verzichten. Gleichzeitig merkte ich, dass meine Forschungshaltung unter anderem durch die reflexive Haltung der Ethnopsychoanalyse von Maya Nadig aus meinem Studium der Kulturwissenschaft (1999–2004) geprägt war und jeder Versuch, Forschung stärker zu systematisieren oder gar zu objektivieren, von mir selbst immer wieder hinterfragt wurde. Ich nahm das wahr, was der Kulturwissenschaftler Jochen Bonz unter Einbezug seiner Erfahrungen in verschiedenen Disziplinen „fachspezifische Subjektivität" nennt. Studieren bedeutet für ihn, einen „Entkulturationsvorgang" zu durchlaufen, und er meint damit die „Sozialisation in die Kultur eines Faches und in die diesem entsprechende, fachspezifische Subjektivität" (Bonz 2019: 165). Nach 15 Jahren außerhalb der Universität musste ich in die Diskurse und das Verständnis von Subjektivität und Wissenschaft erst wieder hineinwachsen. Gleichzeitig war das, was bei mir an „Sozialisation" im Studium stattgefunden hatte, noch als ein implizites Wissen vorhanden. Im Forschungsprozess wurde mir klar, dass es diese fachspezifische Subjektivität zu sein scheint, die vielleicht den Austausch und die Kooperation über Fachgrenzen hinweg in der BNE so schwer macht. Ich hatte ein stark reflexives Verständnis von meiner Position als Forschende, und nach der Lektüre des Textes „Starke Reflexivität: Autoethnografie und Ethnopsychoanalyse im Gespräch" (Ploder/Stadlbauer 2017) erschien mir die Autoethnografie als ein sinnvoller Weg, meiner Forschung einen Rahmen zu geben.

Mit der Autoethnografie werden ich und meine vorhergehenden beruflichen aber auch privaten Erfahrungen zum Ausgangspunkt für einen performativen Forschungs- und Schreibprozess. Der Begriff bezeichnet einerseits ein methodisches Vorgehen und andererseits das Ergebnis, das am Ende oft, aber nicht immer, als ein Text vorliegt. Die Autoethnografie erkennt an, „dass Forschung einen gesellschaftsverändernden, emanzipatorischen Anspruch haben darf und soll" (Ploder/Stadlbauer 2017: 430) und hinterfragt ein kanonisches Wissenschaftsverständnis. Ich wende mich mit der Methodenwahl gegen ein Forschungsparadigma der Neutralität und schließe mich der Meinung an, dass Forschung nicht neutral und objektiv betrieben werden kann (Adams et al. 2020: 473). Ich bin damit nicht gezwungen, vermeintlich wertfrei zu handeln und zu forschen, sondern die Herausforderung liegt darin, Dinge transparent und nachvollziehbar zu erzählen und im angemessenen Maß zu reflektieren. Die Autoethnografie wird als Spielart der art-based-research beschrieben. Es kann zwischen der evokativen Autoethnografie und der analytischen Autoethnografie unterschieden werden (Bönisch-Brednich 2012: 56). Die evokative Autoethnografie bricht oftmals radikal mit den konventionellen Schreibformen der Wissenschaft und nutzt neben dem literarischen Schreiben auch weitere künstlerische Darstellungsmethoden wie die autoethnografische Performance (Adams et al. 2020: 282).

Ich selbst werde zur Datenquelle und meine Geschichten zum Spiegel der sozialen, oft machtvollen gesellschaftlichen, politisch veranlassten Praktiken im Feld der BNE.

> Autoethnografie ist ein Forschungsansatz, mit dem persönliche Erfahrung (auto) beschrieben und systematisch analysiert wird (grafie), um soziokulturelle Erfahrung (ethno) zu verstehen (Ellis 2004). Autoethnograf/innen nutzen Grundsätze und Verfahrensweisen der Autobiografie und Ethnografie und betrachten das subjektive Erleben der Forscher/innen als zentrale Ressource für Erkenntnisprozesse.
>
> (Adams et al. 2020: 472)

Um zu verstehen, was Autoethnografie ist, ist es damit essentiell, zu verstehen, was Ethnografie ist. Grundsätzlich lässt sich festhalten, dass sich Ethnograf:innen dafür interessieren, wie Menschen handeln, ihr Umfeld gestalten und hierfür versuchen Ethnograf:innen, die Welt, die Orte, die Handlungen so zu sehen, als würden sie sie zum ersten Mal wahrnehmen.

> Wenn Forscher/innen Ethnografie betreiben, interessieren sie sich dafür, wie ‚Andere die Wirklichkeit wahrnehmen, handeln, begehren – Subjekt sind' (Bonz 2014: 37), und werden teilnehmende Beobachter/innen, d. h. sie lassen sich ein auf den Alltag derjenigen, über die sie forschen, fertigen Feldnotizen zu Ereignissen, ihrer eigenen Rolle und der Beteiligung von anderen Personen an (Geertz 1973), kurz: Sie setzen ihre eigene Subjektivität als methodisches Instrument ein (Bonz 2014), um soziokulturell verfasste Erfahrung zu verstehen.
>
> (Adams et al. 2020: 474)

Die Autoethnografie geht darüber hinaus und bezieht die Erfahrungen des forschenden Subjekts, das Teil des erforschten (Um-)Felds ist, explizit mit ein, um von diesen auf größere gesellschaftliche Kontexte zu schließen und den Raum zwischen Selbst und sozialer Praxis (Starr 2010: 1) zu untersuchen. Das Schreiben der Forschenden wird hierbei zum zentralen Erkenntnisprozess. Eine Autoethnografie unterscheidet sich von anderen persönlichen Erzählungen durch eine systematische Aufarbeitung der eigenen Erfahrungen, durch die Anwendung von analytischen Werkzeugen, den Einbezug von wissenschaftlicher Fachliteratur und auch durch den Abgleich der eigenen Erfahrungen mit denen anderer (Adams et al. 2020: 474). Autoethnografisch Forschende greifen auf vielfältige Materialien wie Interviews, Notizen oder Artefakte zurück und stellen auf dieser Grundlage ihre Texte her. Diese werden immer wieder umgeschrieben und überarbeitet mit der Frage, welche Themen und Motive sich darin finden lassen. Es geht darum, herauszufinden, was ein Text „über das Erlebte sagt und wo die Rezipient/innen mit eigenen Geschichten anschließen können“ (Adams et al. 2020: 474). Damit hat „die Suche nach emotional produktiven und damit epistemisch gehaltvollen Elementen sowie die systematische sprachliche Stärkung wichtiger Themen und Passagen [...] in der Autoethnografie einen ähnlichen Stellenwert wie die Interpretation/Auswertung in anderen qualitativen Verfahren“ (Adams et al. 2020: 474 f.).

Ich war Teil des Feldes, bevor ich die Forschung begonnen habe. Fast 15 Jahre lang habe ich in der außerschulischen Bildungs- und Vermittlungsarbeit im Bereich Bildung für nachhaltige Entwicklung gearbeitet, an Ausbildungen und Fortbildungen teilgenommen sowie selbst Vermittlungsformate entwickelt und Fortbildungen gegeben. Mit der Autoethnografie kann ich mein Durchwandern verschiedener Erfahrungsräume zwischen Schulen, Museen und Hochschule und ein Pendeln zwischen dem Textilen und der BNE anerkennen und in Teilen beschreiben, während ich versuche, Positioniertheit[2] (Sybing 2022) und Perspektiven kenntlich zu machen. Ich gleiche meine Erfahrungen mit denen anderer ab und entwickle mithilfe wissenschaftlicher Arbeitsweisen neue Perspektiven auf ein mir bekanntes Handlungsfeld.

Performativität im Forschungs-, Schreib- und Leseprozess

Das Erlebte wird beschrieben, umgeschrieben neu sortiert und wieder umgeschrieben. Ich habe unzählige Textversionen, Anfänge und Neuanfänge in meinem Cloud-Speicher: Einmal in einem Ordner „empirisches Material“ und ein weiteres Mal in einem Ordner „Textarbeit“. Daten und Analyse verschwimmen von Zeit zu Zeit. Um einen lesbaren, für andere nachvollziehbaren Text zu erstellen, entsteht aus unzähligen Erfahrungen und Eindrücken eine Geschichte oder viele kleine Geschichten, die ineinandergreifen und zu einer größeren Erzählung werden. Als Erzählerin wechsle ich – sicherlich auch manchmal unbemerkt – von der Position der Forschenden in die Position der Lehrenden, der Lernenden aber

[2] Ich werde im Folgenden zwischen meiner Positioniertheit, meiner Position und meiner Positionierung unterscheiden. Die Positioniertheit ergibt sich aus den sozialen Positionen und ist von den intersektionalen Verflechtungen verschiedener gesellschaftlicher Differenzkategorien bestimmt. Meine Positionierung ergibt sich aus meiner Perspektive, Einstellung und Haltung zu den Dingen. Sie ist verbunden mit unterschiedlichen (situierten) Positionen – im Sinne von Funktionen – die ich einnehmen kann. Sie ist nicht unabhängig von meiner Positioniertheit zu sehen, dennoch betont der Begriff für mich eine stärkere aktive Beteiligung meiner Person und einen Entscheidungsprozess. In Bezug auf den Begriff BNE positioniere ich mich beispielsweise aufgrund meiner Vorerfahrungen auf eine besondere und spezifische Weise.

auch des Elternteils oder der ehemaligen Schülerin. Sowohl die Ethnopsychoanalyse als auch die Autoethnografie befürworten „ein Überschreiten der Grenze zwischen wissenschaftlichem und privatem Selbst" und beide „stellen die strikte Unterscheidung zwischen Forscherin und Forschungsteilnehmer*innen in Frage" (Ploder/Stadlbauer 2017: 430).

Das Forschen, Schreiben und Lesen ist auf diese Weise für mich ein performativer Vorgang, der von allen Beteiligten – einschließlich meiner eigenen Person – in unterschiedlichen Situationen neu- und umgedeutet werden kann. Damit verfolge ich keine rekonstruktiven Forschungsinteressen, vielmehr erkenne ich den performativen Charakter des Forschungs-, Schreib- und Leseprozesses an. „Autoethnografien verkörpern nicht das Produkt eines Verstehensprozesses, sondern den Verstehensprozess selbst – auf der Seite der Schreibenden, aber auch im Dialog mit den Rezipient/innen" (Adams et al. 2020: 477). Das bringt neue „Verhältnisbestimmungen" (Adams et al. 2020: 477) mit sich. Lesende sind aufgefordert in einen Dialog einzutreten und sich auf eine Beziehung mit dem Text einzulassen. Der Prozess der Erkenntnis endet damit nicht, wenn ich diesen Text fertiggestellt habe, denn er findet im „sinnlichen, emotionalen Erleben" der Leser:innen statt (Adams et al. 2020: 478).

Leser:innen sind nicht (nur) Konsument:innen, wie bei einer Darstellung einer Rekonstruktion von Wirklichkeit, da sie selbst Bedeutung in ihrem Leseprozess herstellen. Sie werden Situationen, Gedanken oder Ideen wiederentdecken, neu- oder uminterpretieren. Ich möchte nicht die beforschten Orte, Räume, Ereignisse oder eine Wirklichkeit rekonstruieren, sondern das von mir Erlebte als beispielhafte Episoden aus der mir eigenen Perspektive beschreiben, vielleicht auch umschreiben. Lesende können diese mit anderen und vor allem mit eigenen Erfahrungen in Verbindung bringen und neu interpretieren. Und dabei ist nicht ausgeschlossen, dass sie aus ihrer Positioniertheit heraus eine neue, andere Bedeutungskonstruktion herstellen. „Die beforschte Welt verändert sich durch die Forschung und umgekehrt entwickeln sich die Wissenschaftler*innen durch die Begegnung und den Dialog mit den Beforschten ebenso wie im Prozess des Schreibens weiter" (Neuhold 2021: 217). Diese Form des Schreibens, Forschens und Rezipierens ist eher ungewohnt. Immer wieder ertappe ich mich dabei, in ‚klassische' Formen abzudriften.

Die Autoethnografie wird damit der performativen Forschung oder auch den performativen Sozialwissenschaften zugeordnet (Mey 2020). „Mit dem Stichwort ‚Performativität' wird [...] das Hineinwirken von Kunst in Wissenschaft verbunden, um anzufragen, welche Steigerungen der Vermittlung und Erfahrung von Wissenschaft durch künstlerisch-ästhetische Praxisformen möglich werden" (Diaz-Bone/Schwegler 2023: 125). Für mich bedeutet Performativität aber auch, anzuerkennen, dass jeder wissenschaftliche Text auch zu einer konstruierten, in künstlerischer Form komponierten Erzählung wird. Ebenso wie Lyrik hat die ‚Gattung' des wissenschaftlichen Artikels, der wissenschaftlichen Abschlussarbeit oder auch des wissenschaftlichen Vortragens ihre eigenen Regeln. Sie werden im Studium erlernt und sie differieren in verschiedenen Disziplinen. Wer diese Regeln kennt und adäquat anwendet, wird als Wissenschaftler:in in einem Fach anerkannt. Wer mit ihnen bricht, bspw. nicht dem gleichen stringenten Aufbau folgt, Leser:innen irritiert oder keine eindeutigen Antworten bzw. Erkenntnisse hervorbringt, muss sich rechtfertigen bzw. das Vorgehen transparent und gut begründen. Das konnte ich zuletzt in einem Reviewverfahren für einen Artikel feststellen. Eine reviewende Person bemängelte die Nachvollziehbarkeit und das Fehlen der Möglichkeit der Reproduzierbarkeit der Ergebnisse. Mir wurde ein klarer, normierter Aufbau mit einer eindeutigen Forschungsfrage, der Verzicht auf das forschende ‚Ich' und eine eindeutige Beschreibung des ‚Samplings' und der ‚Proband:innen' vorgeschlagen. Sicherlich war einiges an der geäußerten Kritik berechtigt. Der rote Faden konnte deutlicher werden, die Einführung klarer und die Information für die Leser:innen, um welche Form der Forschung es sich handelt, offensichtlich auch. Doch eine Reproduzierbarkeit der Ergebnisse ist nicht mein Ziel. Es ging in dem Artikel um eine episodische ethnografische Erzählung über ein Schulprojekt, in dem ich die Reproduktion von Differenzordnungen über Praktiken der BNE beobachtete. In einem Zusammenspiel zwischen Theorien und Konzepten entwickelt diese Erzählung eine andere, nicht nur positiv gewendete Perspektive auf die politische Forderung, BNE in den Schulen zu implementieren und auf soziale Praktiken, die in diesem Zusammenhang auftauchen. Die Episode ist kein Beweis dafür, dass BNE grundsätzlich Ungleichheit reproduziert, sondern sie ist ein Moment der Reflexion und des kritischen Nachfragens. Auch Adams et al. (2020) verweisen darauf, dass in einer performativen Forschungslogik Bedeutung im Forschungsprozess konstituiert werde, während die beforschte Wirklichkeit transformiert werde und Leser:innen im Verlauf der Rezeption Forschungsergebnisse generieren würden (478). Ergebnisse einer performativen Forschungslogik wollen irritieren, nicht dem Erwartbaren entsprechen. Es geht um Problembeschreibungen und alternative Sichtweisen.

> Denn in der performativen Sozialwissenschaft ist die Rezeption konstitutiv und essenziell. Wenn die Präsentation keine Reaktion provoziert (nicht »berührt«) oder auch nicht »irritiert« beziehungsweise keinen – zumindest temporären – Perspektivwechsel eröffnet, hat sie ihr Ziel verfehlt.
>
> (Mey 2020: 8)

Doch wer sind die Lesenden, die aus diesem Text ihre Erkenntnisse generieren werden? Wer liest diese eine Promotionsforschung zu einem doch sehr spezifischen Feld mit einem eher ungewöhnlichen methodischen Vorgehen? Zu allererst die Prüfenden, dann hoffentlich Kolleg:innen, Forschende und Lehrende und nicht zuletzt stelle ich mir während des Schreibens oftmals vor, dass auch Studierende und Lehrpersonen meine Arbeit oder zumindest Teile dessen in Form von Auszügen oder Artikeln lesen könnten. Damit ist aber die Spannbreite der Lesenden und dessen, was sie im Leseprozess suchen und interpretieren werden, groß und auch die Spannbreite von dem, was ich erreichen möchte. Einerseits möchte bzw. muss ich Personen davon überzeugen, dass ich eine reflektierte und nachvollziehbar argumentierende, theoretisch versierte Wissenschaftlerin bin, andererseits möchte ich Menschen, die wenig oder noch wenig mit Wissenschaft und Forschung zu tun haben, einladen, der Erzählung zu folgen und ihr alltägliches Handeln als Lehrende oder angehende Lehrende aus einer anderen Perspektive mit anderen analytischen Mitteln als den Notwendigkeiten des Alltags zu betrachten. Ich springe daher im Textverlauf zwischen theoretisierenden Passagen und einer Distanzierung zu den abstrakten Begriffen und werde Begriffe teilweise für die allgemeine Verständlichkeit auch in ihrer alltäglichen Bedeutung anwenden. Gleichzeitig versuche ich, die Arbeit so aufzubauen, dass sie auch non-linear lesbar ist und dass einzelne Kapitel weitestgehend für sich alleine stehen können.

Analytische Autoethnografie

Um den Blick zu schärfen und mir im Verlauf ein entsprechendes wissenschaftliches Vokabular anzueignen, wählte ich den Weg der analytischen Autoethnografie (Anderson 2006). Sie verbindet Vorgehensweisen der qualitativen Sozialforschung mit der Autoethnografie. Mit der analytischen Autoethnografie hat sich eine gemäßigte Form der Autoethnografie entwickelt (Bönisch-Brednich 2012: 60). Die Autor:innen verfolgen zwar eine subjektorientierte, aber nicht unbedingt subjektzentrierte Schreibweise und versuchen, unter Einbezug persönlicher, reflexiver Sichtweisen theoretische Erklärungen für größere soziale Phänomene zu beschreiben (Bönisch-Brednich 2012: 60). Es geht, stärker als in anderen autoethnografischen Formen, wie beispielsweise der evokativen Autoethnografie, darum, auch neue theoretische Einsichten zu gewinnen, bestehende Theorien weiterzuentwickeln oder theoretische Kontexte zu übertragen (Adams et al. 2020: 477). Dies werde ich vor allem in der Form tun, dass ich praxistheoretische Perspektiven (u. a. Reckwitz 2016) sowie analytische Werkzeuge der Situationsanalyse (u. a. Clarke/Friese/Washburn 2018) auf mein Feld anwende und ihren Einsatz und ihre Kombination hierfür erprobe und diskutiere. Zudem werde ich methodische und theoretische Konzepte aus der skandinavischen Didaktikforschung (u. a. Hofverberg 2020, 2022) auf einzelne ethnografische Episoden aus meinen Aufzeichnungen beziehen. Hier möchte ich Verfahren aufzeigen, mit denen die Mensch-Material-Beziehung in Vermittlung bzw. Lehre und Forschung nachvollziehbar beschrieben und reflektiert werden kann. Es bildet sich eine ethnografische Collage (Richter 2023, Neuhold 2021: 216), die meine individuellen Praktiken des Vermittelns, Beobachtens, Analysierens und Forschens sowie des Kommunizierens als Ausgangspunkt nimmt, um einen reflexiven Blick auf das Spannungsfeld zwischen politischem Anspruch, fachdidaktischer Forschung und erlebter Vermittlungspraxis zu ermöglichen. Methoden und Theorien werden zu „Optiken" und „Denkwerkzeugen" (Richter 2023: 293). Sie eröffnen Sichtweisen auf den Forschungsgegenstand, stellen einzelne Phänomene scharf und verdecken andere. Das Phänomen, das ich betrachte, ist die textile Vermittlungspraxis in einer Gesellschaft der Nachhaltigkeit (Neckel et al. 2018) bzw. Nicht-Nachhaltigkeit (Blühdorn et al. 2020) und ein damit verbundener Bildungsanspruch. Es geht um ein Beobachten der Beziehung zwischen Menschen und materieller Kultur. Mit dem Schwerpunkt der textilen Vermittlungspraxis, dem handwerklichen, gestalterischen aber auch dekonstruierenden Arbeiten mit Textilien in Vermittlungssituationen, bewege ich mich schreibend in einem Spannungsfeld zwischen textilpraktischem Tun, Vermittlung und gesellschaftlichen Ansprüchen.

Wieviel ‚Auto'- ?

Während ich die Routinen in meinem vernetzten Feld der schulischen, außerschulischen und der universitären Bildung beschreibe und analysiere, kann und muss ich mich immer wieder neu in diesem Geflecht schreibend positionieren. Ich gehe davon aus, dass die Autoethnografie die Reflexivität in der BNE-Forschung stärken kann. Sie bietet Erkenntnispotenziale im Rahmen von Professionalisierungsprozessen (Neuhold 2021), aber gleichzeitig sind mit diesem Vorgehen Hürden und Stolpersteine verbunden. Die Autoethnografie wird für einige Leser:innen erst einmal ungewöhnlich sein. Sie ist auch für mich im Schreiben ungewöhnlich. Oft stelle ich mir die Frage, inwiefern es nicht doch eine Ethnografie geworden ist. Denn meine persönlichen Erfahrungen sind im Schreibprozess immer weiter in den Hintergrund getreten. Nun, fast am Ende (denn erst am Ende schreibt man die passende Einleitung) meiner Forschung muss ich feststellen, dass ich meinen anfänglichen Anspruch, meine Involviertheit immer Teil der Forschung werden zu lassen, nicht voll erfüllen kann. An vielen Stellen wird die Frage aufkommen, wo ist nun das ‚Auto'- der ‚Ethnografie'. Werde ich der angestrebten Selbstreflexion gerecht? Neuhold (2021) definiert die Autoethnografie als „Sammelbezeichnung für unterschiedliche Formen wissenschaftlicher Selbsterzählungen", in denen Gefühle und das Erleben der Forschenden zentral sind (212). Nicht erst mit dem Aufkommen des Begriffes „Autoethnografie" erhielt die Position der Forschenden in der Ethnografie Aufmerksamkeit. Besonders seit dem Sammelband „Writing Culture: The Poetics and Politics of Ethnography" von James Clifford und George Marcus (1986/2009) ist die Position der Forschenden und die Reflexion dieser von besonderem Interesse, sodass nicht nur das autoethnografische Schreiben die Rolle der Forschenden verändert hat. Auch in anderen Disziplinen verändert sich der Umgang mit der wissenschaftlichen Konvention der „Unsichtbarkeit der Schreibenden" (Neuhold 2021: 212), wie ich es am Beispiel der Ethnopsychoanalyse im Studium erfahren habe. Trotzdem habe ich im Laufe meiner Forschung noch mehrfach andere Forschende, aber auch Studierende, mit der offensiven Nennung und Anerkennung des forschenden und schreibenden ‚Ichs' irritiert.

Die Frage wo ist nun das ‚Auto'- in dieser Ethnografie, werden sich Leser:innen selbst beantworten müssen. Für mich ist das ‚Auto'- in vielen nicht weiter verfolgten Passagen, die es nicht bis in dieses Dokument geschafft haben, es steckt in vielen minimalen Kommentaren und in kleinen Tagebucheinschüben und Feld- und Forschungsnotizen. Was es nicht bis in dieses Dokument geschafft hat, sind konkrete Situationen aus meinem eigenen pädagogischen Handeln. Am Ende waren es vor allem Szenen und Episoden, an denen ich beobachtend teilgenommen habe, die sich für eine tiefergehende Analyse angeboten haben.

Gleichzeitig glaube ich, dass es wichtig ist, mit dem ‚Auto'- explizit anzuerkennen, aus welcher Position heraus dieser Text geschrieben wird und dass dieser Text nicht ohne meine Vorerfahrungen aus der Vermittlungsarbeit, meine eigenen materiellen Auseinandersetzungen oder mein Familienleben als Elternteil so entstanden wäre. Die kleine Vorsilbe vor der Ethnografie betont das forschende ‚Ich' in diesem Text. Dabei verschwindet im Schreibprozess mit meiner zunehmenden wissenschaftlichen Sozialisation immer mal wieder das ‚Ich'. Ich stand vor der Herausforderung, auszuloten, inwieweit ich meine persönlichen Erfahrungen einbinde, inwiefern ich mich verletzlich mache und mich vielleicht sogar auch auf einen schmerzhaften (Custer 2014: 13), da offenen, Prozess einlasse und zugleich so etwas wie wissenschaftliche Erkenntnisse produziere, um damit mein Vorgehen in einem interdisziplinären Forschungsfeld zu legitimieren. Besonders herausfordernd stellt sich das bei Vorträgen und kurzen Artikeln dar. Wie zeigt sich dort mit knapper Zeit und wenig Raum das forschende ‚Ich', ohne wichtige Inhalte zu vernachlässigen? Auch in diesem Text ist nicht immer der Raum, meine Positioniertheit explizit zu beschreiben, daher werde ich diese vor allem in kurzen Tagebuchsequenzen, aber auch in den eingeschobenen Forschungsnotizen

(Kapitel 2, 4, 7, 9 und 13) einarbeiten. Sie brechen aus der analytischen Struktur aus und erzählen eigene kleine Geschichten, die sich vielleicht nicht sofort in die wissenschaftliche Erzählstruktur einordnen lassen.

1.2 Phänomen und Begriffe

Diese Arbeit beschäftigt sich mit dem Zusammentreffen von Textiler Bildung, Bildung für nachhaltige Entwicklung (BNE) und dem Wandel von Schule und Schulkultur(en). Sie ist als Beitrag zu einer kritischen Weiterentwicklung der textilen Fachdidaktik bzw. der Vermittlungsstrategien der Materiellen Kultur mit Schwerpunkt Textil entstanden. Ausgangspunkt der (auto-)ethnografischen Forschung war der Bedarf einer Untersuchung der Möglichkeiten, die zwischen oder in der Kombination der BNE und der Textilen Bildung liegen. Im Verlauf des Schreib- und Forschungsprozesses hat sich die Arbeit dahingehend entwickelt, dass im Zentrum der Beschreibung die soziale Praxis textiler Vermittlungssituationen in der Schule und an außerschulischen Lernorten steht. In Schulen wird genäht, repariert und gedruckt und alles im Zeichen der Nachhaltigkeit. Diese Arbeit möchte einen Eindruck vermitteln, wie das textile Produzieren und Gestalten in einer Gesellschaft, in der ‚Nachhaltigkeit' und ‚nachhaltige Entwicklung' zum Beispiel durch Ratschläge zum nachhaltigen Konsum omnipräsent sind, in Bildungskontexten vollzogen wird und welche Sinn- und Bedeutungskonstruktionen damit verbunden sind.

Damit ist diese Arbeit nicht allein in der Fachdidaktik zu verorten, sondern sie nimmt eine bildungswissenschaftliche Perspektive ein. Anhand des kleinen Moments des textilen Handelns möchte ich beschreiben, wie der gesellschaftliche „Trend" zur Nachhaltigkeit oder wie es Blühdorn (2020) nennt das „Paradigma der Nachhaltigkeit" (85) und die politische Forderung nach einer Bildung für nachhaltige Entwicklung in die pädagogische Praxis der schulischen Bildung hineinwirken. Die Beschreibung der Situation kann damit einen Reflexionsmoment sowohl für die schulische Vermittlungspraxis als auch für die Lehre in der Universität schaffen und kritische Fragen an das alltägliche pädagogische Handeln stellen. Mithilfe verschiedener theoretischer Perspektiven (Praxistheorie, Situationsanalyse und Transaktionales Lernen) werden unterschiedliche Sichtweisen auf die soziale Praxis im Umgang mit textilen Artefakten in der Schule entfaltet.

Die politische Forderung zur Implementierung der BNE in der Bildung betrifft dabei nicht nur einzelne Fächer und Fachkulturen sondern mit dem Ansatz des Whole School Approach (Kultusministerkonferenz 2024: 8) die gesamte „Schulgemeinschaft". In jahrgangs- und fächerübergreifenden Projekten, wie der

Einführung eines wöchentlichen BNE-Projekttages oder eines ‚FREI DAYs', wird die textile Vermittlungspraxis zu einem Teil von Schulentwicklung im Kontext der BNE. Somit ist der kritisch-analytische Zugang dieser Ethnografie nicht nur für das Fach ‚Textiles Gestalten' relevant, sondern er kann ein Reflexionsmoment sein für alle, die textilpraktisch in schulischen und außerschulischen Projekten vermittelnd tätig sind oder sein werden.

Die Arbeit ist auch ein Beitrag zum aktuellen BNE-Diskurs. Am Beispiel der textilen Dinge wird sichtbar, wie der Einbezug der materiellen Kultur in die BNE aktuell mit einem starken Fokus auf eine Konsumorientierung (u. a. Jansen 2025: 32) und damit auf eine Individualisierung der Probleme (u. a. Hamborg 2017: 22) vollzogen wird. Ich möchte mit einem Fokus auf die Artefakte und die Mensch-Material-Beziehung deutlich machen, dass sich in der bewussten Auseinandersetzung mit der materialen Kultur mehr Lernanlässe verbergen, als die moralisierende Aufforderung zu einem nachhaltigen Konsumverhalten. Schon zu Beginn dieser Arbeit war es meine Überzeugung, dass das Fach ‚Textiles Gestalten' zwei Elemente zum aktuellen BNE-Diskurs beitragen kann. Das sind zum einen die vielfältigen Möglichkeiten des freien ästhetisch-künstlerischen Arbeitens und die damit verbundenen fachdidaktischen Konzepte und zum anderen eine kulturwissenschaftliche Herangehensweise an die Auseinandersetzung mit der uns umgebenden Materiellen Kultur und Gesellschaft. Bislang hat ein kulturwissenschaftliches Denken und Fragen kaum einen Platz in Schule. Meine ‚Utopie' ist es, dass durch das Arbeiten und die Auseinandersetzung mit textilen Dingen, die (hinter-)fragende und nach Querverbindungen suchende Perspektive stärker im schulischen Lernen ankommen kann.

Diese Arbeit verfolgt jedoch auch ein Ziel in der methodischen Auseinandersetzung. Ich möchte ausloten, welchen Beitrag eine autoethnografische Forschungsstrategie für die Forschung in Bildungskontexten und im konkreten in der BNE leisten kann. Ist es über die Autoethnografie möglich eine Brücke zwischen dem Vollzug des pädagogischen Handelns und der akademischen kritisch-analytischen Haltung zu bauen? Kann die Autoethnografie eine kritisch-analytische Perspektive bzw. neue Perspektiven für die „Lehrer*innenbildung(sforschung)", wie sie Petra Neuhold (2021) vorschlägt, eröffnen?

Verbunden mit der Forschungsstrategie der analytischen Autoethnografie ist auch das Ausprobieren unterschiedlicher theoretischer Denkweisen. Daher ist es ein Ziel dieser Arbeit, im autoethnografischen Schreiben die Eignung der Situationsanalyse (Clarke/Friese/Washburn 2018, Clarke 2012), der Praxistheorie (Reckwitz 2016; Breidenstein 2021) und des Transaktionalen Lernens (Garrison/Öhman/Östman 2022) für die weitere Forschung in der textilen Fachdidaktik, der Bildung für nachhaltige Entwicklung oder in anderen Bildungskontexten zu erproben. Dabei gehe ich das Risiko ein, zwischen verschiedenen Methoden und ‚Schulen' zu springen und bediene mich ein wenig im ‚bunten' Programm der Forschungsfelder, die mir in einem Querschnittsthema wie diesem zur Verfügung stehen. Die von mir gewählten Theorien basieren dabei auf gemeinsamen erkenntnistheoretischen Annahmen, wie die Auseinandersetzung in Kapitel 6 noch zeigen wird.

Wissenschaft ist Begriffsarbeit und diese beginnt bei den beiden Begriffen Textile Bildung und Bildung für nachhaltige Entwicklung. Ich habe mich bewusst dazu entschieden, die Begriffe zu verwenden, von denen ich vermute, dass sie von den meisten meiner möglichen Leser:innen ohne größeres Fragezeichen eingeordnet werden können. Dabei bedeutet das aber keineswegs, dass alle Leser:innen oder auch Akteur:innen ein einheitliches Verständnis zu diesen Begriffen haben.

Bildung für nachhaltige Entwicklung

Das wissenschaftliche Feld rund um Bildung für nachhaltige Entwicklung (BNE) ist in den letzten 30 Jahren stark gewachsen (Hallinger/Nguyen 2020) und damit auch die Begriffe, die versuchen, Ähnliches oder auch Innovativeres zu beschreiben: Nachhaltigkeitsbildung, Nachhaltigkeit im Unterricht, Bildung als nachhaltige Entwicklung, Transformative Bildung und nicht zu vergessen die ‚älteren' Konzepte wie Umwelterziehung, Umweltbildung und Globales Lernen oder internationale Bezeichnungen wie Environmental and Sustainability Education (ESE) bzw. Education for Sustainable Development (ESD). Jeder dieser Begriffe ist mit leichten Variationen verbunden, aber gleichzeitig können Menschen, die von unterschiedlichen hier genannten Begriffen sprechen, das gleiche Ziel mit ähnlichen Grundannahmen und Konzepten verfolgen.

Ich verwende den Begriff Bildung für nachhaltige Entwicklung bzw. BNE, da er spätestens seit 2015 in den Schulen relevanter geworden ist und da die meisten Lehrenden und Lehrpersonen sowohl schulisch als auch außerschulisch von politischer Seite dazu aufgefordert sind, sich mit diesem Begriff und dem(n) damit verbundenen Konzept(en) auseinanderzusetzen.

Seit die United Nations 2015 die internationalen Nachhaltigkeitsziele (SDGs – Sustainable Development Goals) ausgerufen haben und mit dem Ziel 4 die Notwendigkeit zukunftsorientierter Bildungskonzepte wie das der ‚Bildung für nachhaltige Entwicklung' betonen, folgen immer mehr Aktivitäten auf nationaler und Länderebene, um BNE zu implementieren. In Niedersachsen beispielsweise fordert seit 2021 der BNE-Erlass „in Schulen ein explizites Verständnis von Bildung für nachhaltige Entwicklung (BNE) zu entwickeln, BNE systemisch in Unterricht und Schulkultur zu verankern und qualitativ weiterzuentwickeln" (Niedersächsisches Kultusministerium 2021: 1). Politische bzw. amtliche Papiere, begleitet durch weitere Maßnahmen wie Broschüren, Filme oder Beratungsstellen, beispielsweise der Kultusministerien, geben einen Eindruck davon, was die jeweiligen Institutionen darunter verstehen. Bei der Rezeption der Materialien wirkt zunächst alles klar und eindeutig. Blickt man jedoch in den Vollzug der sozialen Praxis in einzelne Institutionen, wird schnell deutlich, dass variantenreiche Interpretationen des Konzepts parallel nebeneinander existieren. Auch die Akteur:innen der Schulfächer und der einzelnen Fachdidaktiken sind damit verstärkt aufgefordert, sich zur BNE zu positionieren. Dabei wird die Herausforderung, mit dem normativen Konzept der nachhaltigen Entwicklung im schulischen Kontext umzugehen, vielfach in der wissenschaftlichen Literatur (u. a. Marchand 2015; Singer-Brodowski/Schneidewind 2014; Budde/Blasse 2023) und auch in der fachspezifischen Literatur der Textil- und Werkdidaktik (Ryser 2021) aufgegriffen und diskutiert. Eine Diskussion, die bei mir als ‚Praktikerin' nie angekommen war und die ich mit dem Start der wissenschaftlichen Arbeit auch lange nicht verstehen bzw. annehmen wollte.

Ich verwende BNE bewusst als sogenannten Containerbegriff, da ihn die Akteur:innen im Feld jeweils unterschiedlich füllen. Im Forschungsprozess habe ich einerseits danach gefragt, was die verschiedenen Personen unter BNE verstehen, andererseits habe ich vor allem zu Beginn der Forschung vieles, was ich in den Vermittlungssituationen vorfand, als BNE eingeordnet, obwohl die Akteur:innen den Begriff von sich aus nicht verwendet hätten. Aber die Anlässe, Vermittlungsideen und Konzepte passten in diesen Momenten zu meinem vorhandenen Verständnis von BNE. BNE ist für mich ein wichtiger Teil meiner beruflichen Identität und mit vielen impliziten Annahmen verbunden, die ich über Jahre angesammelt habe. BNE ist oder war für mich ein ‚unhinterfragbarer' Bestandteil der aktuellen Bildungslandschaft. Für mich und meine ehemaligen Kolleg:innen stellte sich immer nur die Frage, wie das von mir mit dem Begriff BNE assoziierte Konzept besser in Form von Bildungsangeboten und Fortbildungen umgesetzt werde konnte. Ich war Mitstreiterin für eine weitere politische Implementierung des Konzepts. Für diese Forschung, aber auch durch die stetige Weiterentwicklung der Konzepte, musste ich meinen Begriff der BNE und meine impliziten Annahmen nach und nach im Forschungsverlauf bearbeiten. Damit löste ich mich auch von einer anwendungsorientierten Forschung und konnte eine mehr beschreibende reflexive Haltung einnehmen, die versucht, das BNE-Verständnis verschiedener Akteur:innen wahrzunehmen und anzuerkennen. Dennoch muss ich für eine wissenschaftliche Arbeit auch Begriffsarbeit leisten. Ich werde aber, anstatt der historischen Entwicklungen, Abhandlungen und Diskussionen der Konzepte und Annahmen, die inzwischen schon mehrfach in wissenschaftlichen Publikationen zu finden sind (Scheunpflug 1995 zur entwicklungspolitischen Bildung, Holz/Rieckmann 2017 oder in Jansen 2025: 16 ff.) meine persönliche BNE-Geschichte in Form einer Forschungsnotiz beschreiben. Ich möchte den Leser:innen dabei drei Zugänge anbieten: erstens einen Einstieg für diejenigen, die noch wenig Berührungspunkte mit BNE hatten, zweitens eine Möglichkeit, meine Positioniertheit und Positionierung als Forscherin einzuordnen und drittens vielleicht auch das, was die Autoethnografie unter anderem anstrebt, nämlich gesellschaftliche Entwicklungen aus der Perspektive des ‚Selbst' zu betrachten.

Textile Bildung

Der Begriff der Textilen Bildung lässt sich zwar leicht inhaltlich aufschlüsseln, aber er wird nicht so selbstverständlich verwendet wie der Begriff BNE. Auch im Kontext Schule gibt es kaum eine einheitliche Benennung für den Unterricht, der sich mit Textilien beschäftigt. Das Kulturministerium in Niedersachsen verwendet für das Schulfach die Bezeichnung ‚Textiles Gestalten' und beschreibt beispielsweise im Kerncurriculum für die Grundschule und in den weiterführenden Hinweisen einen ‚Bildungsbeitrag', den das Fach leistet (Niedersächsisches Kultusministerium 2012, 2024a, 2024b). Neben der Textilen Bildung wären auch Textilvermittlung, Textile Gestaltung, Textiles Gestalten, Textildidaktik oder auch ‚Mode und Textil' eine Möglichkeit für den Titel dieser Arbeit gewesen. Ich habe mich für die Textile Bildung entschieden, da er für mich einen weiteren Kontext eröffnet. Einerseits steht er für konkrete normative Vorstellungen über zu vermittelnde Kompetenzen und Inhalte in einem Schulfach, das sich mit Textilien beschäftigt, das aber nur noch in wenigen Bundesländern[3] vorhanden ist und marginalisiert wird. Andererseits steht er für ein Anliegen, das in Unterrichts-, Projekt- oder Vermittlungssituationen verfolgt wird, die außerhalb des Schulfachs sowohl in der Schule als auch außerschulisch stattfinden. Textile Bildung ist damit nicht nur als Begriff zu lesen, der sich ausschließlich auf ein Fach und seine Didaktik bezieht. Im Laufe meiner Forschung wurde mir deutlich, dass Bildungsprojekte oder Unterrichtskonzepte rund um Textil, Kleidung und Mode

[3] Heute zeigt das Schulfach in Deutschland je nach Bundesland unterschiedliche Ausprägungen und Schwerpunkte. In Niedersachsen wird es als ‚Textiles Gestalten' und in Schleswig-Holstein als ‚Textillehre' unterrichtet; in anderen Bundesländern ist es stark zurückgedrängt, in Fächerverbünde integriert oder nicht mehr als eigenständiges Fach vorhanden. Entsprechend wird es auch nur an wenigen Hochschulen noch gelehrt und beforscht, etwa in Oldenburg, Flensburg, Osnabrück, Paderborn, Dortmund sowie an verschiedenen Pädagogischen Hochschulen in Baden- Württemberg im Rahmen von Alltagskultur, Ernährung, Soziales.

sich in vielen Fächern wiederfinden: Im Sachunterricht, in Technik, im Kunstunterricht, in Geographie, in Ethik bzw. Werte und Normen oder auch in Wirtschaft oder Biologie. In fast allen Fächern konnte ich bei einer Recherche Hinweise auf textile Inhalte finden, die gewollt oder ungewollt auch Textile Bildung anbahnen. Meine Vermutung ist, dass mit dem Aufkommen von BNE die Präsenz textiler Themen in der Schule weiter zugenommen hat.

Ich habe den Begriff aus einer der neueren deutschen Dissertationen im Bereich der Textilen Vermittlung und Bildung übernommen. Sybille Wiescholek schreibt unter dem Titel „Textile Bildung im Zeitalter der Digitalisierung: Vermittlungschancen zwischen Handarbeit und Technisierung" (2018) über aktuelle Spannungsfelder im Fach. Ausgehend vom geringen Stellenwert des Schulfaches ‚Textiles Gestalten' oder ‚Textil' geht sie von einer „Marginalisierung des Textilen und des niedrigen Stellenwertes des Textilen in Erziehung, Bildung und Unterricht" (Wiescholek 2018: 6) aus. Ihre Arbeit beschäftigt sich daher mit „Textilen Bildungschancen" und führt „Chancen und Potenziale des Textilen" (Wiescholek 2018: 6) aus, um das Fach weiterhin zu legitimieren. Sie schreibt:

> Das Textile wird marginalisiert und Textilgestaltung [...] als Unterrichtsfach ist betroffen von Kürzungen oder wird komplett aus den Lehrplänen der Schulen gestrichen (Becker, 2007d). Das Fach steht seit den 1970er Jahren unter einem kontinuierlich ansteigenden Legitimationsdruck. Der Legitimation des Textilen in Erziehung, Bildung und Unterricht wendet sich auch diese Arbeit zu. Denn vor dem Hintergrund aktueller Bildungsanforderungen, die beispielsweise im Rahmen inklusiver oder digitaler Bildung diskutiert werden, scheint das Textile, textile Aktivität, Handeln mit dem Textilen, textile Dinge, eine Reflexion des Textilen wichtiger und eine textile Bildung sinnvoller denn je.
>
> (Wiescholek 2019: 10)

Sie argumentiert dabei aus dem Fach und aus ihrer Position heraus, als wissenschaftliche Mitarbeiterin einer Universität, die Lehramtsstudierende im Bereich Textil bzw. Textilgestaltung unterrichtet. Es geht ihr um fachdidaktische Konzeptionen und Ideen, aber sie blickt darüber hinaus auf „andere Disziplinen und ausgewählte Theorien" (Wiescholek 2019: 10). Anders als Wiescholek näherte ich mich dem Textilen nicht aus dem Schulfach oder der Universitätsdisziplin heraus, sondern ich kam von ‚außerhalb'. Ich war zunächst in der BNE tätig und habe erst mit der Forschung begonnen, das Fach und seinen stetigen Legitimationsdiskurs kennenzulernen. Durch die Bildung für nachhaltige Entwicklung habe ich mich für den Bereich Textil interessiert und nach und nach über Bildungsvorhaben qualifiziert. Daher gehe ich anders als Sybille Wiescholek davon aus, dass das Textile mehr Relevanz in der schulischen Praxis hat, als von Wiescholek attestiert – aber eben nicht als eigenes Schulfach, sondern als in nahezu allen Fächern willkommener Alltagsbezug.

Textile Vermittlungspraxis

In Vorhaben, die eine Auseinandersetzung mit Textilien und damit eine Textile Bildung anstreben, geht es nicht zwingend um den konkreten Umgang mit Textilien, sondern es kann sich auch um eine sprachliche Auseinandersetzung beispielsweise mit dem Textilen Kreislauf handeln. Da das Feld der Textilen Bildung dann schnell sehr groß wird, habe ich mich im Verlauf der Forschung und Analyse auf die textile Vermittlungspraxis fokussiert. Mit dem Begriff textile Vermittlungspraxis meine ich jede Form der Vermittlung, die textile Dinge und Materialien und mit ihnen verbundene Praktiken in den Mittelpunkt der Vermittlung stellt. Damit rückt auch der Umgang mit der textilen Materialität und die Mensch-Material-Beziehung stärker in den Mittelpunkt der Beobachtungen. Ich beschreibe damit nicht nur die Vermittlungspraxis in dem dafür formal vorgesehen Schulfach, sondern der Begriff geht darüber hinaus. Die Arbeit ist offen für andere Fächer wie Politik, Geographie oder Sachunterricht. Vermehrt nehmen diese Fächer die aktuellen Themen ‚Kleidung' und ‚Textil' in ihr Spektrum auf – meist unter den Schlagworten ‚Nachhaltiger Konsum' oder ‚Globalisierung', weniger mit einem Bezug zur Gestaltung. Textile Vermittlungspraxis findet nicht nur in der Schule statt, sondern auch oder sogar vor allem in Form von Workshops und Angeboten in der außerschulischen Bildung in Jugend-Kunstschulen, Museen oder Umweltbildungszentren.

Vermittlung und/oder Didaktik

Handelt es sich nun um die Bildung, die Pädagogik, die Vermittlung oder die Didaktik eines Faches? Diese Frage stellte ich mir immer wieder. Zu jedem Begriff gibt es Diskurse, was richtig und relevant sein sollte. Letztendlich ist es mühsam zu differenzieren, denn im Alltag und damit auch in meinen vielfältigen Forschungssituationen in unterschiedlichen Kontexten werden sie häufig (auch von mir) synonym verwendet. Die Begriffe in einer reflektiert angewendeten Definition verweisen auf ein differenziertes Verständnis von Vermittlung und Lernen. Dennoch werde ich im Laufe der Arbeit nicht immer eine strikte Trennung oder Differenzierung der Begriffe durchhalten können.

Der Begriff der Fachdidaktik wurde 1998 von einer Vorgängerorganisation der Deutschen Gesellschaft für Fachdidaktik (GFD) wie folgt formuliert:

> Fachdidaktik ist die Wissenschaft vom fachspezifischen Lehren und Lernen innerhalb und außerhalb der Schule. In ihren Forschungsarbeiten befasst sie sich mit der Auswahl, Legitimation und didaktischen Rekonstruktion von Lerngegenständen, der Festlegung und Begründung von Zielen des Unterrichts, der methodischen Strukturierung von Lernprozessen sowie der angemessenen Berücksichtigung der psychischen und sozialen Ausgangsbedingungen von Lehrenden und Lernenden. Außerdem widmet sie sich der Entwicklung und Evaluation von Lehr- und Lernmaterialien.
>
> (KVFF 1998: 13 f. zitiert nach Vollmer 2017:13)

Die Fachdidaktik verfolgt mit dieser Definition primär das Ziel, Strategien zu entwickeln fachwissenschaftliche Inhalte zu unterrichten bzw. etwas offener ausgedrückt zu vermitteln. Wobei der Begriff Unterrichten von einem linearen Verständnis von Lehren und Lernen ausgeht. Bereits diese Definition bezieht sowohl das Lehren und Lernen in und außerhalb von Schule ein. Eine neuere Definition der GFD und der ÖGFD (Österreichische Gesellschaft für Fachdidaktik) verstehen Didaktik im Sinne einer „Wissenschaft von fachbezogenen Lehr-Lern- und Vermittlungspraktiken" für einen „inter- und transdisziplinären Wissenstransfer" (GFD und ÖGFD 2024: 11). Diese Definition bezieht sich auf den Begriff der Vermittlung und nicht auf den Unterricht und hat damit ein offeneres Verständnis von Lehren und Lernen. Je offener der Didaktikbegriff ausgelegt wird, desto stärker nähert er sich für mich an die Idee von Vermittlung, wie er in der Kunst- und auch Textilvermittlung verwendet wird, an. An diesem Verständnis von Vermittlung orientiere ich mich, wenn ich in meiner Forschung von textiler Vermittlungspraxis und Vermittlungssituationen spreche. Das Verständnis von Kunstvermittlung ist an „Widersprüchlichkeit, Mehrdeutigkeit, Sprachlosigkeit und Unauflösbarkeit interessiert" (Mörsch/Sturm 2020: 7). Der Begriff beschreibt damit mehr als beispielsweise der Begriff des Unterrichts. Unterricht ist mit konkreten verinnerlichten Bildern und Konzepten und der Erfahrung von Schulkultur und damit tief mit individuellen Vorannahmen verbunden. Die Idee von Unterricht ist linear und binär geprägt. Es gibt ein Ziel, einen Lernenden und einen Lehrenden. Kunstvermittlung möchte das anders sehen (ob das in der Praxis so ist, bleibt dahingestellt.). Alexander Henschel „versteht sie als n-wertig und damit als unabschließbar sowie als nicht hierarchisch. So wird Vermittlung zum Vehikel von Komplexität." (Mörsch/Sturm 2020: 8)

Im Laufe der Arbeit möchte ich fragen, inwiefern sich Vorstellungen von Vermittlung aus der Kunst und Textil auf die Bildung für nachhaltige Entwicklung übertragen lassen. Mörsch und Sturm beschreiben das Buch von Alexander Henschel über die Kunstvermittlung als ein Plädoyer für ein differenztheoretisch informiertes Verständnis von Subjekten und von Kunstvermittlung, das eben nicht auf Harmonisierung und Versöhnung setzt. Sondern das gerade widerstreitende Bedeutungen, Leerstellen und die Unmöglichkeit eines absoluten und abschließenden Verstehens als Ausgangspunkt für die Arbeit nimmt, ohne dabei die soziale Dimension und die Verstrickungen von Kunstvermittlung in Macht- und Herrschaftsverhältnisse aus den Augen zu verlieren.

(Mörsch/Sturm 2020: 9)

Interessant ist dabei, dass die gestaltenden Fächer mit dieser Ausrichtung auf Mehrdeutigkeit, Widersprüchlichkeit und Macht- und Herrschaftsverhältnisse einen wertvollen Beitrag zur Weiterentwicklung des BNE-Diskurses leisten könnten, aber noch viel zu selten darin auftauchen.

Ich werde im Verlauf der Arbeit beide Begriffe also sowohl die Didaktik bzw. Fachdidaktik als auch die Vermittlung verwenden. Denn der erstgenannte ist anschlussfähig an die großen Diskurse der fachdidaktischen Forschung und bezieht sich auf die Realität der Hochschulbildung, in der nahezu jedes Schulfach eine eigene ‚Fachdidaktik' hat und der andere ist anschlussfähig an die Diskurse in den gestaltenden Fächern und spiegelt ein vielseitigeres Verständnis von Lehren und Lernen wider, das dieser Arbeit zu Grunde liegt. Denn in den Vermittlungssituationen geht es nicht nur um das Handeln der Lehrpersonen, sondern um die soziale Praxis der Vermittlung, die zwischen verschiedenen Menschen und Elementen stattfindet.

1.3 Aufbau

Diese Autoethnografie gliedert sich in 15 Abschnitte, darunter fünf Forschungsnotizen, die kaleidoskopartig Momente meines Erkenntnis- und Forschungsprozesses darstellen. Während des Schreibens habe ich mich an einer *Project Map* orientiert, die ich im Rahmen der Situationsanalyse entwickelt habe (siehe Anhang 1 im elektronischen Zusatzmaterial). Mit ihr habe ich verschiedene Schritte entworfen, um das Phänomen – die „situation in action" – zu erfassen und einzelne Aspekte zu vertiefen. Dabei kommt der Situationsbegriff der Situationsanalyse dem ethnografischen Feldbegriff nahe.

Im Anschluss an dieses Kapitel folgt die erste Forschungsnotiz (Kapitel 2). Darin stelle ich mich als Forschende den Leser:innen mit meiner persönlichen BNE-Erzählung sowie damit verbundenen Positionierungen vor und führe sie in die Bildung für nachhaltige Entwicklung sowie in die Forschungssituation ein.

Die Forschungsnotiz beschreibt die Basis, von der aus ich die Studie begonnen habe.

Aufbauend darauf führe ich in die forschungsstrategischen Grundlagen ein (Kapitel 3–5). Ich stelle meinen Forschungsweg, das (auto-)ethnografische Vorgehen sowie den Forschungsstand vor – mit einem weit gefassten Feld zwischen Textiler Bildung und BNE, das ich als „Querschnittsthemenforscherin" verknüpfe. Ich suche sowohl in der deutschsprachigen als auch in der englischsprachigen Forschung nach Verbindungen und Vernetzungen zwischen den Disziplinen der Ethnografie, der Bildungsforschung und weiteren methodischen Ansätzen. Dabei bleiben Lücken und blinde Flecken, denn die Verbindungen ergeben sich aus meiner Perspektive und meinem spezifischen Forschungsinteresse.

Mit dem folgenden Teil wende ich mich den zentralen analytischen Werkzeugen zu (Kapitel 6): Praxistheorien (u. a. Reckwitz 2016) und Situationsanalyse (Clarke/Friese/Washburn 2018) lassen sich epistemologisch gewinnbringend verbinden und eröffnen Perspektiven auf Überlagerungen (Interferenzen) zwischen verschiedenen sozialen Praktiken und damit verbundenen Subjektformen und Subjektivierungsweisen.

Eine Forschungsnotiz (Kapitel 7) wendet diese methodologische Basis auf vermittlungstheoretische und didaktische Texte an. Nach der Konkretisierung der situationsanalytischen Perspektive auf die ‚Gestalt' der Situation (Kapitel 8) wende ich in den folgenden zentralen empirischen Kapiteln 9–12 die analytischen Strategien auf konkrete ethnografische Situationen an, in denen textilen Vermittlungspraktiken und BNE aufeinandertreffen. Auf eine einführende Forschungsnotiz zum Betreten der Räume (Kapitel 9) folgen ethnografische Szenen und Sequenzen.

- zu Sinn- und Bedeutungskonstruktionen, die mit textilen Artefakten und ihren Subjekten verbunden sind (Kapitel 10),
- zum Aufeinandertreffen von textilen Vermittlungspraktiken und schulischen Entwicklungsvorhaben in neuen Lernformaten wie klassenübergreifenden Projekttagen oder dem FREI DAY (Kapitel 11) sowie
- ein Dialog mit der skandinavischen Fachdidaktik und der transaktionalen Lerntheorie, der die Mensch-Material-Beziehung im Lernprozess vertieft (Kapitel 12).

Im abschließenden Kapitel 14 fasse ich die collagenhaften Beschreibungen zusammen, diskutiere das methodische Vorgehen und skizziere Implikationen für Textile Bildung, BNE und die materielle Kultur in der Bildung, bevor ich den (auto-)ethnografischen Schreibprozess und meine aktuelle Positionierung reflektiere (Kapitel 15).

Die fünf Forschungsnotizen der Arbeit stellen kaleidoskopartig wichtige Momente meines Forschungsprozesses dar. In ihnen beschreibe ich:

- meine BNE-Erzählung (Kapitel 2),
- eine digitale Umfrage mit Lehrkräften und Multiplikator:innen aus den Bereichen BNE und Textil zu Forschungsbeginn (Kapitel 4),
- (m)eine Perspektive auf vorhandene Publikation zu BNE und Textil (Kapitel 7),
- die anfängliche Faszination für die textile(n) Raumordnung(en) (Kapitel 9)
- und meine Auseinandersetzung mit einem blutenden Baum (Kapitel 13).

Die Notizen versammeln Themen, die ich im Haupttext nicht aufgreifen oder vertiefen konnte, und geben dennoch Einblick in meinen Such- und Erkenntnisprozess als Forscherin.

Open Access Dieses Kapitel wird unter der Creative Commons Namensnennung 4.0 International Lizenz (http://creativecommons.org/licenses/by/4.0/deed.de) veröffentlicht, welche die Nutzung, Vervielfältigung, Bearbeitung, Verbreitung und Wiedergabe in jeglichem Medium und Format erlaubt, sofern Sie den/die ursprünglichen Autor(en) und die Quelle ordnungsgemäß nennen, einen Link zur Creative Commons Lizenz beifügen und angeben, ob Änderungen vorgenommen wurden.

Die in diesem Kapitel enthaltenen Bilder und sonstiges Drittmaterial unterliegen ebenfalls der genannten Creative Commons Lizenz, sofern sich aus der Abbildungslegende nichts anderes ergibt. Sofern das betreffende Material nicht unter der genannten Creative Commons Lizenz steht und die betreffende Handlung nicht nach gesetzlichen Vorschriften erlaubt ist, ist für die oben aufgeführten Weiterverwendungen des Materials die Einwilligung des jeweiligen Rechteinhabers einzuholen.

2 Forschungsnotiz: Eine BNE-Erzählung oder ‚Das Unbehagen BNE zu definieren'

Bereits zu Beginn meiner Forschung bekam ich in einem Beratungsgespräch den Hinweis: „Beginn schon einmal zu schreiben, das Schreiben einer Dissertation dauert auch nochmal extrem lange." Wir entwickelten eine Gliederung und ein Kapitel, das prinzipiell leicht und schnell machbar sein sollte. Es handelte sich um das Kapitel zur Definition der Bildung für nachhaltige Entwicklung (BNE) und zum Hintergrund. Mehr als ein Jahr später war dieses Kapitel immer noch nicht geschrieben. Jedes Mal hatte ich ein Unbehagen. Wenn ich diesem Unbehagen nachgehe, ist es nicht die Unmöglichkeit BNE in Worte zu fassen, sondern das Unbehagen eine eindeutige Definition in einer stark reflexiven wissenschaftlichen Arbeit festzuschreiben. Bereits aus meiner Praxisarbeit mit verschiedenen Akteur:innen wusste ich, dass BNE immer wieder unterschiedlich definiert wird, dass es viel Interpretationsspielraum lässt. Ich hatte eine Vorstellung, wie ich BNE auf Grundlage von internationalen Beschlüssen und Erlässen politisch definieren, wie ich es aus unterschiedlichen didaktischen Perspektiven begründen könnte oder vielleicht auch wissenschaftlich. Doch welche Geschichte möchte ich hier erzählen? Wenn ich an die aktuellsten politischen Beschlüsse, Vorgaben und Erklärfilme zur BNE dachte, wurde mein Unbehagen noch größer. Ich neigte sogar dazu, zu sagen, ich möchte mich gar nicht mehr mit BNE beschäftigen. Warum setze ich mich überhaupt noch dafür ein? Ich brauchte lange, um dem nachzugehen. Die Studie von weiteren theoretischen Texten und Studien führte mich dazu, dass es eventuell genau das gleiche Unbehagen ist, dass auch viele Lehrkräfte haben. In der Wissenschaft spiegelt sich dieses Spannungsverhältnis in einem Diskurs über die Normativität wider. Ich entschied mich BNE nicht in der klassischen Weise entlang der oft zitierten Ereignisse zu beschreiben, sondern anhand meiner persönlichen BNE-Geschichte, die von einer Zeitleiste mit

© Der/die Autor(en) 2026

S. Jessen, *Textile Bildung in Schulkulturen der Nachhaltigkeit*, Schule und Gesellschaft 73, https://doi.org/10.1007/978-3-658-51463-1_2

politischen Daten[1] begleitet wird. Welche Erfahrungen korrespondieren mit den großen umwelt- und sozialpolitischen Entwicklungen? Wann habe ich welche Dimension oder Bedeutung der BNE in meinen persönlichen ‚BNE-Kanon' aufgenommen? In meiner beruflichen Praxis bin ich immer wieder dazu aufgefordert, meinen BNE-Begriff für andere zu beschreiben. Im Anschluss an die reflexive BNE-Erzählung schließt daher ‚meine' Erklärung der BNE an. Ich habe sie im Sommer 2022 im Kontext eines Auftrags als freie Autorin verfasst. Sie wurde allerdings nie vollständig veröffentlicht. Diese Geschichte ist spätestens mit der Abgabe der Dissertation festgeschrieben. In Gesprächen und Vorträgen variiert die Geschichte, so entsteht von Situation zu Situation eine andere Version:

Noch bevor ich geboren wurde, begann 1972 mit der ersten *UN-Conference on the Human Environment* sowie mit der Veröffentlichung des *Berichts „Grenzen des Wachstums" des Club of Rome* der politisch-historische Prozess, der häufig in einführenden Texten oder Vorträgen zur BNE beschrieben wird. Beide Ereignisse werden somit oft zum Ausgangspunkt der Erzählungen der gesellschaftspolitischen Geschichte, die zum heutigen Verständnis des Begriffs der „nachhaltigen Entwicklung" des Planeten Erde führte. In vielen Vorträgen und Texten, die ich hörte und las, wird zuvor noch ein Exkurs über *Carl von Carlowitz* gemacht, der den Begriff ‚Nachhaltigkeit' im 18. Jahrhundert als Erster in die Forstwirtschaft eingeführt haben soll.

In den 1970er Jahren waren meine Eltern gerade erwachsen und beendeten ihre technischen Ausbildungen beim Norddeutschen Rundfunk. Sie hatten beide einen Führerschein und ein eigenes Auto. Beide hatten kein Abitur. Dennoch konnten sie dank der Gewerkschaft Ende der 1970er/Anfang der 1980er Jahre an der Hochschule für Wirtschaft und Politik (HWP) in Hamburg Volkswirtschaft studieren. Dort lernten sie sich kennen, und ich kam 1980 zur Welt. Wenn ich darüber nachdenke, dass es der Menschheit mein ganzes Leben lang nicht gelungen ist, ihre Ressourcen sinnvoller zu nutzen, macht mich das wütend.

Politisches Engagement gehörte zum Selbstverständnis meiner Eltern. Damit waren aber auch eine Entfremdung von der eigenen Elterngeneration verbunden. Es gibt Fotos, die mich und meine Eltern auf Demonstrationen für die Rettung einer Hebammenstation in einem Krankenhaus zeigen. Meine Mutter hat ihre Diplomarbeit über die schlechter werdenden Arbeitsbedingungen der Hebammen

[1] Für die digitale Veröffentlichung des Buches musste die ursprüngliche Formatierung des Textes als Zeitleiste angepasst werden. Die politischen Ereignisse sowie meine persönlichen Randnotizen zu den einzelnen Zeitabschnitten sind nun in Informationskästen zu finden. Ich habe die politischen Meilensteine ausgewählt, die in meiner Erinnerung zentral waren. Weitere Meilensteine der BNE sind z. B. auf der Internetseite www.bne-portal.de (Koordinierungsstelle BNE o. J.) zu finden.

geschrieben – leider auch heute noch ein ungelöstes Problem. Aber individuelles Verhalten und politischen Denken und Engagement war auch in dieser Generation ambivalent. Obwohl sich meine Eltern früh für den Umweltschutz einsetzten, hatten wir immer mindestens ein Auto, wenn nicht sogar zwei. Bereits mit drei Jahren habe ich an einem der ersten Computer Kinderspiele gespielt und wir hatten immer die neuesten und größten Fernseher. Ich kann mich auch daran erinnern, dass ich im Auto saß, als wir im Radio hörten, dass das Atomkraftwerk in Tschernobyl explodiert war. Vor allem kann ich mich an den Schreck erinnern, aber auch daran, dass man keine Pilze mehr essen durfte und dass wir eine Zeit lang nicht mehr im Sand spielen sollten. Von da an war Atomkraft für mich „böse". Ich konnte und kann niemanden verstehen, der guten Gewissens dafür verantwortlich sein möchte, dass radioaktive Abfälle produziert werden.

1972
1. United Nations Conference on the Human Environment

1972
Bericht des Club of Rome „Die Grenzen des Wachstums": „Wenn die gegenwärtige Zunahme der Weltbevölkerung, der Industrialisierung, der Umweltverschmutzung, der Nahrungsmittelproduktion und der Ausbeutung von natürlichen Rohstoffen unverändert anhält, werden die absoluten Wachstumsgrenzen auf der Erde im Laufe der nächsten hundert Jahre erreicht."

Persönliche Randnotizen: Angst vor Atomkraft, Politische Beteiligung meiner Eltern

Als ich fünf Jahre alt war, sind wir von Hamburg nach München gezogen. Nach seinem Studium hatte mein Vater dort einen neuen Job als Redakteur bei einer Computerzeitschrift angenommen. Von da an fuhren wir in den Ferien regelmäßig mit dem Auto die Strecke Hamburg–München. Die Bahn kam nicht infrage, wenn ich meine Großeltern alleine besuchen wollte. Ich flog also ganz selbstverständlich mit dem Kinderservice der Lufthansa. Erst als ich älter wurde und die Züge schneller wurden, sollte sich das ändern.

1986 kam ich in die Schule. In der 3. und 4. Klasse hatten wir einen engagierten Lehrer, den meine Eltern mochten und der auch über Umweltschutz mit uns sprach. Was genau, weiß ich nicht mehr. Ich bekam die Zeitschrift „Tu was!". Ganz besonders kann ich mich daran erinnern, dass die Zeitschrift dazu aufrief, eine Sonnenblume einzupflanzen und zu schreiben, wie groß sie geworden war. Ich habe nie daran teilgenommen. Die Zeitschrift ließ sich immer wie ein Poster aufhängen. An die genauen Themen kann ich mich nicht mehr erinnern, aber ich gehe fest davon aus, dass es um verschmutzte Flüsse, Wale und das Waldsterben ging.

1983
Weltkommission für Umwelt und Entwicklung der UN

1987
Bericht der Brundtland-Kommission, Our Common Future: „Sustainable development is development that meets the needs of the present without compromising the ability of future generations to meet their own needs."

Persönliche Randnotizen: Angst vor dem Waldsterben und dem Ozonloch, Interesse für Umwelt- und Naturschutz

1990 kam ich auf ein Gymnasium. Die *Verabschiedung der Agenda 21* im Jahr 1992 habe ich nicht mitbekommen, aber später das Engagement der Erwachsenen, sowohl meiner Eltern als auch der Lehrkräfte. ‚Agenda 21' war mir ein Begriff, ich wusste aber überhaupt nicht, was sich dahinter versteckte. Ich brachte die 21 noch nicht einmal mit dem kommenden Jahrhundert in Verbindung und ich verstand auch die internationale Politik dahinter nicht. Ich kann mich nicht daran erinnern, dass wir jemals in unserem bayerischen Gymnasium darüber gesprochen hätten, weder im Fach Wirtschaft, Geografie noch Sozialkunde. Für mich ging es bei der ‚Agenda 21' irgendwie um Umweltschutz. Wenn ich heute zurückblicke, habe ich das Gefühl, dass sich das Verständnis für nachhaltige Entwicklung bzw. die Einsicht in die Komplexität und die Möglichkeit, etwas zu verändern, langsam aufbauten. Zunächst entwickelte sich ein Bezug zum Umweltschutz, weniger zur „sozialen Seite der Nachhaltigkeit“ – zumindest kann ich mich nicht daran erinnern.

Das Thema Natur- und Umweltschutz war in der Schule, in der Freizeit und bei meinen Eltern präsent. Meine Eltern lebten das politische Engagement, aber zugleich auch den Widerspruch. Zu Fuß machten wir fast gar nichts, 1500 m zum Einkaufen fuhren wir mit dem Auto. Die Fahrräder meiner Eltern verkamen in der Garage. Wenn überhaupt, wurden sie für Fahrradtouren genutzt, aber nicht im Alltag. Gleichzeitig ließ sich mein Vater in Bayern zum Müllberater ausbilden. Der Müll wurde sortiert und mit dem Auto zum Recyclinghof gebracht. Darüber, ob der Müll gewaschen werden sollte, war man sich noch uneinig. Ein Schulfreund verkleidete sich als Grüner Punkt beim Schulfasching. Das Thema Müll war allgegenwärtig. Mit dem Sportverein nahmen wir jährlich an der Aktion „Rama dama!“ teil. Wir sammelten den Müll im Dickicht rund um das Schwimmbad und die Tennisplätze auf und fanden dabei die eine oder andere Überraschung.

Auch in den 1990er Jahren hatten wir zu Hause immer die neueste Technik: drei Computer, einen Laptop und auch schon früh Internet. In jedem Zimmer stand ein Fernseher. Ich erinnere mich daran, wie wir den ersten Laptop – ein kleiner Koffer! – im Dänemarkurlaub dabei hatten und wie ich bei meinem Vater im Arbeitszimmer saß, während er die ersten Informationen von anderen Computern empfing. Wenn meine Eltern einen neuen Computer bekamen, bekam ich den alten. Wenn ich mein Licht nicht immer beim Verlassen meines Zimmers ausmachte, gab es Ärger. Sobald es sie gab, hatten wir Energiesparlampen. Aber der Ärger blieb. Jetzt gab es einen neuen Hinweis: Nicht zu oft an- und ausmachen, denn das ist schlecht für die Lampe.

In der 6. Klasse hatten wir in der Schule regelmäßig ‚Dosendienst‘. Vor der Schule stand ein Container, in den man Getränkedosen einwerfen konnte. Die Dosen wurden in Behältern gesammelt und einmal in der Woche von zwei Schüler:innen im Wechsel rausgebracht und nach und nach zerquetscht. Eine willkommene Abwechslung im Schulalltag. In der 5. Klasse führte unsere Klasse (in meiner Erinnerung alleine, ohne Lehrkraft) ein Theaterstück zum Thema Walfang auf und spielte es einem engagierten Lehrer vor. Er machte das, was man heute als Umweltbildung oder Umwelterziehung bezeichnen würde, und erzählte uns an vielen Stellen, wie wir die Umwelt schützen können. Umweltschutz war damals das Thema der Zeit. Wir lasen „Die Wolke“, „Die Welle“ und weitere Apokalypsen- und Sozialromane. Trotzdem frage ich mich: Warum bin ich in dem Thema hängengeblieben, während es andere nicht sind? Die Drohpädagogik der 1980er- und 1990er-Jahre hat bei mir deutlich ihre Spuren hinterlassen. Irgendwann in der 6. Klasse nahm ich mir gemeinsam mit einer Freundin vor, niemals ein eigenes Auto zu besitzen. Bislang konnte ich dieses Vorhaben durchhalten, dank Carsharing besteht in der Stadt keine Notwendigkeit für ein privates Auto. Der Umweltschutz dominierte meine Kindheit, soziale Gerechtigkeit war bei uns noch kein Thema. Den Spruch „Iss das auf, die armen Kinder in Afrika haben nichts zu essen!" kenne ich auch noch. Ich bin mit einem mitleidvollen Bild auf diesen riesigen Kontinent aufgewachsen.

Die ‚Praktiken' meiner Kindheit waren Müllsortieren aber auch das (politische) Engagement. Wir haben Unterschriften gesammelt und wir sind mit Mehrweggeschirr (nach Aufruf unserer Lehrerin) am Wandertag zu McDonald's gegangen. Ich habe für Freundinnen und mich Hefte aus Recyclingpapier mit kitschigen Aufdrucken bestellt, aber auch viel Krimskrams wie Poster und Postkarten. Der Quelle-Katalog und der Waschbär-Katalog waren mit etwa 12 Jahren kostbare Lektüren für mich. Lange blätterte ich darin, bis ich mich für eine Bestellung im Rahmen des vorgegebenen Geldbudgets entschied. Ich war stolz auf die neuen Dinge, die ich daraus bestellen konnte. Später bestellte ich nicht mehr beim Quelle-Katalog, sondern ich fuhr mit Freundinnen in die Münchner City zum Einkaufen. H&M, Orsay und ein Laden mit Doc Martens Schuhen und Haarfarben waren die Geschäfte unserer Wahl. Irgendwann war Secondhand attraktiver als die Kleidung der großen Ketten, aber nicht aus Gründen der Nachhaltigkeit, den Begriff kannten wir damals noch nicht. Wir suchten in den Secondhandläden und auf Flohmärkten Unikate und Kleidungsstücke aus der Jugend unserer Eltern.

Aber wir kauften auch weiterhin bei den großen Läden in der Stadt und in den Einkaufszentren. Irgendwann drangen die ersten Geschichten von Kinderarbeit zu uns durch. Eine Freundin erzählte mir, dass ihre Mutter einen Bericht gesehen hätte, dass Kinder unter schrecklichen Bedingungen die Unterwäsche von H&M herstellten. Das hinderte uns nicht daran, weiter dort einzukaufen – vielleicht weniger Unterwäsche.

Meine Eltern ließen sich in dieser Zeit in den Gemeinde- und den Kreistag für die Grünen wählen und waren im Bund Naturschutz aktiv. Ich faltete für sie – gegen Bezahlung – Serienbriefe oder hing Wahlplakate auf. In der Schule und als Jugendliche hatte ich bereits den Hang zum ‚Weltverbesserer:innentum'. Für meine Berufswahl war klar, dass ich keinen Beruf haben möchte, der anderen ‚schadet'. Wirtschaft, Werbung, Technik waren daher grundsätzlich ausgeschlossen, Naturwissenschaften zu unkreativ und im Grunde auch ‚böse'.

1992
United Nations Conference on Environment and Development (UNCED): 178 Länder unterzeichnen das Abschlussdokument ‚Agenda 21' mit konkreten Handlungsempfehlungen für das 21. Jahrhundert auf dem ‚Earth Summit' in Rio de Janeiro.

Persönliche Randnotizen: Müllsortieren und -sammeln, Umweltschutz-Aktionen, Lektüre von Büchern mit jeder Menge Weltuntergangsszenarien, Kinderarbeit

1999 machte ich Abitur. Nach 13 Jahren Schule und einem engen Raster aus Vorgaben und Themen, war ich mit der Zukunftsplanung überfordert. Ich musste mich entscheiden. Meine erste Wahl, einen Platz für ein Freiwilliges Ökologisches oder Soziales Jahr im Ausland oder in Norddeutschland, habe ich nicht bekommen, aber Zuhause wollte ich nicht bleiben. Ich wollte auf jeden Fall etwas lernen oder studieren, womit ich der Umwelt nicht schade, also studierte ich Kulturwissenschaft in Bremen.

An die Silvesterfeier 2000 kann ich mich sehr gut erinnern, aber nicht an den Abschluss der *Milleniumsentwicklungsziele* im gleichen Jahr. Die nächste Zeit beschäftigte ich mich mit meinem Studium, der Kultur, der Kunst und der Öffentlichkeitsarbeit. Wenn möglich, belegte ich in meinem Studium der Kulturwissenschaft, der Kunstwissenschaft und der Germanistik, Seminare, die etwas mit Pädagogik, Bildung oder auch Kinderbüchern zu tun hatten. Von Umweltbildung, globalen Lernen oder BNE hörte ich in dieser Zeit nie etwas. Ich kann nicht einmal nachvollziehen, ob ich mit dem Begriff nachhaltige Entwicklung oder Nachhaltigkeit überhaupt etwas anfangen konnte. Meine persönlichen Erfahrungen decken sich dabei mit einer Studie zur Begriffsverwendung in den Medien. Im Jahr 2001 sollen der Begriff ‚nachhaltig' oder verwandte Begriffe noch in über 75 Prozent aller Nennungen nur alltagssprachlich im Sinne von ‚langfristig' verwendet worden sein, wohingegen sich die Begriffsverwendung in den folgenden Jahren schärfte (Stollenwerk 2015).

2000
Millennium Summit in New York:
189 Staaten verabschieden die 8 Millenniumsziele als UN-Handlungsfelder für die Zeit 2000–2015

Persönliche Randnotizen: 3 Dimensionen der Nachhaltigkeit, Vermittlung, Natur-Mensch-Beziehung und Kultur

Gegen Ende meines Studiums 2003 machte ich ein Praktikum bei der Schutzstation Wattenmeer auf der Hallig Hooge. Ich lernte den Begriff der *Nachhaltigkeit* erstmals wirklich kennen. Eine Mitstudentin nahm mich mit zur Schutzstation Wattenmeer, da dort eine neue interaktive Ausstellung zum Biosphärenreservat entstehen sollte. Wir sollten Interviews mit den Halligbewohner:innen führen und Informationen zum ‚Halligleben' sammeln. Letztendlich eine sehr kulturwissenschaftliche Aufgabe, mit der sich bis dahin aber mehr Biolog:innen beschäftigt hatten. Ich erfuhr, dass es so etwas wie ein ‚Biosphärenreservat' gibt, also ein Schutzgebiet, in dem es nicht nur darum ging, die Natur zu schützen, sondern darum, nachhaltige Entwicklung zu leben und Wirtschaft, Umwelt und Soziales in Einklang zu bringen. Damit hatte ich einen Weg entdeckt, auch mit meinem kulturwissenschaftlichen Studium ‚einen Beitrag' zu einer nachhaltigen Entwicklung der Gesellschaft zu ‚leisten'. Wir konzipierten eine Ausstellung im Sinne der ‚BNE', aber ich bin unsicher, ob wir es bereits so nannten. Es sollten Mitmach- und Mitdenkexponate sowie eine Werkstatt für Kindergruppen und Schulklassen entstehen. Ich sprach mit jungen und alten Menschen auf der Hallig. Ich erfuhr, dass früher Möweneier gesammelt wurden und dass ein Seehundjäger eigentlich keine Seehunde jagt. In nur 8 Wochen schafft man nicht viel, den Rest der Ausstellung gestalteten viele andere Menschen – aber wir hinterließen Spuren in der Ausstellung und die Schutzstation Wattenmeer hinterließ Spuren bei mir.

Danach schrieb ich meine Magisterarbeit gemeinsam mit einer Kommilitonin zum Biosphärenreservat Südost Rügen. In der Arbeit 2005 klärten wir lediglich die Begriffe ‚Biosphärenreservat' und ‚Nachhaltigkeit' und gehen auf die Mensch-Umweltbeziehung ein. Nachhaltige Entwicklung oder gar Bildung für nachhaltige Entwicklung nennen und beschreiben wir nicht, obwohl wir auf Rügen zum Beispiel den ‚Junior-Jobmotor' kennenlernten, ein Wahlpflichtfach zur ‚Existenzgründung' für Schüler:innen der regionalen Schule: Meine erste Begegnung mit der Idee einer ‚nachhaltigen Schüler:innenfirma'.

Während ich mich in der Umweltbildung ausprobierte, lernte ich über meine Wohngemeinschaft den Bereich des ‚Globalen Lernens' kennen. Meine Mitbewohnerin konzipierte eine Ausstellung zu ‚unfairer' Kleidung mit. Damals entstanden bei uns in der WG-Küche Ideen für eine CD-ROM zur ‚Reise einer Jeans'. Wir hielten diese für dringend notwendig, um die Menschen aufzuklären. Heute gibt es die ‚Reise einer Jeans' in diversen Variationen, als Film, als Text, als Internetseite, in Ausstellungen und vermutlich auch irgendwo als App.

2002
World Summit on Sustainable Development in Johannesburg:
Es fällt u. a. der Beschluss zur UN-Weltdekade „Bildung für nachhaltige Entwicklung".

2005, im Jahr meines Uniabschlusses, begann die *UN-Weltdekade „Bildung für nachhaltig Entwicklung"*. Ich nahm an einem Freiwilligendienst in der Denkmalpflege in Polen teil und versuchte zwei Jahre lang über Praktika in das Berufsleben einzusteigen. Als Praktikantin im Hafenmuseum in Bremen lernte ich viele aktivierende Programmbausteine für das Arbeiten mit Kindergruppen in einem Museum kennen. Schüler:innenausstellungen, Experimente, Kinderinterviews und Kinderpressekonferenzen gehörten dazu. Alles Dinge, die ich heute unter dem Begriff BNE fassen könnte.

Lange habe ich überlegt, wann mir der Begriff ‚BNE' das erste Mal begegnet ist. In einer Bewerbung für ein „Praktikum für die Umwelt" im Nationalparkamt Schleswig-Holsteinisches Wattenmeer im Jahr 2007 schrieb ich noch etwas von ‚pädagogischer Umweltarbeit'. Ich erinnere mich, dass wir im Einführungsseminar zum Praktikum einen Vortrag zur BNE hatten. Ab diesem Zeitpunkt kam das Thema BNE geballt auf mich zu. Ich setzte im Praktikum erste eigene BNE-Projekte im Team um. Ein klassisches Beispiel war eine Aktion zur Krabbenfischerei: Hier sollten die Lernenden nicht nur etwas über den Krabbenfang und die Schleppnetze erfahren, sondern auch, dass die ‚frischen' Krabben in Marokko gepult werden. Im Feriencamp führten wir eine Kinderpressekonferenz durch.

Gegen Ende des Praktikums habe ich mich für die *Multiplikator:innenausbildung BNE in Ganztagsschulen* der Freien Universität Berlin beworben. Die Ausbildung wurde von meinem neuen Arbeitgeber gefördert. Denn nahezu zeitgleich startete ich 2008 meinen Job im Ausstellungsteam einer großen deutschen Umweltstiftung und wurde somit zur ‚BNE-Expertin'. BNE ermöglichte mir im Gegensatz zu meinem Studium der Kulturwissenschaft einen reellen Berufsstart und ein reelles Gehalt. Meine Aufgabe war es, BNE-Angebote zu den interaktiven Ausstellungen der Stiftung zu entwickeln. Während es in der konzeptionellen Ausstellungsarbeit oft um die ‚korrekte' Wiedergabe von wissenschaftlichen Inhalten und Handlungsalternativen ging, lernte ich in der Multiplikator:innenausbildung BNE sehr praxis-, lernenden- und kompetenzorientiert kennen – wenig Text und viel Ausprobieren. Heute kann ich viele meiner ‚BNE-Überzeugungen' zwar auf diese Fortbildung zurückführen, aber ich habe kaum Texte. Mein innerer Schluss: eigentlich jedes Thema kann als BNE unterrichtet werden, denn es ging um ein vielperspektivisches Nachfragen und den Einsatz partizipativer Lernmethoden. Es bildete sich meine Auffassung von BNE heraus, auf die ich mich heute noch beziehe, wenn ich BNE aus dem Stehgreif erklären soll. Die regelmäßigen Treffen am Wochenende und ein reger Austausch mit den Mitlernenden machten, dass ich mich in der ‚BNE-Community' zuhause fühlte. Das große Ziel war es, den Gedanken der BNE in die Schulen und außerschulischen Lernorte zu bringen.

Erstmals merkte ich, wie ich in meiner beruflichen Arbeit, als ‚BNE-Expertin' wertgeschätzt und zu Rate gezogen wurde, denn ich machte ja die Ausbildung bei ‚dem' BNE-Experten ‚de Haan'. Im Laufe meiner weiteren Arbeit bei der Stiftung hatte ich nun viele Berührungspunkte mit der *UN-Weltdekade „Bildung für nachhaltig Entwicklung"*. Ich lernte im ‚BNE-Slang' zu schreiben und Checklisten für die Entwicklung von Angeboten zu nutzen.

Nach einem Jahr bei der Stiftung begann ich in einem Evaluationsvorhaben für BNE-Projekte zu arbeiten. Hier entwickelte ich einen Kriterienkatalog für die Beurteilung von Bildungsprojekten. Bezog ein Projekt nicht mindestens zwei der drei Nachhaltigkeitsdimensionen in die Arbeit ein, kam es nicht in die nähere Auswahl. Weitere wichtige Kriterien waren die Förderungen der Teilkompetenzen der Gestaltungskompetenz und das Ermöglichen von Partizipation. Die Praxis wurde von uns auf eine harte Probe gestellt –diejenigen, die den ‚BNE-Slang' bereits gut beherrschten, hatten gute Chancen.

In den folgenden Jahren koordinierte ich einen Kinder- und Jugendwettbewerb und entwickelte auch hier die Kriterien für die Bewertung, auf deren Grundlage ich Empfehlungen für die Platzierungen der Gruppen für eine Jury aussprach. Wieder waren das Eigenengagement und die Beteiligung der Kinder und Jugendlichen sowie, je nach Wettbewerbsgruppe, die Berücksichtigung von mehr als einer Dimension der Nachhaltigkeit, zentrale Kriterien. Ähnlich war es mit der Organisation eines bundesweiten Jugendkongresses. Die Jugendlichen mussten Bewerbungen schreiben, die wir auswerteten, damit sie teilnehmen konnten. Nur diejenigen, die sich engagiert und interessiert zeigten, konnten mit dabei sein.

2005–2014
UN-Weltdekade „Bildung für nachhaltige Entwicklung“ der UNESCO

2004
Programm Transfer 21 als BLK-gefördertes Programm

2008
Weltkonferenz Bildung für nachhaltige Entwicklung in Bonn

2012
Rio-20 Gipfel

Persönliche Randnotizen: BNE als Konzept: 3 Dimensionen der nachhaltigen Entwicklung, Globaler Bezug, Gestaltungskompetenz, Partizipation, Evaluation von BNE, ökologischer Fußabdruck, Wettbewerbe

BNE spielte in meiner Arbeit bei der Konzeption von Angeboten und Tagungen durchgehend eine zentrale Rolle. In Gesprächen mit anderen ging es immer wieder um den Wunsch, BNE mehr in die Schulen zu bringen: Bisher sei nur ein Bruchteil erreicht.

In der Ausstellungs- und Angebotsplanung war die Frage zentral, ob die Themen curriculare Anknüpfungspunkte hatten, dabei freuten wir uns, wenn „Nachhaltigkeit“ oder sogar BNE in einem Lehrplan auftauchten. Denn wenn etwas curricular verankert war, hatten wir vermeintlich bessere Chancen, dass uns auch Lerngruppen besuchten.

2015 schrieben wir an einem Ausstellungskonzept zu den planetaren Leitplanken im Zeitalter des Anthropozäns. Es sollte auch um die ‚Große Transformation‘ und das ‚transformative Lernen‘ gehen. Zwei große Konferenzen standen bevor: die *UN-Klimakonferenz in Paris (COP 21)* und der Weltgipfel für nachhaltige Entwicklung mit der *Agenda 2030* und den *17 internationalen Zielen der nachhaltigen Entwicklung (SDGs)*. Direkt nach der Verabschiedung der 17 Ziele musste ich den genauen Wortlaut des Ziels 4.7 heraussuchen. Einige BNE-Akteur:innen waren enthusiastisch, denn mit Ziel 4.7 hatten sich alle unterzeichnenden Staaten verpflichtet, BNE in die Schulen zu tragen. Schon kurze Zeit später begann eine bemerkenswerte Marketingmaschinerie um die 17 Ziele. Eine abgestimmte Farb- und Symbolsprache etablierte sich. Schnell standen uns auch für die Ausstellungsplanung 17 farbige Bilder und Symbole zur Verfügung.

2015
Weltgipfel für nachhaltige Entwicklung: Agenda 2030 für eine nachhaltige Entwicklung mit den 17 internationalen Zielen für eine nachhaltige Entwicklung (SDGs) mit 169 Unterzielen

2015
Klimakonferenz in Paris (COP 15)

Persönliche Randnotizen: Neue Begriffe und Konzepte: Anthropozän, Planetare Leitplanken, Große Transformation, Transformative Bildung, 17 SDGs

2016 und 2017 nahm ich an einer weiteren Fortbildung an der Universität Lüneburg zum nachhaltigen Ausstellungsmanagement und -evaluation teil. 2017 wechselte ich zu einem anderen Arbeitgeber nach Bremen. Wir stellten Unterrichtsmaterial und Informationen für die Klassen 1–10 zum Lernbereich Globale Entwicklung bereit. Zu diesem Zeitpunkt dachte ich, ich kenne das Feld der BNE. Umweltbildung und Globales Lernen hatten zwar unterschiedliche Entstehungsgeschichten, aber dennoch sehr ähnliche Ziele. Aber mit dem Arbeitgeber:innenwechsel wurde mir klar, dass die Unterschiede vielleicht doch größer waren als gedacht. Nun lernte ich die BNE-Welt kennen, die durch die Agentur Engagement Global über das Ministerium für Entwicklung und Zusammenarbeit gefördert wurde. Diese BNE hatte ihre eigenen Geschichten, Persönlichkeiten und Rituale. Die „globale BNE", wie ich sie bezeichnete, hatte durchaus Überschneidungen mit der „Umwelt BNE". Ihre Akteur:innen nahmen auch an der UN-Dekade teil, sie versuchten auch Umweltthemen zu integrieren, doch sie grenzten sich auch immer wieder von der „Umwelt BNE" ab. Gestaltungskompetenz als Begriff wurde eher abgelehnt, denn es gab ja die Kompetenzen aus dem Orientierungsrahmen des Kultusministeriums. Wir wurden von Engagement Global gefördert, dabei war ein Bezug zu den Entwicklungs- und Transformationsländern für eine Förderung zwingend notwendig, denn vom Förderer wurde in Industrie-, Entwicklungs- und Transformationsländer unterschieden. Auch hier gab es wieder einen Wettbewerb: Ich entwickelte Unterrichtsmaterialien für den Schulwettbewerb „Alle für eine Welt – eine Welt für alle" und konnte einmal selbst in der Jury sitzen.

2015–2019
Weltaktionsprogramm BNE

2017
Nationaler Aktionsplan zur Umsetzung des UNESCO-Weltaktionsprogramms BNE

Persönliche Randnotizen: Whole School Approach, Differenz 'globale BNE' (Orientierungsrahmen) und 'Umwelt BNE' (Gestaltungskompetenz), Postkolonialismus bzw. Dekolonialisierung, Global Citizenship Education, Handabdruck, Lernende Lernbegleitung, Dilemmata und Umgang mit Unsicherheiten, Bedeutung von Reflexion

In einer Phase als freie Autorin für Bildungs- und Ausstellungsprojekte begann ich, mich stärker mit textilen Themen im Kontext der BNE auseinanderzusetzen. Neben einer großen Textil-Ausstellung mit Bildungsprogramm, entstand eine partizipative Ausstellung „Slow Fashion" mit Schulklassen und die Materialkiste „Slow Fashion", die ich später auch noch in der Forschung nutzte.

Hieraus ergab sich der Kontakt zur Forschung und ich begann meine wissenschaftliche Arbeit an der Universität. Mit dieser lernte ich die wissenschaftliche Seite der BNE sowie die 1. Phase der Lehrkräftebildung kennen. Parallel erfolgten bundesweit politische Initiativen, um BNE in den Schulen zu implementieren, wie beispielsweise der *Niedersächsische BNE-Erlass* (Niedersächsisches Kultusministerium 2021) verbunden mit Beratungsangeboten und Werbemaßnahmen wie Flyern und Filmen. Zeitgleich arbeitete ich noch als freie Autorin gemeinsam mit einer Lehrerin an einem großen Materialordner zu BNE in der Grundschule. Aus der Arbeit zu diesem Ordner stammt der folgende Textentwurf, der nie vollständig veröffentlicht wurde.

Nach Abschluss dieses Projekts tauchte ich immer tiefer in die Welt der Wissenschaft und der universitären Lehre ein und eine weniger praxisorientierte Perspektive überlagerte mein bis dahin noch klar definiertes BNE-Bild. Wenn ich den folgenden Text heute lese, ist eine kritisch-analytische Perspektive zum Beispiel auf Subjektivierungsweisen schnell vollzogen, aber gleichzeitig stellt sich mir auch die Frage, wie bleibt die (außer-)schulische Vermittlungsarbeit trotzdem handlungsfähig? Wie bekomme ich ein Gleichgewicht zwischen kritischer Analyse und Reflexion und motivierter, praktischer Umsetzung weiterhin hin?

2019
BNE 2030 als Nachfolgeprogramm des Weltaktionsprogramms

2021
BNE-Erlass Kultusministerium Niedersachsen

2022
Veröffentlichung BNE-Monitoring

2024
Empfehlung der Kultusministerkonferenz zur Bildung für nachhaltige Entwicklung in der Schule (Neufassung)

Persönliche Randnotizen: Subjektivierungsgeschehen als Perspektive, Auseinandersetzung mit einer wissenschaftlichen BNE-Kritik bzw. kritischen Analyse, FREI-DAY

So hätte ich im Herbst 2022 Lehrpersonen in der Grundschule BNE erklärt:
Bildung für nachhaltige Entwicklung (BNE) in der Grundschule findet an vielen Stellen bereits statt, vor allem dann, wenn sich Schule nach außen öffnet oder dann, wenn die Schule Partizipation und Beteiligung der Schüler:innen ermöglicht. Mit der Verabschiedung der Agenda 2030 und den 17 internationalen Zielen der nachhaltigen Entwicklung im Jahr 2015 hat sich Deutschland dazu verpflichtet, BNE auf allen Ebenen der institutionellen Bildung umzusetzen.

In immer mehr Bundesländern ist und wird BNE daher curricular oder durch Bildungserlasse verankert – auch im Primarbereich. Dabei ist die Grundschule mit ihrem Alltagsbezug und mit einem Fokus auf die Partizipation und Selbstermächtigung der Kinder stark anschlussfähig an BNE. Viele Elemente der BNE sind bereits Bestandteil des Schulalltags, ohne dass diese als solche erkannt oder benannt werden. Streitschlichter:innenprogramme oder die gemeinsame Gestaltung des Schulhofs zählen hierzu. Aber auch der demokratische Klassenrat und eine Vielzahl von Arbeitsgruppen und Projekten fördern die Kompetenzen, die notwendig sind, um gemeinsam die Zukunft gerechter und lebenswerter zu gestalten.

Hintergrund
BNE ist ein lebenslanger Lernprozess, der sich nicht allein auf die Schule beschränkt. BNE kann in Schulen aber auch in Hochschulen, in Museen, in Vereinen, in den Medien oder in Kneipen stattfinden. Die Idee der BNE ist älter als die internationalen Nachhaltigkeitsziele und geht auf die Agenda 21 (1992) zurück. Hier wurde die Bildung erstmals als Basis für eine globale nachhaltige Entwicklung benannt. Nachhaltige Entwicklung wird meist ausgehend vom Brundtland-Bericht der Weltkommission für Umwelt und Entwicklung der Vereinten Nationen von 1987 definiert: „Sustainable development is development that meets the needs of the present without compromising the ability of future generations to meet their own needs" (World Commission on Environment and Development 1987). Der Bericht hat angesichts der zunehmenden weltweiten sozialen und ökologischen Probleme die Bereiche Umwelt und Entwicklung zusammengeführt.

Basis der Idee der nachhaltigen Entwicklung ist die soziale Gerechtigkeit sowohl für alle Menschen, die zeitgleich auf dem Planeten Erde leben, als auch für diejenigen, die zukünftig dort leben werden. Der Grundgedanke ist es, so zu planen und zu handeln, dass weder Menschen auf der anderen

Seite des Planeten noch unsere Enkel und Urenkel in ihren Möglichkeiten eingeschränkt werden.

Der Begriff der Nachhaltigkeit ist deutlich älter und stammt aus der Forstwirtschaft des 18. Jahrhunderts. Es sollten nur so viele Bäume geerntet werden, wie auch nachwachsen können. Es geht um den Erhalt eines Gleichgewichts. Das Leitbild der nachhaltigen Entwicklung beschreibt einen Prozess. Einen Prozess zur Sicherung der sozialen Gerechtigkeit, der nur möglich ist, wenn wir die drei Dimensionen der nachhaltigen Entwicklung zusammendenken: Ökonomie, Ökologie und Soziales. 2015 hat ein internationales Wissenschaftlerteam neun planetare Grenzen definiert, die für das ökologische Gleichgewicht der Erde notwendig sind. Hierzu zählen der Klimawandel, die biologische Vielfalt, der natürliche Stickstoffkreislauf oder auch das Einbringen von neuartigen Substanzen, wie beispielsweise Mikroplastik.

In der Praxis bedeutet das, dass Menschen, Institutionen und Unternehmen ihre Entscheidungen und ihr wirtschaftliches Handeln mindestes aus drei Perspektiven abwägen sollten. Schränkt unser Handeln die Lebensqualität anderen Menschen ein oder zerstört es die natürliche Lebensgrundlage für die Zukunft, so ist es nicht nachhaltig.

Mit den 17 internationalen Nachhaltigkeitszielen der Agenda 2030 haben die Vereinten Nationen 2015 die Idee der nachhaltigen Entwicklung inhaltlich konkreter beschrieben, ausdifferenziert und verabschiedet. Sie sind auch unter der Abkürzung SDGs (Sustainable Development Goals) bekannt. Die SDGs zeigen die vielfältigen Aspekte, die für eine nachhaltige Entwicklung notwendig sind. Nahezu in allen Lebens-, Lern- oder Arbeitsbereichen können wir Bezüge zu einem oder mehreren der Ziele herstellen. Mit dem Unterziel 4.7 im Bereich „Inklusive, gleichberechtigte und hochwertige Bildung" ist die BNE in den SDGs fest verankert:

Ziel 1 Keine Armut
Ziel 2 Kein Hunger
Ziel 3 Gesundheit und Wohlergehen
Ziel 4 Hochwertige Bildung
Ziel 5 Geschlechtergleichheit
Ziel 6 Sauberes Wasser und Sanitäreinrichtungen
Ziel 7 Bezahlbare und saubere Energie
Ziel 8 Menschenwürdige Arbeit und Wirtschaftswachstum

Ziel 9 Industrie, Innovation und Infrastruktur
Ziel 10 Weniger Ungleichheiten
Ziel 11 Nachhaltige Städte und Gemeinden
Ziel 12 Verantwortung bei Konsum und Produktion
Ziel 13 Maßnahmen zum Klimaschutz
Ziel 14 Leben unter Wasser
Ziel 15 Leben an Land
Ziel 16 Frieden, Gerechtigkeit und starke Institutionen
Ziel 17 Partnerschaften zur Erreichung der Ziele

Um das Leitbild der nachhaltigen Entwicklung zu erreichen ist eine Transformation der Gesellschaft notwendig. Wir müssen teils lange eingeübte Routinen hinterfragen und die Auswirkungen unseres Handelns auf die Welt verstehen. Um die Gesellschaft von morgen zu gestalten, sind verschiedene Ebenen von der internationalen Politik bis hin zu einzelnen Haushalten gefragt. Jeder einzelne Mensch in seinen unterschiedlichen Rollen, zum Beispiel als Konsument:in, als Lernende:r, als Planer:in, als Lehrende:r, als Wähler:in kann die Auswirkungen auf die soziale Gerechtigkeit oder auf das ökologische Gleichgewicht der Erde in Entscheidungen berücksichtigen, vielleicht aber auch nur Entwicklungen und Entscheidungen besser nachvollziehen und verstehen und damit auch leichter politische Einschränkungen mittragen. Schüler:innen sind dabei nicht nur Kinder mit eigenen Rechten, Konsumbedürfnissen und Wünschen, sondern sie sind zukünftig auch Wähler:innen und Menschen in Berufen, die tagtäglich Entscheidungen treffen werden, die auch die nachhaltige Entwicklung betreffen.

Ist BNE das gleiche wie Umwelterziehung und Eine-Welt-Pädagogik?
Obwohl es spätestens seit den 1980er Jahren Ansätze der Umwelterziehung und der „Dritten-Welt"- bzw. „Einen-Welt"-Pädagogik in den Schulen gab, hat sich das tatsächliche Handeln der Menschen nicht deutlich verändert. Einzelne Lehrkräfte haben die verschiedenen Modelle mit unterschiedlichen Namen in Hochschulen oder Fortbildungen kennengelernt und in die Schulen getragen. Die Konzepte Umweltbildung oder Globales Lernen sind an einigen Schulen inzwischen sogar profilbildend, sie haben die Umwelterziehung und die Eine-Welt-Pädagogik abgelöst. Umweltbildung und Globales Lernen werden oft Synonym für BNE verwendet und sind auch dem Leitbild der nachhaltigen Entwicklung verbunden. Beide

Ansätze berücksichtigen mit ihrem jeweiligen Schwerpunkt viele Elemente der BNE.

Seit Mitte der 1990er bearbeiten verschiedene Akteure:innen aus Wissenschaft, Politik und Bildungspraxis die Bildung für nachhaltige Entwicklung in Deutschland. Ziel ist es, verschiedene Erfahrungen und Strömungen zusammenzubringen und Defizite der älteren Vermittlungsmodelle zu beheben. So führten Elends- und Bedrohungsszenarien weniger zu einem veränderten Handeln, sondern sie erzeugten ein Gefühl von Hilflosigkeit. In den verschiedenen Lernbereichen getrennt voneinander gedacht, entstanden zwischen den Bereichen Umwelt und Entwicklung Widersprüche. Daher ist die Zusammenführung der drei Dimensionen der Nachhaltigkeit und damit auch der Bildungsansätze aus dem Bereich Umwelt und Entwicklung für die BNE leitend. Herausforderungen in den beiden Bereichen werden gemeinsam betrachtet und der Gedanke der globalen Gerechtigkeit ist zentral. Die Lerngruppen bearbeiten zukünftige Entwicklungen mehrperspektivisch und, wo möglich, global vernetzt. Gleichzeitig sind die Partizipation und das konkrete Handeln in den Vordergrund gerückt. Sie führen zu Erfahrungen der Selbstwirksamkeit und sollen Mut machen, eigene Positionen zu entwickeln, mitzudenken und die Zukunft mitzugestalten. Die Fragen, die Erfahrungsräume und die Neugier der Kinder sind elementar.

BNE international und in Deutschland

Von 2005 bis 2014 hat die UNESCO die Weltdekade der Bildung für nachhaltigen Entwicklung ausgerufen. Die Mitgliedsstaaten haben die Aktivitäten im Bereich BNE gefördert und ausgebaut. In dieser Zeit sind in Deutschland beispielsweise durch das Programm Transfer 21 (2004–2008) eine Vielzahl von Praxisprojekten und didaktischen Konzepten entstanden. 2007 hat die Kultusministerkonferenz (KMK) in Kooperation mit dem Bundesministerium für wirtschaftliche Zusammenarbeit und Entwicklung (BMZ) den Orientierungsrahmen für den Lernbereich Globale Entwicklung als Beitrag zur BNE herausgegeben. 2016 haben die Partner:innen diesen überarbeitet. Der Orientierungsrahmen beschreibt Inhalte sowie zu erlangende Kompetenzen mit dem Schwerpunkt Globales und Entwicklung. Gleichzeitig gibt er konkrete Projektvorschläge für einzelne Fächer. Die UNESCO setzte die Aktivitäten der UN-Dekade mit einem Weltaktionsprogramm Bildung für nachhaltige Entwicklung (2015–2019) auch in Deutschland weiter fort. An dieses schloss 2020 das neue Programm „SDGs for 2030“ an.

Kompetenzen der nachhaltigen Entwicklung
Inzwischen ist bekannt, dass das Wissen über negative Folgen des menschlichen Handelns allein keine Auswirkung auf das individuelle Verhalten hat. Positive Erfahrungen durch eigenes Tun können Kinder jedoch in ihrer Selbstwirksamkeit bestärken und zu einem veränderten Handeln führen. Um die Zukunft mitzugestalten, sind verschiedene Kompetenzen notwendig. In Deutschland sind vor allem zwei Kompetenzmodelle der BNE in der Praxis vertreten. Zum einen die Gestaltungskompetenz (2008) entstanden aus dem Programm transfer 21 und zum anderen das dreistufige Modell des Orientierungsrahmens für globale Entwicklung (2007, 2016):

Gestaltungskompetenz ist die Fähigkeit, die Gesellschaft von morgen zukunftsfähig mit zu gestalten. Sie ist in 12 Teilkompetenzen unterteilt, die aus den Schlüsselkompetenzen der OECD (Organisation für wirtschaftliche Zusammenarbeit und Entwicklung) abgeleitet wurden. Gerade für die Grundschule bieten die 12 Teilkompetenzen eine gute Orientierung.
Übersicht nach de Haan (2008b):

Sach- und Methodenkompetenz
1. Weltoffen und neue Perspektiven integrierend Wissen aufbauen.
2. Vorausschauend denken und handeln.
3. interdisziplinär Erkenntnisse gewinnen.
4. Risiken, Gefahren und Unsicherheiten erkennen und abwägen können.
Sozialkompetenz
5. Gemeinsam mit anderen planen und handeln können.
6. An Entscheidungsprozessen partizipieren können.
7. Sich und andere motivieren können aktiv zu werden
8. Zielkonflikte bei der Reflexion über Handlungsstrategien berücksichtigen können.
Selbstkompetenz
9. Die eigenen Leitbilder und die anderer reflektieren können.
10. Selbstständig planen und handeln können.
11. Empathie und Solidarität für Benachteiligte zeigen können.
12. Vorstellungen von Gerechtigkeit als Entscheidungs- und Handlungsgrundlagen nutzen können.

Ein weiteres Kompetenzmodell bietet der *Orientierungsrahmen für den Lernbereich globale Entwicklung* (2007, 2016) an. Auch diese bezieht sich auf die OECD. Der Orientierungsrahmen formuliert ein Kompetenzmodell, das stärker an der Thematik der globalen Entwicklung ausgerichtet ist.
Übersicht nach Schreiber et al. (2016):

Erkennen
1. Informationsbeschaffung und -verarbeitung zu Fragen der Globalisierung und Entwicklung
2. Erkennen von Vielfalt
3. Analyse des globalen Wandels
4. Unterscheidung von Handlungsebenen vom Individuum bis zur Weltebene
Bewerten
5. Perspektivenwechsel und Empathie
6. Kritische Reflexion und Stellungnahme
7. Beurteilen von Entwicklungsmaßnahmen
Handeln
8. Solidarität und Mitverantwortung
9. Verständigung und Konfliktlösung
10. Handlungsfähigkeit im globalen Wandel
11. Partizipation und Mitgestaltung

Um den eigenen Unterricht in Richtung BNE weiterzuentwickeln, ist es hilfreich, ihn auf die Förderung der Teilkompetenzen aus einem der Kompetenzmodelle zu befragen. Letztendlich kann nahezu jedes Fach und jedes Thema einen Beitrag zu Förderung der Kompetenzen beitragen, die zur Gestaltung der Zukunft notwendig sind.

Zwischen Anleitung und Emanzipation

BNE ist nicht die Vermittlung von einfachen Verhaltensregeln, sondern es geht um das Herausbilden von Fähigkeiten, die die Kinder in die Lage versetzen, Dinge selbst zu durchdenken, Lösungswege zu entwickeln und kritisch zu hinterfragen. Die BNE hat damit einen emanzipatorischen Grundgedanken.

In der Praxis finden sich zwei Herangehensweise an die Themen der BNE. Einerseits gibt es konkrete Handlungsmodelle, Verhaltensregeln und Vorbilder, die vor allem kurzfristig Lösungen anbieten. Langfristig reichen diese jedoch nicht aus. Auf längere Zeitspannen gesehen, müssen wir die Kinder ermutigen diese Modelle und auch Expert:innen oder sogar Lehrkräfte zu hinterfragen. Nur so lernen sie mit den schwierigen Fragen der nachhaltigen Entwicklung umzugehen, Unsicherheiten auszuhalten und eigene Lösungswege zu erproben. Zwei englische Bildungsexperten beschreiben die anleitende (instruktive) Seite der BNE und die emanzipatorische als Ying und Yang (Vare/Scott 2007), sie gehören zusammen.

Lehrkräfte und Lehrende können sich dabei immer wieder die Frage stellen, was sie im Bereich BNE vermitteln, wie sie es tun und warum sie es eigentlich tun. Wie kommunizieren sie ihre eigene Haltung? Übernehmen sie vielleicht sogar unbewusst Einschätzungen aus den Medien? Reflektieren sie ihre Position, machen sie ihre Meinung als ihre eigene persönliche Haltung deutlich und machen sie, wenn möglich, transparent, wie sie zu ihrer eigenen Einschätzung gekommen sind? Eröffnen sie damit den Raum, persönliche Einschätzungen und Wertungen offen zu besprechen?

Beutelsbacher Konsens

Der Beutelsbacher Konsens (1977) aus der politischen Bildung ist auch für die BNE wichtig. Mit dem Überwältigungsverbot untersagt der Konsens Lehrkräften Schüler:innen mit ‚erwünschten Meinungen zu überrumpeln'. Lehrkräfte müssen Schüler:innen die Möglichkeit geben, ein selbstständiges Urteil zu fällen. Das was Wissenschaft und Politik kontrovers diskutieren, sollte auch im Unterricht kontrovers dargestellt werden. Die Themen der nachhaltigen Entwicklung führen uns immer wieder in Grenzbereiche zwischen Politik und Gesellschaft, die eine Reflektion der eigenen Position notwendig machen.

Unsicherheiten aushalten können

Die Themen der nachhaltigen Entwicklung sind komplex. Oft geht es darum, Unsicherheiten auszuhalten. Es entstehen immer wieder neue Fragen, die auch nicht immer beantwortet werden können – auch nicht von der Lehrkraft. Mit dem Begriff ‚Entwicklung' geht es um einen Prozess und um Veränderung. Das Ziel des Prozesses verändert sich mit dem Wissen, das wir haben, es ist komplex und es wird immer wieder neu verhandelt. In drei Jahren kann die Lösung eines Problems bereits anders aussehen als heute. Diese Unsicherheit gilt es auszuhalten und dennoch Entscheidungen zu treffen und zu handeln. Das bedeutet für Lehrkräfte auch manchmal eine andere Haltung im Kontext BNE einzunehmen als im regulären Unterricht. Sie können Unsicherheiten offen kommunizieren, um gemeinsam Lösungsstrategien zu entwickeln.

Worum es bei der BNE nicht geht:

- einfaches Vermitteln von Regeln,
- negative Katastrophenszenarien,
- Elendsszenarien und Hilfsprojekte aus Mitleid,
- nur Wissen kein Handeln,
- Entscheidungen über die Köpfe der Kinder hinweg,
- immer eine einfache Lösung zu finden.

Whole School Approach
BNE wird als Querschnittsaufgabe in der Schule gesehen. Es geht nicht nur um einen anderen Unterricht, sondern um den gesamten Schulalltag, der neu ausgerichtet werden kann. Schulen können das Leitbild nachhaltiger Entwicklung in Schulentwicklungsprozessen auf allen Ebenen mitdenken: in die Beschaffung, im Umgang mit Mitarbeiter:innen und Dienstleister:innen, in der Gestaltung der Räume und Freiflächen und in der Beteiligung der Schüler:innen und Eltern. Das fängt bei der Wahl des Klopapiers an und kann bis hin zu einer gemeinsamen Planung des Schulumbaus oder zu internationalen Schulpartnerschaften gehen.

Gerade Ganztagsschulen bieten ein großes Potenzial, um im gebundenen Ganztag die Schule nach außen zu öffnen und im Alltag mehr Raum und Zeit für Partizipation und für Vorhaben im Bereich der nachhaltigen Entwicklung einzuräumen.

Mit folgendem Fragenkatalog können Sie Ihren Unterricht in Bezug auf die Ziele der BNE befragen:
Vernetzung
Kann das Thema mehrperspektivisch mit Bezügen zu Umwelt, Wirtschaft oder Sozialem betrachtet werden? Gibt es Verbindungen zu den Nachhaltigkeitszielen?
Bezug Mensch (Kinderrechte, gerechte Arbeitsbedingungen, Austausch, Vielfalt und Toleranz, Lebensbedingungen, Gesundheit, …)
Bezug Umwelt (Natur, Klima, Wasser, …)
Bezug Wirtschaft (Einkaufen, Arbeiten, Produzieren, …)
Kann eine globale Perspektive auf das Thema eröffnet werden? Gibt es weltweite Verbindungen oder Vernetzungen?
Behandelt das Thema eine lokale oder globale Herausforderung oder Problemlage?
Partizipation: In welcher Form ist eine Beteiligung der Schüler:innen möglich?
Können sie ihre Alltagserfahrungen oder eigene Fragen und Ideen einbringen?
Können sie über Teile des Projekts mitentscheiden?
Können sie den Unterrichtsverlauf mitgestalten?
Können sie eigene Handlungsideen entwickeln und ausprobieren?
Didaktische Prinzipien
Können Schüler*innen Zukunftsvorstellungen entwickeln und diese kritisch beleuchten?
Arbeiten Sie mit Methoden, die vernetztes und mehrperspektivisches Lernen ermöglichen?
Gibt es Möglichkeiten der Partizipation und Mitgestaltung des Unterrichts?
Ist das Vorhaben handlungsorientiert und ermöglicht es den Schüler*innen die Reflexion der Erfahrungen?
Ist forschendes und entdeckendes Lernen möglich?
Gibt es einen Alltagsbezug? Können Sie die Erfahrungen und Fragen der Kinder einbeziehen?
Steht die Vermittlung von Kompetenzen und nicht das Fach- und Sachwissen im Vordergrund?

Welche Teilkompetenzen der Gestaltungskompetenz können Sie fördern?
1. Weltoffen und neue Perspektiven integrierend Wissen aufbauen.
2. Vorausschauend denken und handeln.
3. Interdisziplinär Erkenntnisse gewinnen.
4. Risiken, Gefahren und Unsicherheiten erkennen und abwägen können.
5. Gemeinsam mit anderen planen und handeln können.
6. An Entscheidungsprozessen partizipieren können.
7. Sich und andere motivieren können aktiv zu werden
8. Zielkonflikte bei der Reflexion über Handlungsstrategien berücksichtigen können.
9. Die eigenen Leitbilder und die anderer reflektieren können.
10. Selbstständig planen und handeln können.
11. Empathie und Solidarität für Benachteiligte zeigen können.
12. Vorstellungen von Gerechtigkeit als Entscheidungs- und Handlungsgrundlagen nutzen können.

Open Access Dieses Kapitel wird unter der Creative Commons Namensnennung 4.0 International Lizenz (http://creativecommons.org/licenses/by/4.0/deed.de) veröffentlicht, welche die Nutzung, Vervielfältigung, Bearbeitung, Verbreitung und Wiedergabe in jeglichem Medium und Format erlaubt, sofern Sie den/die ursprünglichen Autor(en) und die Quelle ordnungsgemäß nennen, einen Link zur Creative Commons Lizenz beifügen und angeben, ob Änderungen vorgenommen wurden.

Die in diesem Kapitel enthaltenen Bilder und sonstiges Drittmaterial unterliegen ebenfalls der genannten Creative Commons Lizenz, sofern sich aus der Abbildungslegende nichts anderes ergibt. Sofern das betreffende Material nicht unter der genannten Creative Commons Lizenz steht und die betreffende Handlung nicht nach gesetzlichen Vorschriften erlaubt ist, ist für die oben aufgeführten Weiterverwendungen des Materials die Einwilligung des jeweiligen Rechteinhabers einzuholen.

(Auto-)ethnografische Forschungspraktiken

3

> In thinking and working autoethnographically, we choose to understand the academic self and vocation as personal, social, emotional, embodied, and mindful.
>
> (Pithouse-Morgan et al. 2021: 1)

Dieses Kapitel führt in die Arbeitsweisen der Autoethnografie und meine Forschungsstrategien ein. Ich schreibe autoethnografisch, „da es das schreibende und das beschriebene Subjekt vereint“ (Bönisch-Brednich 2012: 49). Zu Beginn der Forschungszeit setzte ich mich damit auseinander, wie ich mich, meine Positionierung zur BNE und meine beruflichen Vorerfahrungen berücksichtigen kann. Eine Szene trug hierzu besonders bei: Ich saß in einem Kolloquium und die Moderation leitete die erste Präsentation meines Exposés mit den Worten ein: „Man muss bedenken, Frau Jessen ist eine Aktivistin.“ Mit dem Begriff fühlte ich mich in eine Ecke gedrängt, gleichzeitig kam ich ins Grübeln. Sollte ich mich, nur weil ich seit vielen Jahren im Bereich der BNE arbeite, als Aktivistin fühlen? Und wenn ich eine Aktivistin bin, dann für was und welche Auswirkungen hat das auf meine Forschung? Seit ich mich 2020 dazu entschlossen hatte, zurück an die Universität zu gehen und an der Schnittstelle zwischen BNE und Textil zu forschen, musste ich mich wiederholt gegen die Rollenzuschreibung als Expertin für nachhaltigen Textilkonsum wehren, denn als diese fühlte ich mich nicht. Dennoch

---

Ergänzende Information Die elektronische Version dieses Kapitels enthält Zusatzmaterial, auf das über folgenden Link zugegriffen werden kann https://doi.org/10.1007/978-3-658-51463-1_3.

© Der/die Autor(en) 2026

S. Jessen, *Textile Bildung in Schulkulturen der Nachhaltigkeit*, Schule und Gesellschaft 73, https://doi.org/10.1007/978-3-658-51463-1_3

merkte ich, dass der Begriff ‚Aktivistin' irgendetwas in mir berührte. Als Forscherin gleichzeitig Aktivistin zu sein, ist einerseits umstritten, aber andererseits fast unerlässlich. Denn ‚brennen' nicht die meisten Forscher:innen für ihre Themen, weil sie dazu beitragen möchten, etwas zu verändern, zu erneuern oder zumindest Transparenz zu schaffen? Aber wenn ich keine Aktivistin für eine ‚bessere' Textilindustrie war und Menschen nicht zu ‚besseren Konsument:innen' erziehen wollte, inwiefern war ich dann eine Aktivistin? Inzwischen verorte ich meinen Aktivismus im Bereich der Veränderung von Schule und Bildung und ich entschied mich für den performativen Schreibprozess einer Autoethnografie. Dieser bietet mir die Chance, mit meinem ‚Aktivismus' umzugehen und berufliche sowie persönliche Vorerfahrungen im Nachhinein einzubeziehen. Die Autoethnografie erkennt an, „dass Forschung einen gesellschaftsverändernden, emanzipatorischen Anspruch haben darf und soll" (Ploder/Stadlbauer 2017: 430).

3.1 Aus dem Feld in die Forschung

Ich erhoffe mir, durch das autoethnografische Schreiben Analyse und Prozess verbinden zu können. Gleichzeitig möchte ich, wie Bönisch-Brednich (2012) schreibt, keine Wahrheit beschreiben, denn „sie ist situiert, konstruiert und veränderbar" (49). Ich möchte den performativen Charakter des Forschens sowie des Lesens hervorheben. Meine Leser:innen werden sich zu vielen Aspekten ihren eigenen Teil denken, eigene Interpretationen entwickeln und Gedanken und Ideen hoffentlich aufnehmen und weiterentwickeln. Gleichzeitig möchte ich natürlich einer viel kritisierten Selbstverliebtheit der Ethnolog:innen aus dem Weg gehen und vor allem vermeiden, dass der oder die Leser:in mehr über mich als über das Feld erfährt (Bönisch-Brednich 2012: 53). Also wie sollte so eine Geschichte aufgebaut sein, was sollte sie erzählen? In fast drei Jahren Forschung hatte sich viel angesammelt. Es ist inzwischen nichts Außergewöhnliches mehr, dass Anthropolog:innen in einem Feld forschen, dem sie zugehörig sind (Bönisch-Brednich 2012: 54). So war es auch in meinem Fall. Ich blieb in meiner Heimat, ich blieb in meinem Kompetenzfeld der Bildung. Ich wollte ein Feld beforschen, in dem ich seit mehr als 12 Jahren arbeitete. Gleichzeitig suchte ich in der Forschung das ‚Fremde', das Neue, das irritierende Andere. Es war das Irritierende, das ich suchte, etwas, das sich lohnt zu beschreiben. Ich eignete mir langsam aber sicher neue Erfahrungsräume an und in der Auseinandersetzung mit der Aneignung, hoffe ich, Eigenschaften und Herausforderungen beschreiben zu können. Ich war zwar nicht fremd, aber ich war auch nicht in einem gewohnten, routinierten Umfeld. Ich hatte zwar vor Jahren Kulturwissenschaft an der Universität studiert, aber ich machte einen Sprung in der Zeit, wurde in einer Art wieder Berufsanfängerin, denn ich musste die Praktiken des Forschens erst (wieder) erlernen. Während andere direkt von der Masterarbeit in die Dissertation starten, hatte ich eine Lücke. Forschung war methodischer, diversifizierter und vor allem digitaler geworden. Gleichzeitig war die Wahrnehmung als Studentin natürlich deutlich begrenzter als die einer wissenschaftlichen Mitarbeiterin. Ich kam aus der praktischen außerschulischen Bildungs- und Vermittlungsarbeit mit einem Fokus auf die BNE. Ich musste mir neue Begrifflichkeiten und Umgangsformen aneignen und letztendlich auch zusammenbringen. Es lässt sich mit einem Durchwandern von Erfahrungsräumen beschreiben (Abb. 3.1). Es war ein Abwandern und Einwandern.

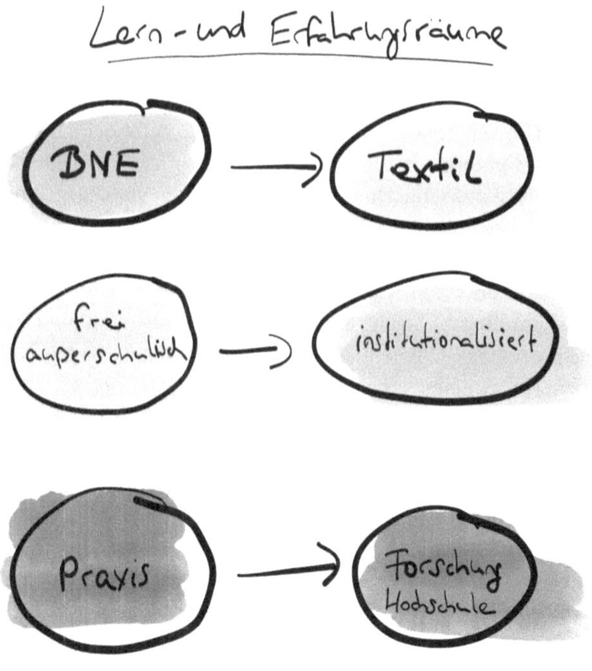

Abbildung 3.1 Durchwandern von Lern- und Erfahrungsräumen

Von der praktischen, handelnden und oft pragmatischen aber auch sehr kreativen Vermittlungspraxis wanderte ich in die theoriegetragene Hochschulbildung. Ich kam aus der freien außerschulischen Bildung und lernte die Hürden und auch Machtverhältnisse der institutionalisierten Bildung kennen. Dabei sehe ich diese Arbeit als analytische Autoethnografie (Anderson 2006). Sie nutzt analytische Mittel der Kultur- und Sozialforschung und spielt diese durch, um die Perspektiven auf ein Phänomen zu erweitern. Anderson entwickelt fünf zentrale Eigenschaften einer analytischen Autoethnografie: Zunächst nennt er einen "complete member researcher (CMR) status" als wichtiges Element, das bedeutet, der oder die Forschende ist Teil der beforschten Gruppe bzw. des beforschten Phänomens (1). Als weitere Punkte zählt er eine analytische Reflexivität (2), die Sichtbarkeit des forschenden ‚Ichs' in der Erzählung (3) einen Dialog mit weiteren Personen außer dem forschenden ‚Ich' (4) und eine Verpflichtung zu einer theoretischen Analyse auf (5) (Anderson 2006: 378).

Vor Beginn der wissenschaftlichen Tätigkeit arbeitete ich sowohl fest angestellt als auch selbstständig in mehreren Praxisprojekten mit textilem Schwerpunkt in der BNE als Autorin, Gestalterin und Vermittlerin. Ich arbeitete mit Agenturen, mit Lehrer:innen, Verlagen und anderen Akteur:innen. Im Laufe der Forschung wurde mir deutlich, wie meine Arbeit für die Öffentlichkeitsarbeit der Deutschen Bundesstiftung Umwelt (2008–2017) meinen Blick auf Nachhaltigkeitskommunikation und BNE geformt hat. Ich hatte Menschen aus ganz unterschiedlichen Bereichen – mittelständische Unternehmen, Vereine, Verbände, Museen sowie auch Forschungseinrichtungen – kennengelernt, die sich aus ganz unterschiedlichen Perspektiven mit ‚Nachhaltigkeit', ‚nachhaltiger Entwicklung' oder auch der ‚Großen Transformation' auseinandergesetzt haben. Die unterschiedlichen Auffassungen zum Begriff nachhaltige Entwicklung wurden dort vor allem in Abstimmungsprozessen schnell deutlich. In meiner Funktion als wissenschaftliche Mitarbeiterin evaluierte ich Bildungsprojekte im Kontext BNE, die mein Urteilen über BNE-Projekte geprägt haben. Implizit setze ich die damals gebildeten Kriterien immer noch an. Schnell mache ich einen Haken, wenn ich höre ein Projekt spricht die drei Dimensionen der nachhaltigen Entwicklung an, einen zweiten Haken, wenn ein Projekt in irgendeiner Form Gestaltungskompetenz (de Haan 2008a) oder Nachhaltigkeitskompetenzen (Rieckmann 2018) fördert und einen dritten Haken, wenn ich den Begriff Partizipation höre. Immer wieder muss ich mir während des Forschungsprozesses deutlich machen, woher mein schnelles Urteil über beobachtete Projekte und Vorgänge kommt und dieses Urteil damit auch hin und wieder relativieren oder zurücknehmen. In der Zeit als freie Autorin und Gestalterin (seit 2018) entwickelte ich für drei Vorhaben Bildungsmaterialien zu textilen Themen im Bereich BNE (Jessen/Derwanz 2024). Die hieraus entstandene Lern- und Materialkiste „Slow Fashion", die einerseits über das Projekt „Eine Welt in der Schule" bundesweit an Schulen für Lerngruppen der Klasse

3–9 verliehen wird und andererseits am Institut für Materielle Kultur für Studierende und kooperierende Lehrkräfte zur Verfügung steht, bildete eine Basis für diese Forschung (Jessen 2022). Ich nutze sie als Ausgangspunkt für Workshops mit Lehrkräften, Studierenden und Multiplikator:innen. Ein weiterer Weg in die Forschung war eine digitale Umfrage (Kapitel 4). Ich war zwar Teil des großen Feldes BNE und Vermittlung, aber mit der Forschung erschloss ich mir andere bzw. neue Teilbereiche (z. B. Textiles in der Schule, BNE in der Hochschulbildung). Während der Forschung arbeitete ich bis Ende 2023 noch in freien Projekten weiter. Irgendwann kam der Zeitpunkt, an dem ich alle freien Projekte pausierte, um alle Ressourcen für die Forschungsarbeit zu nutzen. Ich war zu 100 Prozent in der Forschung und der Welt der Universität angekommen.

Die Frage nach dem methodischen Vorgehen ist immer auch eine Frage nach der Begründung meiner wissenschaftlichen Praxis – meiner sozialen Praktiken im wissenschaftlichen Umfeld. Ich kann sie mit Texten explizit begründen, aber gleichzeitig bleiben viele auch implizit, weil sie auf impliziten Wissensordnungen aufbauen, die ich im Laufe meiner Qualifizierung als Lehrende und Forschende ‚eingesammelt' habe und teilweise mit Prüfenden und Lesenden teile und daher nicht für erklärungsbedürftig halte. Umso weiter das gemeinsame Verständnis beispielsweise von ‚Wissenschaft', ‚Methodologien' oder ‚Bildung' auseinander gehen, um so erklärungsbedürftiger wird das Vorgehen. Es ist eine Gratwanderung, abzuwägen, was nun erklärungsbedürftig ist und was nicht.

Grundsätzlich lässt sich festhalten: Dies ist eine Ethnografie und daher bediene ich mich auch der Methodenvielfalt der Ethnografie (u. a. Breidenstein et al. 2020). Die Grundidee ist es, den Vollzug der sozialen (Alltags-)Praxis von Menschen zu beschreiben. Diese Beschreibung kann im Rückgriff auf klassische Formen der Beobachtungen stattfinden, aber auch durch das Sammeln von Artefakten, Dokumenten oder Gespräche und Interviews mit Menschen. Breidenstein et al. (2020) beschreiben die Ethnografie als eine „Haltung" bzw. „Forschungsstrategie" und nicht als Methode, die regelhaft angewendet wird (11). Es ist die Forschungsstrategie, „sich einem empirischen Phänomen pragmatisch so zu nähern, dass es sich dem Beobachter in seiner Vielfältigkeit, Vielschichtigkeit und Widersprüchlichkeit zeigen kann" (Breidenstein et al. 2020: 11). Das bedeutet, nahezu alles kann im Forschungsprozess relevant sein und kann von mir in die Analyse einbezogen werden. Mit der Autoethnografie (Adams et al. 2020) gebe ich meinen persönlichen Erfahrungen zusätzlich einen besonderen Stellenwert in der Reflexion und Bearbeitung. Was für mich selten eine methodische Herausforderung darstellte, war die Form der Datenaufnahme und Sammlung. Auch die Verfahren, der teilnehmenden Beobachtung, des Führens von ethnografischen

Interviews oder der Durchführung von Gruppendiskussionen bzw. Gesprächen ergaben sich zwangsläufig aus meinem Verständnis der Ethnografie.

Was mich jedoch am stärksten beschäftigte, war die Frage der Auswertung, der Analyse und des Schreibens. Die Autoethnografie bezieht sich auf das Schreiben als analytisches Verfahren (Adams et al. 2020: 474 f.). Aus dem Studium basiert mein Verständnis der Ethnografie zum einen (1) auf der „multi-sited ethnography" (Marcus 1995), die darstellt, dass Ethnografie in einer globalisierten Welt an verschiedenen Orten stattfinden kann, zum zweiten (2) auf einem stark reflexiven Gedanken der Ethnopsychoanalyse (Nadig 2017) und des Einflusses des Forschenden auf das Feld sowie zum dritten (3) auf eine Art von ‚Urvertrauen' in die „dichte Beschreibung" von Clifford Geertz (1983). Alles Elemente, die ich vor mehr als 20 Jahren in meiner Einführung in die Kulturwissenschaft kennengelernt habe.

Mit diesem Forschungsvorhaben habe ich die vertrauten Bereiche der europäischen Ethnologie bzw. Kulturanthropologie verlassen und mich der Ethnografie in der Bildung zugewendet. Eine Ethnografie in der Schule und das Beschreiben von Lernprozessen ist dabei mit anderen Herausforderungen verbunden als eine Ethnografie in einem Verein oder einer sozialen Gemeinschaft. Ethische Fragen sind von hoher Relevanz, die behördlichen Regulierungen stärker und die Möglichkeiten zur teilnehmenden Beobachtung, alleine schon aufgrund des Altersunterschieds, begrenzt. Aber auch die Forschungspraktiken, um Lehr- und Lernprozesse zu beschreiben, sind andere. Teilweise gibt es Autor:innen, die in beiden Bereichen rezipiert werden, aber teilweise finden auch voneinander getrennte Diskurse statt. Auch in der Ethnografie der Erziehungs- und Sozialwissenschaft wird auf die dichte Beschreibung von Clifford Geertz verwiesen (Breidenstein et al. 2020: 131), auch hier werden die „Mehrörtigkeit", die „Mobilität der Forscher*innen" (Rabenstein/Wagener-Böck 2022: 85) oder die Vielschichtigkeit als wichtige Elemente hervorgehoben aber gleichzeitig scheint mir hier das Verständnis der Analyse stärker von methodischen Werkzeugen (Breidenstein et al. 2020: 103 f.) als von assoziativen Deutungen (Bonz et al. 2017) geprägt zu sein. Fragen nach theoretischen Grundlagen oder methodischen Zugängen waren für mich relevanter geworden und ich konnte nur schwer unterscheiden, ob der stärkere methodische Rückgriff und die komplexere Theoriebildung in meinem neuen Arbeitsfeld mehr mit meiner ‚Wissenslücke' in der Weiterentwicklung der Forschung, meiner wachsenden akademischen Ausbildung oder mit einem anderen Verständnis von Forschung in einem anderen Forschungsfeld zu tun hatte.

In der Autoethnografie sind das Schreiben und das Lesen zentrale Erkenntnisprozesse. Diesen Schreibprozess habe ich im Laufe der Forschung im Sinne der analytischen Autoethnografie mit verschiedenen Verfahren der qualitativen Sozialforschung zur Distanzierung und Strukturierung meiner Daten kombiniert, wodurch ich aus dem Feld hinaus- und wieder hineinzoomen konnte. Hier waren Elemente der Grounded Theory (Mey/Mruck 2020; Strübing 2019, 2022) der Praxistheorien (Reckwitz 2016) und später der Situationsanalyse (Clarke et al. 2018) wichtige Orientierungspunkte. Im Folgenden werde ich zunächst auf die Datenaufnahme eingehen, dann auf die Form der Sammlung der Daten und im Anschluss auf den Prozess der Analyse und Weiterverarbeitung.

3.2 Autoethnografische Daten und erweiterter Datenkorpus

Neben dem autoethnografischen Schreiben nutzte ich im Sinne der methodischen Triangulation verschiedene Instrumente der qualitativen Sozialforschung zur Datensammlung. Ich wollte Lehr- und Lernprozesse in ihrem Verlauf, aber auch in ihrer Vor- und Nachbereitung beschreiben und deuten. Neben der Umsetzung von eigenen Vermittlungsprojekten kamen zur Orientierung im Feld eine digitale, standardisierte Umfrage (Kapitel 4: Forschungsnotiz) und im Anschluss die (teilnehmende) Beobachtung, eine abgewandelte Form der Gruppendiskussionen sowie Einzelinterviews hinzu.

(Teilnehmende) Beobachtung

Herzstück der Ethnografie ist die teilnehmende Beobachtung. Es geht darum, sich auf das Feld einzulassen und körperlich anwesend zu sein. Dabei sind teilnehmende Beobachtungen von Unterrichtssituationen für mich zu einer besonderen Herausforderung geworden. Meier und Eckermann (2022) nennen vier zentrale Grundannahmen für die teilnehmende Beobachtung von Schüler:innen: Sie zielt auf „die Handlungen bzw. die (Schüler*innen-)Praktiken", sie nutzt die „Gleichörtlich- und Gleichzeitigkeit", um an der Praxis im Feld unmittelbar teilzunehmen, sie macht Körper und Sinne zum „Aufzeichnungsapparat" und ist daher Mittel zur Erkenntnis, aber auch selbst Gegenstand der Erkenntnis und nicht zuletzt verbindet die teilnehmende Beobachtung „zwei widerstreitende Prinzipien", einerseits die „(Ko-)Teilnahme im Feld" und andererseits die analytische Distanzierung (Meier/Eckmann 2022: 144 f.). Die Teilnehmende Beobachtung grenzt sich von einem „objektivistischen Beobachtungsbegriff" ab, somit werden auch die Schüler:innen als teilnehmende Beobachter:innen betrachtet, woraus ein wechselseitige Beobachtungsverhältnis entsteht (Meier/Eckermann 2022: 144). Wenn es, wie in meinem Fall, nicht um die reine Schüler:innenforschung, sondern um die Erforschung der sozialen Praktiken in Vermittlungssituationen geht, werden meines Erachtens auch die Lehrkraft oder weitere anwesende Erwachsene, wie beispielsweise pädagogische Mitarbeiter:innen zu beobachtenden Personen. Ich werde Teil der empirischen Situationen, die sich immer durch meine Anwesenheit verändert. Die anwesenden Menschen reagieren auf mich und ich reagiere auf die anwesenden Menschen. Einige Aussagen und Handlungen werden erst durch meine Anwesenheit einerseits als Forscherin und andererseits als ‚Expertin' für BNE und/oder Textil provoziert – denn diese Eigenschaft wurde mir aufgrund meiner beruflichen Position oft zugeschrieben. Die soziale Erwünschtheit in einem Forschungskontext zur nachhaltigen Entwicklung ist dabei nicht zu unterschätzen. Ich entschied mich für den gesamten Forschungsprozess, dass ich offensiv mit den Positionen als Forscherin, Vermittlerin und teilweise Expertin umgehe, ich brachte meine Auffassung zu zentralen Themen ein und provozierte bzw. produzierte Meinungen und Aussagen im Prozess mit. Die Forschungsliteratur bezeichnet die teilnehmende Beobachtung als „paradoxe Konstruktion" (Meier/Eckermann 2022: 145), da Forschende mit der Beobachtung das Feld verändern. Diese paradoxe Situation habe ich teilweise genutzt, um Aktion und Reaktion zu beobachten.

Ich möchte die Intensität der Teilnahme in Vermittlungssituationen differenzieren. Für mich stellte sich die Frage, in welcher ‚Rolle' ich teilnehmend beobachten kann, wie ich mich gegenüber den anderen Personen positioniere bzw. inwiefern im Rahmen einer autoethnografischen Forschung überhaupt noch von einer teilnehmenden Beobachtung gesprochen werden kann. Im Rückblick auf die Positionen, die ich im Prozess einnahm, sind für mich drei Formen der Beobachtung entstanden. Zunächst eine nicht durchgängige, aber doch immer wiederkehrende *Selbstbeobachtung* (1) im gesamten Forschungsprozess, dann eine Form der starken teilnehmenden Beobachtung, die ich die *durchführende Beobachtung* (2) nennen möchte und als drittes eine *(teilnehmende) Beobachtung* (3), bei der ich das (teilnehmend) bewusst in Klammern setzte.

In der *durchführenden Beobachtung* (2) habe ich Projekte oder Lehrveranstaltungen selbst als Vermittlerin durchgeführt, ich wurde beispielsweise als außerschulische Vermittlerin oder als Workshopleitung angefragt. Bei der *(teilnehmenden) Beobachtung* (3) besuchte ich Schulen, um bei Projekten und Unterrichtssituationen mit dabei zu sein. Als Schüler:in bzw. Lernende teilzunehmen, funktioniert in diesem Fall nicht, auch nicht als Lehrkraft. In diesem Plot, der regulären Unterrichtssituation, gab es, wenn überhaupt, die Position der pädagogischen Assistenz, die von mir eingenommen werden konnte. Ich entschied mich bewusst als Forschende, aber auch als Helfende mit dabei zu sein. Das bedeutet, wenn ich den Lernenden und der Lehrkraft als Forschende begegnete, dass ich in den Vermittlungsaktivitäten auch aus Forschungsinteresse direkt nachfragte oder die Lernenden mich auch zu meinem Forschungsinteresse befragten. Gleichzeitig gab es Situationen, in denen helfende Personen benötigt wurden, dann wurde ich, ähnlich einer pädagogischen Mitarbeiterin, zu einer weiteren assistierenden Erwachsenen Person im Raum. Es gab auch Situationen in denen das Geschehen für mich als aktiv Teilnehmende zu unübersichtlich wurde. Dann habe ich mich an einen Tisch auf eine stark beobachtende Position zurückgezogen, wenngleich meine Anwesenheit und damit meine Teilnahme im Raum natürlich nie unberücksichtigt bleiben sollte.

Ich betrachte die Vermittlungssituationen aus einer praxeologischen Perspektive. „Praxeologische Unterrichtsforschung richtet sich auf die Analyse der Vollzugslogik alltäglicher Unterrichtspraktiken; und sie rückt die Orientierung an Routinen, an Pragmatik und Effizienz im Lehrer- wie im Schülerhandeln in den Blick" (Breidenstein/Tyagunova 2020: 198). Im Zentrum stehen weder die Schüler:innen noch die Lehrenden sondern die soziale Praxis. Die Beobachtung in den Textilräumen war für mich besonders herausfordernd, denn der textile Unterricht ist zumeist auch ein individualisierter Unterricht. Die Lernenden verfolgten individuelle Projekte und somit entstanden in einem Raum verschiedene Lernräume um Einzelpersonen und/oder Maschinen oder auch kleineren Schüler:innengruppen. Ich beziehe daher ein relativistisches Raumkonzept in meine Beobachtung ein und verstehe das Handeln selbst als raumbildend (Breidenstein 2006: 42). Die Räume bestehen nebeneinander, greifen ineinander. Sie werden durch die Handlungen der Akteur:innen gestaltet. Ein leicht zu fassendes Beispiel ist die Grundschule. Hier bietet die Gestaltung des Klassenraums von vornherein verschiedene Möglichkeiten der Raumaneignung an. Es gibt einen Sitzkreis, eine Spielecke, einen Ruhebereich und verschiedene Tischgruppen, aber auch Einzeltische für die arbeitenden Kinder. Nach wie vor gibt es ein Zentrum des Raumes, die Tafel bzw. das Smartboard und einen Lehrer:innenschreibtisch. Der Schreibtisch steht aber nicht gezwungenermaßen vorne im Raum. Der Raum ist ‚dynamisch' gestaltet. Es sind Veränderungen für verschiedene Handlungszusammenhänge möglich. Das Zentrum des Raums verlagert sich, oftmals findet das Unterrichtsgeschehen dezentriert statt.

Während meines Aufenthalts entstehen immer wieder neue Räume, sei es der gemeinsame Morgenkreis oder der jeweilige Arbeitsraum einzelner Kinder an ihrem Tisch. Zwischen den Tischen ist oftmals ein Freiraum. In diesem Freiraum entsteht Austausch, aber auch Konflikte. Je nach Auftrag darf der Arbeitsraum des Tisches nicht verlassen werden oder die Kinder können sich flexibel im Raum bewegen. Die Lehrkraft und die pädagogische Assistenz haben zu jeder Zeit die Möglichkeit, sich frei zu bewegen.

In dieser Dynamik musste ich mich als Forscherin häufig entscheiden, wie und ob ich mit der Dynamik mitgehe und wie oder wo ich dezentral beobachten kann. Das führt dazu, dass Notizen und Beschreibungen teilweise bruchstückhaft sind bzw. dass ich mich auf Einzelereignisse fokussieren musste.

Ethnografische Interviews und Gruppengespräche

Zumeist anknüpfend an die gemeinsamen Erfahrungen in konkreten Vermittlungssituationen, führte ich mit Lehrkräften und Vermittler:innen offene, ethnografische Interviews. Ausgangspunkt der Gespräche waren die gemeinsam erlebten Vermittlungs- oder Workshopsituationen. Ich bereitete keine besonderen Impulse vor oder orientierte mich an stringenten Interviewverfahren, da im Verlauf eines ethnografischen Forschungsprozesses in der ‚Alltäglichkeit' der Begegnung ausreichend Informationen liegen. Ziel war es, die Herausforderungen und Fragen aus der erlebten Praxis zu reflektieren und zu kontextualisieren. Mich interessierte, wie Pädagog:innen ihren Zugang und Umgang zum Themenkomplex Textiles und nachhaltige Entwicklung beschreiben. Welche Praktiken lassen sich hieraus ableiten? Im Fokus standen die Praxis und der Umgang mit dem Material. Wie gehen die Lehrenden und Schüler:innen mit den Dingen um? Welche Vorstellungen von den Dingen und Materialien werden beschrieben?

> Die impliziten Wissensformen, die in den Praktiken zum Einsatz kommen, können zusätzlich indirekt mit Hilfe qualitativer Interviews erschlossen werden. Interviews sind dabei keine ‚Experteninterviews', sondern Produktionsorte von Narrationen und Selbstinterpretationen durch die Teilnehmer, ‚hinter' denen sich wiederum jene kulturellen Codes, Deutungsmuster und möglicherweise auch alltagsmethodischen scripts rekonstruieren lassen, welche in den Praktiken zum Einsatz kommen.
>
> (Reckwitz 2016: 36 f.)

Für die ersten Interviews bereitete ich mich mithilfe einer Mindmap[1] vor. Mit dieser strukturierte ich meine Fragen an das Feld (siehe Anhang 2 im elektronischen Zusatzmaterial). Sie diente mir im Interviewverlauf zeitweise als Orientierung, wenn die Fragen aus der ethnografischen Begegnung abgearbeitet waren.

Aus der Tätigkeit als Lehrende und als Workshopleitung entstanden Aufnahmen von Gesprächen in Gruppen. Sie erfüllen für mich einen ähnlichen Zweck

---

[1] Bereits in meiner Magisterarbeit habe ich das leitfadenbasierte Interview für mich weiter geöffnet, indem ich eine Mindmap als Orientierung in der Befragung nutze. Hierin habe ich für mich Eckpunkte für das Interview, die ich im Verlauf ansprechen möchte, gesammelt. Je nach Intensivität des vorhergehenden Feldkontakts habe ich die Mindmap mehr oder weniger genutzt.

wie initiierte Gruppendiskussionen in der Sozialforschung. Nach Przyborski und Wohlrab-Sahr eignet sich die Gruppendiskussion insbesondere dazu, kollektive Orientierungen und Wissensbestände sichtbar zu machen (Przyborski/Wohlrab-Sahr 2014: 93). Um eine aktive Gruppendiskussion zu erreichen, die nicht viele Eingriffe der Interviewenden benötigt, müssen die Interviewten einen gemeinsamen Erfahrungsbereich teilen. In diesem Fall ist es die pädagogische Arbeit und das Interesse, die Themen ‚Textiles' und ‚Nachhaltigkeit' in der eigenen Bildungsarbeit umzusetzen. Im Forschungsverlauf boten sich vor allem Seminar- und Fortbildungssituationen mit der Materialkiste ‚Slow Fashion' hierfür an. Ich nutze die Materialkiste als Redeanlass und gleichzeitig rückte mit ihr die Materialität des ‚Textilen Gestaltens' in den Gesprächen in den Fokus. Ich habe die Gespräche teils im Rahmen von Workshops selbst eingeleitet, teilnehmend beobachtet, sowie aufgenommen und transkribiert. Sie gaben vor allem Aufschluss über die Praktiken in der Vorbereitung der textilen Vermittlungssituationen im Kontext BNE und über implizite Vorannahmen oder den Umgang mit Affekten in der Vermittlung. Der Begriff ‚Gruppendiskussion' ist für diese Forschungssituation unscharf, da es sich nicht um Gruppendiskussionen handelt, wie sie klassischer Weise in der Sozialforschung initiiert werden. Ich verwende daher den Begriff Gruppengespräch und beschreibe damit Gesprächssituationen mit mehr als vier Personen (inkl. mir als Forscherin), die von mir entweder im Rahmen von Workshops (Fortbildungen), Seminaren oder Unterrichtsvorbereitungen initiiert wurden. Ich konnte vier verschiedene Gesprächssituationen mit sechs unterschiedlichen Gruppen durchführen und aufzeichnen:

- Masterstudierende des Masters of Education (2 x),
- Museumspädagoginnen eines Textilmuseums,
- Multiplikator:innen, Dozierende und Lehrer:innen für das Fach „Technisches und Textiles Werken" in Österreich (2 x),
- Grundschullehrkräfte in der Projektplanung.

Ich transkribierte die Gespräche und Interviews zunächst manuell und später mit digitaler Unterstützung des Programms F3. Ich habe die Interviews sinngemäß transkribiert und keine phonetischen oder akustischen Unterscheidungen dokumentiert. Dialekte, Umgangssprache und Einschübe wie ‚mhm' und ‚äh' habe ich in den Zitaten für die bessere Lesbarkeit geglättet. Sofern diese Informationen für meine Analyse relevant waren, habe ich sie ggf. mithilfe der Audiodaten überprüft und berücksichtigt und dann auch im Zitat belassen. Der Schwerpunkt der Analyse liegt jedoch auf einer inhaltlichen Auseinandersetzung, sodass eine sinngemäße Transkription ausreicht. Das Verhältnis zu den Personen und die Anrede waren unterschiedlich. Personen, die ich mit dem Vornamen und einem ‚Du' angesprochen habe, benenne ich auch im Text mit einem pseudonymisierten Vornamen. Personen, die ich mit Nachnamen und einem ‚Sie' angesprochen habe, nenne ich mit einem pseudonymisierten Nachnamen.

Die Triangulation der unterschiedlichen Formen der Daten brachte ergänzende Perspektiven hervor. In den *Gruppengesprächen* zeigen sich vermehrt praktische, organisatorische und inhaltliche Fragen. Hier wurde teils viel Zeit aufgewendet, um zu diskutieren, wieviel Zeit- und Organisationsaufwand ein Projekt hat. So beschäftigen wir uns in einem Vorbereitungsworkshop von 66 Minuten für ein Projekt in einer Grundschule mit vier ersten Klassen 30 Minuten lang mit organisatorischen Punkten. Zunächst wirkten sie auf mich belanglos, aber diese Punkte zeigen, mit welchen Herausforderungen es verbunden ist, Schule anders zu denken und andere Freiräume zu schaffen.

In den *Interviews* ergab sich eine Reflexionsebene. Was bedeutet es für die Lehrkraft persönlich BNE im Unterricht umzusetzen? Setzten sie BNE bewusst bzw. gezielt um? Welche didaktischen und konzeptionellen Ideen verbinden sie mit der BNE? Dabei werde ich als Interviewerin oft zu einem Medium der Reflexion. Aus dem Gespräch entstehen Gedanken, Bedenken und Ideen, die oft gemeinsam weiterentwickelt werden.

Die *(teilnehmende) Beobachtung* zeigt dagegen das Arbeiten im Prozess und die konkrete soziale Praxis im Vollzug. Hier werden teils andere Praktiken und Handlungen deutlich, als die im Interview beschriebenen. Im Interview konnten die Widersprüchlichkeiten und Unklarheiten der Vermittlungssituation noch einmal reflektiert werden.

Fragen der Forschungsethik

Die forschungsethischen Fragen in einer Autoethnografie sind nicht immer leicht zu bearbeiten. Wird das eigene Umfeld zum Forschungsfeld, werden Kolleg:innen und andere Begegnungen manchmal erst im Nachhinein zu einem Teil der Forschung. Ich habe versucht, soweit es möglich ist, alle Beteiligten zu anonymisieren, sofern die Personen nicht sowieso eng mit meinem Vorhaben verbunden sind und das Vorgehen kennen. Autor:innen von Autoethnografien haben durch verschiedene Überlegungen versucht, das ethische Vorgehen für eine Autoethnografie transparenter zu machen. Sparkes (2024), der selbst autoethnografisch an den Schnittstellen der Disziplinen Sport, Bildung und Psychologie geforscht hat, stellt dar, dass eine Autoethnografie ethische Herausforderungen hat – wie viele andere qualitative Forschungsverfahren. „I hope to de-dramatise autoethnography by demonstrating that this qualitative research approach, like many others, poses difficult, but not insurmountable ethical challenges" (Sparkes 2024: 110). Diese Punkte können im Forschungsprozess als Orientierung dienen, sollen aber keine streng einzuhaltenden Regel sein:

- Do no harm to self and others
- Consult your IRB [in meinem Fall die Ethikkommission der Universität]
- Get informed consent
- Practice process consent and explore the ethics of consequence
- Do a member check
- Carefully consider representations of others and self.
- Do not underestimate the afterlife of a published narrative.
  (Sparkes 2024: 109)

Sparkes beschreibt weiter, dass die einzelnen Punkte, je nach Forschungsvorhaben, unterschiedlich angewandt und bedacht werden sollten. Beispielsweise der Abgleich mit Personen aus dem Feld scheint in einigen Fällen der Autoethnografie sinnvoll und geeignet und in anderen nicht (Sparkes 2024: 123). Ich muss(te) im Schreibprozess immer wieder abwägen, was vertretbar und notwendig ist – vor allem, da in einem autoethnografischen Vorgehen eine vollständige Anonymisierung nicht immer durchgehalten werden kann. Ich versuchte sensibel mit allen Daten und Äußerungen umzugehen und gehe davon aus, dass sie niemandem schaden. Für Interviews und Beobachtungen habe ich das Einverständnis der Teilnehmenden eingeholt und sie über das Vorgehen informiert.

Meine Teilnahme in Schulen und außerschulischen Lernorten sehe ich als ‚klassische' ethnografische Forschung. Für diese habe ich mich an die offiziellen Vorgaben gehalten. Zu Beginn der Forschung wurde eine positive Stellungnahme der Kommission für Forschungsfolgenabschätzung der Carl von Ossietzky Universität Oldenburg eingeholt. Sowohl für Tonaufnahmen als auch für einzelne Fotos als Erinnerungsstütze wurde das schriftliche Einverständnis der Teilnehmenden eingeholt. Die Tonaufnahmen oder Fotos von Personen werden nicht veröffentlicht. Die Daten wurden anonymisiert und pseudonymisiert. Zu den Schüler:innen wurden keine personenbezogenen Daten erhoben. Ich habe auf Tonaufnahmen, Videoaufzeichnungen oder Fotos mit Kindern und Jugendlichen verzichtet. Lediglich die Gruppendiskussionen und Interviews mit Erwachsenen wurden mit Ton aufgezeichnet. Die Schulleitungen, Lehrkräfte und Schüler:innen wurden informiert und das Einverständnis der Erziehungsberechtigten eingeholt. Für die Erhebung an den niedersächsischen Schulen wurden darüber hinaus die behördliche Genehmigung des Regionalen Landesamts für Schule und Bildung Osnabrück eingeholt.

Beim Beschreiben der Vermittlungssituationen fiel es mir manchmal schwer, sie in einer adäquaten Form darzustellen. Eine Probeleserin nannte sie ‚entlarvend'. Ich möchte daher darauf hinweisen, dass es leicht ist, im Nachhinein und mit einem distanzierten, analytischen Blick die soziale Praxis kritisch zu betrachten und dabei ‚Ernüchterndes' zu finden. Im komplexen Vollzug der alltäglichen Praxis können Handlungen, die ich vielleicht auch problematisierend beschreibe, geschehen, und sie gehören zum Alltag als Vermittler:innen in verschiedenen Positionen. Gelegentlich beobachte ich mich selbst dabei, wie ich in Lehrveranstaltungen beginne, Studierende ‚aufzuklären' oder Stereotypen zu reproduzieren. Wir können Zuschreibungspraktiken oder emotionalisierende, moralisierende Praktiken nicht vollkommen ausschließen, aber wir können sensibler dafür werden, dass es sie gibt und einen offenen und reflektierten Umgang hierzu entwickeln. Und genau hierzu hoffe ich, dass die Episoden dieser Studie beitragen können. Um den teilnehmenden, wiederkehrenden Lehrkräften keinen zu starken Charakter zu geben, habe ich ab Kapitel 11 auf die Nennung der vollständigen Pseudonyme verzichtet. In Kapitel 10 nenne ich die Akteur:innen mit pseudonymisierten Namen, um die wechselnden Personen differenzieren zu können.

3.3 Bewegungen im Feld

Ausgangspunkt der autoethnografischen Forschung ist meine Arbeit an der Universität sowie meine berufliche Tätigkeit als freie Autorin und Gestalterin. Oftmals sind es Situationen aus der Lehre, aus Tagungen und Veranstaltungen, die ich in meinem Forschungstagebuch beschreibe. Für den analytischen Teil habe ich aber auch konkret den Kontakt zu Schulen und außerschulischen Einrichtungen gesucht um (teilnehmend) zu beobachten oder Interviews zu führen – ein Auswahlkriterium war das Aufeinandertreffen von textiler Vermittlungspraxis und BNE. Ich nenne sie im weiteren ethnografische Orte (kurze Steckbriefe finden sich in Anhang 3 im elektronischen Zusatzmaterial). Dabei machte ich die Definition, was unter BNE zu verstehen ist, von den Orten abhängig.

Zu Beginn der Forschung führte ich zwischen Juli und Dezember 2021 eine digitale Umfrage „Nachhaltige Entwicklung und Textil in der pädagogischen Arbeit" durch. Sie bot mir einen Einstieg in das Phänomen und Orientierung im Feld (Kapitel 4). Möglichkeiten zur weiteren Kontaktaufnahme haben sich durch das Angebot der Materialkiste „Slow Fashion", die digitale Umfrage und durch meine beruflichen Netzwerke ergeben. Im Laufe der Forschung erstellte ich eine Übersicht der Orte und Kontakte, die Anlass für Reflexionsmomente zur Verbindung BNE und Textil waren.

Wie kam es zur Zusammensetzung und Umfang meiner Daten und wann konnte ich die Datenaufnahme abschließen? Hier kann man durchaus von einem „Theoretical Sampling" der Grounded Theory (Strübing 2022: 289) sprechen, wie es auch in der Situationsanalyse Anwendung findet (Clarke et al. 2018: 104)[2]. Ich forschte, begann zu analysieren und abzuleiten und suchte neue Begegnungen bzw. neue Begegnungen fanden mich. Ich merkte, dass meine alltägliche Arbeitswelt mir bereits viele Zugänge ermöglichte. Kolleg:innen aus dem Bereich Textil, Studierende, Lehrkräfte sowie BNE-interessierte Kolleg:innen aus anderen Bereichen der Universität. Gleichzeitig sammelte ich eine Vielzahl an Unterrichtsmaterialien und theoretischen Texten, die mir Einblicke in Felder gaben, die ich nicht persönlich erfahren konnte. Ich umkreiste langsam die Bereiche, die mir für die Bildungsarbeit im Kontext BNE und Textil für die Altersgruppe der 6 bis 16-jährigen (Klasse 1 bis 10) relevant erschienen. Dabei ging es mir um Unterricht und Vermittlung in den allgemeinbildenden Schulen und der Ausgangspunkt waren die Studierenden, die meine Seminare besuchten, denn sie wurden für Grundschule, Haupt- und Realschule bzw. Gemeinschaftsschulen ausgebildet.

---

[2] Ich werde mich im weiteren Verlauf mehrfach auf Clarke/Friese/Washburn (2018) beziehen und werde ab hier mit Clarke et al. (2018) darauf verweisen.

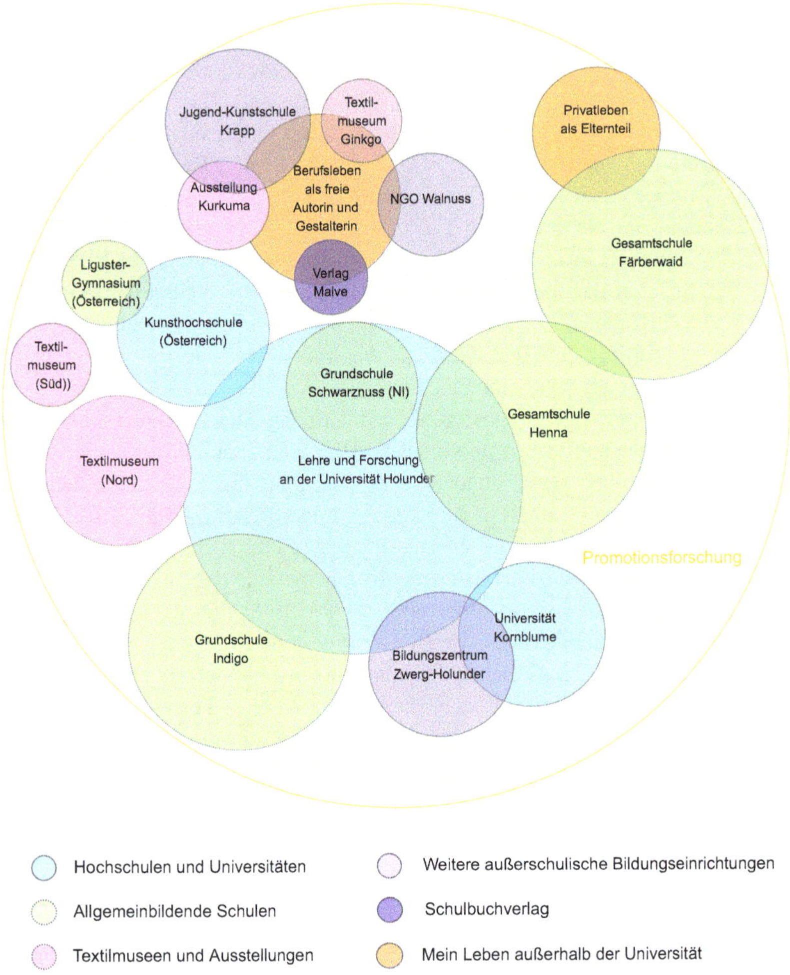

Abbildung 3.2 Überblick Feld: Erstellt im Sommer 2023. Die Übersicht ist im Laufe des Forschungsprozesses entstanden, um meine Positionen im Feld zu systematisieren und reflektieren. Je größer die Kugel, desto größer die von mir zu dem Zeitpunkt angenommen Relevanz für die Forschung.

Ich begann mit der teilnehmenden Beobachtung in der Werkstatt ‚Müll:cycling‘ in einer Gesamtschule, parallel startete ein BNE-Projekt zum Thema Kleidung in einem 1. Jahrgang in einer Grundschule. Begleitend besuchte ich zwei Museen sowie ein Umweltbildungszentrum und erste wissenschaftliche Tagungen. Ich dokumentierte meinen Alltag. Die Eindrücke fügten sich immer besser zusammen. Eigentlich erst zum Ende meiner empirischen Datenaufnahme hatte ich das Bedürfnis, mein Feld enger beziehungsweise besser abzustecken. Ich bewegte mich die ganze Zeit nicht in einem abgeschlossenen Feld, sondern ich nahm wahr, dokumentierte und fokussierte an verschiedenen Stellen. Doch wer oder was bestimmte den Fokus, also die Auswahl? Daher erstellte ich im Sommer 2023 die ersten Übersichten (bzw. Maps) mit beteiligten Akteur:innen im Feld für den Zeitraum 2021–23. Sie halfen mir, mein Feld und beteiligte Elemente wahrzunehmen. Es entstand ein erster Entwurf für eine Art Landkarte (siehe Abb. 3.2), sie diente mir später als Basis für eine Map der ‚Social Arena‘ (Clarke et al. 2018: 71) im Sinne der Situationsanalyse, die ich zu diesem Zeitpunkt noch nicht kannte (siehe Kapitel 6).

Zuletzt fehlte mir immer noch eine ‚klassische‘ Unterrichtssituation im Bereich der Sekundarstufe I. Ich stellte mir eine Lehrkraft vor, die ‚Textil‘ an einer Universität studiert hat und nun Textil an einer Gesamt- oder Oberschule unterrichtete. Ich verfolgte an dieser Stelle verschiedene Wege, um einen entsprechenden Ort zu finden. Es waren drei mögliche Zugänge: eine Lehrkraft, die auch in Seminaren bei an der Universität lehrte, zwei ehemalige Studierende, die sich beim Institut mit der Frage nach Material und Kooperation gemeldet hatten und eine Lehrkraft, die ich über einen Tag der offenen Tür kennengelernt hatte, die an der „Slow Fashion“-Kiste interessiert war. Letztendlich konnte ich nicht alle einbeziehen und entschied mich am Ende für die leichteste Zugänglichkeit bzw. auch den interessantesten ‚Plot‘. Damit war meine dritte Lehrkraft zwar keine studierte Textillehrerin, aber die Schule, die ich nun besuchte, plante einen Pilotversuch mit ihren neunten Klassen zum FREI DAY[3]. Mit den Eindrücken

[3] Der FREI DAY ist ein Lernformat, das den Kindern und Jugendlichen ermöglichen soll, sich an mind. 4 Stunden pro Woche mit einem selbstgewählten Thema zu beschäftigen, das im Bezug zu den 17 Internationalen Nachhaltigkeitszielen steht (Schule im Aufbruch o. J.). (Kapitel 11)

aus den Workshops und mit weiteren Eindrücken aus dem universitären Alltag hatte ich das Gefühl, dass sich das Sample gut abrundete und dass sich einige Dinge wiederholten. Was mir bis zum Ende fehlte, war eine Lehrkraft, die das Schulfach ‚Textiles Gestalten' studiert hat und ‚Textil' auch wirklich noch unterrichtet.[4] Mit etwas Mehraufwand hätte ich sicherlich noch eine Lehrkraft finden können, aber gleichzeitig erscheint mir das Sample eigentlich geeignet, um das Aufeinandertreffen von BNE und Textil zu untersuchen, denn gerade durch BNE ist die Wahrscheinlichkeit groß, dass vermehrt Personen ohne ein Studium im Bereich ‚Textil' Projekte mit textiler Vermittlungspraxis durchführen. Im Herbst 2023 hatte ich zusätzlich zu meiner autoethnografischen Selbstbeobachtung, insgesamt vier größere ethnografische Sequenzen von (teilnehmenden) Beobachtungen in drei Schulen, eine teilnehmende Beobachtung in einem Workshop, zehn Interviewaufnahmen sowie sechs Aufnahmen von Gesprächssituationen. Für die weitere Analyse waren vor allem die ethnografischen Reihen in den drei Schulen relevant (siehe hierzu die folgende Übersicht in der Tabelle 3.1). Hier habe ich zum einen den neu eingeführten Projekttag in einem ersten Jahrgang einer Grundschule begleitet, in einer reformpädagogisch orientierten Gesamtschule eine textile Werkstatt besucht und in einer weiteren Gesamtschule einerseits den Wahlpflichtkurs Textil und andererseits den Pilotversuch zur Einführung des FREI DAYs beobachtet.

[4] Es wirkte so, dass diejenigen, die das Fach studiert hatten, nur noch selten das Fach unterrichteten – sie waren meist in anderen Fächern, als Klassenleitungen oder in Funktionsstellen tätig. ‚Textil' wurde daher häufig fachfremd unterrichtet. Gleichzeitig berichteten die fachfremd unterrichtenden Lehrkräfte, dass am selben Standort durchaus ausgebildete ‚Textil-Lehrkräfte' existierten, die jedoch durch Klassenleitung oder Funktionsstellen gebunden waren.

Tabelle 3.1 Übersicht des ethnografischen Datenmaterials. Mit * versehene Daten wurden in der schriftlichen Analyse relevant

Institution	Feldforschung	Interviews	Gruppengespräche	Anlass
Universität		1 MA-Studentin, 2 Lehrende	2 × 8 MA-Studierende	Arbeitsplatz
Kunsthochschule (Österreich)		1 Lehrkraft Gymnasium	2 × 10 Multiplikator:innen*	„Slow Fashion“ Kiste
Gesamtschule GSF	Werkstatt*	1 Lehrkraft*		Werkstatt mit Bezug Textiles und Nachhaltigkeit
Grundschule GI	BNE-Projektunterricht*	1 Lehrkraft*	4 Lehrkräfte*	wöchentlicher Projekttag zu Kleidung und BNE (1. Klasse)
Gesamtschule GSH	Werkstatt*, FREI DAY*	1 Lehrkraft*		BNE und Textil im Unterricht, FREI DAY
Jugend-Kunstschule		1 Kunstvermittlerin		„Slow Fashion“ Kiste
Bildungszentrum BZH	Workshop*	2 BNE-Multiplikator:innen*		„Slow Fashion“ Kiste
Textilmuseum Süd		1 Kuratorin		Netzwerk Mode Textil
Textilmuseum Nord		1 Museumspädagogin*	5 Personen*	pädagogisches Angebot zu BNE
Transkripte gesamt:		10 Interviews	6 Gespräche	

3.4 Das Sammeln: (Auto-)ethnografisches Datenmaterial

Tagebücher, Notizen

Erst während der digitalen Umfrage im Herbst 2021 entschloss ich mich, ethnografisch und später autoethnografisch zu arbeiten. Ab Sommer 2021 habe ich daher konsequent ein digitales Forschungstagebuch geführt und vermehrt kleinere und größere Veranstaltungen und Begegnungen, die in einem Kontext zum Forschungsthema standen, dokumentiert. Einzelne Ereignisse habe ich in Form von dichten Beschreibungen (Geertz 1983) festgehalten. Hierin beschreibe ich oftmals Situationen und Orte, die mir durch meine Arbeit am Institut für Materielle Kultur sowie durch freiberufliche Aufträge begegnet sind, aber auch Erinnerungen, Reflexionen und Auseinandersetzungen mit Wissenschaft und meinem Forschungsgegenstand. Mit dem Vorwissen aus der Befragung begann ich, zusätzlich zu meinen autoethnografischen Erfahrungen, Datenmaterial in universitären, schulischen und außerschulischen Vermittlungssituationen zu sammeln. Durch die oben beschriebene Umfrage sowie die Materialkiste ‚Slow Fashion' entstanden Kontakte zu Lehrkräften und Pädagog:innen an außerschulischen Lernorten, die ich besuchen und befragen konnte.

Für eine Autoethnografie, wie auch für eine Ethnografie, sind das Dokumentieren und Verschriftlichen des Erlebten essentiell. Ich pflegte drei Formen des Dokumentierens[5] parallel zueinander, sodass eine analog-digitale Bricolage (Hoffmeister/Marguin/Schendzielorz 2018: 3) entstanden ist. Einerseits führte ich klassische, analoge Forschungstagebücher in Form von kleinen *Notizheften* (1). Jede ethnografische Reihe zu einer Schule oder Institution bekam ein eigenes, analoges Notizheft. Da meine Notizen jedoch meistens sehr punktuell und stichpunktartig sind und meine Schrift zudem selbst für mich schwer lesbar, habe ich die Notizen von zentralen Ereignissen schnell in digitale Dokumente überführt und hierbei erste Schritte hin zu einer dichten Beschreibung vollzogen. Zentrale Ereignisse waren einerseits Erlebnisse in meinem Arbeitsalltag, also in der Lehre, auf Tagungen oder in Gesprächen und Sitzungen, und andererseits Besuche an

[5] Ich verwende bewusst nicht den Begriff Protokoll, der mir auf einer Tagung zur erziehungswissenschaftlichen Ethnografie häufiger begegnet ist. Ein Protokoll erweckt einerseits den Eindruck von Vollständigkeit und kann den trügerischen Anschein von Objektivität erwecken. Im Entstehen einer stark reflexiven (Auto-)Ethnografie erscheinen mir daher die Begriffe Forschungs- bzw. Feldtagebuch und Notizen bzw. Memos stimmiger.

ethnografischen Orten. Diese sehr detailreichen Beschreibungen habe ich unter dem Titel *Feldnotizen* (2) gespeichert und später weiterverarbeitet. Zusätzlich zu den digitalen Feldnotizen, die sich auf konkrete ethnografische Orte bezogen, entstand ein digitales *Forschungstagebuch* (3). Hierbei handelt es sich um einen digitalen Ordner, in dem ich im Forschungsverlauf immer wieder Dokumente mit Gedanken, Beobachtungen und Überlegungen mit Datum als Titel ablegte.

Ich versuchte, nach jedem Besuch, also nach jeder teilnehmenden Beobachtung, jedem Gespräch oder jeder Veranstaltung, zeitnah möglichst viel und genau zu erzählen und am Computer zu beschreiben. Dabei verfolgte ich zwei Strategien. Zunächst begann ich, einfach zu schreiben. Ich begann mit der Anfahrt oder mit dem Betreten des Geländes der Institution. Ich beschrieb meine Irritationen, Beobachtungen oder mein Suchen und Finden. Im Schreiben bewegte ich mich langsam in die Räume und Situationen. Spätestens, wenn ich mit der Beschreibung des Raumes begann, schweifte ich ab und begann, analytische Gedanken einzuflechten. Dabei habe ich das freie Schreiben zugelassen, habe das aufgeschrieben, was gedacht werden musste. Manchmal sind während dieses Schreibens kleine Ideen entstanden, für konzeptionelle Überlegungen zu Lehre und Forschung. Erst, wenn dieser impulsive Schreibfluss abebbte, habe ich mein analoges Notizbuch wieder zur Unterstützung genommen und habe auf Grundlage der Notizen noch einmal den gesamten Verlauf, inklusive kurzer Gedächtnis-Transkripte von Gesprächen, meine Gefühle oder andere Wahrnehmungen, beschrieben. Leitend im Beschreiben war das Wiedererkennen von Elementen der BNE, sowie das Beschreiben von spezifischen Praktiken der textilen Vermittlungspraxis, dem Umgang mit Materialien und von Momenten der Irritation. Diese waren manchmal sehr punktuell, sehr divers, sehr stakkatoartig, da in den meisten Vermittlungssituationen viele ‚Räume' mit einzelnen Personengruppen parallel entstanden und ich zwischen diesen – wie auch die Lehrkraft – mit meiner Aufmerksamkeit hin und her wanderte. Innerhalb der Beschreibung dieses Verlaufs sind kleine Erzählungen zu einzelnen ethnografischen Episoden aufgetaucht. In diesen habe ich versucht, so detailliert wie möglich das zu beschreiben, was ich wahrgenommen habe. Hierzu gehörten Bewegungen im Raum, das Arbeiten mit Werkzeugen und Materialien, Dialoge und meine Wahrnehmungen von Gefühlen und Affekten.

Hinzu kamen Notizen, die ich mir im Schreibprozess direkt in Dokumenten machte. Während des Schreibens entstanden so oft Verbindungen zwischen methodischen Ansätzen und Theorien, die mir in der Lehre, in einem Kolloquium, in der Forschungswerkstatt oder in Publikationen, im Arbeitsalltag, begegneten. Einige dieser Verbindungen konnte ich in der Arbeit aufnehmen, und andere sind vermutlich in der Vielzahl der Notizen untergegangen. Auch während und nach dem Transkribieren meiner Interviews und Gespräche sind Memos und digitale Tagebucheinträge entstanden.

Am 28.08.2023 habe ich alle digitalen Dateien, die zu diesem Zeitpunkt als Word-Dateien vorlagen, in große pdf-Dateien gesammelt. Es entstanden eine Datei Forschungstagebuch[6], eine Datei Forschungstagebuch Zusatz (mit ergänzenden Einzeldokumenten) sowie drei Dateien mit Feldnotizen zu meinen Besuchen in drei Institutionen: Grundschule Indigo (Feldnotizen GI), Gesamtschule Färberwaid (Feldnotizen GSF), Gesamtschule Henna (Feldnotizen GSH). Diese Dateien speiste ich, wie auch die Interviews und die Transkripte in MAXQDA ein. Damit hatte ich rund 500 Seiten Gedanken und Beobachtungen, die ich in der weiteren Analyse und dem Schreibprozess einfließen lassen konnte. Notizen, die nach dem 28.08.2023 entstanden, gingen zumeist unmittelbar in meine Texte ein oder ich habe sie direkt in MAXQDA eingepflegt. Ich hatte damit fünf große digitale Dateien, sowie drei handschriftliche Notizbücher. Bei der Datenmenge hatte ich zu diesem Zeitpunkt noch die Wahl verschiedene Richtungen einzuschlagen. Es bot sich beispielsweise ein Fokus auf meine theoretischen Auseinandersetzungen im Akademisierungsprozess an oder auf die Konstitution der Räume oder eben die konkrete Analyse der sozialen Praxis im Umgang mit textilen Artefakten.

Fotografien und Artefakte

Zusätzlich zur sprachlichen Sammlung von erlebten Eindrücken, entstanden in der Feldforschungszeit Fotografien und ich sammelte verschiedene Artefakte aus der Forschungspraxis. Zu Beginn der Forschung hatte ich aus ethischen und organisatorischen Gründen ausgeschlossen, dass ich Video-, Audio- oder Fotoaufnahmen von Kindern mache. Aber ich fotografierte die Räume und Artefakte, die in den Arbeitsprozessen beteiligt waren. Zu Beginn hatten die digitalen Aufnahmen

[6] 419 Seiten + 25 Seiten (Zusatz), aber aufgrund eines organisatorischen Fehlers teilweise mit Dopplungen.

für mich eher die Bedeutung einer Erinnerungsstütze. Später im Arbeitsprozess wurden sie vor allem für Kapitel 12 wichtig für mich, um Details, auf die ich während meiner körperlichen Anwesenheit im Feld nicht geachtet hatte, in Teilen noch nachzuvollziehen. Manches konnte ich nicht nur fotografieren, sondern ich konnte es mitnehmen. Ich legte eine kleine Sammlung von textilen Artefakten an, die Zeugnis einer textilen Praxis von Schüler:innen, meiner Kinder oder von mir selbst waren.

Mit der Bezeichnung Artefakte[7] beziehe ich mich zunächst auf Claudia Mörgeli (2024), die in ihrer Dissertation explizit den Begriff Artefakt für einen Gegenstand anwendet, der in der textilen Aktivität durch das Einwirken der Lernenden hervorgebracht wird. Der Artefakt-Begriff betont nach Mörgeli weniger die wirtschaftliche Dimension des Herstellens als der Produktbegriff und eignet sich daher aus ihrer Sicht besser für den Gegenstand, der in einer ästhetisch-forschenden Auseinandersetzung entsteht (26 f.).

Gleichzeitig ist der Artefakt-Begriff in der Praxistheorie, auf die ich mich im weiteren Verlauf beziehen werde, zentral. Andreas Reckwitz definiert Artefakte als Dinge bzw. Objekte, „die material und kulturell zugleich strukturiert werden, indem sie in soziale Praktiken eingebunden sind. Als Ding, als Gegenstand kommt den Artefakten eine Materialität und damit eine Effektivität zu" (Reckwitz 2016: 38). Reckwitz schreibt den Artefakten wie auch Körpern eine Eigenmächtigkeit zu, die sich auf die soziale Praxis auswirkt. Er konkretisiert weiter, dass sie nicht nur ‚Fakt' sondern auch Faktum sind. Und hier entsteht eine Parallele zu Mörgeli, wenn er sagt, dass Artefakte von Menschen hergestellt oder

[7] Siehe hierzu auch: „Der Begriff „Artefakt" bezeichnet gewöhnlich eine Untergruppe in der materiellen Welt der Dinge und ihrer Manifestationen. Etymologisch handelt es sich um ein Kompositum aus den lateinischen Worten ars (Geschick, Kunst) und facere (machen, herstellen). Während „Ding" alle physischen Manifestationen bezeichnet und ihre → Materialität, Dreidimensionalität und physische → Präsenz hervorhebt, bezeichnet „Artefakt" also nur die durch menschliche Kunstfertigkeit oder Arbeit geschaffenen oder veränderten Dinge. Indem der Begriff sich auf direkte menschliche Intervention in der Welt der Dinge bezieht, sind Artefakte schon definitorisch Dinge des Sozialen, deshalb sind sie auch politisch und besitzen ein soziales Leben. Die Abgrenzung gegen andere Begriffe im semantischen Feld der materiellen Welt wie „Ding", „Sache" oder „Objekt" ist oft fließend bzw. individuell geprägt oder die Begriffe werden gar synonym verwandt und unterliegen vermutlich auch terminologischen Transformationen. Zudem variiert die Begrifflichkeit im Feld der Wissenschaft auf Grund fachspezifischer Traditionen." (Tsouparopoulou/Meier 2015: 47)

entdeckt und nutzbar gemacht worden sind. Sie haben in seiner Definition „einen künstlichen, keinen natürlichen oder gar mechanischen Charakter“ (Reckwitz 2016: 38). Mit Reckwitz gesprochen sind Artefakte damit mehr als die Produkte eines Unterrichts oder einer textilen Praxis. Sie sind „materiell-kulturelle Hybridgebilde“, dabei bezieht er sich auf Donna Haraway und schreibt Artefakten einen „Doppelstatus“ zu. Sie werden in der sozialen Praxis einerseits verwendet, gehandhabt, es wird mit ihnen umgegangen, aber gleichzeitig haben sie Einfluss darauf, welche Form soziale Praktiken überhaupt annehmen können (Reckwitz 2016). Ich habe im Laufe des Forschungsprozesses eine kleine Sammlung an textilen Artefakten[8] zusammengetragen, die einerseits Produkte eines mehr oder weniger künstlerisch-ästhetischen Gestaltungsprozesses sind und gleichzeitig ein Zeichen einer ausgeführten sozialen Praxis im Kontext einer BNE. Oft sind es aber nicht, wie bei Mörgeli beschrieben, ‚nur‘ Artefakte, im Sinne eines Ergebnisses eines künstlerisch-ästhetischen Prozesses, sondern Produkte, die durchaus mit einem wirtschaftlichen Kontext verbunden sind.

Neben den textilen Artefakten, gibt es weitere Relikte aus meiner sozialen Praxis der eigenen Lehre. Ich habe Poster und Karten aus Gruppenarbeiten gesammelt und verschiedene Poster, Flyer, sowie gefundene, aussortierte Hefte und Bücher (Abb. 3.3), die ich zusätzlich als Elemente des Forschungsprozesses aufhebe.

Zum gleichen Zeitpunkt wie die Textdokumente (28.08.2023 und folgende Tage), habe ich auch die Artefakte und Fotografien zusammengetragen und nach und nach gesichtet. Ich habe sie einmal vor mir ausgebreitet, sie geclustert und kurze Kommentare und Notizen geschrieben. Sie sind mit Ideen und Gedanken verbunden, die ich einerseits weiterfolgen konnte, die ich aber oft auch zurücklassen musste. Die Sammlung der Artefakte liegt neben mir an meinen Schreibtisch und begleitet mich durch den Schreibprozess. Hin und wieder kann ich einzelne Gegenstände nehmen, genauer betrachten und manchmal werden sie oder die mit ihnen verbundenen Gedanken Teil des Textes.

[8] Meine Verwendung der Begriffe wird in der Beschreibung der empirischen Situationen und durch die Bezugnahme auf die Begriffsverwendung in der konkreten Aktivität zwangsläufig ungenau. Gegenstände, Objekte, Sachen, Dinge, Produkte, Artefakte werde ich teilweise synonym verwenden, wobei ich mit dem Begriff des Artefakts im weiteren Verlauf stärker die Beteiligung der jeweiligen gegenständlichen Elemente an der sozialen Praxis betonen möchte.

Abbildung 3.3 Clustern der Textdokumente und Artefakte

Skizzen und Grafiken

Beim Lesen von Texten, beim Verfassen von Tagebucheinträgen und später während der Analyse der Daten sind verschiedene Skizzen und Maps entstanden. Auch diese habe ich sowohl in digitaler als auch in analoger Form verfasst.

Es gibt Mindmaps auf Postern, es gibt Karten, die ich zu Mindmaps legen konnte, und es gibt systematische Grafiken und eine Form des Graphic Recording (siehe Abb. 3.4) von zentralen Inhalten und Texten oder analytischen Überlegungen auf dem iPad. Die verschiedenen Formen der visuellen Bearbeitung und Darstellung sind im Prozess entstanden, ohne weitere theoretische Grundlagen. Erst zu einem späteren Zeitpunkt im Schreibprozess habe ich die Situationsanalyse und ihre Mapping-Strategien (Clark et al. 2018: 127 ff.) kennengelernt und konnte mit Hilfe dieser, mein Vorgehen systematisieren.

Abbildung 3.4 Skizze zu BNE und Textiler Vermittlung (05.05.2023). (Entstanden während der Vorbereitung auf einen Vortrag)

Tabelle 3.2 Übersicht der empirischen Datensammlung

Textdokumente	Grafische Dokumente	Audiodaten	Artefakte
3 Notizbücher			
Forschungstagebuch	Free-Form Maps	Interviews	Textile Produkte
GI Feldnotizen	Graphic Records	Gespräche und Workshops	Poster und Moderationskarten
GSF Feldnotizen	Analoge Mindmaps		Flyer, Zeitschriften, Artikel
GSH Feldnotizen			
Audio-Transkripte			

3.5 Vom Codieren zum Mapping

Es ist umfangreiches Material entstanden. Mir schwirrten eine Vielzahl von Aspekten im Kopf herum, ich verlor mich immer wieder in Detaildarstellungen zu Räumen und Organisation oder in historischer Literatur. Im Schreiben, Überarbeiten, Theorie, Lesen und Verstehen entstanden immer neue Gedanken. Was habe ich nun mit den Datenmengen gemacht? Ich habe sie analysiert, oder vielmehr, mithilfe verschiedener theoretischer Ansätze Deutungsweisen entwickelt. Bereits während des Transkribierens der Gespräche und Interviews begann ich mit dem offenen Codieren (Breidenstein et al. 2020: 145 f.). Ich setzte Memos an den Rand und versuchte, anschlussfähige Theorien zu meinen Beobachtungen zu finden. Ich war besonders interessiert daran, Irritationen und Brüche wahrzunehmen. Ich war sensibel für meine Aktionen und Reaktionen in den empirischen Situationen und Gesprächen. Aber es ergaben sich mit dieser Arbeitsweise noch keine klaren Strukturen für das Material. „Das Material ordnet sich jeweils entlang der Erfahrungen, welche die Feldforscher*in im Dialog mit den Akteur*innen des untersuchten Felds mit dessen kulturellen Eigenschaften macht" (Bonz et al. 2017: 15).

Die Codes, die ich während des Transkribierens setze, waren intuitiv, sie fanden parallel zu weiteren Feldaufenthalten und zur Recherche statt. Sie lassen sich in der Selbstreflexion auf meine unterschiedlichen Erfahrungshintergründe und Voreinstellungen zurückführen. Ich entwickelte Codes, die nahezu alle Interviews gemeinsam hatten. Hierzu gehören beispielsweise die *SDGs* oder das Thema *Upcycling* oder Codes, die sich aus dem aktuellen Diskurs zur BNE ableiten, wie beispielsweise die Unterscheidung in *BNE 1* und *BNE 2*. Dann gibt es Codes, die sich auf meine Vorerfahrungen in der Evaluation von BNE-Projekten beziehen: *Partizipation* ist hier beispielsweise ein wichtiges Kriterium oder auch die *Kompetenzorientierung*, aber auch die *Artikulation von Emotionen* in den Interviews und Workshops. Des Weiteren entstanden Codes, wie beispielsweise *das Schleifebinden*, die ich aus meiner Beschäftigung mit der Textildidaktik ableitete. Einige Codes lassen sich auf private und persönliche Erfahrungen als Lernende und Elternteil zurückführen. Hierzu zähle ich Codes wie *Zweifel an Bewertung* oder *Reflektieren.* Einige Codes leiten sich aus Inhalten und Themen der Nachhaltigkeit ab und wieder andere beziehen sich auf die konkreten Herausforderungen der pädagogischen Arbeit an Schulen und außerschulischen Einrichtungen. Hierzu zählen Aspekte wie die *Schulstruktur* oder die *Teamarbeit.*

Es wird deutlich, dass ich mit dieser Codierungsstrategie zwar viele subjektive Perspektiven auf das Feld aufmachen konnte, aber es entstanden noch keine erzählenswerte(n) Geschichte(n) oder Beschreibungen. Nach und nach setzte ich durch das Arbeiten mit MAXQDA immer mehr in-vivo Codes und suchte keine Kategorien oder übergeordneten Begriffe mehr. Das Codieren habe ich nie ganz abgeschlossen. Ich verzettelte mich in zu detaillierten, unsortierten Codes. Das Codieren half mir aber, mein Material besser kennenzulernen und es immer wieder von einer neuen Seite zu betrachten (siehe Abb. 3.5).

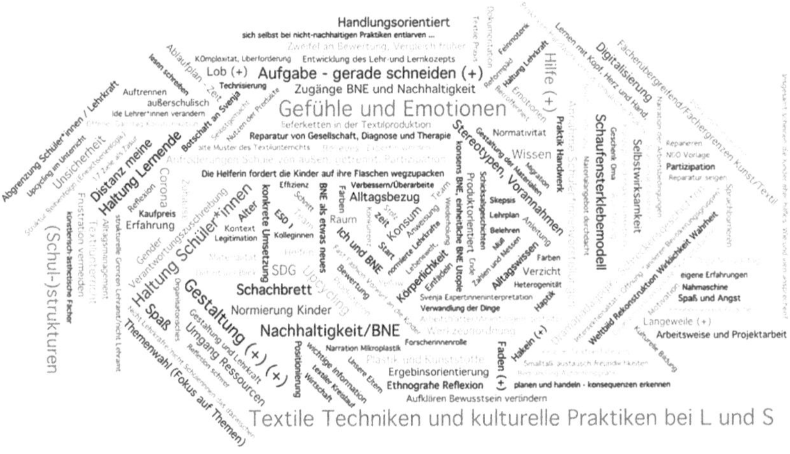

Abbildung 3.5 Codewolke: Codes aller ethnografischen Dokumente ohne in-vivo Codes. (Visualisierung erstellt mit MAXQDA, © VERBI Software)

Das Bild wurde klarer, als ich die Studie „Individualisierung und Kontrolle: Empirische Studien zum geöffneten Unterricht in der Grundschule“ von Breidenstein und Rademacher (2017) las. Hierin erkannte ich viele Phänomene aus meiner Forschung wieder. Mir wurde deutlich, dass BNE einerseits einer von vielen Reformprozessen in der Schule ist, der eng mit individualisiertem Lernen verbunden ist, und gleichzeitig hat mir die Studie einen Weg aufgezeigt, meine Perspektive auf soziale Praktiken zu richten. Der Aufbau der Studie erschien mir anschlussfähig an meine Beobachtungen und damit begann ich, mich verstärkt mit praxistheoretischen Perspektiven und der Praxeologie zu beschäftigen. Der Text „Interferierende Praktiken“ von Breidenstein (2021) gab mir einen weiteren Anhaltspunkt. Er schlägt vor, die Überlagerungen bzw. das Interferieren zwischen unterschiedlichen sozialen Praktiken in Unterrichtssituationen zu untersuchen, da sie sich womöglich verstärken oder auch stören könnten. Von nun an war der Ausgangspunkt meiner Forschung die Suche nach sich überlagernden sozialen

Praktiken im Aufeinandertreffen von textiler Vermittlungspraxis und Bildung für nachhaltige Entwicklung. Ich unterschied dabei zwischen vorbereitenden Praktiken der Lehrenden, sozialen Praktiken im Vollzug der textilen Vermittlungspraxis sowie nachbereitenden bzw. reflektierenden Praktiken.

Ich sammelte und clusterte und ich entdeckte das Quadrat der Kulturanalyse von Reckwitz (2016). Anhand des Quadrats begann ich systematisch Fallanalysen auf Grundlage der Feldforschungsnotizen aus den Schulbesuchen durchzuführen. Ich befragte die empirischen Situationen nach den zu beobachtenden sozialen Praktiken, den beteiligten Artefakten und überlegte, welche Diskurse und Subjektivierungsweise eine Relevanz hatten. Ich konnte nach und nach Praxis-/Diskursformationen identifizieren (Kapitel 8), die sich in den Aktivitäten überlagerten und die die Grundlagen für die Kapitel 10, 11 und 12 bilden. Mit dem Fokus auf eine praxistheoretische Perspektive rückten die konkreten schulischen Vermittlungssituationen mehr in den Blick.

Weitere Impulse kamen durch Kolloquien und Forschungswerkstätten, aber auch durch verschiedene Calls und Aufrufe zu Tagungen und Sammelbänden. Sie sensibilisierten mich dafür, welchen Fragen die aktuelle Forschung gerade nachgeht. Aufgrund der Vielschichtigkeit meines Materials, konnte ich Momente in den Daten identifizieren, die aktuelle Diskurse wie Materialität und Heterogenität berührten und auch in den Praxis-/Diskursformationen eingelagert waren. Auf Grundlage dieses Tuns und aufgrund der Tatsache, dass ich mich immer intensiver mit der Praxistheorie sowie mit der Situationsanalyse beschäftigte, entwickelte ich nach und nach verschiedenen Mapping-Verfahren, die mein Material grafisch strukturierten (Kapitel 8). Ich erprobte die unterschiedlichen Maps der Situationsanalyse, startete aus meinen Erfahrungen heraus und zog dann die verschiedenen Materialien wie Transkripte und Feldnotizen mit meinen Codes hinzu, um Punkte zu ergänzen. Ich werde in Kapitel 5 verschiedene Forschungsperspektiven auf BNE und Textile Bildung beschreiben und in Kapitel 6 in die Methodologien und theoretischen Grundlagen einführen. Die folgende Forschungsnotiz stellt die zentralen Ergebnisse einer digitalen Umfrage dar, die ich zu Beginn der Arbeit durchgeführt habe und die grundlegend für einige meiner (impliziten) Annahmen im Forschungsprozess waren.

Open Access Dieses Kapitel wird unter der Creative Commons Namensnennung 4.0 International Lizenz (http://creativecommons.org/licenses/by/4.0/deed.de) veröffentlicht, welche die Nutzung, Vervielfältigung, Bearbeitung, Verbreitung und Wiedergabe in jeglichem Medium und Format erlaubt, sofern Sie den/die ursprünglichen Autor(en) und die Quelle ordnungsgemäß nennen, einen Link zur Creative Commons Lizenz beifügen und angeben, ob Änderungen vorgenommen wurden.

Die in diesem Kapitel enthaltenen Bilder und sonstiges Drittmaterial unterliegen ebenfalls der genannten Creative Commons Lizenz, sofern sich aus der Abbildungslegende nichts anderes ergibt. Sofern das betreffende Material nicht unter der genannten Creative Commons Lizenz steht und die betreffende Handlung nicht nach gesetzlichen Vorschriften erlaubt ist, ist für die oben aufgeführten Weiterverwendungen des Materials die Einwilligung des jeweiligen Rechteinhabers einzuholen.

4 Forschungsnotiz: Digitale standardisierte Befragung als Orientierung

Um eine Vorstellung von den unterschiedlichen Perspektiven, Konzepten und Ideen im Feld zu bekommen, initiierte ich im Juli 2021 eine digitale Umfrage mit dem Tool LimeSurvey. Lehrkräfte und Bildungsakteur:innen aus unterschiedlichen Feldern konnten im Rahmen eines standardisierten Fragebogens angeben, ob sie bereits zu textilen Themen und Nachhaltigkeit gearbeitet hatten und wenn ja, in welchen Kontexten und zu welchen Themen. Ziel war es, zu erfahren, wo Textiles in Verbindung mit Nachhaltigkeit oder nachhaltiger Entwicklung bzw. BNE aktuell bereits in der schulischen und außerschulischen Bildung existiert – sei es im regulären Fachunterricht, in Projekten oder in außerschulischen Angeboten.

Die Umfrage „Nachhaltige Entwicklung und Textil in der pädagogischen Arbeit" fand im Zeitraum 20.07.2021 bis 31.12.2021 statt. Ich erhielt 41 abgeschlossene und zwölf unvollständige Fragebögen zurück. In die Auswertung wurden nur die abgeschlossenen Fragebögen einbezogen.

Die Verteilung erfolgte über das Schneeballprinzip, über mein vorhandenes Netzwerk aus dem beruflichen Umfeld BNE und Textil (zwei Aufrufe an etwa 30 Personen: Juli und Oktober 2021), sowie über einschlägige Newsletter: Arbeitsgemeinschaft Umweltbildung (07/2021), Arbeitskreis Textil (10/2021), Grundschulverband (09/2021) und zwei von mir nicht genau datierbare Weiterleitungen in Newslettern für Fachkräfte im Bereich der Lehrer:innenausbildung (Verteiler: Textillehrer:innen in Niedersachsen und Arbeitslehre in Hamburg).

Das digitale Formular enthielt 24 Fragen in vier Gruppen: (1) Allgemeine Daten, (2) Bekleidung und Textil in Unterricht und Bildung, (3) Bildung für nachhaltige Entwicklung und (4) Abschluss. Die Umfrage bot mir eine Grundlage für die weitere qualitative Arbeit mit den Akteur:innen. Sie ist nicht repräsentativ, aber sie zeigt Tendenzen und diente dazu, eine erste Orientierung im Feld zu erhalten. Auf ihrer Basis konnte ich das Feld eingrenzen, Fragen präzisieren sowie das weitere Vorgehen modifizieren. Ich werde hier keine umfassende Darstellung

© Der/die Autor(en) 2026

S. Jessen, *Textile Bildung in Schulkulturen der Nachhaltigkeit*, Schule und Gesellschaft 73, https://doi.org/10.1007/978-3-658-51463-1_4

der Ergebnisse vornehmen, sondern nur auf die Ergebnisse eingehen, die einen expliziten Einfluss auf das weitere Vorgehen in meiner Forschung hatten.

Fragenblock zur Gruppe der Befragten

Ich war überrascht über die Vielfalt der Rückmeldungen. Denn ich erhielt Antworten aus zwölf verschiedenen Bundesländern, wobei ein deutlicher Schwerpunkt in Nordrhein-Westfalen (13 Personen), Bremen (8 Personen) und Niedersachsen (7 Personen) zu erkennen ist. Es beteiligten sich 15 Lehrkräfte und 26 Personen, die in anderen Funktionen vermittelnd tätig waren (Abb. 4.1). Immerhin 8 Personen unterrichteten das Fach ‚Textiles Gestalten' (Abb. 4.2).

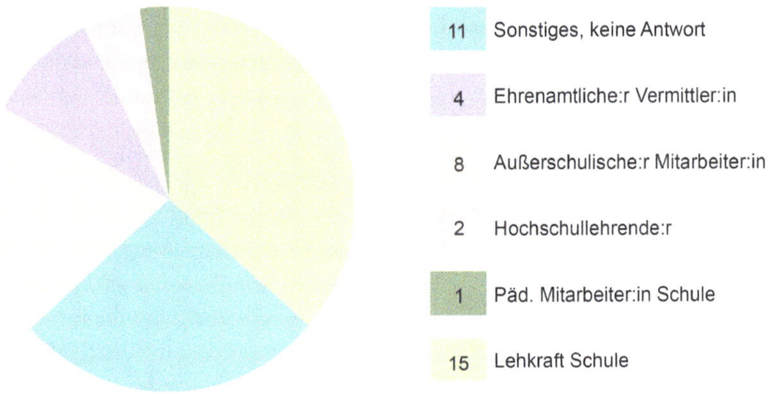

Abbildung 4.1 In welcher Funktion sind Sie pädagogisch tätig?

Nennung unter Sonstiges: Projektmitarbeiterin in der BNE, Klimaschutzmanagerin, Ausstellungskurator:in, Erwachsenenbildung, Koordinatorin für kommunale Entwicklungspolitik mit Bildungsauftrag, freie Kunst- und Kulturvermittlerin, Kultur und Schule

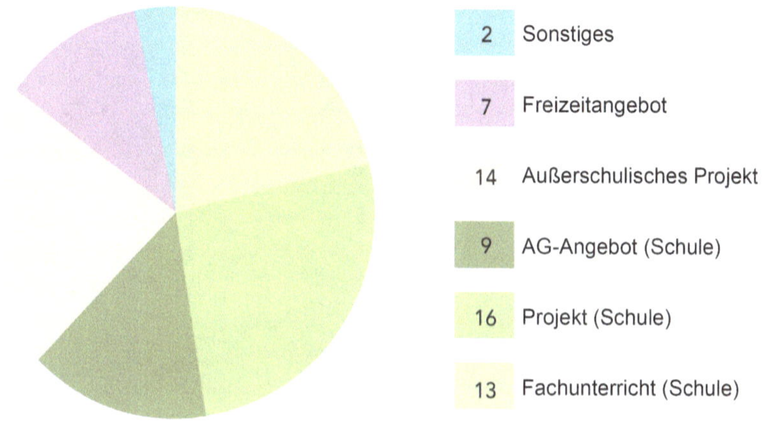

Abbildung 4.2 In welchem Rahmen haben Sie textile Themen bearbeitet?

Fragenblock zu textilen Themen in der Vermittlung

34 Befragte hatten bereits Themen mit Bezug zu Bekleidung und/oder Textilien in der Bildung umgesetzt – interessanterweise in ganz unterschiedlichen Bereichen: im Fachunterricht (n = 13), in Projekten (n = 16), in AG-Angeboten (n = 9) und in außerschulischen Projekten (n = 14) sowie Freizeitangeboten (n = 7) und Sonstiges (n = 2). Mehr als die Hälfte der Projekte fand somit in der Schule statt. Zusätzlich richteten sich weitere 14 Nennungen als außerschulische Projekte an Schüler:innen. Somit hatten mehr als drei Viertel der Projekte einen Schulbezug.

Die Lehrkräfte setzten die textilen Themen überwiegend im textilen Fachunterricht um. Darüber hinaus wurden der Kunst-, der Sach- und/oder der Geographieunterricht mehrfach genannt. Das Ergebnis korrespondiert mit meiner Einschätzung, dass eine Relevanz von textilen Themen in den anderen Fachdidaktiken, vermutlich auch durch BNE begründet, vorhanden ist.

Die Umfrageteilnehmenden gaben als Zielgruppen Kinder ab dem Kindergartenalter bis hin zu Abiturient:innen, Erwachsenen und Schüler:innen der Berufsschule an. Die meisten Projekte wurden in den Jahrgangsstufen 7–10 initiiert (Jahrgangsstufe 7–8 und 9–10 jeweils 20 Vorhaben), aber auch in der Jahrgangsstufe 5–6 (18 Vorhaben). Dieses Ergebnis ist allerdings auch darauf zurückzuführen, dass die Umfrageteilnehmenden zu einem großen Teil an Haupt-, Ober- und Gesamtschulen tätig waren.

Abbildung 4.3 In welchem Rahmen haben Sie textile Themen bearbeitet? Sammlung der freien Antworten. (Visualisierung erstellt mit MAXQDA, © VERBI Software)

Der Rahmen und der Kontext der Projekte sind sehr vielfältig, wie die freie Antwortmöglichkeit auf die Frage zum Rahmen zeigte (Abb. 4.3). Interessant war hier, dass die Befragten durchgehend sehr aufgeschlossen waren und die freien Antwortmöglichkeiten nutzten, um ihr BNE-Vorhaben kurz zu erläutern. Ich habe die freien Antworten nicht weiter ausgewertet oder codiert, aber ich halte Wortwolken für eine gute Möglichkeit, um einen Eindruck der Vielfalt der Rückmeldungen zu vermitteln. Sie vermitteln einen Eindruck – auch in den möglichen Neukombinationen der Worte durch die Lesenden –, welche Formen und Praktiken im Kontext der Vermittlung textiler Themen in einer Gesellschaft unter dem Paradigma der Nachhaltigkeit bzw. nachhaltigen Entwicklung vorhanden sind bzw. sein können.

Fragenblock zur BNE

31 von 41 befragten Personen haben Projekte oder Themen im Bereich Bildung für nachhaltige Entwicklung und in verwandten Konzepten durchgeführt. Die 31 Personen, die bereits Projekte umgesetzt haben, befragte ich zu den umgesetzten Themen[1] und ihren Erfahrungen. Hierbei wurde deutlich, dass besonders viele Personen Projekte im Bereich Upcycling (n = 26) umgesetzt und hiermit auch

[1] Die zehn Begriffe der Befragung zu den Themen waren unscharf und sind nicht immer leicht voneinander zu trennen, daher geben sie lediglich einen Anhaltspunkt.

gute Erfahrungen (n = 25) gemacht hatten (Abb. 4.4). Des Weiteren nannten 27 Befragte „Kleidung und Konsum“ als ein Thema, das sie bereits umgesetzt haben, aber hier hatten nur 24 Personen bereits gute Erfahrungen gemacht. Auch während meiner Feldaufenthalte war das Upcycling eine beliebte Praktik und tauchte in nahezu jedem Fall auf.

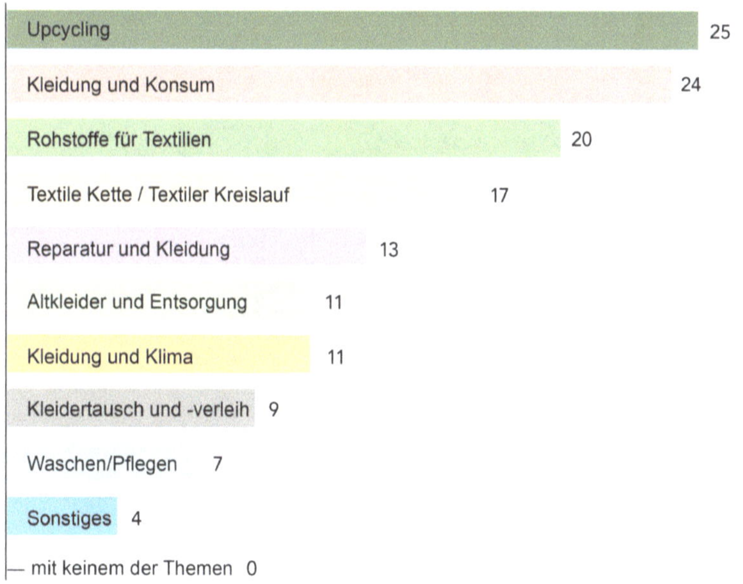

Abbildung 4.4 Mit welchen Themen haben sie bereits gute Erfahrungen?

Ich habe die Personen auch nach dem Einbezug von konkreten positiven Handlungsoptionen gefragt. Ich wollte herausfinden, ob diese mit den Schüler:innen gemeinsam entwickelt oder vorgegeben wurden. In 23 von 31 Projekten wurden dabei konkrete Handlungsoptionen vorgeschlagen (Abb. 4.5).

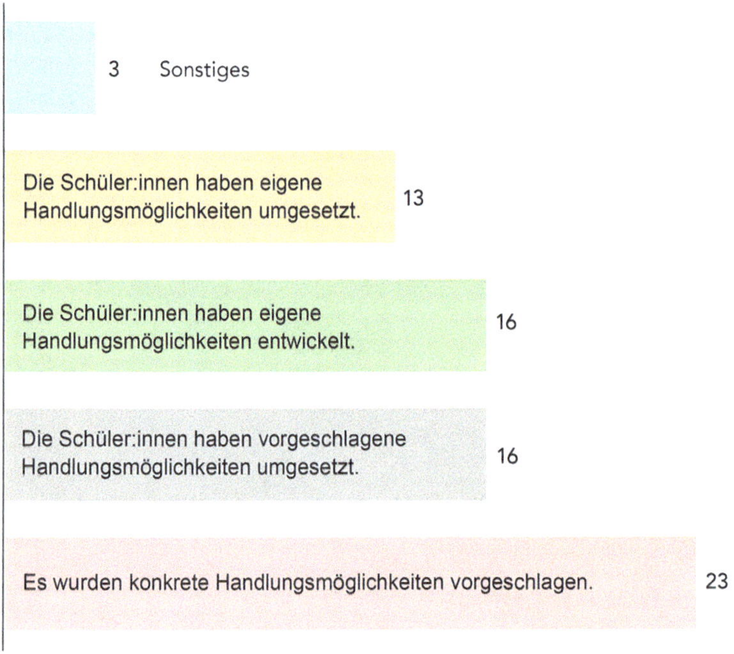

Abbildung 4.5 Gab es positive Handlungsoptionen für einen nachhaltigen Umgang mit Textilien? (Zum Beispiel zu Einkauf, Reparaturen, Gestaltung oder Pflege?)

Im Hinblick auf diese Frage wurde deutlich, dass die Befragten eine Vielzahl von konkreten Handlungsoptionen kennen und bearbeiten. Auch hier nutzten einige das freie Antwortfeld, um mir mitzuteilen, welche Handlungsoptionen bearbeitet wurden. Ich habe diese wieder in einer Wortwolke zusammengestellt, um Leser:innen einen Eindruck zu vermitteln (Abb. 4.6).

Abbildung 4.6 Freie Antwortmöglichkeit auf die Frage: positive Handlungsoptionen. (Gab es positive Handlungsoptionen für einen nachhaltigen Umgang mit Textilien? Zum Beispiel zu Einkauf, Reparaturen, Gestaltung oder Pflege? Visualisierung erstellt mit MAXQDA, © VERBI Software)

Ein Umfrageergebnis beschäftigte mich zu diesem Zeitpunkt besonders: Die Antworten auf die Frage, ob es in dem textilen Projekt einen Bezug zu Partizipation und gesellschaftlicher Teilhabe gab, waren sehr unterschiedlich. Die Mehrheit ($n = 11$) gab mit dem Wert „3" an, dass es einen Bezug gab, aber nur neun Personen hatten einen starken (4) oder sehr starken Bezug (5), während elf Personen keinen (2) oder einen leichten Bezug (1) zu Partizipation hatten. Ich deutete dieses Ergebnis für mich im weiteren Verlauf so, dass für einen Großteil der Befragten Partizipation in einem BNE-Vorhaben nicht so eine entscheidende Rolle spielte wie für mich zu diesem Zeitpunkt.

Forschungsrelevanz der Umfrage

Die Rückmeldungen zeigten, dass eine Forschung im Kontext Textiles und Nachhaltigkeit nicht nur für das Fach ‚Textiles Gestalten', sondern auch für andere Fachdidaktiken sowie für die außerschulische Bildung interessant sein kann. Es wird deutlich, dass textile Themen im Kontext der Nachhaltigkeit in vielfältigen Bildungskontexten miteinander verbunden werden. Die Antworten der Befragten bilden ein Spektrum ab, das alle Altersgruppen in unterschiedlichen Formaten anspricht. Unterschiedliche Akteur:innen entwickeln Ansätze, textile Themen im

Kontext der Nachhaltigkeit zu erproben. Im Umkehrschluss bedeutet dies, dass Lernende zu einer Vielzahl von Gelegenheiten mit den Themen Nachhaltigkeit und Textil in Berührung kommen können. Gleichzeitig wird ein starker Fokus auf Themen im Bereich ‚Nachhaltiger Konsum' sichtbar, in dem einfache Handlungsmöglichkeiten wie das Upcycling zu beliebten Vorhaben werden. Partizipation und gesellschaftliche Teilhabe scheinen dagegen von nicht ganz so hoher Relevanz zu sein. Die Umfrage stellte mich vor eine konzeptionelle Herausforderung, die teilweise mit meinen impliziten Annahmen zur BNE kollidierte. Eine meiner Grundüberzeugungen war es, dass BNE nahezu zu jedem Thema umsetzbar ist, denn BNE war für mich die Art und Weise des Zugangs, der Methoden, des Diskutierens und des Umgangs mit Unsicherheiten. Diese Annahme basiert (wie ich erst im Verlauf der Forschung realisierte) auf (m)einem persönlichen Verständnis von Lernen und Bildung. Gleichzeitig bewegte sich meine Forschung, ausgehend von meiner Tätigkeit im Institut für Materielle Kultur, aber in einem thematischen Bereich, dem Textilen. Um nun die Umfrage für andere nachvollziehbar zu machen, musste ich somit Textiles und Nachhaltigkeit benennen, woraus zwangsläufig eine thematische Steuerung der Fragen und Antworten stattfand. Fragen, die mehr konzeptionelle Überlegungen und implizite Vorstellungen vom Lernen berührten, stießen in einer Umfrage schnell an ihre Grenzen, weshalb die Befragung nur als eine Annäherung an das Feld zu lesen ist. Im letzten Teil der Umfrage machte ich zwar den Versuch, über Begriffe das Verständnis und das Informationsbedürfnis der Teilnehmenden zu BNE zu ergründen, die Ergebnisse waren aber – auch aufgrund der Form der Fragestellung – begrenzt. Dennoch zeigten sie mir die geringe Vertrautheit der Befragten mit den Diskursen und Begriffen im Bereich Bildung für nachhaltige Entwicklung – auch bei denjenigen, die angaben, sie würden Projekte im Bereich BNE umsetzen. 17 Personen (von 31 Personen) gaben an, dass ihnen der Begriff BNE sehr vertraut ist. Beim Begriff Gestaltungskompetenz waren es nur noch neun. 13 Personen waren mit den Sustainable Development Goals (SDGs) sehr vertraut, während für sechs Personen die SDGs noch vollkommen unbekannt waren. Dies sensibilisierte mich nochmals dafür, dass ich in meinem Feld nicht selbstverständlich davon ausgehen konnte, dass Konzepte und Begriffe einheitlich genutzt oder gar gekannt wurden. Aufgrund der Umfrage meldeten sich interessierte Personen bei mir, und ich konnte hierdurch die ersten Kontakte außerhalb meines Arbeitsumfeldes herstellen. Aus der Umfrage ist unter anderem der Kontakt zur Gesamtschule Henna und zum Textilmuseum Purpurkraut entstanden.

Open Access Dieses Kapitel wird unter der Creative Commons Namensnennung 4.0 International Lizenz (http://creativecommons.org/licenses/by/4.0/deed.de) veröffentlicht, welche die Nutzung, Vervielfältigung, Bearbeitung, Verbreitung und Wiedergabe in jeglichem Medium und Format erlaubt, sofern Sie den/die ursprünglichen Autor(en) und die Quelle ordnungsgemäß nennen, einen Link zur Creative Commons Lizenz beifügen und angeben, ob Änderungen vorgenommen wurden.

Die in diesem Kapitel enthaltenen Bilder und sonstiges Drittmaterial unterliegen ebenfalls der genannten Creative Commons Lizenz, sofern sich aus der Abbildungslegende nichts anderes ergibt. Sofern das betreffende Material nicht unter der genannten Creative Commons Lizenz steht und die betreffende Handlung nicht nach gesetzlichen Vorschriften erlaubt ist, ist für die oben aufgeführten Weiterverwendungen des Materials die Einwilligung des jeweiligen Rechteinhabers einzuholen.

BNE und Textile Bildung: Forschungsansätze und Perspektiven

5

Mit dieser Arbeit sind drei Ziele verbunden: Erstens, einen Beitrag zur Weiterentwicklung der Fachdidaktik Textil zu leisten, zweitens, eine kulturwissenschaftliche Perspektive auf BNE zu eröffnen und damit auch hier einen Beitrag zur Weiterentwicklung der BNE-Forschung zu leisten und drittens, die methodischen Möglichkeiten der analytischen Autoethnografie in der Schul- und Bildungsforschung auszuloten. Während die Forschung in der BNE in den letzten 30 Jahren immer differenzierter und breitgefächerter wurde (Hallinger/Nguyen 2020), sind konkrete fachdidaktische Forschungsbeiträge in der Textilen Bildung selten geworden, da das Fach sukzessive aus den Lehrplänen und Universitäten verschwindet. Während es viele Unterrichtsvorhaben und Umsetzungsvorschläge zur Verbindung von BNE und textiler Vermittlungspraxis gibt, existieren zugleich nur wenige Publikationen zu Forschungen, die Textile Bildung und BNE explizit zusammenführen oder kritisch reflektieren.

Um den Forschungsstand zu meinem Vorhaben zu konkretisieren, näherte ich mich zum einen aus den thematischen Feldern der BNE und der Textilvermittlung/Textildidaktik/Textilen Bildung und zum anderen aus der Forschungsstrategie der Autoethnografie. Hinzu kamen Publikationen aus anderen Fachdidaktiken, der Allgemeinen Didaktik sowie der schulpädagogischen Forschung, wenn sie Überschneidungen zu einem oder mehreren Bereichen hatten. An der Schnittstelle zwischen Textildidaktik, Bildung für nachhaltige Entwicklung und Ethnografie bzw. Autoethnografie zeigte sich eine Leerstelle und damit ein Forschungsdesiderat.

Ich werde zunächst auf die BNE und die Diskurse in der kritisch-analytischen Forschung zur BNE eingehen, um dann einen Überblick über den aktuellen Forschungsstand an der Schnittstelle zwischen BNE und ‚Textil' zu geben und im Anschluss andere (auto-)ethnografische Referenzen im Feld oder in verwandten Feldern zu beschreiben.

© Der/die Autor(en) 2026

S. Jessen, *Textile Bildung in Schulkulturen der Nachhaltigkeit*, Schule und Gesellschaft 73, https://doi.org/10.1007/978-3-658-51463-1_5

5.1 BNE – Entwicklung und Kritik

Bildung für nachhaltige Entwicklung (BNE), Global Citizenship Education (GCED) oder auch transformatives Lernen sind Begriffe und Theorien für zukunftsorientierte Lernkonzepte von internationaler Bedeutung. 2015 verabschiedete die Generalversammlung der Vereinten Nationen 17 internationale Ziele für eine nachhaltige Entwicklung (Sustainable Development Goals – SDGs). Die 17 Ziele sind eine Fortsetzung der Millenniumsziele aus dem Jahr 2001. Die damalige Millenniumserklärung hielt jedoch nur die Wichtigkeit einer schulischen Grundausbildung fest, während in den 17 SDGs erstmals die elementare Bedeutung der BNE formuliert wurde. Das Unterziel 4.7 „Education for sustainable development and global citizenship" der internationalen Nachhaltigkeitsziele bezieht sich dabei nicht nur auf die drei zu Beginn genannten Konzepte, sondern auch auf verwandte Bildungsansätze wie das Globale Lernen, die Friedenspädagogik oder auch rassismuskritische Bildungsarbeit. Die Basis ist eine handlungs- und zukunftsorientierte Bildung. Dabei stellt die BNE laut UNESCO-Kommission Deutschland den „Wertekern" des Ziels 4.7 (UNESCO-Kommission Deutschland o. J. a) dar. Deutschland hat die internationale Erklärung der Nachhaltigkeitsziele mit verabschiedet und sich damit auch zur Implementierung der Ziele in den Bildungsorganisationen verpflichtet. Auch die PISA-Studie der OECD hat 2018 erstmals Daten zur Global Competence der 15-jährigen Schüler:innen international erhoben (Weis et al. 2020). Dies weist auf ein internationales und flächendeckendes Interesse zur Förderung von Kompetenzen zur Gestaltung der Zukunft der Gesellschaft und den Wunsch nach Messbarkeit eben dieser Kompetenzen hin.

Politische Entscheidungen wie der Niedersächsische BNE-Erlass oder die Empfehlungen der Konferenz der Kultusministerien (Kultusministerkonferenz 2023, 2024; Nationale Plattform Bildung für nachhaltige Entwicklung 2017; Niedersächsisches Kultusministerium 2021) und eine Vielzahl an Fördervorhaben im Bereich BNE zeigen: Bildungskonzepte für die Gestaltung der Zukunft sind gesellschaftlich gewünscht und politisch gewollt. Es handelt sich bei der BNE um ein normatives Konzept, das aber von verschiedenen Akteur:innen unterschiedlich gefüllt wird.

Bereits 1992, mit der Verabschiedung der Agenda 21, wurde der Begriff der Bildung für nachhaltige Entwicklung (Education for Sustainable Development) geprägt. Das Bildungskonzept hat sich zwar international zeitgleich, aber konzeptionell divers entwickelt. Es gibt somit in den letzten 30 Jahren international ein starkes politisches Streben nach einem Konzept für eine zukunftsfähige und hochwertige Bildung, die junge Menschen dazu befähigen soll, ihre eigene

Zukunft und die des Planeten Erde kompetent zu gestalten. Die Autor:innen der Veröffentlichung „Schooling for Sustainable Development in Europe" (Jucker/Mathar 2015) sehen in der globalen Bedeutung einerseits eine Stärke des Konzepts und gleichzeitig eine große Schwäche. Nicht nur unterschiedliche Länder formulieren und verfolgen verschiedene Ansätze, es gibt auch starke regionale Unterschiede und sogar Differenzen zwischen Ansätzen und Methoden benachbarter Schulen (Jucker/Mathar 2015: V). Auch in Deutschland ist der Diskurs sehr breit gefächert und der Begriff BNE wird von Akteur:innen aus der Umweltbildung, dem Globalen Lernen oder auch der Politischen Bildung unterschiedlich rezipiert. So schreibt die Kulturwissenschaftlerin Verena Holz, die Rede von dem Konzept „Bildung für nachhaltige Entwicklung" in politischen Dokumenten suggeriere, es gäbe ein konsensuell entwickeltes Konzept. Doch es gibt eine Bandbreite an Akteuren, Verständnissen, gar Widersprüchen, Kontroversen und sogar Gegnerschaften (Holz 2016: 12). Es zeigt sich, dass BNE ebenso komplex und mehrdeutig ist wie der Anspruch nach einer nachhaltigeren Entwicklung bzw. einer sozial-ökologischen Transformation. Sowohl das Leitbild als auch das Bildungskonzept involvieren vielfältige „Themen, Akteur*innen, Disziplinen, Strukturen, sodass das Risiko besteht sich in Floskeln eines leeren Signifikanten (Laclau 2010) zu verlieren" (Weselek 2022: 52 f.).

In den letzten Jahren sind dabei allein im deutschsprachigen Raum verschiedene Kompetenzmodelle beschrieben worden, die versuchen, den Begriff BNE konzeptionell zu füllen: Zu nennen sind hier zum Beispiel die Gestaltungskompetenz (de Haan 2008a), die Kompetenzen zum Erkennen, Bewerten und Handeln aus dem Orientierungsrahmen (Schreiber et al. 2016), die Nachhaltigkeitskompetenzen (Rieckmann/Vierbuchen 2020; Rieckmann 2018) oder die Kompetenzen des Green Comp der Europäischen Kommission (European Commission. Joint Research Centre 2022). In den Dokumenten der Kultusministerien wird aktuell auf die Gestaltungskompetenz und auf das Kompetenzkonzept des Orientierungsrahmens parallel verwiesen (Niedersächsisches Kultusministerium 2021: 2; Kultusministerkonferenz 2024: 6). Darüber hinaus sind seit 2015 die 17 internationalen Nachhaltigkeitsziele (Sustainable Development Goals, SDGs) eine zentrale Bezugsgröße für politische Ausformulierungen der BNE.

Seit 2015 findet ein komplexes, nationales Monitoring, das Dokumentenanalysen, qualitative Interviewstudien und quantitative Erhebungen kombiniert, zum Stand der Implementierung der BNE in Deutschland statt (u. a. Brock et al. 2018, Singer-Brodowski et al. 2019). Das Monitoring zeigt eine „deutliche Verankerung von BNE" in den „landesweiten Nachhaltigkeitsstrategien" der Bundesländer (Brock et al. 2018: 298). Es beschreibt eine langsame Diffusion der BNE in die Bildung, wobei Programmatik und Implementation in den unterschiedlichen

Bildungsbereichen und Bundesländern stark variieren. Für die Schulen schätzen die befragten Personen der qualitativen Interviewstudie die Bedeutung von BNE als steigend ein:

> ‚Die Lehrkräfte stolpern jetzt im Prinzip über diesen Begriff. In den Fachplänen wird sich Gedanken gemacht, welche Relevanz das Fach Mathe, Deutsch, Englisch, Geografie für Nachhaltigkeit hat' (IP3:53). Angestoßen durch die verschiedenen politischen Initiativen auf Länderebene gäbe es also eine Auseinandersetzung mit BNE als Bestandteil des Schulunterrichts und darüber hinaus.
>
> (Singer-Brodowski et al. 2019: 108)

Aber BNE wird im Schulalltag noch nicht als wirklich wichtiges Thema wahrgenommen. „Trotzdem erwähnen Befragte einen Nachhaltigkeits-Trend" (Singer-Brodowski et al. 2019: 108), der mit einer neuen Art von gesellschaftlichem „Lifestyle" verbunden sei und „mit der stärkeren begrifflichen Bekanntheit von Nachhaltigkeit" (Singer-Brodowski et al. 2019: 108). Expert:innen aus der non-formalen Bildung sehen eine Chance für die BNE in „Diskursräumen zur Bildung" für eine „fortwährende inhaltliche Neudefinition über BNE" (Singer-Brodowski et al. 2019: 338).

Instrumentell und/oder emanzipativ

Autor:innen in der deutschen und internationalen BNE-Forschung beschäftigen sich immer wieder mit der Herausforderung der normativen Ansprüche der BNE. Bereits 1992 schrieb Bob Jickling den provokanten Artikel „Why I Don't Want my Children To Be Educated for Sustainable Development" (Jickling 1992) und eröffnete damit die Diskussion zur starken Normativität der damaligen Konzepte im Feld der Umweltbildung und BNE. International wird von einem ‚Democratic Paradox' (Van Poeck/Goeminne/Vandenabeele 2016, Wals 2010) gesprochen. Arjen Wals (2010) schreibt dazu, dass es einerseits die Dringlichkeit gibt, nicht-nachhaltiges Handeln zu verändern, andererseits aber auch die Ansicht, dass es falsch sei, Menschen von vorgefertigten Meinungen und Handlungsweisen zu überzeugen oder sie gar zu erziehen – zumindest in den skandinavischen Ländern, auf die er sich bezieht. Er beschreibt ein Spannungsfeld zwischen der Forderung nach nachhaltigen sozialen Normen und dem Anspruch auf Selbstbestimmung, oder anders formuliert, zwischen instrumentellen und emanzipatorischen Lernkonzepten (Wals 2010: 150).

Paul Vare und William Scott (2007) gehen von zwei Konzepten der Bildung für nachhaltige Entwicklung (Education for Sustainable Development, ESD) aus. „In relation to ESD, we argue that it is helpful to think of two interrelated and complementary approaches which we term ESD 1 and ESD 2" (193). ESD 1 vermittelt zu erlernende Lösungen wie beispielsweise den Müll zu sortieren, während ESD 2 darauf fokussiert, kritisches Denken, das Hinterfragen von Expert:innenmeinungen und das eigene Handeln zu fördern. ESD 2 basiert dabei auf einem anderen Verständnis von Lernen als ESD 1 und sieht nachhaltige Entwicklung als einen stetigen Lernprozess. Vare und Scott beschreiben die Kernaufgabe des Lernens als einen kollaborativen und reflexiven Prozess. Hierbei gilt es Unsicherheiten auszuhalten und dennoch Lösungswege zu entwickeln. Sofia Getzin und Mandy Singer-Brodowski sprechen im deutschen Diskurs von einer instrumentellen Bildung FÜR nachhaltige Entwicklung und von einer emanzipatorischen Bildung ALS nachhaltige Entwicklung (Getzin/Singer-Brodowski 2016: 39). Laut Vare und Scott (2007) sind beide Ansätze notwendig und bedingen sich gegenseitig. Sie beziehen sich auf das chinesische Konzept des Yin und Yang (195) und verweisen auf das Zusammenspiel beider Konzepte. Nur wenn aus der ESD 1 Handlungsoptionen vorhanden sind, kann das kritische Denken und Hinterfragen und das Entwickeln eigener Möglichkeiten erprobt werden.

Während ich 2021 den Text das erste Mal las, erschien er für mir wie ein versöhnliches Angebot. Auch ich hatte in meinem Vermittlungshandeln eine Differenz zwischen ‚Belehren', wie ich es nannte, und ‚Entscheidungsfreiheit bzw. Partizipation' wahrgenommen und festgestellt, wie beides in der Praxis nicht leicht voneinander zu trennen war. Dabei war und bin ich eine starke Befürworterin partizipativer und emanzipativer Angebote. Aber der Text von Vare und Scott ermöglichte es mir, auch ein Verständnis für instruktive Anteile in Vermittlungskonzepten zu entwickeln. In einigen Publikationen wird mehr die Unterscheidung in ESD 1 und ESD 2 (u. a. Ryser/Stettler 2024: 86) rezipiert, aber weniger das Ineinandergreifen beider Konzepte. Das Wahrnehmen und die Reflexion der Beziehungen zwischen einer instrumentellen und einer emanzipatorischen BNE scheint die Herausforderung für Bildungseinrichtungen und Lehrpersonen zu sein. Erst wenn sie die Differenz und das Zusammenspiel wahrnehmen und reflektieren können, ist es möglich, den Lernprozess besser zu steuern bzw. zu begleiten und dabei ein angemessenes Verhältnis zwischen instrumentellen Ansätzen und emanzipatorischen Lernkonzepten zu finden.

Kritik

In den letzten Jahren hat die kritische und analytisch beschreibende Perspektive auf BNE zugenommen. Yvonne Kehren (2017) schreibt, BNE sei zugleich Subjekt und Objekt von Kritik, vor allem als eine scheinbare pädagogische Lösung einer weltweiten, gesellschaftlichen Herausforderung (59). Im gleichen

Jahr schreibt Steffen Hamborg (2017), dass in Deutschland eine anwendungsorientierte Forschung dominiere und dass eine deskriptiv-analytische Distanz weniger zu finden sei (15). Inzwischen haben er selbst und weitere Autor:innen den distanzierten Blick auf Bildung für nachhaltige Entwicklung und Nachhaltigkeit gestärkt und beispielsweise eine subjektivierungstheoretische Perspektive eingenommen (Alkemeyer et al. 2021; Hamborg 2022; Christ/Sommer 2023 und weitere).

Seit Bob Jickling 1992 seine Kritik am Konzept Bildung für nachhaltige Entwicklung äußerte, sind die Perspektiven differenzierter geworden, sodass weitere Herausforderungen angeführt und untersucht werden können. Grundsätzlich hinterfragen kritische Forschende an vielen Stellen das Leitbild der nachhaltigen Entwicklung mit einem wachstumsorientierten „Modernisierungsparadigma" (Jansen 2025: 28) sowie die harmonisierten Vorstellungen der Vereinbarkeit der drei Dimensionen der Nachhaltigkeit. Autor:innen beschreiben die Gefahr der *Individualisierung und Pädagogisierung gesellschaftlicher Probleme* in der BNE (Van Poeck/Vandenabeele 2012; Jansen 2025: 30 f.; Hamborg 2017: 20), denn im Kontext der Nachhaltigkeitsbildung bestehe die Gefahr, „dass das lernende Subjekt nicht zuvorderst als Bürger*in adressiert wird, sondern dem Prinzip der Eigenverantwortung folgend als Verbraucher*in bzw. Konsument*in" (Jansen 2025: 33). Damit findet eine *Entpolitisierung der globalen Herausforderungen* statt. Steffen Hamborg (2017) führt zudem einen Zusammenhang von BNE und einer internationalen „Aktualisierung neoliberaler Diskurse" auf und schließt damit an die Kritik an einer anhaltenden Orientierung an einem *ökonomischen Wachstumsbegriff* an (23 f.).

Im Kontext der Individualisierung wird im deutschsprachigen Diskurs eine Fokussierung auf den Kompetenzbegriff hinterfragt, da ihm wirtschaftliche Kriterien der Verwertbarkeit zugrunde liegen und mit ihm eine Neigung zu einer *Funktionalisierung von Bildung* verbunden ist (u. a. Hamborg 2017: 21; Jansen 2025: 33). Die Fokussierung auf Kompetenzen birgt die Gefahr, dass gesellschaftspolitische Ambivalenzen für Lernende nicht mehr sichtbar und inhaltliche Auseinandersetzungen vermieden werden. Annegret Jansen weist auf eine Studie der Politischen Bildung hin, die beschreibt, dass sich Schüler:innen auf individualisierte Handlungsmodelle verbunden mit ihrem Konsumverhalten beziehen (Jansen 2025: 34) und politische oder gesamtgesellschaftliche Dimensionen damit nicht in Betracht gezogen werden. Noch deutlicher formulieren Michaela Christ und Bernd Sommer ihre Kritik:

> Eine Pädagogik, die nicht nur auf Bildung abzielt, sondern die zu Bildenden auf die Rettung der Welt verpflichtet, verlagert gesellschaftliche Verantwortung nicht

> nur ins Individuum, sondern nimmt sie dafür auch in Haftung. Implizit müssen sich damit [...] Bildungsprozesse an ihren Ergebnissen messen lassen. Gelingt es BNE-Geschulten, sozial-ökologische Krisen angemessen zu bearbeiten? Können sie den Klimawandel stoppen – und was hat es eigentlich mit der Bildung zu tun, wenn dies nicht gelingt?
>
> (Christ/Sommer 2023: 29)

Vor allem im Bereich des Globalen Lernens – in dem viele textile Angebote zu finden sind – aber auch in der allgemeinen BNE, diagnostizieren Kritiker:innen einen *Fortbestand (post-)kolonialer Macht/Wissens-Regime* (Hamborg 2017: 19). Es finden einseitige Betrachtungen von Täter:innen und Opfern statt, Stereotype werden reproduziert und Macht- und Herrschaftsfragen ausgegrenzt (Holfelder et al. 2018: 109). Autor:innen beziehen sich auf Diskurse des Postkolonialismus und stellen die Frage zur Berechtigung der Position der Sprecher:innen. Wer kann, wie über wen sprechen oder berichten? Dabei ergibt sich in vielen Vorhaben ein Spannungsfeld zwischen helfendem Engagement und der Übernahme von Stereotypen, wodurch die Gefahr der Reproduktion paternalistischer Strukturen besteht (Weselek 2022: 396).

Die BNE, die laut politischer Definition das normative Ziel inter- und intragenerationeller Gerechtigkeit verfolgt, hat auf verschiedenen Ebenen (lokal und global) das Problem, dass vorhandene Konzepte nicht nur Ungleichheit abbauen, sondern auch reproduzieren und verstärken können. Johanna Weselek (2022) weist in ihrer Interviewstudie mit Lehrkräften darauf hin, dass BNE nicht die *Reproduktion von sozialer Ungleichheit* an sich darstellt, aber dass BNE in ihrem Material als weitere Komponente einer Ungleichmachung wirkt (381). „Nachhaltigkeit als Werteorientierung und ‚bewusste' Entscheidung für die Förderung einer nachhaltigeren Zukunft führt zugleich notgedrungen zu Praktiken des Unterscheidens, wer sich mehr und wer sich weniger ‚bewusst' nachhaltig verhält" (Weselek 2022: 382). Der Fokus der Lehrkräfte auf den nachhaltigen Konsum und seine Wirkung stellt sich als Teil einer ‚ökologischen Distinktion' dar (Weselek 2022: 382 ff.). Weselek belegt in ihrer Studie, dass die schulische Reproduktion sozialer Ungleichheit damit auch in BNE-Themen erkennbar wird (380 f.).

Im Verlauf dieser Studie werde ich auf einige der Kritikpunkte mit meinen empirischen Daten Bezug nehmen können. Sie sind berechtigt, gleichzeitig fühlen sie sich aus meiner Position als Vermittlerin akademisch und ‚praxisfern' an. Die Kritik betrifft an vielen Stellen nicht allein die BNE, sondern eine ähnliche Kritik trifft auf weitere Bildungs- und Didaktikfelder oder sogar auf das allgemeine aktuelle Verständnis von Bildung zu. Denn auch dort ist eine Funktionalisierung durch Kompetenzorientierung, eine normative Ausrichtung oder die Nähe zum

Neoliberalismus darstellbar. Und so ist es nur konsequent, dass Bob Jickling und Stephen Sterling (2017) in ihrem Buch mit dem Titel „Post-Sustainability and Environmental Education" vorschlagen, darüber zu sprechen, „how we might remake education for the future" (5) und darauf hinweisen, dass es „some more fundamental rethinking of education and its purposes in a rapidly changing global context" bedarf (6). Auch Jürgen Budde und Nina Blasse schreiben in der Zeitschrift für internationale Bildungsforschung und Entwicklungspädagogik:

> Allerdings – so unser Credo – kann der Beitrag der Schule nur in ihrem originären Bereich liegen, nämlich der Vermittlung von Bildung, die nicht nur von den expliziten normativen Anforderungen von BNE entlastet ist, sondern noch vielmehr von den impliziten Anforderungen, welche die Grammatik der Schule in einer nicht-nachhaltigen Gesellschaft mit sich bringt.
>
> (Budde/Blasse 2023: 8)

Was also tun, wenn nicht nur die BNE, an der nachhaltigen Entwicklung zu scheitern scheint, sondern die gesamte schulische Bildung? Steffen Hamborg fordert „eine doppelte Wendung auf die Praxis" (Hamborg 2023: 159) und die „empirische Durchdringung der Eigenlogik von Bildung und Erziehung im Spiegel von Nachhaltigkeit und Transformation" (Hamborg 2023: 159). Es kann aufschlussreich sein, die Wechselwirkung zwischen Schule und Gesellschaft in einer Gesellschaft der Nicht-Nachhaltigkeit zu untersuchen. Niemeyer weist hierzu darauf hin, „dass Bildungssysteme gesellschaftliche Verhältnisse eher reproduzieren als verändern" (Niemeyer 2023: 10). Dabei ist Schule nicht unpolitisch, so Jürgen Budde und Nina Blasse im gleichen Heft, da „Schule nicht außerhalb gesellschaftlicher Verhältnisse steht und insofern politische Probleme notwendigerweise thematisieren sollte" (Budde/Blasse 2023: 8).

Eine empirische Untersuchung des Aufeinandertreffens von textilem Handeln und dem gesellschaftlichen Wunsch nach nachhaltiger Entwicklung in schulischen Vermittlungssituationen kann somit aufschlussreich sein, um Schule, eingebettet in Gesellschaft, besser zu verstehen und den beteiligten Akteur:innen die Möglichkeit zur Selbstreflexion zu geben. Mit dem Phänomen der textilen Vermittlungssituationen befasst sich dieser Text zwar mit einem ganz spezifischen Fall von schulischer Vermittlung, aber gleichzeitig ist er, mit seinem Bezug auf textile, materielle (Konsum-)Dinge, besonders geeignet, um das Spannungsfeld zwischen Individualisierung und Emanzipation zu betrachten.

5.2 Textile Bildung und BNE

Die Publikationen zu Lehren und Lernen im Kontext BNE und Textil lassen sich in zwei Bereiche unterteilen: Veröffentlichungen aus dem Bereich der Textilen Bildung bzw. Textildidaktik, also Arbeiten mit konkretem Bezug zum Schulfach ‚Textiles Gestalten' oder teils auch zur beruflichen Bildung im Kontext Textil und zum anderen Veröffentlichungen aus weiteren Fachdidaktiken, auf die ich mich im folgenden Abschnitt beziehen werde. Erst mit meinem Einstieg in das Institut für Materielle Kultur lernte ich den kleinen Bereich der fachdidaktischen Auseinandersetzung mit textilen Lehr- und Lern-Situationen kennen.

Das Schulfach hat eine lange Tradition, aber es muss sich zugleich immer wieder legitimieren. Mit dem Einzug des Faches an Pädagogischen Hochschulen und später an Universitäten etabliert sich ein akademischer Diskurs um das Fach und seine Bedeutung (Derwanz 2020a). Einen guten Überblick über die Fachgeschichte und die unterschiedlichen Ansätze der Theoriebildung geben Elisabeth Eichelberger und Marianne Rychner (2008). Für den Standort Oldenburg – und damit einen Teil meines Forschungsfeldes – ist Ingrid Köller hervorzuheben, die in den 1990er Jahren mit der „Didaktik der Sachkultur" ein Gedankengerüst für die kulturwissenschaftliche, mehrperspektivische Basis des Faches ausformuliert hat (Köller 1999). Heute hat das Schulfach in den einzelnen Bundesländern in Deutschland verschiedene Schwerpunkte. In Niedersachsen wird es unter dem Namen ‚Textiles Gestalten' unterrichtet und in Schleswig-Holstein unter dem Namen ‚Textillehre'. Teils ist es ganz aus den Schulen verschwunden und es wird nur noch an wenigen Universitäten im deutschsprachigen Raum gelehrt und beforscht.

Mit der Akademisierung hat das Schulfach in den letzten 40 Jahren einen starken Wandel vollzogen. Vom ‚Mädchenfach Handarbeiten' entwickelte es sich hin zu einem kulturwissenschaftlich fundierten, mehrperspektivischen Fach, das Theorie und Praxis verbindet, um Schüler:innen zu „kompetenten Alltagsakteuren" (Becker 2005) auszubilden. Ingrid Köller beschreibt in der „Didaktik textiler Sachkultur" vier Bereiche als Grundlage für die textile Vermittlungsarbeit: Konsumtion, Produktion, Ästhetik, Kulturgeschichte. Sie legte damit die Basis für das Studium, wie es heute in Oldenburg am Institut für Materielle Kultur gelehrt wird. Inhaltlich werden mit der Konsumtion und Produktion schnell Parallelen zu den inhaltlichen Themen der BNE deutlich. Auch didaktische Parallelen zur BNE sind nicht verwunderlich. 1997 benennt Ingrid Köller unter anderem die Umwelterziehung, die Ökologische Bildung, die Multikulturelle Erziehung und die Ästhetisch-Kulturelle Bildung als Orientierung für den Textilunterricht (Köller 1997/2020: 29). In einem späteren Text beschreibt sie das Konzept der

„textilen Sachkultur" als Begründung für einen Textilunterricht, „der sowohl den gegenwärtigen und möglichen zukünftigen Aufgaben der Schule, als auch der gesamtgesellschaftlichen globalen Problematik im Umgang mit der Dingwelt und ihrer kulturellen Bedeutung verpflichtet ist" und bezieht sich im vorhergehenden Absatz auf den Bildungstheoretiker Wolfgang Klafki (Köller 1999: 55).

Die Autor:innen der Textildidaktik und -gestaltung beschäftigen sich mit der didaktischen Rahmung des Schulfaches ‚Textiles Gestalten', das teils mit den Fächern ‚Kunst' oder ‚Werken' zusammengelegt oder zu einem Fach ‚Alltagskultur, Ernährung, Soziales' verschmolzen ist. Aufgrund der wenigen universitären Standorte in Deutschland findet ein Austausch und Diskurs zwischen Österreich und der Schweiz statt.[1] Einschlägige Veröffentlichungen sind vor allem in den drei Verbandszeitschriften ‚…textil…' (Deutschland), ‚boekwe' (Österreich) und ‚Werkspuren' (Schweiz) sowie in Tagungs- und Sammelbänden zu finden. Die Autor:innen haben oft selbst Lehramt für das entsprechende Schulfach studiert oder sie kommen aus den Textil- oder Kulturwissenschaften. In den Fachzeitschriften und Sammelbänden ist in den letzten Jahren eine Zunahme von Veröffentlichungen zu beobachten, die BNE explizit benennen und einen Bezug zum Fach herstellen. Sie beschreiben die Potenziale und Herausforderungen, die BNE für das Fach bedeuten (Grundmeier 2013; Grundmeier/Höfer 2023; Derwanz 2022), aber zumeist sind es Beschreibungen von Praxisvorhaben für die Schule und Hochschule (Bohl 2023; Eichelberger 2018; Derwanz 2019; Jessen/Derwanz 2020; Kugler 2023 und weitere) oder Autor:innen, die BNE als weitere Legitimierung des Fachs hinzuziehen (Huil 2022; Hardenberg 2022).

Konkrete empirische Forschungsvorhaben zu BNE und ‚Textil' sind meist anwendungs- und konsumorientiert (u. a. Kitzlinger/Grundmeier/Bender 2022; Grundmeier/Bothner 2023). Das Verständnis des Begriffs BNE bezieht sich im Schwerpunkt auf die Vermittlung von Wissen und Kompetenzen im Sinne einer Konsument:innenbildung. Hierzu zählt auch das Projekt „BNTextillabor – Bildung für einen nachhaltigen Textilkonsum mit positiven Spillover-Effekten durch Realexperimente" der Universität Ulm, das Lernkonzepte zu einem nachhaltigen Textilkonsum entwickelt hat (Becker-Leifhold/Hirscher 2019). Es bestätigt einen positiven Einfluss beispielsweise von Tauschaktionen und Reparaturprojekten auf die Konsumeinstellung der teilnehmenden Jugendlichen, wobei die Untersuchung keine Aussagen zu einem konkreten Verhalten geben kann.

[1] In der Schweiz und in Österreich wurden die Fächer ‚Werken' und ‚Textil' erst kürzlich zusammengelegt. Das neu entstandene Fach heißt dort ‚Technisches und Textiles Gestalten' (Schweiz) und ‚Technisches und Textiles Werken' (Österreich).

Zu Beginn meiner Promotionszeit startete ein großes EU-finanziertes Forschungsprojekt im Fach Textilwissenschaft: „Sustainable Fashion Curriculum at Textile Universities in Europe – Development, Implementation and Evaluation of a Teaching Module for Educators (Fashion DIET)". Dieses ist bereits abgeschlossen und es wurden in einem internationalen Zusammenschluss umfangreiche BNE-Module für textile Lehrvorhaben entwickelt und ausgewertet (Grundmeier/Höfer 2023). Die Veröffentlichungen sind anwendungsorientiert und instruktiv geprägt. Die Initiator:innen möchten Vermittler:innen durch fachliche Inhalte und Informationen Orientierung bieten. Online stehen nun über die Plattform Global Campus 42 umfangreiche PowerPoint-Präsentationen als Vorlage für Seminare und Veranstaltungen zum Themenbereich Textiles und Nachhaltigkeit zur Verfügung. Darüber hinaus ist eine E-Learning-Datenbank (Fashion and Textile Database) entstanden.

Nicht alle Texte, die textile Vorhaben mit Bezug zur Nachhaltigkeit oder nachhaltigen Entwicklung beschreiben oder beforschen, beziehen sich explizit auf die Konzepte der BNE – zumeist aber auf die Begriffe ‚Nachhaltigkeit' oder ‚nachhaltige Entwicklung' und damit verbundene Herstellungs- oder Konsumpraktiken, wie das Wiederverwenden oder Umnutzen von Kleidungsstücken (z. B. Eichelberger 2018; Schartner 2022). Bei den anwendungsorientierten Darstellungen im Kontext Schule und Hochschule ergibt sich ein Schwerpunkt in dem Bereich ‚nachhaltiger Konsum' mit dem Fokus Reparatur (Kugler 2023; Derwanz 2019, 2020b; Röben/Dutz/Wegner 2019) sowie dem sogenannten ‚Upcycling' (u. a. Eichelberger 2018; Schartner 2022; Sung 2020). Eine weitere Publikation beschäftigt sich mit der ästhetischen Forschung im Kontext der BNE (Götsch 2023) und verfolgt damit einen anderen Weg der Kombination von textilem Arbeiten und Bildung für nachhaltige Entwicklung. Eine reflexive bzw. deskriptiv-analytische Perspektive auf textile Vermittlungspraxis im Kontext BNE ist bislang nicht vorhanden.

2020 startete parallel zu meinem Forschungsvorhaben ein ethnografisches Forschungsprojekt in der Schweiz. Das Vorhaben „Strategien von TTG-Lehrpersonen zwischen normativen BNE Konzepten und Bedingungen im Unterricht" widmet sich einer Auseinandersetzung mit dem normativen Aspekt der BNE im Fach ‚Technisches und Textiles Gestalten' (TTG) (Ryser 2021; Stettler/Ryser 2022). Da das Schweizer Schulfach Textiles und Technik verbindet, liegt der Forschungsschwerpunkt nicht alleine auf der textilen Vermittlungspraxis. In einem Artikel im Jahr 2024 stellten Andreas Stettler und Sarah Ryser erste Ergebnisse vor. Darin gehen sie zunächst davon aus, dass sich das Fach TTG durch das Arbeiten mit unterschiedlichen Materialien besonders gut für die BNE eignet. Es kann die Verbindung zu gesellschaftlichen und technischen Zusammenhängen zeigen und ermöglicht „konkrete und erfahrbare Alltagsbezüge" (Stettler/Ryser 2022: 85). Sie formulieren eine Herausforderung für Lehrkräfte, die „im Spannungsfeld zwischen persönlichen Ansprüchen, inhaltlichen Bezügen und gesellschaftlich ausgehandelten normativen Vorgaben aus der Politik" (Stettler/Ryser 2022: 85) entsteht. In ihrem Vorhaben fragen sie danach, wie Lehrpersonen in ihrem Handeln mit dem normativen Anspruch der BNE umgehen. Als erstes Ergebnis beschreiben sie: „In den untersuchten Lektionen konnten wir klare Ansätze von BNE-Handeln feststellen (sprich ein Lenken des Unterrichts im Hinblick auf BNE-Wissen, Einstellungen und/oder Handeln der SuS in Bezug auf BNE). Dies galt sowohl für soziale, ökonomische und ökologische Zusammenhänge als auch bezüglich der pädagogischen Prinzipien der Bildung für nachhaltige Entwicklung (éducation21)" (Ryser/Stettler 2024: 88).

Im Widerspruch dazu steht für Stettler und Ryser die Beobachtung, dass bei den Lehrenden in den Interviews wenig explizite BNE-Kenntnisse vorliegen. Sie nennen das Wissen „einseitig" und „lückenhaft" (Ryser/Stettler 2024: 88). Ziel der Schweizer Studie ist es, Lehrkräfte zukünftig beispielsweise durch Fortbildungen zu unterstützen. Sie stellen die Hypothese auf, „dass ein gesellschaftlicher Diskurs dafür sorgt, dass das Anliegen der nachhaltigen Entwicklung auf verschiedenen Ebenen aufgenommen wird" (Ryser/Stettler 2024: 88). Weiter schreiben sie, dass es so scheine, „dass die Einstellungen und das Handeln von Lehrkräften im Unterricht durch diesen allgemeinen gesellschaftlichen Diskurs beeinflusst werden und nicht in erster Linie durch explizites BNE-Wissen über die entsprechenden Modelle und Konzepte" (Ryser/Stettler 2024: 92). Sie stellen auch fest, dass sich die Lehrpersonen „unbewusst zwischen BNE I und BNE II (Vare/Scott 2007) oder zwischen instrumentellen und emanzipatorischen Ansätzen (Wals et al. 2008)" (Ryser/Stettler 2024: 90) bewegen. Die Lehrkräfte würden entsprechende Spannungen zwischen normativen Vorgaben und den emanzipatorischen Ansprüchen im Unterricht nicht als problematisch oder ambivalent empfinden (90). Die Forschung ist noch nicht abgeschlossen, eine detaillierte Auswertung steht noch aus.

Kritisch ist an dieser Stelle, dass die Autor:innen bereits zu Beginn der Studie davon ausgehen, dass die Lehrkräfte ein Spannungsverhältnis wahrnehmen sollten. Sie sind überrascht davon, dass „Haltungen und Handlungen der Lehrpersonen nicht in erster Linie durch die Kenntnisse der BNE-Konzepte geleitet werden" (Ryser/Stettler 2024: 88). In meiner eigenen Vermittlungstätigkeit in der BNE stellte sich mir nie die Frage der Normativität und ich hatte auch keine Vorstellungen von einem instrumentellen oder einem emanzipatorischen Zugang zur BNE. Die Begriffe lernte ich erst mit meiner Tätigkeit als wissenschaftliche Mitarbeiterin an der Universität und durch meine Auseinandersetzung mit dem wissenschaftlichen Diskurs zur BNE kennen. Um dieses Spannungsverhältnis wahrzunehmen, bedarf es einer hohen Reflexivität und um es artikulieren zu können, ist zudem ein spezifisches akademisches Vokabular erforderlich. Die Ermöglichung genau dieser Reflexionsfähigkeit des Oszillierens zwischen normativen Vorgaben und emanzipatorischen Ansprüchen ist daher ein zentrales Anliegen dieser Arbeit und kann zu einer pädagogischen Professionalisierung in der BNE beitragen.

Die Beobachtung der Autor:innen, dass sich im pädagogischen Handeln der Lehrkräfte trotz oberflächlicher Kenntnisse der BNE Elemente verschiedener BNE-Konzepte wiederfinden, war eine meiner Grundannahmen, als ich mit der Arbeit begann. Sowohl meine Erfahrungen aus den von mir durchgeführten Fortbildungen als auch die Ergebnisse meiner digitalen Umfrage (Kapitel 4) deuteten darauf hin, dass in der schulischen Praxis Elemente auftauchen würden, die ich einer BNE zuordnen würde, obwohl die Lehrkräfte nicht von BNE sprechen. Ich würde die Hypothese von Sarah Ryser und Andreas Stettler aber gerne etwas differenzierter betrachten. Zum einen stellt sich die Frage, was ist ein ‚NE-Handeln'[2] und wer identifiziert es als solches, und zum anderen gehe ich davon aus, dass es nicht *ein* gesellschaftlicher Diskurs ist, sondern, dass verschiedene Diskurse und implizite Wissensordnungen in einer Vermittlungssituation zusammenwirken. Dabei kann das Handeln der Lehrkraft nicht getrennt von der Gesamtsituation betrachtet werden (Kapitel 6). Es sind verschiedene Diskurse, die sich in den sozialen Praktiken im Unterricht treffen und die dazu führen, dass Beobachtende im Handeln der Lehrpersonen BNE-Elemente identifizieren.

Weitere wertvolle Forschungsperspektiven auf die Verschränkung von BNE und textiler Praxis habe ich in Skandinavien gefunden. Hier gibt es mit dem Fach ‚Slöjd' bzw. englisch sloyd oder crafting ein Fach, das dem ‚Textilen Gestalten' ähnelt. Zugleich sind die skandinavischen Länder stark in der internationalen Forschung zu BNE bzw. Education for Sustainable Development (ESD) oder auch Environmental & Sustainability Education (ESE) vertreten. 2019 veröffentlichte Hanna Hofverberg ihre Dissertation im Bereich ESD und „Teaching and Learning Crafting". Hiermit verbunden sind drei Artikel, die sich mit der Rolle der Lehrkraft sowie mit der Materialität der Lehr- und Lernsituationen beschäftigen (Hofverberg 2020; Hofverberg/Kronlid 2018; Hofverberg/Maivorsdotter 2018). Sie beschreibt, welche Inhalte für den schwedischen (textilen) Werkunterricht im Kontext BNE relevant sind, welche Faktoren den Lernprozess beeinflussen und vor allem beschäftigt sie sich in ihrem Artikel 2020, ausgehend von John Dewey und Tim Ingold, mit der Rolle der Materialien im Prozess. Der Bezug, den sie

[2] NE steht für Nachhaltige Entwicklung (Anmerkung S.J.).

zum „New Materialism“ herstellt, ist auch für die Untersuchung von Lehr- und Lernsituationen im deutschsprachigen Raum vielversprechend. Daher werde ich mich ausgehend von Hanna Hofverbergs Arbeit in Kapitel 12 der transaktionalen Lerntheorie und der Analyse der Materialität in Lernprozessen annähern.

Über das Textile Gestalten hinaus wird in weiteren Schulfächern (Religion, Biologie, Politik, Chemie u. a.) und Vermittlungsbereichen (Museen, Reparaturwerkstätten etc.) mit Textilien und Kleidung als Ausgangsmaterial pädagogisch gearbeitet. In den Fachdidaktiken und -disziplinen sind dementsprechend auch angewandte Forschungsbeiträge publiziert worden, die das Textile im Kontext Nachhaltigkeit aus ihrer jeweiligen Fachperspektive betrachten. Eine intensive Beschäftigung mit Textil und Kleidung im Kontext Nachhaltigkeit findet unter anderem durch Autor:innen im Sachunterricht (Wulfmeyer 2007; Knörzer 2020; Weide 2012) und in der Geografie (Mittrach/Meyer 2020; Mittrach 2018; Meyer/Mittrach 2023) statt.

5.3 (Auto-)Ethnografien zu Bildung und Konsum

Die Kulturwissenschaftlerin Verena Holz betont 2016 die Bedeutung eines kulturwissenschaftlichen Zugangs zur BNE und sieht hierin Entwicklungspotenzial (Holz 2016). Im Bereich BNE/ESD gibt es international Arbeiten, die einen ethnografischen Forschungsstil (u. a. Kopnina 2013, 2011; Leino 2007; Heinrichs 2021; Stettler/Ryser 2022) anwenden. Mit Blick auf den methodischen Zugang der analytischen Autoethnografie konnte ich bislang keine Arbeiten im Kontext der Textildidaktik finden. In der BNE hat eine Forscher:innengruppe mithilfe der analytischen Autoethnografie und intersubjektiven Gruppendiskussionen die Herausforderungen des Zusammenspiels zwischen Wissenschaft und Politik im Prozess der nationalen Implementierung der BNE in Deutschland herausgearbeitet und den Wert der Autoethnografie für die BNE herausgestellt (Singer-Brodowski u. a. 2021, Seggern et al. 2023). Sie beschreiben das Potenzial kollaborativer Autoethnografie zur Stärkung der Reflexivität in transdisziplinären und transformativen Studien zur BNE. Weitere Publikationen befassen sich mit unterschiedlichen Schwerpunktsetzungen mit der Eignung der Autoethnografie für Lehre und Forschung in der Hochschulbildung (z. B. Autor:innengruppe AEDiL 2022; Neuhold 2021; Hensley 2021). Dwayne Custer (2014) macht deutlich, wie die Autoethnografie zu einem transformativen Prozess wird und damit zu einer transformativen Forschungsmethode werden kann.

Im Forschungsfeld der Materiellen Kultur analysieren Autor:innen Praktiken in den Bereichen DIY und nachhaltiger Konsum (z. B. Ehn 2011; Eugster/

Schwarz 2017; Jubas/Seidel 2016) mit autoethnografischen Verfahren. Außerhalb der fachdidaktischen Forschung im sozial- und kulturwissenschaftlichen Feld „Textiles, Mode(n) und Bekleidung" gibt es eine Reihe von Vorhaben, die die soziale Praxis in den Blick nehmen. Hierbei sind vor allem Texte im Kontext der nachhaltigen Entwicklung interessant. In der Kulturanthropologie und Ethnografie beschreiben Autor:innen beispielsweise das öffentliche Tauschen, Leihen oder Reparieren als Praktiken des Textilen im Zeitalter des Anthropozäns und im Kontext des nachhaltigen Konsums (u. a. Bradbury/Middlemiss 2015; Derwanz 2020b, 2021, 2023; Grewe 2017; Hirscher 2020; Hirscher et al. 2019; Jonas et al. 2021; Jonas/Hassemer 2022).

5.4 Reflexion und Relevanz

Die Perspektiven auf die Forschungsfelder Bildung für nachhaltige Entwicklung und Textile Bildung machen deutlich, dass zwar eine kritische Auseinandersetzung mit der BNE vorhanden ist, aber dass es keine deskriptive oder analytische Forschung zur Umsetzung textiler Praktiken im Kontext von BNE gibt. Im Bereich Mode, Textil und Bekleidung existieren eine Reihe von Unterrichtsvorschlägen und auch anwendungsorientierte Forschungen, sie zielen jedoch primär auf eine Konsument:innenbildung und die Förderung nachhaltiger Konsumpraktiken ab. Um die impliziten Wissensordnungen der sozialen Praxis besser verstehen zu können, erscheint es sinnvoll, neue Perspektiven auf handlungs- und lösungsorientierte Unterrichtsentwürfe und die tatsächlich realisierte Vermittlungspraxis zu entwickeln.

Eine rein (auto-)ethnografische Beschreibung der vorgefundenen Situationen erschien mir im Forschungsprozess nicht ausreichend, weshalb ich mir verschiedene theoretische Perspektiven angeeignet habe, um sie auf mein Feld anzuwenden. Durch die Verschränkung der Situationsanalyse (Clarke et al. 2018) mit einer praxistheoretischen Perspektive (Breidenstein 2021; Reckwitz 2016) möchte ich eine Detailaufnahme in konkreten ethnographischen Sequenzen und eine übergeordnete Perspektive auf die gesamtgesellschaftliche Situation ermöglichen und damit eine Verbindung zwischen pädagogischem Handeln und gesellschaftlichen Veränderungsprozessen herstellen. Im folgenden Kapitel werde ich daher zunächst eine methodologische Einführung vornehmen, um die theoretischen Grundlagen für die Verschränkung situationsanalytischer und praxistheoretischer Verfahren zu beschreiben.

Open Access Dieses Kapitel wird unter der Creative Commons Namensnennung 4.0 International Lizenz (http://creativecommons.org/licenses/by/4.0/deed.de) veröffentlicht, welche die Nutzung, Vervielfältigung, Bearbeitung, Verbreitung und Wiedergabe in jeglichem Medium und Format erlaubt, sofern Sie den/die ursprünglichen Autor(en) und die Quelle ordnungsgemäß nennen, einen Link zur Creative Commons Lizenz beifügen und angeben, ob Änderungen vorgenommen wurden.

Die in diesem Kapitel enthaltenen Bilder und sonstiges Drittmaterial unterliegen ebenfalls der genannten Creative Commons Lizenz, sofern sich aus der Abbildungslegende nichts anderes ergibt. Sofern das betreffende Material nicht unter der genannten Creative Commons Lizenz steht und die betreffende Handlung nicht nach gesetzlichen Vorschriften erlaubt ist, ist für die oben aufgeführten Weiterverwendungen des Materials die Einwilligung des jeweiligen Rechteinhabers einzuholen.

6 Textile Vermittlungspraxis betrachten/verstehen

> Dennoch finde ich es noch immer wichtig zu betonen, dass wir heute alle Arten von Wissen brauchen, die natürlich auch durch sämtliche Arten von Methoden produziert werden. Verschiedene Methodologien und Methoden verrichten unterschiedliche Arbeiten in der Welt, und verschiedene Arten von Arbeit sind notwendig, um unterschiedliche Ziele und hartnäckige Probleme aus vielfachen Blickwinkeln zu betrachten.
>
> (Clarke 2012: 16)

Als ich mit der Analyse meiner ethnografischen Daten begann, stellte sich mir die Frage: Wie viel Analyse, Konzepte und methodologische Grundlagen benötigt eine (Auto-)Ethnografie? Darauf gibt es keine eindeutige Antwort. Die Variationsmöglichkeiten zwischen theatraler Performance, stark literarisch geformten Texten und andererseits stark theoretisierenden Studien sind groß. Sie sprechen unterschiedliche Leser:innen an und verfolgen unterschiedliche Ziele. Ohne analytische Begriffe merkte ich, dass meine Schlussfolgerungen im Analyse- und Schreibprozess für mich und meine angedachten Leser:innen zu unscharf wurden. Ich beschloss im weiteren Forschungs- und Schreibprozess eine praxistheoretische Perspektive mit der Situationsanalyse zu kombinieren. Zunächst lernte ich die Praxistheorien kennen. Sie gaben mir ein Vokabular an die Hand, während ich später in der Situationsanalyse einerseits eine sinnvolle Möglichkeit sah, mein Feld in seiner ganzen Komplexität zu betrachten, und andererseits einen hilfreichen Werkzeugkoffer hatte, der meine aus dem ethnografischen Material entwickelten Zugänge und Analyseinstrumente ergänzte. Kapitel 6 schafft somit die methodologische Basis für Kapitel 8 bis 12.

© Der/die Autor(en) 2026

S. Jessen, *Textile Bildung in Schulkulturen der Nachhaltigkeit*, Schule und Gesellschaft 73, https://doi.org/10.1007/978-3-658-51463-1_6

6.1 „Sensitizing Concepts"

Sowohl die Situationsanalyse (SA) als auch praxistheoretische Perspektiven greifen auf forschungstheoretische Auseinandersetzungen mit dem Pragmatismus zurück. Für das analytische Vorgehen der Autoethnografie nutze ich beide Perspektiven im Sinne eines „sensitizing concepts" (Blumer 1954: 7). Der Soziologe Matthias Leger legt dar, wie das theoretische Potenzial der Praxistheorien (PT), blinde Flecken in der Situationsanalyse kompensieren kann (Leger 2023: 2) während Jörn Strübing sich von der anderen Seite nähert und beschreibt, wie die Situationsanalyse eine „wertvolle Ergänzung zur praxeologischen Perspektive" sein kann (Strübing 2023: 118). Leger begründet die große ontologische Schnittmenge zwischen beiden Perspektiven damit, dass sie beide das Soziale als prozessual sowie räumlich und zeitlich relational verstehen und nicht auf einfache Dualismen reduzieren (Leger 2023: 10). Es geht darum, soziale Praktiken in ihrer gesamten Komplexität und Varianz zu analysieren, ohne zu stark zu simplifizieren. Beide Zugänge verbindet die Ablehnung der Trennung verschiedener Ebenen und das Hervorheben der Bedeutung der Vernetzt- und Verbundenheit (Leger 2023: 10). Beide beziehen die Materialität einer sozialen Situation in Form von Artefakten oder nicht-menschlichen Akteur:innen ein.

Theorie(n) und Methode(n) bilden hierbei ein Paket für die Forschungsstrategie. Clarke et al. (2018) sprechen von der SA als einem theory/methods package (366), das Einfluss darauf hat, was ich als Forscherin sehe. Die Situationsanalyse ist damit ein interpretativer Zugang. „It gives the user a general sense of reference and guidance in approaching empirical instances" (Blumer 1954: 7). Ich verwende die Konzepte und Begriffe aus den unterschiedlichen Forschungsansätzen in einer heuristischen Form. Sie können nicht eindeutig festgeschrieben werden, aber bieten dennoch Orientierung, um soziale Phänomene in der Vermittlungs- und Bildungspraxis zu beschreiben. Auf Grundlage der in der SA und den PT entwickelten methodischen Herangehensweisen und Begriffen versuche ich, aus dem empirischen Material Zusammenhänge und auch Dissonanzen herauszuarbeiten. Mir geht es einerseits um eine Möglichkeit etwas tatsächlich Erlebtes aus konkreten empirischen Situationen zu erfassen und andererseits die Vernetzungen sichtbar zu machen. Mit dem Fokus auf die Interferenzen bzw. Überlagerungen (Breidenstein 2021) zwischen Textiler Vermittlungspraxis und Praktiken der nachhaltigen Entwicklung geht es um Ambivalenzen, Heterogenitäten und Aushandlungen in Vermittlungssituationen.

Ich werde nun zunächst beide Perspektiven beschreiben, um dann auf die Potenziale der Verschränkung einzugehen und sie schrittweise auf mein Feld anzuwenden. Dabei nutze ich die Forschungsansätze in Kombination mit der

Autoethnografie verbunden mit der Idee, dass aufgrund ähnlicher epistemologischer und ontologischer Grundlagen kein „simplifizierendes Kesselgulaschgericht" daraus wird, wovor Adele Clarke (2012: 16) in der deutschen Ausgabe zur Situationsanalyse warnt.

6.2 Praktiken und die praxistheoretische Perspektive

Soziale Praktiken[1] werden von Schatzki als „nexus of doings and sayings" (Schatzki 1996: 89) beschrieben. Soziale Praktiken sind damit ein „Zusammenhang aufeinander bezogener Aktivitäten und Verhaltensweisen" (Breidenstein 2021: 936). Es geht darum, die Strukturierung des Sozialen im Vollzug der sozialen Praxis zu beobachten. Soziale Praktiken sind mit impliziten Wissensordnungen und Normvorstellungen verbunden. Damit stehen nicht einzelne Menschen im Fokus der Betrachtung, sondern die zwischen ihnen stattfindenden Praktiken sowie die damit verbundenen Akteur:innen und Artefakte. Es sind Personen und ihre Körper sowie auch „Dinge, Zeichen, Architekturen und andere Entitäten" (Breidenstein 2021: 936) in den routinierten wiederkehrenden Aktivitäten involviert. Schatzki nennt sie „Materielle Arrangements" (Schatzki 2016: 33 zitiert nach Breidenstein 2021: 936).

Die kleinste Einheit des Sozialen ist in den Praxistheorien die soziale oder auch sozial-kulturelle Praktik. „Die soziale Welt besteht aus räumlich und zeitlich verstreuten, disparaten und teilweise miteinander verknüpften Praktiken und Komplexen von Praktiken" (Reckwitz 2016: 34). Sie werden durch die Wiederholung erkennbar und aus dem „Aktivitätsstrom des Sozialen (der Praxis)" herausgehoben (Strübing 2023: 106). Sie finden in konkreten, raum-zeitlichen

[1] Zu Beginn meiner Forschung sprach ich von „Schnittstellen", „Synergien" oder „Potenzialen" zwischen der textilen Vermittlungspraxis und der Bildung für nachhaltige Entwicklung. Immer wieder führte mich die Untersuchung der Aussagen der Lehrkräfte zu deren Haltungen, den subjektiven Theorien oder den jeweiligen Einstellungen, aber gleichzeitig ging mir dabei etwas verloren. Ich konnte mein Vorhaben nicht wirklich begrifflich fassen. Ich nahm an Tagungen und Arbeitsgruppen teil, wurde so wissenschaftlich sozialisiert und holte zehn Jahre „Wissenschaftsabstinenz" auf. Ich las Texte, hörte zu und näherte mich der ethnografischen Forschung in der Schule an. Immer häufiger begegnete mir die Praxeologie oder die praxistheoretischen Überlegungen zu sozialen Praktiken (u. a. Breidenstein 2021). Das Beschreiben von sozialen Praktiken in den Lehr- und Lernsituationen schien mir, die Zusammenhänge meines Vorhabens gut zu fassen. Hierbei ging es nicht mehr nur um die Lehrkräfte, sondern um eine umfassendere Perspektive und vor allem auch um den Einbezug aller Beteiligten – auch der Räume, der Dinge und der Körper.

Bezügen statt und sind damit situiert, also in tatsächlichen räumlich und zeitlich definierten Ereignissen erlebbar. Jede Wiederholung ist als Variation von etwas Identischem wahrnehmbar. In der Praxis der Wiederholung, in einer Serie von zeitlichen Ereignissen, findet eine Aktualisierung der Praktiken statt. Durch die beteiligten Menschen, Materialien und die raum-zeitlichen Situationen ergibt sich die Möglichkeit der Varianz (Reckwitz 2016: 35). Strübing verweist auf ein textiles Beispiel, um Stabilität und Varianz einer Praktik zu beschreiben:

> Sie sind als typisierbare Praxisform zugleich eine Form verteilten Wissens und erstrecken sich als solche in Raum und Zeit: Schuhe zubinden ist als Praktik ‚ongoing' und involviert Partizipierende, die qua Partizipation zugleich praktisches Wissen um diese Praktik inkorporieren. Zusammen mit Schuhen, Ösen, Schnürsenkeln ‚wissen' Finger, wie es zu tun ist. Im fortgesetzt wiederholten Prozessieren gewinnt die Praktik zugleich Stabilität und – weil keine enaktierte Instanz mit der anderen vollständig identisch ist – zugleich Varianz und damit potenzielle Innovativität.
>
> (Strübing 2023: 107)

Ähnlich verhält es sich mit dem Annähen eines Knopfes, einer Praxis, die mir im Forschungsprozess mehrfach begegnet ist – einerseits verbunden mit der normativen Annahme, jeder Person sollte diese Praxis beherrschen, und andererseits als didaktische Maßnahme. Das Knopfannähen involviert Partizipierende und ihr inkorporiertes praktisches Wissen. Zusammen mit Knopf, Faden, Schere und textilem Objekt ‚wissen' auch hier die Finger, was zu tun ist, bzw. sollen die Finger lernen, was zu tun ist. Durch unterschiedliche Orte, Räume, Menschen und Materialien entsteht das Potenzial zur Veränderung. Andere Knöpfe, andere Stoffe, andere Menschen und sich unterscheidende soziale Situationen – das Knopfannähen in einer Reparaturwerkstatt oder das Knopfannähen in der Schule. Welche Sinn- und Bedeutungszusammenhänge sind relevant, wenn das Knopfannähen als kulturelle Praktik betrachtet wird? So kann das Knopfannähen als einfache Reparatur zum Erhalt von Kleidungsstücken und damit als Ressourcenschutz interpretiert werden, aber auch als eine Form der Selbstwirksamkeit oder als das Erleben und Nachvollziehen einer handwerklichen Tätigkeit und der dabei zu erbringenden Leistung.

Praxistheoretiker:innen verweisen darauf, dass einzelne Praktiken über eine implizite und damit häufig nicht verbalisierte Wissensordnung geformt werden. Ziel einer Praktikenanalyse kann es daher sein, ebendiese Wissensordnungen zu beschreiben. „Eine kulturwissenschaftliche Fragerichtung weist damit von den Praktiken insgesamt auf den besonderen Fall der diskursiven Praktiken, analysiert sie als Diskurse und damit als Produktions- und Zirkulationsordnung gesellschaftlicher Wissensordnungen“ (Reckwitz 2016: 37). Kulturelle Sinn- und Bedeutungssysteme werden als Wissensordnungen analysierbar.

Die Praxistheorien lehnen eine hierarchisierende zugunsten einer flachen Ontologie ab und durch den Einbezug verschiedener menschlicher und nicht-menschlicher Elemente, Materialitäten sowie Wissensdimensionen (Leger 2023: 9) findet gleichzeitig eine Dezentrierung des Subjekts statt (Strübing 2023: 107). Soziale Strukturen bestehen nicht aus sich selbst heraus. Sie sind genauso wenig außerhalb der individuellen Akteur:innen wie es die Materialität ist. Bedeutung ist in der Praxis zu finden, die zwischen den beteiligten Elementen stattfindet (Leger 2023: 9). In dem Aufsatz „Die ‚neue Kultursoziologie‘ und das praxeologische Quadrat der Kulturanalyse“ entwirft Reckwitz ein Quadrat als Bezugsrahmen für die Kulturanalyse, das deutlich machen soll, dass auch die Praxistheorien auf makrosoziale Einheiten in Zeit und Raum ausgerichtet sind (Reckwitz 2016: 13). Mit dem Quadrat der Kulturanalyse (Abbildung 6.1), in dessen Zentrum die Wissensordnungen stehen, wird ersichtlich, Wissensordnungen kommen im Vollzug von Praktiken zum Einsatz, sie werden in Diskursen produziert, im Umgang mit Artefaktsystemen angewendet und sie werden in Form von Subjektivierungen verinnerlicht bzw. angeeignet (Reckwitz 2016: 39).

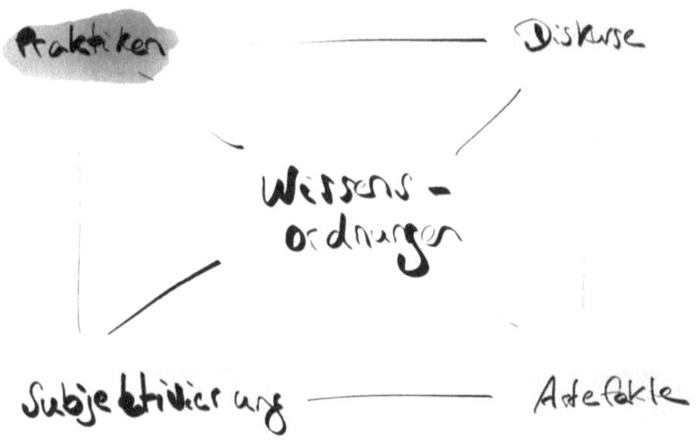

Abbildung 6.1 Skizze zum Quadrat der Kulturanalyse. (Eigene Darstellung nach Reckwitz 2016: 41)

Reckwitz erläutert, dass das soziale Zusammenleben in Praktikenkomplexen und mit ihnen verbunden Elementen organisiert ist.

> Praktikenkomplexe und ihre Kopplungen mit Diskursen, mit Subjektivierungen und mit Artefaktsystemen strukturieren die kulturelle und gesellschaftliche Realität in zwei orthogonal zueinander stehenden Dimensionen: in diejenige sozialer Felder und diejenige kultureller Lebensformen.
>
> (Reckwitz 2016: 38)

Dabei bilden soziale Felder und Lebensformen jeweils Komplexe. In den Komplexen sind die vier Einheiten des Quadrats der Kulturanalyse miteinander verknüpft. Er nennt als Beispiel die Praktiken der Erziehung. Beispiele für pädagogische Subjekte sind dann Schüler:innen, Lehrer:innen oder Eltern, und als mögliche „Erziehungsartefakte" nennt er Schulbänke, Schlagstöcke sowie Kinderbücher. Diese sind dann wiederum möglicherweise mit bestimmten pädagogischen Diskursen verbunden (Reckwitz 2016: 43). Er versteht solch einen Komplex als „soziales Feld", wobei es keine strikten Grenzen zwischen verschiedenen sozialen Feldern gibt und diese auch nicht in sich homogen und abgestimmt sind (Reckwitz 2016: 43). Rücken die Subjekte in den Fokus, können Subjektivierungsweisen und Subjektivierungsprozesse Gegenstand der Analyse werden. Formen des Subjekts können soziale Praktiken stillschweigend enthalten, oder sie sind in Diskursen in Form von Subjektrepräsentationen zu finden (Reckwitz 2016: 64). Mit den Praxistheorien können soziale Praktiken daraufhin betrachtet werden, welche Subjektformen sich in ihnen bilden, aber auch der historische Wandel von Subjektformen kann beschrieben werden. Praxistheorien setzen nicht ein bestimmtes Subjekt voraus, sondern sie gehen davon aus, dass es in der sozialen Aktivität erzeugt wird. Die Menschen werden zu „partizipierenden Entitäten" (Strübing 2023: 106). Es geht damit um Praktiken und ihre Menschen, deren Art und Weise der Beteiligung in der Analyse beschrieben werden kann (Strübing 2023: 106).

6.3 Situational Analysis

Die Situationsanalyse (Situational Analysis, SA) ist anschlussfähig an die flache Ontologie der Praxistheorie. Denn Adele Clarke, Carrie Friese und Rachel S. Washburn (2018) lehnen eine Hierarchisierung der in einer Situation enthaltenen Elemente ab und adressieren mit der vorgeschlagenen Arbeitsweise die relationalen Beziehungen in einer Situation (68). Die SA ist eine Weiterentwicklung aus Anselm Strauss' Grounded Theory und hat eine ihrer Wurzeln im Amerikanischen Pragmatismus. Sie kann als Forschungsstil in der theoriengenerierenden, qualitativen Forschung beschrieben werden, die ausführliche, methodische und theoretische Grundlagen schafft und gleichzeitig konkrete Arbeitsweisen vorschlägt (Leger 2023: 5). Mit der Situationsanalyse haben Clarke et al. das Ziel verfolgt, die beiden „Megaparadigmen" den Amerikanischen Pragmatismus sowie den französischen Poststrukturalismus zu verbinden und dabei „sowohl theoretische als auch methodologische Positionen zu integrieren" (Diaz-Bone 2013: 3; Leger 2023: 5).

> To achieve this goal, SA researchers construct „the situation" empirically by making three unique ecological-relational maps: situational maps, social worlds/arenas maps, and positional maps. Rather than joining GT in seeking commonalities through codes, categories, and substantive or ultimately formal theory, SA's analytical mapping exercises aim to generate new forms of theorizing that capture the complexities and multiplicities of social life and produce thick analyses that 'take into account the full array of elements in the situation – human, nonhuman and discursive' (Clarke et al. 2018: XXV).
>
> (Whisker 2018: 2)

Clarke et al. (2018) führen das Erfassen der Komplexität einer Situation als Ziel der Analyse an. Es soll vermieden werden, einfache Kausalitäten darzustellen. Sie beziehen sich auf den Postmodernismus, den Poststrukturalismus und den „interpretative turn" (9 f.). Da die Postmoderne durch „Partikularismus, Positionalitäten, Komplikationen, Substanzlosigkeit, Instabilitäten, Unregelmäßigkeiten, Widersprüche, Heterogenitäten, Situiertheit und Fragmentierung – kurz: Komplexität" (Clarke 2012: 26 zitiert nach Strübing 2023: 109, vgl. auch Clarke et al. 2018: 9) charakterisiert ist, geht es darum, genau diese zu untersuchen. Die Situation selbst wird hierfür zum Ausgangspunkt der Analyse. „Clarke sought to create a method that emphasizes the situatedness of phenomena and their social relations and engagements as a needed corrective" (Clarke et al. 2018: 17). Es geht nicht um das Darstellen von einfachen Dualismen oder Ursache-Wirkungs-Erklärungen, sondern es geht darum die „dense complexities of a particular situation" (Clarke et al. 2018: XXIV) zu verstehen.

Adele Clarke entwickelt die von Anselm Strauss ausgearbeitete Theorie sozialer Welten und Arenen weiter und stellt verschiedene Mapping-Strategien als Erweiterung zu den bisherigen Vorgehensweisen der Grounded Theory vor. Ulrike Offenberger betont „die Bezüge Clarkes auf feministische Erkenntnistheorie, Wissenschaftskritik und Ungleichheitsforschung" (Offenberger 2019: 3). Es werden in der Literatur drei Elemente als Akzentverschiebung der SA im Vergleich zur Grounded Theory beschrieben. Hierzu zählen die erhöhte Aufmerksamkeit für Heterogenität sowie für nichtmenschliche Entitäten und die Reflexivität der Forschenden (Offenberger 2019: 10).

SA und Autoethnografie, geht das?

Der englische Begriff „Situational Analysis“ hebt noch stärker die Situationsbedingtheit der Analyse und Forschungssituation als die deutsche Übersetzung „Situationsanalyse“ hervor (Both 2015: 198). Die SA betont damit eine „Perspektivität und Situiertheit als reflexionsbedürftige Bedingungen von Forschungshandeln: Mit diesem Postulat verbindet CLARKE feministische Wissenschaftskritik (insbesondere das Konzept von ‚situated knowledge‘, HARAWAY 1991) mit dem pragmatistischen Fundament der GTM“ (Offenberger 2019: 11). Ulrike Offenberger arbeitet dabei heraus, dass die verschiedenen Mappingverfahren die Reflexion der Situiertheit der Forschenden ermöglichen sollen, aber nicht autobio- oder autoethnografische Zugänge einschließt (Offenberger 2019: 13). 2018 erklären auch die Autor:innen Clarke et al., dass Autoethnografien und Narrationsanalysen eher nicht mit der SA kompatibel seien. Sie begründen dies damit, dass diese Methoden auf erzählende Beschreibungen von Interaktionen oder persönlichen Erlebnissen angewiesen sind, während sowohl die GTM als auch die SA Narrationen analytisch zerlegen. Sie ergänzen jedoch, dass Studien mit einem stärkeren analytischen Ziel kompatibel sein könnten, und machen einen Verfahrensvorschlag. „Alternatively, either method could be used separately to analyze the data for a close-up or zoom-in view, weaving the write-ups carefully together“ (Clarke et al. 2018: 366). Und in diesem Sinne verbinde ich auch autoethnografische Arbeitsweisen mit der SA, nur nähere ich mich im Forschungsverlauf der Analyse aus der anderen Richtung: Ich startete im „close-up“ der dichten ethnografischen Beschreibung in meinen Forschungstagebüchern, während die SA und insbesondere die Mapping Strategien mir in der Analyse ein Herauszoomen ermöglichen, um die Komplexität der Forschungssituation und der Gesamtsituation zu erfassen. Nach dem Herauszoomen werde ich im Verlauf des Textes langsam wieder in die ethnografischen Situationen hineinzoomen.

Umgang mit Datenmaterial in der SA

Zentrales Werkzeug der Situationsanalyse sind verschiedene Mapping-Strategien. Im Forschungsprozess werden wiederholt Maps erstellt und Memos dabei verfasst. Die Maps sind nicht zwingend als Ergebnis gedacht, sondern als Teil des Erkenntnisprozesses, als analytische Übungen, um neue Wege zu eröffnen mit empirischen Daten umzugehen (Clarke et al. 2018: XXV und 105).

Bei den Daten kann es sich beispielsweise um ethnografische Beobachtungen oder Interviews handeln. Darüber hinaus empfiehlt es sich, für die SA weitere diskursive Materialien einzubeziehen (Clarke et al. 2018: XXV). Clarke et al. betonen, dass jegliches diskursives Material, das in einer Situation vorhanden ist, für die Untersuchung der Situation relevant ist. Die Autor:innen distanzieren sich von einer analytischen Reduktion von Komplexität und betonen die vielfache Verbundenheit der Elemente (Leger 2023: 6). Das explizite Einbeziehen von Materialien und nichtmenschlichen Elementen und das Bearbeiten der empirischen Komplexität mit Mapping-Strategien war eine der wichtigsten Neuerungen der SA und ist gleichzeitig eine Grundlage für das Zusammenführen von Praxistheorien und SA (Leger 2023: 6). Dabei geht es um das Erschließen von "coconstitutiveness", denn Clarke et al. haben erkannt, dass Elemente, die zueinander in Beziehung stehen, auch konstitutiv füreinander sind (Leger 2023: 6). Positionen, Machtverhältnisse, Widersprüche und andere zu beobachtende Dimensionen liegen in der Situation und nicht außerhalb, wie es beispielsweise der Begriff Kontext nahelegt. Die Situation bringt sie hervor und damit ist die Situation Ausgangspunkt der Beobachtung. Clarke et al. (2018) beschreiben dies als die „invisible agency of the situation", die im "momentum" der Beziehungen zwischen den unterschiedlichen Elementen der Situation liegt (70). Die Situation kann als das Ergebnis des Zusammentreffens verschiedener kollektiver und individueller Elemente gesehen werden. Adele Clarke hat mit der SA und ihren Mappingstrategien etwas entwickelt, das sich in der qualitativen Analyse nicht auf die Mikroebene der Praktiken beschränkt (Both 2015: 211).

6.4 Verbindendes: Raum-zeitliche Situiertheit und mehr

Während für die Praxistheorien das Beschreiben der Praktik zentral ist, stellt sich in der Situationsanalyse die Frage, was unter einer Situation zu verstehen ist. In der SA handelt es sich um ein pragmatistisches Konzept der Situationen.

> What is designated by the word 'Situation' is not a single object or event or set of objects and events. For we never experience nor form judgements about objects and events in isolation, but only in connection with a contextual whole. The latter is what is called 'situation'.
>
> (Dewey 1938: 66 zitiert nach Strübing 2023: 109).

Situationen sind keine relationalen Gefüge, keine festen Einheiten, sondern sie umfassen alles, was in einer Interaktion relevant gemacht wird. Das Vergangene und das Entfernte (also raum-zeitlich gedacht) ist in einer Situation enthalten und macht sie zu dem, was sie ist (Strübing 2023: 109 f.). Strübing verweist darauf, dass dies aber auch bedeutet, dass selbst gleichzeitig an einer Interaktion beteiligte Personen nicht Teil einer genau identischen Situation sein können, denn die Beteiligten haben jeweils ein anderes „Entferntes“ oder „Vergangenes“, das sie in der Praxis relevant machen. Die Situationsanalyse baut auf diesem pragmatistischen Verständnis der Situation auf und damit liegt ein universelles, raum-zeitlich verbindendes Verständnis der Situation zugrunde. Adele Clarke löst dabei den Kontextbegriff auf und fokussiert auf die Situation als Ganzes. Strübing beschreibt eine strukturelle Analogie zum Argument der raum-zeitlich ausgreifenden Praktiken (Strübing 2023: 111), auch wenn er einwendet, dass beide Konzepte nicht komplett ineinander aufgehen. Praktiken erstrecken sich über Zeit und Raum, denn Aktivitäten, Entitäten, Regeln, Übereinkommen oder Glaubenssätze wirken in Interaktionen oder lokale Situationen hinein. Es ist die Beharrlichkeit sozialer Praktiken, die strukturierend wirken und für das stetige Fortschreiten von Praktiken sorgen. Leger spricht von einer „cross-situational relevance“ als das sich immer fortsetzende Verwobensein von Praktiken und Materialitäten (Leger 2023: 9). Sowohl Praktiken als auch die Situation im Sinne von Clarke sind nur situiert erfahrbar. Somit kann nur das, was im sozialen Sinne erfahrbar ist, Teil der Analyse werden.

Materialität und Körperlichkeit

Sowohl die praxistheoretische Forschung als auch die Situationsanalyse beziehen – auch wenn sie sich in den Begrifflichkeiten unterscheiden – nicht-menschliche Elemente, z. B. als Aktanten (Actants) (Clarke et al. 2018: 87) oder Artefakte (Reckwitz 2016: 38), in die Analyse ein. Beide Forschungsperspektiven beziehen sich auf die Akteurs-Netzwerk-Theorie (ANT) Bruno Latours (Reckwitz 2016: 88, Clarke et al. 2018: 88), die das Handlungspotenzial von Gegenständen, von materieller Infrastruktur betont. Nicht-menschliche Entitäten sind damit nicht einfach nur Teil eines Netzwerks, sondern haben eigene Handlungsmacht und führen zu Co-Konstruktionen, zum Beispiel zwischen Mensch und Maschine. Somit wird die „Dingwelt nicht nur als Sphäre von Gebrauchsobjekten sichtbar […], sondern auch als konstitutive Voraussetzung für soziale Praktiken“ (Reckwitz 2016: 89 f.). Beide Forschungsstile untersuchen Materialität in ihren verschiedenen Ausprägungen. Sie verschieben dabei die Frage der „Mithandlungsfähigkeit von Artefakten“ in die konkrete, empirische Untersuchung. „Nicht ex ante ist zu bestimmen, ob Maschinen handeln können, sondern ex post lässt sich feststellen in welchen empirischen Instanzen sie an sozialen Prozessen mit welcher Art von Agency beteiligt waren“ (Strübing 2023: 113). Clarke et al. entlehnen hierfür den Begriff der Aktanten (actants) aus der ANT und beschreiben damit nicht-menschliche Akteur:innen, die ihre eigene Agency hervorbringen.

Die Autor:innen stellen die Perspektive auf die nicht-menschlichen Aktanten als herausfordernd und produktiv für die Situationsanalyse dar (Clarke et al. 2018: 87 f.).

Was die Situationsanalyse jedoch weniger mit ihren drei verschiedenen Mapping-Strategien forciert, ist der Einbezug der Körperlichkeit oder die Performativität einer Handlung. Sie schließt sie aber auch nicht aus. Es sind aus meiner Sicht vor allem die Situational Maps und die Relational Maps in ihrer Flexibilität und Offenheit, die Raum für den Einbezug bieten. Die Berücksichtigung der sozialen Praktiken mit den theoretischen Grundlagen und Begriffen der Praxistheorie erscheint daher als sinnvolle Ergänzung, um das Prozesshafte und die Körperlichkeit stärker zu berücksichtigen – gerade auch mit Blick auf die Unterrichtsforschung. Praktiken enthalten von vornherein die Elemente der Performativität und der Inkorporiertheit.

> Aus methodischer Hinsicht kompliziert werden Praktiken somit durch ihre Doppelstruktur als materiale Körperbewegungen und als implizite Sinnstruktur, als Kombination einer Präsenz der Körper und Dinge, die der Beobachtung zugänglich sind, und einer Abwesenheit des impliziten Wissens, dessen indirekte Erschließung immer unvollständig bleiben muss.
>
> (Reckwitz 2016: 56)

Einerseits führen Körper Praktiken aus, aber von der anderen Seite betrachtet, bedienen sich Praktiken der Körper, um kompetente soziale Verhaltensweisen zu performen (Reckwitz 2016: 35). Körper können in den routinierten Handlungen einer textilen Vermittlungssituation beispielsweise das Bild von versierten Näher:innen oder von aufmerksamen Schüler:innen repräsentieren.

Diskurse

Strübing stellt in seiner methodologischen Auseinandersetzung zwischen Praxistheorie und Situationsanalyse heraus, dass Clarke diskursive Elemente sowie populäre Diskurse als Bestandteil von Situationen betrachtet (Strübing 2023: 113). „They are both constitutive of and consequential for the phenomena we study" (Clarke et al. 2018: 217). Diskurse sind als Prozesse und Versuche der Sinnzuschreibung und -stabilisierung von hoher gesellschaftlicher Bedeutung (Keller 2011: 10). Clarke et al. verstehen unter Diskursen Kommunikation jeglicher Art (Sprache, Bilder, Praktiken etc.) über ein bestimmtes, sozial oder kulturell wahrnehmbares Thema – zeitgenössisch und/oder vergangen (Clarke et al. 2018: 220 f.). Sie sind somit eine Form der Repräsentation. Mit dem Einbezug der Perspektive der Diskursanalyse vertiefen die Forscher:innen die Verbindung zwischen dem Interaktionismus und den Theorien Foucaults. Die

Frage, WIE Wissen hergestellt wird, rückt mehr in den Vordergrund. Diskurse sind soziale Phänomene, die Herstellung von Diskursen ist eine soziale Aktion (Clarke et al. 2018: 222). Um die Analyse von Diskursen und damit verbundenen Machtverhältnissen zu ermöglichen, verbinden Clarke et al. den Interaktionismus und insbesondere die Theorie der Sozialen Welten und Arenen mit den Arbeiten von Michel Foucault. Während Foucault die zeitliche Stabilisierung diskursiver Praktiken in diskursiven Formationen sieht, hat Strauss mit den Sozialen Welten ein Analyseinstrument entwickelt, das beschreiben soll, wie soziale/organisationale Prozesse Identitäten erzeugen und stabilisieren (Strübing 2023: 114). In der SA wird dies nun zusammengeführt. In sozialen Arenen handeln Vertreter:innen unterschiedlicher Sozialer Welten offene Fragen und Probleme aus. Diese Aushandlungsprozesse werden als Stabilisierung sozialer Praktiken gesehen. Clarke et al. (2018) sehen die SA als einen „more critical, cultural, and Foucaultian approach" (224) der Diskursanalyse. Sie untersuchen Soziale Welten als Produzenten von Diskursen über sich selbst und über andere Welten. Sie unterscheiden dabei in „minor" und „major" oder auch „master" Diskurse und betonen, dass es wichtig ist, nicht nur die „Masterdiskurse" in einer Situation zu berücksichtigen. Und aus diesem Grund betonen sie auch die Wichtigkeit, die Machtbeziehungen in der Situation zu untersuchen (Clarke et al. 2018: 226).

Auch Praktiken und die praxistheoretische Perspektive auf Praktiken sind eng mit Diskursen verbunden.

> Wenn man Praxeologie und Diskurstheorie nicht allein als zwei theoretische Optionen mit einander dementierenden Fundierungsansprüchen gegenüberstellt, sondern sie auch als zwei methodische Komplexe behandelt, ergibt sich damit jedoch ein Muster, in dem sich die Inkommensurabilität beider Forschungsstrategien auflöst und sich beide in der Forschungspraxis zu überschneiden beginnen.
>
> (Reckwitz 2016: 60)

Aus der Sicht der Praxeologie sind „auch Diskurse etwas, das getan wird" (Strübing 2023: 115). An der fortlaufenden Produktion von Diskursen sind verschiedene Elemente (menschliche und nicht-menschliche) beteiligt. Während sie andauernd bestehen, werden sie reproduziert und immer wieder abgewandelt und variiert.

> Und Diskurse sind – eine weitere Strukturanalogie – ebenfalls subjekt-dezentrierend, sie existieren durch das überwiegend vorbewusste Zusammenwirken unterschiedlicher Akteure, deren Beiträge sich erst in der Gesamtschau zu bestimmten, nur analytisch erfassbare Diskursfiguren fügen, aber dennoch situativ wirksam sind.
>
> (Strübing 2023: 115)

Die Unterscheidung zwischen Diskursen und Praktiken ist dabei nicht klar zu treffen. Reckwitz bezeichnet sie daher als „zwei aneinander gekoppelte Aggregatzustände der materialen Existenz von kulturellen Wissensordnungen“ (Reckwitz 2016: 61) und schlägt vor, mit einem Modell von Praxis-/Diskursformationen zu arbeiten, so dass eher Differenzen zwischen und innerhalb der Komplexe gesucht werden können. Diskurse und Praktiken sind ihm zufolge miteinander verbunden, und Wissensordnungen beschreiben das, was in ihnen verhandelt wird. (Reckwitz 2016: 61).

> Zugespitzt: Diskurse sind ein spezifischer Typus von Praktiken. Wie Schatzki (2002: 13 ff.) betont, wird dabei, ganz wie bei anderen Praktiken, die Identität und Wiedererkennbarkeit eines Diskurses in der Praxis nicht durch regelhafte, immer gleiche Vollzüge von Sprechpraktiken und Dispositiven erzeugt, sondern durch deren begrenzte Variation.
>
> (Strübing 2023: 116)

In der Analyse von Situationen können Forschende also immer wieder neue Verbindungen von sich ähnelnden diskursiven Elementen suchen, anstelle von immer wieder gleichen Wiederholungen. Und somit zielen sowohl Praxistheorie als auch Situationsanalyse darauf ab, Diskursen analytisch zu begegnen. Sie sind in ihren unterschiedlichen Bedeutungszusammenhängen in die Situation involviert. Eine zentrale Aufgabe der Analyse von Diskursen ist die Reichweite und die Grenzen ihres Einflusses zu erfassen. Ausgehend von diesen Überlegungen werde ich in der Studie von einer Analyse von Praxis-/Diskursformationen ausgehen und, wie von Reckwitz vorgeschlagen, nach Differenzen aber auch Überlagerungen und Gemeinsamkeiten zwischen und innerhalb von Praxis-/Diskursformationen suchen. Sie sind ein analytisches Konstrukt, dessen Grenzen nicht klar umrissen sind.

Machtverhältnisse

Aufbauend auf Herbert Blumer sucht die SA die Machtverhältnisse zwischen den Teilnehmenden in der Situation und sieht sie als Ergebnis der Situation. Sie geht nicht davon aus, wie es in anderen Analysen der Fall ist, dass die Situation Ergebnis bereits bestehender Machtverhältnisse ist (Clarke et al. 2018: 69). Ein besonderes Augenmerk liegt dabei auf den „positions not taken in the data“ (Clarke et al. 2018: 172) sowie auf stumme bzw. implizierte Akteur:innen und Aktanten (Clarke et al. 2018: 76 f.), die nicht aktiv in den Handlungsprozess einbezogen werden und keine oder nur wenig Handlungsmacht haben, da sie von anderen Teilnehmenden zum Gegenstand diskursiver Konstruktion werden

(Offenberger 2019: 8). Die Autor:innen fragen: „Who is discursively constructing what, and how and why are they doing so? With what consequences?“ (Clarke et al. 2018: 76). Damit werden Differenz und Unterscheidung in der Analyse nicht vorausgesetzt, sondern sie sind in der Situation zu suchen. Lernende beispielsweise werden in anderen Studien als implizite Akteur:innen bezeichnet, da sie von den Lehrenden diskursiv konstruiert werden. Gleichzeitig können sie Akteur:innen sein, die aktiv an der Gestaltung der Situation und auch an den Aushandlungsprozessen beteiligt sind (Steiner et al. 2018: 208). Es gibt anwesende oder abwesende implizite Akteur:innen, über die dann beispielsweise durch andere Akteur:innen gesprochen wird. Anhand der impliziten Akteur:innen lassen sich Machtverhältnisse nachvollziehen (Clarke 2012: 86 f.). Das Machtgefälle zwischen verschiedenen Akteur:innen kann sehr groß sein und das Identifizieren der impliziten Akteur:innen kann helfen, Unsichtbares bzw. Stummes sichtbar zu machen. Es geht darum, nicht anwesende bzw. nicht artikulierte Positionen in einer Situation zu finden (Clarke 2018: 172). Sie fragen: "Can certain things simply not be talked about in the situation? […] What do you think this elephant in the room in your situation represents symbolically?" (Clarke et al. 2018: 172). Es geht darum das ‚Unsagbare' in einer Situation herauszuarbeiten.

6.5 SA und PT in Unterrichtsforschung und Vermittlung

Während eine praxistheoretisch orientierte Unterrichtsforschung bereits gut etabliert zu sein scheint, konnte ich nur wenige konkrete Ansätze zu einer situationsanalytischen Unterrichtsforschung recherchieren (Wolf/Thiersch 2022; Göllner/Niessen 2021; Arndt 2022). Karsten Wolf und Konstanze Wegmann vollziehen beispielsweise konkrete Überlegungen zur Umsetzung der SA in der medienpädagogischen Forschung (Wolf/Wegmann 2020). Eine Kombination von SA und Praxistheorie in Bezug auf Vermittlungssituationen oder im speziellen schulischen Unterricht konnte ich so nicht finden. Daher werde ich zunächst, ausgehend von Breidensteins Text zu den interferierenden Praktiken (2021), der Ausgangspunkt für meine Auseinandersetzung mit den Praxistheorien war, die Relevanz der Praxistheorie für Schule bzw. Unterricht bzw. textile Vermittlungssituationen herausarbeiten.

Vermittlung als sozio-materielles Arrangement

Praxistheorie ermöglicht, „Unterricht als sozio-materielles Arrangement" zu erfassen, sie kann Stabilität aber auch Varianz der Unterrichts- bzw. Vermittlungspraxis beschreiben und es werden „pädagogische und didaktische Normen als Probleme der Vollzugswirklichkeit von Unterricht beobachtbar" (Breidenstein 2021: 937). Es geht um die „Orientierung an Routinen, an Pragmatik und Effizienz" sowohl im Handeln der Lehrenden als auch der Lernenden (Breidenstein/Tyagunova 2020: 198). Breidenstein fragt, wie Lernen praxeologisch gedacht werden kann und hält fest, dass es eine praxeologische Sicht auf das Lernen ein neues Verständnis von Lernen voraussetzt. Dieses geht nicht von einem Wissenserwerb durch sprachliche Erklärung oder über Bücher und Texte aus, sondern vom „Lernen als Einsozialisierung und allmählichen Beherrschen einer Technik" (Schmidt 2018: 29 nach Breidenstein 2021: 941). Es ist ein „Lernen als Teilnahme an (unterrichtlicher) Praxis" (Breidenstein 2021: 941). Er verweist auf die Sportsoziologie und -pädagogik, aus der wichtige grundlagentheoretische Voraussetzungen stammen, da der Sportunterricht auf eine Vermittlung angewiesen ist, die über das sprachliche hinausgeht. Erst durch Vormachen, Ausprobieren und Korrigieren kann ‚Körperwissen' weitergegeben werden (Breidenstein 2021: 941). Damit wurde aus der Sportsoziologie eine besondere Sensibilisierung für die Körperlichkeit und Materialität von Lernen eingeführt, die auch für viele Vermittlungssituationen im Bereich Textil relevant ist. Der Unterricht im Fach ‚Textiles Gestalten' weicht in seiner besonderen Materialität ebenso wie der Sportunterricht von der Beschreibung des fachlichen Unterrichts „als Sprachspiel" (Breidenstein 2021: 941) ab. Auch die textile Vermittlungspraxis stößt schnell an die Grenzen des sprachlich erklärbaren und es wird gezeigt, ausprobiert, korrigiert und nicht zuletzt improvisiert. Praktiken des Zeigens mit Hilfe textiler Artefakte oder auch digitaler Medien sowie inkorporierte Praktiken eignen sich daher als Ausgangspunkt zur Betrachtung textiler Vermittlungssituationen.

Damit sind Materialität und die Körperlichkeit des Unterrichtens mit einer praxeologischen Perspektive hervorgehoben. Sie hinterfragt aber auch das Denken vom Lernen als einer Form der linearen Instruktion. Denn egal, ob etwas sprachlich erklärt oder nicht verbalisiert, sondern mit Körpern vollzogen wird, so ist es immer noch eine Praxis des Zeigens und es liegt eine lineare Idee von Lernen zugrunde. Mindestens eine (Lehr-)Person beherrscht eine bestimmte Praxis, während andere Personen die Praktiken erstmals ausprobieren und Schritt für Schritt durch Üben und Nachahmen erlernen. Breidenstein bezieht sich dabei auf das Verständnis von Lernen des „situated Learning" von Lave und Wenger (1991) (Breidenstein 2021: 941), das über die Betonung von Körperlichkeit und Materialität hinausgeht. Lernen wird hier weniger von Lehren und Instruktion aus verstanden, sondern als zunehmend kompetente Beteiligung an einer spezifischen Praxis. Dieses Verständnis von Lernen ist mit einem relationalen Verständnis der Situation auch anschlussfähig an die Situationsanalyse. Breidenstein führt in seinem Text zu den „interferierenden Praktiken" einen offenen Situationsbegriff ein. „Denn die Delegation findet in der Regel außerhalb der unmittelbaren Unterrichtsinteraktion statt: in der häuslichen Unterrichtsvorbereitung der Lehrkraft, in der Erstellung und Weitergabe von Arbeitsblättern und – nicht zuletzt – in den Schulbuchverlagen" (Breidenstein 2021: 938). Bezogen auf das Textile können die Vorbereitungen der Vermittler:innen, die Konzeptionen und redaktionellen Arbeiten in Verlagen – nicht nur in Schulbuchverlagen, da in diesem Feld viel auf Alltagsliteratur aus dem DIY-Bereich zurückgegriffen wird – sowie das Filmemachen von Social-Media-Akteur:innen oder die Praktiken der Öffentlichkeitsarbeit von Nichtregierungsorganisationen die konkreten Praktiken in einer textilen Vermittlungssituation entscheidend beeinflussen und in sie hineinwirken. Damit liegt einer der Hauptvorteile der praxistheoretischen Perspektive darin, den Fokus der Forschenden nicht auf Personen oder rationale Entscheidungen zu richten, sondern auf das Kollektive, das Regulierte und das geteilte, implizite Wissen in Alltagshandlungen (Leger 2023: 4).

In dieser Studie stehen Ereignisse im Zentrum, in denen Textilien die Schulbühne betreten und Teil eines pädagogischen Arrangements werden. Praktiken im Umgang mit der Weiternutzung und -gabe von Kleidungsstücken verweisen auf implizit vorhandene Wissensordnungen aus unterschiedlichen Praxis-/Diskursformationen. Zum Praktikenkomplex Bekleidung zähle ich beispielsweise alltägliche Praktiken des Beschaffens, Waschens, Pflegens, die Spuren auf der Kleidung hinterlassen und auch zum Deutungsrepertoire über das Äußere einer Person beitragen, sowie mit Bezug auf den besonderen Kontext der nachhaltigen Entwicklung Praktiken des nachhaltigen Konsums, wie das Aussortieren, Sammeln, Weitergeben, Reparieren oder Umarbeiten von Kleidung dazu. Bekleidungspraxis ist unweigerlich Teil des Schulgeschehens, da die Kleidung einer Person im Urteil des Gegenübers kaum ausgeblendet werden kann und mit ihr Unterscheidungspraktiken verbunden sind. Sie werden im Alltag jedoch nur selten explizit ausgesprochen oder benannt, mit der Planung und Durchführung eines Kleidungsprojekts werden die Bekleidungspraktiken jedoch zu einem expliziten Unterrichtsgegenstand.

Subjekt...[2]

Bei der Beschreibung der Situation mit ihrer sozialen Praxis und den damit verbundenen Artefakten, Diskursen, Praktiken und Subjektivierungen bin ich immer wieder auf subjektivierungstheoretische Fragestellungen gestoßen. Deshalb möchte ich die Begriffe und Herangehensweisen in diesem Bereich einmal schärfen. Wird das Subjekt mit der Perspektive der Praxistheorien betrachtet, geht es um das „Werden bzw. Gewordenheit" von Subjekten „in spezifischen Kontexten bzw. Situationen" (Idel/Rabenstein 2018: 44). Es wird nach den Subjektpositionen, die in der Praxis entstehen gefragt. Die Erziehungswissenschaftler:innen Nele Kuhlmann und Norbert Ricken argumentieren,

> dass eine subjektivierungstheoretisch ausgerichtete Schüler*innenforschung einen Einsatz bietet, die unterwerfenden und normierenden Dimensionen von und in Schule scharfzustellen, ohne dabei sowohl die interaktive Kontingenz als auch die Handlungsspielräume eröffnenden Momente im situierten Subjektivierungsgeschehen aus dem Blick zu verlieren.
>
> (Kuhlmann/Ricken 2022: 1)

Dies gilt dabei nicht nur für Schule im Allgemeinen, sondern lässt sich auch auf eine einzelne Fachdisziplin beziehen oder eben auf die sogenannte Querschnittsaufgabe BNE. Die Subjektivierungsforschung geht davon aus, „dass junge Menschen nicht qua Geburt Subjekte sind, sondern dass diese Form der Deutung und Gestaltung des Selbst erst in (pädagogischen) Interaktionen hervorgebracht wird" (Kuhlmann/Ricken 2022: 1). Schule ist dabei ein Ort, an dem Kinder und Jugendliche erst zu Schüler:innen werden. Die Autor:innen charakterisieren Schule als eine zentrale gesellschaftliche Institution, die als über Jahre gewachsene Praktiken-Konstellation erscheint. In ihr werden normierte gesellschaftlich erwartete Selbstverhältnisse geformt. Es geht um die in den schulischen und unterrichtlichen Praktiken hervorgebrachten „Normen der Anerkennbarkeit". Sie regulieren, wer wie als Schüler:in erscheinen kann. Kuhlmann und Ricken bezeichnen dies als „schulisches Subjektivierungsgeschehen" (Kuhlmann/Ricken 2022: 1). Es ist ambivalent und spannungsvoll, weil es in

[2] Subjektkulturen, Subjektformen, Subjektpositionen, Subjektivierung, Subjektivierungsweisen, Subjektifikation, Subjektverhältnis, Subjekt, Subjektivierungsgeschehen, Adressierung, Subjektivierungstheorie – die Subjektivierungsforschung scheint viele Begriffe zu haben. Viele davon beginnen mit Subjekt... Ob die englische Forschung auch so voll davon ist? Es gibt Tage da bin ich müde von den vielen Begriffen. Ich möchte die Dinge einfach nur so sehen und beschreiben, wie es auch andere verstehen. Müssen wir unbedingt eine neue Sprache lernen, um Dinge akademisch zu beschreiben? (Forschungstagebuch S.J., o. D.)

der konkreten Situation auch immer die Möglichkeit des Anders-Handelns oder beispielsweise des Umdeutens des Schüler:innensubjekts gibt (Kuhlmann/Ricken 2022: 1). Ein praxistheoretisches Verständnis von Anerkennung begreift „Subjektivierung als relationales, ambivalentes und figuratives Geschehen im Medium wechselseitiger Adressierungen“ (Idel/Rabenstein 2018: 44). Durch den Vollzug der sozialen Praxis mit ihren Adressierungen und Re-Adressierungen ergeben sich verschiedene Subjektivierungsweisen der Beteiligten. Dabei können zugewiesene Subjektformen bzw. -positionen angenommen, verweigert oder variiert werden. Nele Kuhlmann und Norbert Ricken (2022) sehen in der praxistheoretischen Sichtweise eine Chance, dass „strukturfunktionalistische Verkürzungen“ mit der Annahme, „Schule könnte durch lineare Unterwerfung unter gesellschaftliche Normen ‚funktionale Erwachsene‘ machen“, und die interaktionistische Verkürzung, dass die schulische Ordnung immer wieder ganz neu ausgehandelt wird, überwunden werden (1). Bezogen auf das politisch erklärte BNE-Ziel, „Schülerinnen und Schüler zu einem selbstbestimmten, mitgestaltenden, verantwortungsbewussten und solidarischen Leben in der globalisierten Gesellschaft zu befähigen“ (Niedersächsisches Kultusministerium 2021: 2), bedeutet das einerseits, anzuerkennen, dass BNE-Konzepte nicht, z. B. durch neue Inhalte, wie die internationalen Nachhaltigkeitsziele, linear auf die Lernenden einwirken und Schüler:innen durch entsprechende Angebote zu „Weltretter:innen“ machen können, und andererseits, die Annahme zu hinterfragen, dass die Einführung neuer Lernformate, wie des FREI DAYs, dazu führt, dass Subjektverhältnisse und schulische Ordnung gänzlich neu verhandelt werden. Es geht darum, zu beobachten, wie sich die Akteur:innen in den textilen Vermittlungssituationen auf vorhandene Praktiken und damit verbundene Subjektformen beziehen und wie sie damit umgehen. Ein raum-zeitlich übergreifendes Verständnis sozialer Praxis legt nahe, dass sowohl die Lernenden als auch die Lehrenden auf bereits vorhandene Ordnungen zurückgreifen und diese im Vollzug variieren. Die Frage an ein Subjektivierungsgeschehen lässt sich nicht nur auf das schulische Geschehen, sondern natürlich auch auf andere, beispielsweise außerschulische, Lernsituationen beziehen. Hierbei ist zu fragen, ob bzw. wie sich außerschulische Subjektivierungsweisen von denen in der Schule unterscheiden können.[3]

Andreas Reckwitz (2016) spricht davon, dass sich in sozialen Feldern bestimmte Subjektkulturen – Ensembles von Praktiken und Diskursen – bilden. Diese Subjektkulturen setzen eine bestimmte Subjektform oder eine Kombination mehrerer miteinander verbundener Subjektformen voraus und produzieren diese.

[3] Dieser Frage werde ich im Rahmen dieser Forschung nicht nachgehen können, da ich Lehr- und Lernsituationen mit Schüler:innen nur in der Schule begleitet habe.

> Die Subjektform ist dann die kulturelle Form, in die das Individuum, das heißt, die körperlich-psychischen Entitäten gebracht werden soll. ‚Identitäten' lassen sich damit als integraler Bestandteil dieser Subjektformen begreifen: als die Modi der self-interpretation, die in die Subjektform eingebaut sind und mit entsprechenden Differenzmarkierungen gegen andere Subjektformen verknüpft sind.
>
> (Reckwitz 2016: 73)

Für ihn bedeutet, Praktiken unter dem Subjektaspekt zu analysieren, Fragen an sie zu stellen: In welche Richtung subjektivieren sie, bzw. welche Form des Subjekts streben sie an und wie schaffen sie dies? Welche ‚Disposition' eines zugehörigen Subjekts legen Praktiken nahe? Auf welchem Weg gelingt ihnen „diese Modellierung eines entsprechenden Körpers, eines Wissens und einer Psyche" (Reckwitz 2016: 72)? Praktiken „setzen ihnen entsprechende Subjektformen voraus, adressieren sie und bringen sie – jedenfalls im Idealfall der kompletten Passung und reibungslosen Reproduktion – hervor" (Reckwitz 2016: 73). Hierfür ist auch das Verhältnis von Materialität und Subjektivität wesentlich. Materielle Arrangements in der Verbindung mit sozialen Praktiken können demnach zu dem Verlauf eines Subjektivierungsgeschehens beitragen und bestimmte Subjektformen hervorbringen (Reckwitz 2016: 74).

Mit der Analyse der situierten Praxis können das Adressierungs- und Subjektivierungsgeschehen im Detail untersucht werden. Es geht um normative Ordnungen, Wissensobjekte, Machtrelationen und Selbstverhältnisse, die betrachtet werden. Es kann zwischen situativ hervorgebrachten Subjektivierungsweisen und „programmatischen Subjektivierungsform[en]" unterschieden werden (Kuhlmann/Ricken 2022: 2). Es kann zunächst die Frage gestellt werden, „wie jemand von wem und vor wem als wer angesprochen wird und wie er oder sie damit umgeht, darauf reagiert und readressiert", aber es kann auch danach gefragt werden, „wer man in diesen Adressierungen und Readressierungen wird bzw. zu wem man gemacht wird und sich selbst macht" (Rose/Ricken 2018: 160).

Nur einzelne ethnografische Notizen in meinem Material sind ausreichend detailreich und lassen auf Adressierungen und Readressierungen in der Praxis schließen. Eine sequentielle Analyse eines konkreten Adressierungs- oder Subjektivierungsgeschehens (Kuhlmann/Ricken 2022), die versucht, verschiedene Subjektivierungsweisen scharf zu stellen, ist mit meinem Material nur eingeschränkt möglich. Aber Subjekt- bzw. Subjektivierungsformen als reine „Sollensvorstellungen" (Kuhlmann/Ricken 2022: 2) lassen sich anhand von weiteren diskursiven Dokumenten, wie akademischen Texten, politischen Erlassen oder Unterrichtsmaterialien sowie aus den Interviews erschließen (Kapitel 7:

Forschungsnotiz). Es geht um Praktiken und in ihnen implizierte Subjektformen und Subjektpositionen, denn soziale Situationen beinhalten verschiedene Optionen von Subjektformen und Subjektkulturen. In der Interaktion findet eine Aneignung oder Abwehr statt, aber verschiedene Subjektrepräsentationen können sich ausschließen. Kuhlmann und Ricken stellen dabei fest, dass eine grundlegende schulische Subjektivierungsform, die Selbstdeutung der Lernenden bzw. Geprüften, „je nach Leistung als ebenso akzeptables wie verwerfbares ‚Fähigkeitenbündel'" (Kuhlmann/Ricken 2022: 4) ist. Was wird aus diesem Fähigkeitenbündel in der Interferenz von BNE und Textil?

6.6 Reflexion und Relevanz

Durch die Verbindung der Praktiken und der Sozialen Welten ergibt sich ein dynamisches Bild der Komplexität einer Situation. In einer Analyse werden soziale Praktiken in ihren gesellschaftlichen Relationen und unter Berücksichtigung ihres Verhältnisses zueinander integriert. Während sie in einer Situation prozessiert werden, treffen verschiedene Soziale Welten aufeinander, für die die vorgefundenen Elemente und damit auch Praktiken unterschiedliche (auch widersprüchliche) Bedeutung haben können (Pohlmann 2020: 2 f.). Das bedeutet, „im gleichen sozialen Feld – nach unterschiedlichen, miteinander konkurrierenden Praxis-/Diskursformationen sowie nach Instabilitäten innerhalb von Praxis-/Diskursformationen zu suchen" (Reckwitz 2016: 61). Wofür Adele Clarke und ihre Kolleg:innen mit ihren Mapping Verfahren geeignete Werkzeuge für meine Forschungssituation bieten, während die Praxistheorie ein passendes Vokabular entwickelt hat.

In den Darstellungen von Clarke et al. (2018) wird für mich im Schreibprozess deutlich, weshalb es gerade in meiner Studie relevant ist, diskursanalytische Elemente mit einzubinden: Die Autor:innen sehen in der Diskursanalyse die Möglichkeit zu lernen, skeptisch und vorsichtig zu sein (224). Familien, Organisationen oder Staaten haben etablierte Diskurse, die die ganze Gruppe als Sprecher:innen darstellen. Clarke et al. (2018) weisen darauf hin, dass genau das nicht der Fall ist. Die Darstellung einer Aussage, als Aussage einer Gruppe verdeckt Spannungen, Komplexität, Ambiguitäten und Unvollständigkeit (224). Gerade im Kontext der BNE finden sich schnell verallgemeinernde, scheinbar, eindeutige Aussagen, wie ‚die Wissenschaft sagt', um normative Handlungsoptionen zu begründen. Aber in der SA gibt es keine Entität oder Einheit mit einer Aussage, sondern ein „Mosaik" von „Sozialen Welten", „Arenen" und Diskursen.

Das Mappingverfahren der SA erscheint mir hierfür ein hilfreiches Instrument. Ich berücksichtige in meinem Mapping nicht nur die ethnografischen Situationen, wie Interviews und Beobachtungen, sondern ich eröffne an dieser Stelle auch über die autoethnografische Forschungsstrategie einen sehr weiten Zugang und beziehe „visuell, narrative, historical, and other discourse materials and nonhuman material cultural objects of all kind" (Clarke et al. 2018: 217) mit ein. Es handelt sich um Materialien verschiedener Art, die bereits da waren und in der Forschungssituation aufzufinden waren (wohnten) (Clarke et al. 2018: 217). Clarke et al. sehen das Einbinden von weiteren diskursiven Materialien als Teil einer stärkeren interpretativen Forschungsstrategie (Clarke et al. 2018: 219).

Die SA wird mit dem Einbezug der Praktiken dynamischer. Performativität und Körperlichkeit einer Situation können besser beschrieben werden. Auch der Einbezug der Wissensordnungen eröffnet eine andere, aus meiner Sicht vernetzende Analyseebene. Denn obwohl Clarke et al. Komplexität und Vernetztheit darstellen möchten, fehlen mir hierfür teils die Begriffe und Werkzeuge. Gleichzeitig kann die Praxistheorie von der Betonung der „Heterogenität, Instabilität und Ambivalenz" in der SA profitieren (Pohlmann 2020: 3). Der Einbezug der stummen Akteur:innen und Aktanten (implicated/silent Actors/Actants) ist dabei besonders vielversprechend, um Ungesagtes in sozialen Situationen sichtbar zu machen. Hier stellt sich für mich die Frage: Gibt es vielleicht auch so etwas wie „implicated practices", also implizierte oder stumme Praktiken, also Praktiken, die unbemerkt bleiben und in einer Situation nicht relevant gemacht werden? Kann scheinbar hinnehmendes Schüler:innenhandeln vielleicht als stumme Praxis bezeichnet werden?

Die praxistheoretische Perspektive ermöglicht es, das Zusammenspiel von Artefakten, Diskursen, Praktiken und Subjekten in einem dynamischen Ganzen zu beschreiben und dabei mit Blick auf die Schul- und Unterrichtsforschung beispielsweise einen Fokus auf das Subjektivierungsgeschehen in einer Situation zu legen, das mit den Mappingverfahren der SA so noch nicht vorgesehen ist.

Open Access Dieses Kapitel wird unter der Creative Commons Namensnennung 4.0 International Lizenz (http://creativecommons.org/licenses/by/4.0/deed.de) veröffentlicht, welche die Nutzung, Vervielfältigung, Bearbeitung, Verbreitung und Wiedergabe in jeglichem Medium und Format erlaubt, sofern Sie den/die ursprünglichen Autor(en) und die Quelle ordnungsgemäß nennen, einen Link zur Creative Commons Lizenz beifügen und angeben, ob Änderungen vorgenommen wurden.

Die in diesem Kapitel enthaltenen Bilder und sonstiges Drittmaterial unterliegen ebenfalls der genannten Creative Commons Lizenz, sofern sich aus der Abbildungslegende nichts anderes ergibt. Sofern das betreffende Material nicht unter der genannten Creative Commons Lizenz steht und die betreffende Handlung nicht nach gesetzlichen Vorschriften erlaubt ist, ist für die oben aufgeführten Weiterverwendungen des Materials die Einwilligung des jeweiligen Rechteinhabers einzuholen.

7 Forschungsnotiz: Subtext: BNE-Harmonie?

Das Kerncurriculum für das Fach ‚Textiles Gestalten' in Niedersachsen für die Oberschulen macht bereits zu Beginn den Bildungsbeitrag des Faches deutlich und bezieht sich dabei unter anderem auf eine nachhaltige Entwicklung: „Das Fach ‚Textiles Gestalten' thematisiert soziale, ökonomische, ökologische und politische Phänomene und Probleme der nachhaltigen Entwicklung und trägt dazu bei, wechselseitige Abhängigkeiten zu erkennen und Wertmaßstäbe für eigenes Handeln sowie ein Verständnis für gesellschaftliche Entscheidungen zu entwickeln" (Niedersächsisches Kultusministerium 2012: 5). Die Verbindung des Fachs ‚Textiles Gestalten' mit der nachhaltigen Entwicklung ist dabei nicht nur mit einer Mehrperspektivität, sondern auch mit normativen „Wertmaßstäben für eigenes Handeln" (Niedersächsisches Kultusministerium 2012: 5) verbunden. An dieser Stelle wird jedoch nicht explizit ein Bezug auf BNE genommen oder weiter vertieft, um welche Form des Handelns es geht, also welche konkreten Praktiken und Subjekte gemeint sind. Während meiner Forschungszeit hatte ich immer das Gefühl, dass es ein grundsätzliches Einverständnis dazu gab, dass BNE und textiles Arbeiten miteinander harmonieren. Dieses Einverständnis beruht auf verschiedenen Annahmen zu den lernenden Subjekten. Ich möchte an dieser Stelle die vermittlungstheoretischen und didaktischen Texte, die sich mit der BNE und textilen Diskursen, Artefakten oder Praktiken befassen, einmal stärker mit einer subjektivierungstheoretischen Perspektive betrachten, denn sie zeigen für mich ein (kulturelles) Grundverständnis des Umgangs mit Textilien, das in die empirischen Situationen der textilen Vermittlungspraxis hineinwirkt.[1]

[1] Eine systematische und intensive Analyse der Publikationen könnte eine eigene Forschungsarbeit darstellen. Die Analyse ist in dieser Studie nur zu einer Forschungsnotiz geworden, da die ethnografischen Materialien im Zentrum der Arbeit stehen. Sie kann zeigen, welchen Blick ich als Forschende im Laufe der Zeit auf die vorhandenen Materialien zu

© Der/die Autor(en) 2026

S. Jessen, *Textile Bildung in Schulkulturen der Nachhaltigkeit*, Schule und Gesellschaft 73, https://doi.org/10.1007/978-3-658-51463-1_7

BNE und ‚Textil' passen auf den ersten Blick sehr gut zusammen (Derwanz 2022: 211). Während meiner Forschung begegnen mir immer wieder Veröffentlichungen, vor allem zu Projekten, aber auch theoretische Auseinandersetzungen. Dabei macht der konkrete Alltags-, aber auch Wirtschaftsbezug des Textilen die Verbindung leicht möglich. Autor:innen aus der Textildidaktik nennen nicht nur Alltag und Konsum als Ausgangspunkt und verweisen dabei auf die Wurzeln der Verbraucher:innenbildung bzw. Konsument:innenbildung (Derwanz 2022, Mühr 2020), sondern sie beschäftigen sich auch mit den Möglichkeiten in der beruflichen Bildung (Grundmeier/Höfer: 2023) sowie mit der Vermittlung von Kompetenzen im Sinne einer umfassenden gesellschaftlichen Kompetenz (Derwanz 2022, Grundmeier/Höfer 2023).

Es zeigt sich ein allgemeines Verständnis von BNE und Textil, das sich zum einen auf die SDGs fokussiert (u. a. Grundmeier/Höfer 2022: 17, Derwanz 2022: 212 f., Jahnke 2021: 10) und zum anderen auf die Vermittlung von Wissen und Kompetenzen innerhalb der „textilen Wertschöpfungskette" (u. a. Grundmeier/Höfer 2022: 18, Eichelberger 2018). Die Veröffentlichungen beschreiben mehrfach, wie sich Textilien und Kleidung eignen, um BNE in den allgemeinbildenden sowie berufsbildenden Schulen umzusetzen und wie dies gelingen kann. Dabei geht es zumeist darum, Wissenslücken entlang der Wertschöpfungskette zu schließen (Grundmeier/Höfer: 2023) und Praktiken des nachhaltigen Konsums, wie das Um- und Weiternutzen von Textilien zu erproben (u. a. Eichelberger 2021; Eichelberger 2018; Schartner 2022). Neben dem ‚Upcycling' wird die Vermittlung von Reparaturtechniken als eine nachhaltige Praxis für den Textilunterricht genannt, wie beispielsweise unter dem Titel „Was tun, wenn das Lieblingsstück kaputt ist" (Eichelberger/Hollinger 2022, Derwanz 2019, Kugler 2023). Die Ansätze sind zumeist inhaltlich auf eine nachhaltige Textilindustrie und einen veränderten Konsum fixiert. Sowohl die berufsbildende Perspektive als auch die Verbraucher:innenorientierung haben eine lange Tradition in der Textilen Bildung und machen daher die Textile Bildung leicht anschlussfähig an die BNE sowie umgekehrt.

Mit den formulierten Lern- oder Projektzielen zeichnet sich in den akademischen Texten, die BNE und textile Vermittlung miteinander verbinden, ein Fokus auf das Erlernen von konkretem Wissen und Handlungsoptionen ab, der sich auf das Themenfeld Nachhaltiger Konsum einengt. Die Lernenden werden zu Konsumierenden, die zu wenig wissen und können. Das Vermitteln von Wissen, das in der Alltagssprache von Lehrkräften und außerschulischen Pädagog:innen, die mir in meiner Feldforschungszeit begegnen, oft als „Aufklären" bezeichnet

BNE und textilen Projekten entwickelt habe. Hier sind sicherlich noch ‚blinde Flecken' und es könnten weitere Vorhaben ergänzt werden.

wird, trifft auf eine Reduktion der großen textilen Welt auf den nachhaltigen Konsum und damit verbundene Praktiken. Es wird Interdisziplinarität und der Umgang mit Komplexität beschrieben. Dimensionen des Textilen, die über den wirtschaftlichen Aspekt hinausreichen, wie beispielsweise eine politische oder allgemein gesellschaftliche Dimension, werden in den Praxismaterialien jedoch nur am Rande erwähnt.

Dabei hat das ‚Textile Gestalten' nicht nur den Anspruch, Verbraucher:innen zu bilden, sondern auch den der kulturwissenschaftlichen und künstlerisch-ästhetischen Auseinandersetzung mit den Dingen. Beispielsweise die ästhetische Forschung, als prozessorientiertes, ergebnisoffenes Lernkonzept, lässt eine weiterführende Auseinandersetzung mit Unsicherheiten und Dilemmata zu (Götsch 2023, Jessen 2024). Es gibt Ansätze der Textildidaktik, die über das Ziel der Verbraucher:innenbildung hinausweisen (Derwanz 2022: 2) und mit ihren kulturwissenschaftlichen und ästhetisch-künstlerischen Modellen weitere Perspektiven eröffnen. Heike Derwanz bezieht sich auf Christian Becker (2007) und das Konzept der „Material Literacy"[2], über das sich das Fach Textil in die BNE einbringen kann. Sie stellt heraus, dass Nachhaltigkeitsthemen und aktuelle Textildidaktiken, zum Beispiel von Becker (2007) und Eichelberger (2021), miteinander konform sind, da sie auf Handlungsfähigkeit abzielen (Derwanz 2022: 5) und verweist auch auf das Transferpotenzial der künstlerisch-ästhetischen Fächer für die BNE (Derwanz 2022: 4, sowie Holz 2016: 143). Derwanz beschreibt den Ansatz der Material Literacy als vielversprechendes Konzept, um Textilunterricht in Richtung BNE zu entwickeln. Damit wird die Inhaltskomponente weniger betont und die Fähigkeit, zu handeln und zu reflektieren, hervorgehoben. Mit der Material Literacy ist zugleich auch eine bereits seit vielen Jahren geforderte Neuausrichtung der Textilvermittlung in der Schule avanciert. Becker diagnostiziert sechs Problemfelder des Textilunterrichts: die Reduktion auf das ‚Handarbeiten', ein Fokus auf Techniken und Produkt, das Arbeiten in ästhetischen Normen, ein stereotypes Verständnis von Kultur sowie weiterhin eine geschlechtliche Codierung (Becker 2007: 203). Gleichzeitig sieht er Bildungspotenziale im Verborgenen, in den sinnlich wahrnehmbaren Dingen. Denn textile Dinge sind omnipräsent, zeitlich wie auch räumlich, und sie nehmen eine zentrale Position in unserem Leben ein. Er beschreibt textile Dinge als Verbindung zwischen den Disziplinen, was sich im Laufe meiner Forschung auch durch die Präsenz des Themas ‚Kleidung' in den verschiedenen Schulfächern zeigt. Becker beschreibt in seinen Texten das Konzept der Material Literacy/Textile Literacy

[2] Das Konzept der Material Literacy wurde von Carmen Mörsch, korrespondierend zum Konzept der Visual Literacy, in die Fachdiskussion eingebracht und von Christian Becker weiter ausformuliert (Helmhold 2007: 267).

für einen gegenstandsbezogenen, mehrperspektivischen Unterricht, der in den Schüler:innen mehr sieht als Konsument:innen (Becker 2007: 212).[3] Eine textilanthropologische Betrachtung kann beispielsweise die tatsächliche Komplexität des Textilen erforschen (Mentges/Schack/Jenß 2005: 34). Indem sie genau hinsieht und Materialität, Ressourcen, Techniken und Nutzung befragt, kann sie über die „Bildhaftigkeit“ des textilen Artefaktes hinausgehen (Mentges/Schack/Jenß 2005: 34). Mit dem Fokus auf den nachhaltigen Konsum werden die Vielfalt und unterschiedlichen didaktischen Konzepte des Faches (Eichelberger/Rychner 2008; Schmuck 2015), die durchaus anschlussfähig an die BNE sind, bislang leicht übersehen.

Literacy und Kompetenzkonzepte werden sowohl in der BNE als auch in der Textilen Bildung mehrfach beschrieben. In meiner Arbeit als außerschulische Vermittlerin bezog ich mich flexibel in Projektkonzepten auf die Gestaltungskompetenz (de Haan 2008a) oder das Kompetenzmodell des Orientierungsrahmens (Schreiber et al. 2016), um meine Vorhaben für Förder:innen oder Auftraggeber:innen zu begründen. Zum Start meiner Tätigkeit in der Textilen Bildung waren die Übereinstimmungen zwischen den BNE-orientierten Konzepten und der Material (Becker 2007) bzw. Textile Literacy (Becker 2005) gut sichtbar. Ich ließ Studierende die Modelle miteinander abgleichen, und es kam nur selten zu Irritationen. Beide Kompetenzmodelle lassen sich leicht erschließen und gut auf schulische Projekte übertragen. Somit ist das Berufen auf die Vermittlung von Kompetenzen, neben inhaltlichen und didaktischen Schnittmengen, eine Gemeinsamkeit und eine alltagspragmatische Möglichkeit der Begründung und Realisierung von textilen BNE-Vorhaben.[4] Gleichzeitig stehen Output orientierte Kompetenzmodelle jedoch aus erziehungswissenschaftlicher Perspektive einerseits aufgrund der Funktionalisierung von Bildung und andererseits als eine Form

[3] In meiner spezifischen Forschungssituation zeigt sich eine Diskrepanz zwischen programmatischer Didaktik und Praxis. Während die Studierenden seit bald 20 Jahren Texte zur Material Literacy lesen, konnte ich die Anwendung in der Schule nicht beobachten. Während meiner Feldforschung begleitete ich nur Lehrkräfte, die kein akademisches Studium im Bereich Textil hatten. Es zeigte sich oft, dass ausgebildete Textillehrkräfte dadurch, dass sie beispielsweise Funktionsstellen besetzten, keine Kapazitäten mehr für den regulären Textilunterricht hatten. Das bedeutet, die Lehrkräfte, die aktuell ‚Textil‘ unterrichten, hatten kaum Zugang zur akademischen Fachliteratur. Die soziale Praxis des Textilunterrichts als ‚Handarbeitsunterricht‘ scheint dabei beharrlich.

[4] Die Kompetenzkonzepte spielen jedoch in meinen empirischen Beispielen eine untergeordnete Rolle, weshalb ich diese und ihre Kritik an dieser Stelle nicht weiter diskutieren werde. In keiner der schulischen Vermittlungssituationen bezogen sich die Vermittler:innen auf Kompetenzmodelle. Lediglich die Akteur:innen der außerschulischen Bildung stellten beispielsweise einen Zusammenhang zur Gestaltungskompetenz her.

der Individualisierung von globalen Problemen in der Kritik (Hamborg 2017: 20 f.).

Positionen der anderen Fächer

Kleidung wird auch in einigen ‚nicht-textilen' Fächern als das BNE-Beispiel par excellence angeführt. Sie unterscheiden sich in der Adressierung der Lernenden als zukünftige Konsument:innen kaum von denen der Textildidaktik. Zu nennen sind hier beispielhafte Unterrichtsentwürfe aus der Geografiedidaktik und dem Sachunterricht: z. B. „Globale Verflechtungen am Beispiel der Textil- und Bekleidungsindustrie" unter der Überschrift „Bildung für nachhaltige Entwicklung" für die Geografiedidaktik (Meyer/Mittrach 2023: 285 ff.) oder der Perspektivrahmen Sachunterricht mit ‚Kleider' als „Beispielhafte Lernsituation ‚Nachhaltige Entwicklung'" (Gesellschaft für Didaktik des Sachunterrichts 2013: 137) für die Jahrgangsstufen drei und vier. Während der Vorschlag der Geografiedidaktik, ausgehend von den globalen ökonomischen Verflechtungen mit der Textilindustrie, ein „lebensweltnahes" Thema aufgreifen möchte und die Frage stellt, „Woher kommt unsere Kleidung?" (Meyer/Mittrach 2023: 285), startet der Entwurf für den Sachunterricht mit dem Alltag. Die Schüler:innen gehen der Frage nach, wozu Kleider „nützlich" sind und was „modisch" ist, um im Anschluss zielgerichtet auf den Kleiderkauf und damit verbundenen Fragen einzugehen (Gesellschaft für Didaktik des Sachunterrichts 2013: 138).

Wenn „mehr Zeit zur Verfügung steht", empfiehlt die Geografiedidaktik dabei auch eine aktive und damit auch textilpraktische Auseinandersetzung, „wie zum Beispiel bei Projekten, könnten Aktionen geplant und durchgeführt werden, die zu einem nachhaltigeren Konsum anregen (Kleidertauschparty, Informationskampagne, Upcycling usw.)" (Meyer/Höbermann 2020, Meyer/Mittrach 2023: 293). Auch am Ende der Unterrichtseinheit im Sachunterricht steht eine gemeinsame Aktion, wie „ein Katalog (oder Flyer, Infoplakat, Broschüre) für das Achtgeben, Mitwirken und Handeln beim „sich Kleiden" (evtl. bei der eigenen Kleidung) und für den Umgang mit Kleidern" an (Gesellschaft für Didaktik des Sachunterrichts 2013: 141). Dabei wird betont, dass die Kinder sich austauschen und eigene Positionen entwickeln sollen.

> Ergänzend oder alternativ dazu kann zum Abschluss eine Aktion, ein Vorhaben oder ein Anlass geplant, organisiert und durchgeführt werden (evtl. mit den Eltern, mit einer anderen Schulklasse, an einem Anlass im Stadtviertel oder der Gemeinde: z. B. eine „spezielle Modeschau" mit Erzählungen zum sich Kleiden und zu Kleidern, eine Kleiderbörse, eine Informationsveranstaltung mit einer Organisation, die sich für fairen Handel einsetzt).
>
> (Gesellschaft für Didaktik des Sachunterrichts 2013: 141).

An anderer Stelle wird für den Sachunterricht das „Upcycling“ als mögliche Handlungsoption genannt und in einem Artikel: „Upcycling – Welt kreativ gestalten: Aufwerten statt wegwerfen“ (Knörzer 2020) vorgestellt.

In beiden fachdidaktischen Entwürfen ist das textilpraktische Arbeiten eine Ergänzungsmöglichkeit, aber nicht von zentraler Bedeutung.

> Eine mögliche Ergänzung bestünde darin, dass jedes Kind im Unterricht selber ein Kleidungsstück herstellt und dabei verschiedene Arbeitsschritte vom Rohstoff bis zum fertigen Produkt direkt durchführt. Mit Geschichten und Berichten zu Kleidung und zur Kleiderherstellung können weitere Bezugspunkte hergestellt werden.
>
> (Gesellschaft für Didaktik des Sachunterrichts 2013: 142)

Es gibt kein weiteres Reflexionsmoment, wie und warum genau das textilpraktische Arbeiten stattfindet. Betrachtet man die beiden Entwürfe, so ist es nicht verwunderlich, wenn Heike Derwanz als Textildidaktikerin schreibt: „Überspitzt formuliert: Der Textil- oder Technikunterricht endet nicht beim Plakatmalen zum Thema nachhaltiger Konsum, sondern kann nachhaltige textile Alltagspraktiken tatsächlich einüben. Dies ist die Stärke der Material-Literacy-Ansätze, die das Fach einbringen kann“ (Derwanz 2022: 219). Doch auch diese Aussage ist noch linear gedacht und ich halte sie mit dem Bezug auf das „Einüben“ weiterhin für verkürzt. Während des textilpraktischen Arbeitens und in der Auseinandersetzung mit textilen Dingen passiert mehr bzw. etwas anderes – betrachtet man den Prozess so kann das Lernen und Einüben weit über Informationen zum nachhaltigen Konsum und textile Alltagspraktiken hinausgehen und in der bewussten Auseinandersetzung mit der Materialität andere Lernerfahrungen umfassen (Kapitel 12, 13, 14).

Ist das Lernen und Einüben von Praktiken des nachhaltigen Konsums aber das alleinige Ziel eines Lernangebots, stellt sich sogar die Frage, ob dieses damit nicht zu einer blassen Fassade des „Wir machen BNE“ wird und damit Teil eines Aufrechterhaltens einer „nachhaltigen Nicht-Nachhaltigkeit“ (Blühdorn et al. 2020) einer Gesellschaft. Dies schließt an die Kritik von Hamborg (2017) an. Er verweist auf die „Fokussierung auf die Kompetenzentwicklung“ einerseits im deutschsprachigen BNE-Diskurs und andererseits im gesamten Bereich von Bildung und Erziehung. Weitere Kritikpunkte sind die Funktionalisierung von Bildung durch BNE, eine Wiederaufnahme neoliberaler Diskurse und eine Tradierung postkolonialer Muster (Kapitel 5). Er sieht eine Möglichkeit darin, die Debatte durch eine subjektivierungstheoretische Perspektive zu öffnen (Hamborg 2017: 9), die in dieser Studie eingenommen wird.

‚Aufklärung' als dominante Subjektkultur

Die oben eingeführten Texte weisen auf ein allgemeines Verständnis von Subjektformen in der textilen BNE hin.[5] In den oben ausgewählten Beispielen werden die Lernenden zumeist als Verbraucher:innen oder – etwas weiter gedacht – als zukünftige Arbeitskräfte angesprochen, die ein Wissen zu einem nachhaltigen Konsum und/oder zu einer nachhaltigen Textilindustrie benötigen. Die Problematik wird bei den Lernenden und (angehenden) Lehrenden verortet und bei deren Kenntnisstand. Autor:innen setzen zumeist darauf, die Lehrenden zu professionalisieren (Grundmeier/Höfer 2023: 20), damit diese wiederum die Lernenden im Sinne einer normativen BNE ausbilden.

> Doch was ist dafür erforderlich? Einerseits müssen sich die Lernenden entsprechendes Wissen aneignen, denn nur wenn Menschen über notwendige Informationen verfügen, können sie fundierte Entscheidungen treffen, um sich verantwortungsbewusst zu verhalten und die Bedeutung einer kulturellen Vielfalt zu verstehen. Andererseits müssen sie in der Lage sein, auf der Grundlage dieses Wissens zu handeln, Kompetenzen zu erwerben und diese anzuwenden. Welches Wissen dazu gehört, wird durch den Bezug eines verantwortlichen Handelns zu den drei Säulen der nachhaltigen Entwicklung deutlich: Umweltschutz, nachhaltige Wirtschaft und eine gerechte Gesellschaft.
>
> (Grundmeier/Höfer 2023: 29)

Die Aussage, dass es an Wissen fehlt, ist so elementar, dass sich diese Forderung nach ‚Aufklärung' in den verschiedenen Texten wiederholt und in Variationen wiederkehrt:

> Trotz des Wandels hin zu nachhaltigeren Entwicklungen wurde rasch klar, dass die Textil- und Bekleidungsindustrie nicht in der Lage sein würde, den notwendigen Wandel aus eigener Kraft zu vollziehen. Vielmehr stellte sich heraus, dass die anstehende Transformation in Richtung einer nachhaltigen textilen Wertschöpfungskette alle Akteure in der Branche und somit auch die Verbraucherinnen und Verbraucher in die Pflicht nimmt, denn ein Wandel dieses Ausmaßes braucht gleichermaßen qualifizierte Arbeitskräfte sowie aufgeklärte, informierte Konsumierende. Dieser Wandel erfordert nichts weniger als die Schließung offener Wissenslücken und die Entwicklung von Kompetenzen zum Thema einer nachhaltigen textilen Wertschöpfungskette von allen Akteurinnen und Akteuren.
>
> (Grundmeier/Höfer 2023: 18 f.)

---

[5] Dies ist das dominante Subjektivierungsgeschehen wie es sich mir in meiner spezifischen Forschungssituation zeigte. Ich möchte nicht ausschließen, dass es durchaus auch andere Adressierungspraktiken im Feld gibt.

Auch außerschulisch ist das Vermitteln von Informationen und teils auch das Herstellen von einer emotionalen Betroffenheit ausgewiesenes Ziel. Dies ist in einem von mir besuchten Bildungszentrum der Fall (Kapitel 10) und auch in einem Vorbereitungsworkshop für ein Museumsangebot wird wie folgt argumentiert:

> I: Genau so, dass man da, also ich glaube, dass man sehr viele Anknüpfungspunkte: also, Folgen der Globalisierung, weltweite Arbeitsteilung, Standortfaktoren, dann aber natürlich auch eben speziell auf Textilindustrie als Schwerpunkt, globale Produktionsketten, Arbeitsbedingungen, Konsumverhalten, um eben auch ganz speziell dann an die Schülerinnen und Schüler anzuknüpfen und deren Lebenswelt, wie das eben beschrieben wurde, weil man selber eben Konsument ist und sich oftmals über die Ketten und die Arbeitsbedingungen auf dem Weg dahin gar keine Gedanken macht.
>
> (Museum, Pos. 54)

Und weiter:

> I: Ja, also, ich find's aber schon wichtig auch auf diese ganzen Bedingungen und Lieferketten so hinzuweisen…
>
> E: Das ja!
>
> I: … und Missstände auch deutlich zu machen
>
> E: Das ist klar. Das ist ganz wichtig.
>
> I: Und auch mit und auch zu bebildern und seien es Fotos an den einzelnen Stationen, damit man auch ein Gefühl dafür bekommt und auch irgendwie einen Bezug dazu entwickelt.
>
> E: Genau, ja
>
> I: So dass das nicht so abstrakt, sondern es, diese Näherin zu sehen ist. (…)
>
> (Museum, Pos. 188–193)

Besonders verkürzt können die Argumentationen in Projektbeispielen werden, die auf die Vermittlung textiler Praktiken abzielen. Als Ausgangslage wird eine Unwissenheit der Lernenden beschrieben und es zeigt sich das Bedürfnis der Lehrenden, den Lernenden Lösungsmöglichkeiten in Form von Wissen und nachhaltigen Praktiken zu vermitteln. Denn aufgrund ihrer Unwissenheit und fehlender Fähigkeiten handeln die Lernenden den Projekten zufolge nicht nachhaltig. So schreiben Elisabeth Eichelberger und Susanna Holliger zu einem BNE-Vorhaben, dass bei den Studierenden das Know-how zum Reparieren von Gegenständen entwickelt werden müsse. Denn für sie sei das Konsumieren von Artefakten alltäglich und sie seien es gewohnt, dass die Güter omnipräsent und in der Regel finanzierbar sind. Sie schreiben weiter: „Das Einkaufen ist bei der Mehrheit der Jugendlichen ein wichtiges Thema. In der Freizeit wird in den Peergruppen zum Beispiel Bekleidung besorgt, inspiriert durch modische Vorbilder in sozialen Medien. Fragen nach Ressourcen und Nachhaltigkeit sind dabei zwar angesprochen, aber nicht zwingend bewusst (vgl. Gaugele, 2015)“ (Eichelberger/Holliger 2022: 3).

Die richtigen Vorhaben im Fach ‚Textiles Gestalten‘ werden hier als konfliktfreie Lösung dargestellt, die unwissende, konsumorientierte junge Menschen unmittelbar durch ‚Mehrwissen‘ und ‚Mehrkönnen‘ befähigen, ihre Lebenswelt mitzugestalten und mitzubestimmen.

> Die Jugendlichen, die unterrichtet werden, leben in einer konsumorientierten Gesellschaft. Einkaufen gehört zu ihrem Alltag (Schulze, 1992). Brauchen und Wegwerfen sind selbstverständliche Handlungen der Jugendlichen. Wenn Jugendliche künftig im Textilen Gestalten erfahren, woher die Dinge kommen und unter welchen Bedingungen sie hergestellt wurden, kann ein bewussteres Handeln herbeigeführt werden. Durch das Vermitteln von Hintergrundwissen steht im Alltag ein Mehrwissen und -können zur Verfügung (vgl. Lernprozess unten). Beim Einkaufen und Nutzen, aber auch beim Wegwerfen und Entsorgen sind Wissen und Können gefragt. Jugendliche werden durch einen Unterricht, der Ergänzungswissen vermittelt, befähigt, mitzugestalten und ihre Lebenswelt mitzubestimmen.
>
> (Eichelberger 2018: 4)

Dabei wird, ausgehend von den Kindern und Jugendlichen, argumentiert, dass diese aufgeklärt werden sollen. Angebote, die BNE und Textil verbinden, finden also in vielen Fällen statt, weil die jungen Menschen informiert werden sollen, um dann in Zukunft nachhaltig zu handeln. Die Argumentation legt nahe, dass die Wissenden die Lehrenden sind und dass es ein zweifelsfrei ‚richtiges‘ Wissen gibt. Gleichzeitig stellt der Bezug zur nachhaltigen Entwicklung für die Akteur:innen der Textilen Bildung oftmals eine weitere Legitimation für den Erhalt des Schulfachs ‚Textil‘ dar, denn hier ist das ‚richtige‘ Wissen vorhanden. Und es wird in den meisten Fällen davon ausgegangen, dass es vermittelbare Lösungen gibt, die in der Folge des Lernens von den Teilnehmenden umgesetzt werden.

Der Beitrag aus der Geografiedidaktik geht vorsichtiger und differenzierter vor und versucht, im Text durch Politik und Industrie und einen expliziten Einbezug einer kritisch-emanzipatorischen BNE, nicht nur Lernende, sondern auch diskutierende und reflektierende Subjekte hervorzubringen:

> Im Kontext der Rolle von Konsumierenden kann im Fachunterricht die Methode des Storytelling genutzt werden (Meyer, 2020), um die Lernenden für (potenzielle) Lösungsansätze zu sensibilisieren. [...] Gleichzeitig sollten diese jedoch auch im

> Sinne einer kritisch-emanzipatorischen BNE mit Lernenden diskutiert und reflektiert werden, da ethisches Konsumverhalten auch Grenzen hat [...].
>
> (Meyer/Mittrach 2023: 293)

Der Unterrichtsentwurf geht über einen reinen, nachhaltigen Konsum hinaus, vernetzt Industrie, Verbraucher:innen und Politik und weist auch auf die begrenzte Handlungsfähigkeit der Verbraucher:innen hin. Gleichzeitig bleibt auch dieses Beispiel auf einer durch eine wirtschaftliche Perspektive dominierten Ebene, die sich mit der aktuellen globalisierten Textilindustrie beschäftigt. Entscheidend ist hier der Punkt, dass auch eine ergebnisoffene Diskussion angesprochen wird, die nicht nur eine Lösung vorgeben möchte. Dennoch wird auch hier didaktisch ein Erklärungsschema aufgebaut, das die Komplexität des Textilen nicht erfassen kann.

Reh und Ricken fragen mit dem Konzept der Adressierung danach, welche normativen Horizonte beansprucht werden und als gültig behauptet werden und welche Normen von Anerkennbarkeit daraus entstehen (Reh/Ricken 2012: 44). Mit den Texten aus der BNE-orientierten Textildidaktik werden die Lernenden als junge Menschen, die im Wohlstand leben und unreflektiert konsumieren, angesprochen. Sie werden als Unwissende angesprochen, die zu Wissenden gemacht werden sollen. Implizit wird die Annahme aufrechterhalten, dass mehr Wissen zu einem veränderten Handeln[6] führt. Es wird suggeriert, dass es einen falschen und einen richtigen, einen nachhaltigen und einen nicht-nachhaltigen Konsum gibt.[7] Die jungen Menschen werden als Teilnehmer:innen einer wirtschaftlichen Ordnung adressiert, in der sie einerseits Konsumierende sind und andererseits zu Arbeitskräften werden. Aber sind die jungen Menschen wirklich so unwissend? Konsumieren sie aus Unwissenheit ‚falsch'?

Gedankenspiel

In einem Gedankenspiel habe ich die Argumentation einmal umgedreht. Die Lernenden sind nicht unwissender als die Lehrenden. Angebote, die BNE und Textil verbinden, finden statt, weil Nachhaltigkeit als Teil des aktuellen Zustands der Gesellschaft zu betrachten ist. In „der Gesellschaft der Nachhaltigkeit" (Neckel et al. 2018) sind sowohl Berichte über die Defizite einer globalisierten Textilindustrie, als auch Praktiken des nachhaltigen Konsums omnipräsent, weshalb

---

[6] Studien beispielsweise zum Attitude-Behavior-Gap weisen mehrfach auf die Lücke zwischen Wissen und Handeln hin (Zhuo/Ren/Zhu 2023; Bernardes et al. 2018).

[7] Interviewpartner:innen erzählten mir in ethnografischen Gesprächen, dass sie selbst bei der Recherche zur Textilindustrie so überrascht, ja schockiert waren, dass sie die Informationen daher an die Lernenden weitergeben möchten. Die Informationen, auf die sie sich jeweils bezogen, waren überwiegend Materialien von NGOs.

sie auch in die Schulen und Hochschulen Einzug nehmen (müssen). Würden sie nicht unterrichtet werden, würden einzelne Lernende sie mit in die Institutionen bringen. Die Lernenden sind sich meist bereits über die Herausforderungen, wie auch über Handlungsoptionen, bewusst. Die Autor:innen und Lehrpersonen unterstellen den Studierenden und jungen Menschen jedoch in ihren Texten und der Form der Adressierung, dass sie unwissend sind. Sie möchten die jungen Menschen einerseits aufklären und im zweiten Schritt Fähigkeiten für ein nachhaltiges Handeln vermitteln. Doch in der Performanz einer konkreten empirischen Vermittlungsaktion scheint sich dieses lineare Verständnis der Subjektivierungsformen aufzulösen. Sind die jungen Menschen wirklich unwissende Konsument:innen? Führt ein Mehrwissen zum Handeln? Welches Wissen ist für die Lehrenden und Lernenden relevant?

Spreche ich mit Studierenden in Seminaren, so gibt es ein allgemeines/kollektives, gesellschaftliches Wissen (siehe hierzu auch Blühdorn et al. 2020), sowohl über Missstände als auch für vermeintliche Alternativen der Textilindustrie. Sie müssen nicht ‚aufgeklärt' werden. Was sie aber beschäftigt, sind die Zweifel und Unsicherheiten sowie widersprüchliche Informationen. Was noch in vielen Vermittlungssituationen ausgeblendet wird, sind die Fragen danach, warum unsere Gesellschaft sich trotz des Wissens nicht in eine nachhaltige Gesellschaft verwandelt. Es fehlt ein gesamtgesellschaftliches Verständnis und eine Fähigkeit, mit der Komplexität und der Unsicherheit, welches Wissen (zukünftig) relevant ist, in Vermittlungssituationen umzugehen – auch im Hinblick auf ihren zukünftigen Lehrer:innenjob (Kapitel 14).

Ich möchte nicht ausschließen, dass diese Positionierungsoption des diskutierenden und politisch agierenden Subjekts auch in den oben beschriebenen Projekten der Textildidaktik eingeschlossen sein können, aber sie werden nicht explizit formuliert und die stetigen Wiederholungen machen die Subjektkultur der ‚Aufklärung' zu einer dominanten Figur. Auch in meinen eigenen produzierten Bildungsmaterialien findet sich diese Form der Adressierung immer wieder, zumal sie auch von der Schule eingefordert wird.[8] Wie und ob diese Idee der ‚Aufklärung' in der schulischen Praxis gelingen kann und wirklich zu einem nachhaltigen Handeln führt, ist dabei mit einem großen Fragezeichen versehen.

---

[8] In die Schulen gelangen zumeist nur die Bildungsmaterialien, die sich in vorhandene schulische bzw. erzieherische Praxis-/Diskursformationen gut einfügen. Sowohl beim Planen von Ausstellungsangeboten als auch von Bildungsmaterialien einer NGO und noch viel mehr als Autor:in für einen Schulbuchverlag musste ich Praktiken der schulischen Wissensvermittlung anerkennen und Variationen von BNE-Lernformaten entwickeln, die mit dem Schulalltag und mit dem Wunsch nach leicht zu vermittelnden Lösungen vereinbar sind.

Open Access Dieses Kapitel wird unter der Creative Commons Namensnennung 4.0 International Lizenz (http://creativecommons.org/licenses/by/4.0/deed.de) veröffentlicht, welche die Nutzung, Vervielfältigung, Bearbeitung, Verbreitung und Wiedergabe in jeglichem Medium und Format erlaubt, sofern Sie den/die ursprünglichen Autor(en) und die Quelle ordnungsgemäß nennen, einen Link zur Creative Commons Lizenz beifügen und angeben, ob Änderungen vorgenommen wurden.

Die in diesem Kapitel enthaltenen Bilder und sonstiges Drittmaterial unterliegen ebenfalls der genannten Creative Commons Lizenz, sofern sich aus der Abbildungslegende nichts anderes ergibt. Sofern das betreffende Material nicht unter der genannten Creative Commons Lizenz steht und die betreffende Handlung nicht nach gesetzlichen Vorschriften erlaubt ist, ist für die oben aufgeführten Weiterverwendungen des Materials die Einwilligung des jeweiligen Rechteinhabers einzuholen.

8 Aufspüren der textilen Situation(en) und Praktik(en)

> a situation is a gestalt greater than the sum of its parts
>
> (Clarke et al. 2018: 71)

Sowohl die Praxistheorien (PT) als auch die Situationsanalyse (SA) stehen der Ethnografie sehr nahe, denn sie beschreiben das Soziale als etwas, das sich in empirisch beobachtbaren Situationen ereignet (Strübing 2023: 111). Die Fokussierung auf die Situation ist ein Einstiegs- und Verknüpfungspunkt, um neue Analyseperspektiven zu eröffnen (Keller 2012: 13). Dabei hat die SA nicht das Ziel die „Totalität der Situation" zu erfassen, sondern es geht um einen Möglichkeitsraum der Analyse. In diesem Möglichkeitsraum sind konkrete Entscheidungen und Auswahlen zu treffen (Keller 2012: 13) und da die Grenzen eines Projekts der SA lose und elastisch sind, müssen sie im Prozess oft mehrmals gezogen werden (Clarke et al. 2018: 116).

Ausgehend von den konkreten, empirischen Erfahrungen möchte ich zunächst fragen, was in meiner Feldforschung eigentlich die Situation ist und was mit ihr verbunden ist. Im Anschluss beschreibe ich mit dem Quadrat der Kulturanalyse das Aufeinandertreffen von verschiedenen Praxis-/Diskursformationen, Artefakten und Subjektivierungen in der Situation, um ein multiperspektivisches Bild zu entwickeln. Hieraus werde ich die Basis für die folgenden Kapitel legen, denn aus den Analyseschritten ergeben sich die Umrisse der Komplexität der Gesamtsituation und die kleinen Einheiten der Praxis-/Diskursformationen, deren

Ergänzende Information Die elektronische Version dieses Kapitels enthält Zusatzmaterial, auf das über folgenden Link zugegriffen werden kann https://doi.org/10.1007/978-3-658-51463-1_8.

© Der/die Autor(en) 2026

S. Jessen, *Textile Bildung in Schulkulturen der Nachhaltigkeit*, Schule und Gesellschaft 73, https://doi.org/10.1007/978-3-658-51463-1_8

Überlagerungen ich in Kapitel 10 bis 12 beschreiben werde. Ich werfe die Situation wie einen elastischen Ball hin und her, knete ihn, betrachte ihn von unten, von oben, vielleicht stelle ich mich auch ein wenig darauf, so dass er sich kurz verformt, dann aber wieder seine alte Form annimmt.

In der SA wird die Situation weit gefasst. Die Forscher:innen schließen damit aus, dass es sich nur um ein einzelnes Ereignis, eine kurze Begegnung oder eine Veranstaltung handeln kann, aber gleichzeitig kann eine Situation im Sinne der SA all dies enthalten. Die Situation ist damit von einer ethnographischen Sequenz zu unterscheiden und Clarke et al. (2018) sehen die Situation in der Nähe des Begriffs des Feldes aus der Ethnografie. „A situation usually involves a somewhat enduring arrangement of relations, and includes a number of events over at least a short period of time, and can endure considerably longer" (117). Ziel ist es, ein klares Porträt eines „großen Bildes" zu bekommen – „broader situation of interest" (Clarke et al. 2018: 117). Ausgehend von diesem großen Ganzen können Forschende hineinzoomen und kleinere Schnappschüsse der interessantesten und am wenigsten erforschten Bereiche machen (Clarke et al. 2018: 117). Um zu entscheiden, was genauer untersucht werden soll, empfehlen die Autor:innen zu überlegen, was in der Situation einen Unterschied macht. Keller schreibt hierzu: „Die Situation wird im Forschungsprozess hergestellt – und der ist selbst als Situation begreifbar" (Keller 2023: 70). Die Situationsdefinition ist damit eine Form der Selektion im Laufe eines reflexiven Forschungsvorhabens. Die „Situation bezeichnet eine multidimensional konfigurierte und sich transformierende Konstellation von Elementen, deren Zusammenhang als Situation wir als Forschende herstellen, verändern und zu begreifen versuchen – entlang der Widerstände, die diese Elemente uns bieten, und den Teilnehmenden der Situation selbst" (Keller 2023: 83).

Da der Situationsbegriff in der Alltagssprache und in den verschiedenen, von mir im Schreibprozess antizipierten Forschungsstrategien unterschiedlich verwendet wird, habe ich im Schreibprozess meinen Situationsbegriff geklärt. Ich werde im Folgenden zwischen drei Formen der Situation unterscheiden. Ich nutze zunächst den Vergleich von Clarke et al., die die Situation ähnlich dem Feld in der Ethnografie definieren. Damit ist die für diese Forschungsarbeit relevante Situation das Aufeinandertreffen von textiler Vermittlungspraxis und Bildung für nachhaltige Entwicklung in Lehr- und Lernprozessen. Dieses Aufeinandertreffen ist raum-zeitlich übergreifend, denn es findet an verschiedenen Orten und Zeiten, in immer neuen Variationen der sozialen Praxis, statt. Sehr weit ausholend und universell gedacht, gehe ich dabei von einer *gesellschaftlichen Situation* aus, in der es in unterschiedlichen Räumen, zu unterschiedlichen Zeiten oder auch in unterschiedlichen Medien und Dokumenten zu einem Aufeinandertreffen von textiler Vermittlungspraxis und Bildung für nachhaltige Entwicklung kommt. Meine Annahme ist dabei, dass dieses Aufeinandertreffen aufgrund der aktuellen Verfasstheit der Gesellschaft als eine Gesellschaft der Nachhaltigkeit bzw. Nicht-Nachhaltigkeit geschieht.

Die unterschiedlichen *empirischen Situationen* meiner (auto-)ethnografischen Forschung sehe ich als Einstieg. Sie sind eine Art Anker, an dem ich die soziale Praxis im Detail betrachten kann. Aus der Mikroperspektive, durch die dichte ethnografische Beschreibung einer Aktivität, kann eine Verbindung zur Gesamtsituation bzw. zur gesellschaftlichen Situation hergestellt werden. Die empirischen Situationen sind meist keine Einzelereignisse, sondern eine Aneinanderreihung mehrerer Ereignisse an einem spezifischen Ort der Feldforschung. Es handelt sich um ethnografische Sequenzen.

Ich wende den Situationsbegriff auch auf meine autoethnografische *Forschungssituation* an. Meine persönliche Situation der Forschung ermöglicht mir das Umschwenken zwischen den ethnografischen Beschreibungen der einzelnen empirischen Situationen und meinen eigenen Vermittlungserfahrungen.

Damit kann ich drei Formen der Situation unterscheiden, wenngleich sie alle miteinander verbunden bzw. Teil der multidimensionalen, schwer einzugrenzenden, da elastischen Gesamtsituation sind: die *gesellschaftliche Situation* des Aufeinandertreffens von textiler Vermittlungspraxis und Bildung für nachhaltige Entwicklung (1), meine *autoethnografische Forschungssituation* (2) sowie einzelne *empirische Situationen* (3), die sich aus Einzelereignissen und Aktivitäten zusammensetzen. Jede dieser drei Formen der Situation ist raum-zeitlich nicht abgeschlossen. Auch die empirischen Situationen erstrecken sich über mehrere Termine und die in ihnen relevanten Elemente haben eine Vorgeschichte. Kleinste Einheit meiner Analyse werden die *sozialen Praktiken* sein, die ich in den empirischen Situationen identifizieren und übergreifend beschreiben kann.

8.1 „Slide analytically closer"

Ich nutzte die Mappingstrategien der Situationsanalyse in Kombination mit dem Quadrat der Kulturanalyse, um einen Überblick über die Komplexität des Feldes und der damit verbundenen Situation zu bekommen. Die Maps dienen dazu, die Perspektive zu 'kalibrieren': "SA maps can operate and be used as a kind of 'sliding scale analytic', carefully calibrated to your goals in completing the project and perhaps even in planning future research" (Clarke et al. 2018: 196). Die SA arbeitet in erster Linie mit drei verschiedenen Mappingstrategien (Karten): Situational Maps, Social Worlds/Arenas Maps und Positional Maps, die zusammen „a relational ecology of the situation" (Clarke et al. 2018: 104) bilden. Die verschiedenen Mappingstrategien haben es mir ermöglicht, größer und unordentlicher zu denken. Ich habe die Verfahren von Clarke et al. verwendet, um die Situation zu erfassen und in einer Kombination mit dem Quadrat der Kulturanalyse meinen Fokus auf die Praktiken systematisch zu befragen. Mit den Maps konnte ich Gedanken und Zusammenhänge visualisieren und Widersprüchliches, gleichzeitig Stattfindendes, Irritierendes, zunächst Nebensächliches sammeln. Ich bezog alle Orte, Materialien und Daten, inklusive meiner eigenen Erfahrungen, ein und stellte die Frage: „What do all of these data sources together have to say about the phenomenon of interest?" (Clarke et al. 2018: 235). Die Maps sind dabei als Analyseinstrument zu verstehen, das hilft, das Alltagsverständnis zu hinterfragen. Sie sind nicht als Ergebnisse gedacht, wenngleich sich aus den Maps auch Ergebnisse ableiten lassen können. Die grafischen Beziehungen und Verbindungen sind eine Brücke, um das Erfahrene besser in Worte zu fassen. Ich ging wiederholt meine Notizen und Forschungstagebucheinträge durch, durchdachte meine eigene erlebte Praxis und codierte die ergänzenden qualitativen Interviews und Team- oder Workshopdiskussionen. Nach und nach zeigten sich Praxis-/Diskursformationen sowie implizite Wissensformen der beteiligten Akteur:innen und Sozialen Welten, die in die textile Vermittlungspraxis im Kontext BNE involviert sind.

8.2 Welche Welten sind beteiligt?

Arena Map

Die Situationsanalyse konzeptualisiert kollektives Handeln in Form der Theorie der Sozialen Welten und Arenen (Pohlmann 2020: 4). Die Autor:innen beziehen sich auf das Modell von Anselm Strauss aus den 1960er Jahren. Sie beschreiben die Sozialen Welten als Gruppen, die gemeinsame Anschauungen und Ressourcen teilen und durch ähnliche Verpflichtungen oder Übereinkommen miteinander verbunden sind: "Participants in social worlds generate shared perspektives that form the basis for both individual and collective identities [...] A social world has shared commitments to certain activities, and participants share resources of many kinds toward achieving their goals" (Clarke et al. 2018: 148). Dabei geht es nicht allein um teilnehmende Individuen, sondern das kollektive Handeln steht im Vordergrund. Die Beteiligung der Akteure:innen gestaltet sich dabei unterschiedlich intensiv, ist nicht gleich in der Kontinuität und damit veränderbar. Soziale Welten sind fluide Gebilde (Clarke et al. 2018: 148) in denen Zugehörigkeit durch ein „shared commitment" der Beteiligten entsteht, die Teil von verschiedenen Sozialen Welten sein können (Pohlmann 2020: 20). „Wenn sich Individuen in der Gesellschaft bewegen, müssen sie lernen, zwischen Sozialen Welten zu pendeln und die Vorgaben darin zu erfüllen" (Steiner 2018: 197).

In einer sozialen Arena treffen verschiedene Soziale Welten aufeinander. Die Arena Map – die entsprechende grafische Darstellung – visualisiert die Sozialen Welten, die in einer Arena beteiligt und in einen Aushandlungsprozess involviert sind. Die Karte erfasst in einem analytischen Prozess die wichtigsten Sozialen Welten innerhalb einer Situation. „Sie erhalten Relevanz, indem sie die Diskurse in einer Arena produzieren und an den kollektiven Aushandlungsprozessen beteiligt sind. Soziale Welten sind für Clarke Diskursuniversen (universes of discourse)" (Both 2015: 206). Die verschiedenen Welten sind dabei nicht zwingend direkt miteinander verbunden. Schulen und ihr Unterricht können eine Form der Sozialen Welt in einer Arena darstellen. Das Ziel der Erstellung einer Map zu einer sozialen Arena mit den involvierten Sozialen Welten ist es, den Umfang der Situation denjenigen deutlich und nachvollziehbar zu machen, die sie nicht kennen und die eigene Analyse anzuregen (Clarke 2018: 155). Sowohl analytische Fragen als auch eine „Conceptual Toolbox" (Clarke et al. 2018: 149) helfen dabei, einen möglichst hohen Grad an Komplexität in das Mapping aufzunehmen.

Mithilfe der Fragen der SA habe ich eigene, im Vorfeld erstellte Grafiken mit den Mapping-Strategien der SA weiterentwickelt, um die beteiligten Sozialen Welten, die ich aus meiner Forschungssituation heraus wahrnehmen konnte, abzubilden (Abb. 8.1).

Beteiligte

Aus der Forschungssituation, den Recherchen und den Begegnungen in Netzwerken, Museen, Schulen, Tagungen, aber auch über Literatur und universitäre Gremien hat sich bei mir eine innere Landkarte der Beteiligten gebildet. Wo findet textile Vermittlungspraxis mit einem Bezug zur nachhaltigen Entwicklung statt, bzw. wer fordert dazu auf, oder entwickelt Beispiele, oder fördert Pilotprojekte? Die Beschreibungsinstrumente der Maps sollen keine objektiven Beschreibungen der Realität bieten, sondern sie ermöglichen einen differenzierten Zugang zu dieser

(Steiner 2018: 208). Ich sehe eine Vielzahl von Sozialen Welten in einer Arena, die oftmals kaum Berührungspunkte miteinander haben und nebeneinander existieren. Vereinende Elemente sind unterschiedlichste textile Aktivitäten, die mit unterschiedlichen Zielvorstellungen der BNE verknüpft sind.

Zu den Beteiligten gehören: Wissenschaftler: innen, Lehrkräfte, Außerschulische Vermittler:innen, Bildungsinsititutionen: Schulen, Hochschulen, außerschulische Lernorte, Museen, Verbände und Nichtregierungsorganisationen, öffentliche und private Förderinstitutionen, Lernende, Schulbuchindustrie, Politiker: innen, Kulturministerien/Bundesministerien, organisierte politische Gruppierungen und sicherlich noch weitere Akteur:innen. Die Beteiligten sind in verschiedenen Sozialen Welten aktiv. Über die Map lässt sich eine große und lose verbundene Arena der Sozialen Welten skizzieren. Die einzelnen Sozialen Welten sind wiederum in sich heterogen und könnten in Subwelten differenziert werden. Die Welten sind nebeneinander existierende Gruppen in einem komplexen Zusammenspiel von Bildungsakteur:innen. Politische Institutionen fordern durch internationale Abkommen oder nationale Orientierungsrahmen (Schreiber et al. 2016, Reich 2020) und regionale Erlasse und Lehrpläne (u. a. Niedersächsisches Kultusministerium 2021, Ministerium für Bildung, Wissenschaft und Kultur des Landes Schleswig-Holstein 2022a) BNE ein. Förderinstitutionen orientieren sich oftmals an diesem politischen Rahmen und schreiben Themen im Bereich Nachhaltigkeit/BNE/Transformation aus (z. B. Förderinitiative „Transformative Bildung“ der Deutschen Bundesstiftung Umwelt, Stiftung Bildung oder Engagement Global) oder initiieren Wettbewerbe (z. B. „alle für Eine Welt für alle“ oder BundesUmweltWettbewerb). Diese beteiligten Welten sind in der Map dargestellt und ihre Überlagerungen skizziert.

Eine Vielfalt an Vermittler:innen gestalten Angebote und Konzepte zur textilen BNE oder BNE-nahe Bearbeitungen von textilen Themen (Kapitel 4). Es gibt textile Projekte in verschiedenen Fachdidaktiken, zum Beispiel der Schulfächer Physik, Sachunterricht oder Geografie (u. a. Girwidz/Hepp 2008; Knörzer 2020; Mittrach 2018). Da Nachhaltigkeit und nachhaltige Entwicklung in einigen Curricula und Lehrplänen inzwischen integriert sind, liegt ein Rückgriff auf das Textile nahe. Es kann interdisziplinär untersucht und besprochen werden. Kleidung tauchte in den Naturwissenschaften auf, die unter dem Schlagwort „im Kontext“ seit etwa 20 Jahren einen Alltags- und Anwendungsbezug herstellen (Muckenfuß 1995, Duit/Mikelskis-Seifert 2007, Mikelskis-Seifert et al. 2006, Grundmeier 2013).

Kleidung und Bekleidung als textiles Thema finden sich nicht nur im Elementarbereich, in der Grundschule, in weiterführenden Schulen, sondern auch in berufsbildenden Schulen, in der universitären Ausbildung, in der allgemeinen Erwachsenenbildung und in der Designausbildung (u. a. Armstrong/LeHew 2014; Becker-Leifhold/Hirscher 2019; Grundmeier/Höfer 2023). Begleitet wird dies alles von einer Präsenz textiler Nachhaltigkeitsthemen in den Medien und in der Freizeitgestaltung. Aufrufe zum nachhaltigen Einkauf finden sich in Zeitungen, Serien, Social Media, in Museen, in Fußgängerzonen oder Informationsflächen in Bahnhöfen. Die Kommunikation von textilem Nachhaltigkeitswissen ist dabei als gesellschaftliches Phänomen zu beobachten. Es ist ein kleiner Teil des Phänomens ‚Nachhaltigkeit in der Gesellschaft', die der Soziologe Sighard Neckel mit Kolleg:innen in dem Buch „Die Gesellschaft der Nachhaltigkeit" verhandelt und dabei analytische Perspektiven hierauf entwickelt (Neckel et al. 2018: 9).

Einige der Akteur:innen kommen originär aus dem Bereich Textil, wie beispielsweise die Vertreter:innen der Fachdidaktik Textil oder Textilmuseen, und andere aus den Bereichen Bildung, Umwelt und Globales bzw. BNE. Das heißt, sie bringen unterschiedliche Expertisen und Überzeugungen in die Vermittlungsaktivitäten ein. Wieder andere eignen sich beide Themen erst aufgrund der Aktualität des Phänomens an. Hierzu zähle ich die Geographie, die sich über die globale Vernetzung dem Thema Textil nähert, oder Ethik und Religion, für die es nahe liegt, über einen ethischen Konsum zu sprechen. Selbst in Büchern für Deutsch als Fremdsprache finden sich Aufgaben zur ‚Fair Fashion' oder zum Tauschen und Teilen.

Die Soziale Arena verdichtete sich immer weiter. Zuletzt habe ich, ausgehend von den abschließenden analytischen Fragen der SA (Clarke et al. 2018: 198 f.), eine Erweiterung der Karte vorgenommen. Ich ergänzte die Sozialen Welten um die Lernenden bzw. die zu ‚belehrenden' Personen. Sie sind in einigen Sozialen Welten, wie der Schule oder der Berufsbildung, direkte, aber dennoch implizite und damit zumeist stumme Akteure:innen und in anderen Welten sogar nur indirekte, implizite Akteur:innen. Dies ist der Fall, wenn die Lernenden beispielsweise in Fördervorhaben nicht direkt adressiert werden, sondern lediglich als mögliche Zielgruppen eines Förderprojekts genannt und gedacht werden. Das bedeutet sie sind zwar Ziel der zahlreichen Aktivitäten und Vermittlungsangebote, aber ihre Stimmen bleiben zumeist stumm (Abb. 8.1).

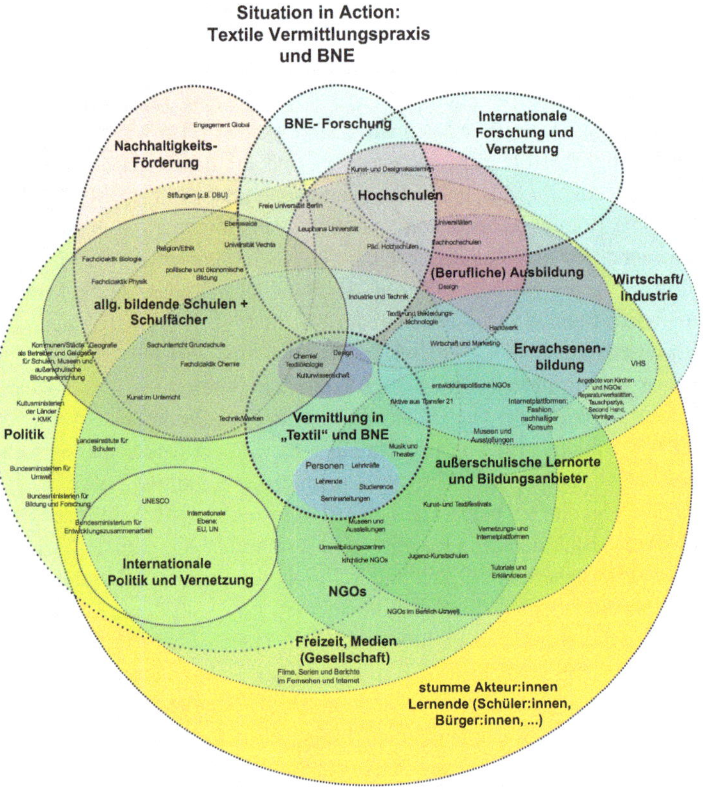

Abbildung 8.1 Soziale Arena und stumme Akteur:innen

Einverständnis und „Boundary Objects“

Die Situationsanalyse fragt in der Analyse nach „boundary objects“ (Grenzobjekte), Entitäten, die die verschiedenen Sozialen Welten in einer diversen Arena miteinander verbinden (Clarke et al. 2018: 75). Es können menschliche oder nichtmenschliche Objekte sein, wie beispielsweise eine besondere Software oder ein Vertrag bzw. ein Abkommen zwischen den Akteur:innen. Ein zentrales Grenzobjekt im Feld der BNE ist aus meiner Perspektive das Übereinkommen der United Nations zu den 17 internationalen Nachhaltigkeitszielen, auf die sich inzwischen nahezu alle Beteiligten beziehen. „Die Konzepte der Nachhaltigkeit und nachhaltigen Entwicklung, die zuletzt mit den 2015 von den Vereinten Nationen beschlossenen Sustainable Development Goals (UN 2015) aktualisiert worden sind“, sind nicht nur als Anforderung, sondern auch als eine Form von Marketingstrategie in vielen gesellschaftlichen Bereichen präsent. „Auf allen gesellschaftlichen Ebenen und in allen Planungs-, Verhandlungs- und Entscheidungsprozessen sind sie fest etablierte Parameter“ (Blühdorn 2020: 86). Sie sind zunächst ideell und immateriell, aber sie zeigen sich auch materiell in vielen empirischen Situationen. Die SDGs sind als Poster, Würfel, Flyer im ansprechenden, farbenfrohen Design in fast allen Lernräumen und Unterrichtsmaterialien mit Bezug zur BNE vorhanden. Nahezu jeder Antrag auf Projektförderung im Bereich BNE muss mit den SDGs begründet werden, und in Unterrichtsmaterialien werden zu verschiedenen Einheiten eine Auswahl von Zielen genannt, die mit dem Material erreicht werden können. Geht es darum, BNE zu erklären, werden die 17 internationalen Nachhaltigkeitsziele angeführt (Abb. 8.2 und 8.3).

Weitere Grenzobjekte sind Alttextilien und Praktiken der Weiter-, Wieder- oder Umnutzung sowie ähnliche vermeintlich nachhaltige Konsumpraktiken. Eine kurze Recherche zum Thema Upcycling zeigt beispielsweise, dass dieses Phänomen verschiedenste Soziale Welten der Arena miteinander verbindet. Die Akteur:innen, die Workshopformate, Aktionen oder Anleitungen und Unterrichtsmaterialien zum Reparieren, Tauschen oder Upcycling anbieten sind divers. Museen, Vereine, Kirchen, Schulbuchverlagen, Volkshochschulen oder Internetblogs fordern zum ‚Mitmachen‘, ‚Umdenken‘ und ‚Upcycling‘ auf (Bollenhagen/Fischer 2011; Inwole o. J.; TEXAID Textilverwertungs-AG 2017; DIY Eule 2024, CYC LOOP 2017; Goslar VHS 2025, diemusikmeinerkirche 2024 und viele weitere). Verschiedenste Akteur:innen stellen Praxisbeispiele für die BNE, wie die Reise einer Jeans, Taschen-Upcycling und Visible Mending Techniken im Internet zur Verfügung oder es werden (Schul-)bücher veröffentlicht. Die Anleitungen und Objektbeispiele werden zwischen den Bereichen weitergegeben, kopiert, modifiziert und variiert.

Kooperationen und Praxisprojekte sorgen für gemeinsame Aushandlungsprozesse verschiedener sozialer Welten zu Vermittlungsangeboten, die textile und/oder vermeintlich nachhaltige Praktiken miteinander verbinden. Im Rahmen eines meiner Projekte, der use-less-Ausstellung in Bremen, trafen Museum, Design-Ausbildung, schulische Schneider:innenausbildung, Universität aufeinander (Jessen/Derwanz 2024). Teils sind die Welten in einen Dialog zueinander getreten, aber zu großen Teilen blieben ihre jeweiligen Perspektiven auch nebeneinander bestehen. Soziale Welten formen und werden geformt durch ihre Interaktion mit anderen Welten. Sie

Abbildung 8.2 17 SDGs als Glücksrad. Aufgenommen in einer Ausstellung im Januar 2024 im Jupiter in Hamburg (Ort der kreativwirtschaftlichen Zwischennutzung)

produzieren unterschiedliche Diskurse oder spezielle Auslegungen eines größeren Diskurses (Clarke et al. 2018: 253). Das Verständnis der Akteur:innen von Nachhaltigkeit, nachhaltiger Entwicklung und auch Bildung für nachhaltige Entwicklung kann stark variieren. Gleichzeitig scheint es eine nahezu unhinterfragte Annahme zu geben, dass textile Vermittlungspraktiken mit Bezug auf den nachhaltigen Konsum grundsätzlich positiv und ein sinnvoller Beitrag zur BNE und damit zu einer nachhaltigen Entwicklung der Gesellschaft sind. Es sind gerade die Boundary Objects, die zu einem Reproduzieren und stetigen Modifizieren sozialer Praktiken beitragen. In dieser empirischen Forschung war das Arbeiten mit Alttextilien eine Praxis, die mir in verschiedenen Variationen begegnet ist.

Abbildung 8.3 Plakat der 17 SDGs in einer Grundschule

Was wird verhandelt?

Mit einem vermeintlichen Konsens bei einem Großteil der Akteur:innen der verschiedenen Sozialen Welten darüber, dass die Vermittlung von BNE-Zielen mit einem Rückgriff auf das Thema Kleidung sinnvoll ist, scheint es auf den ersten Blick gar keinen Aushandlungsprozess zu geben, sondern eine sich stetig wiederholende Reproduktion von Vermittlungsangeboten. Wenn aber Soziale Arenen Austragungsorte sind, in denen die Beteiligten unterschiedlicher Welten etwas aushandeln, wo „interaction by social worlds around issues – where actions concerning those are being debated, fought out, negotiated, manipulated, and even coerced within and among the social worlds" (Strauss 1993: 226), muss es auch Gegenstimmen oder leisere Stimmen geben. Gegenstimmen sind einerseits in kritisch-analytischen Texten der bildungs- und sozialwissenschaftlichen Forschung (Jickling 1992; Hamborg

2017; Christ/Sommer 2023; Budde/Blasse 2023 und weitere) zu finden und zum anderen in stummen Akteur:innen, die sich auf verschiedenen Wegen dem Aushandlungsprozess entziehen, indem sie Konzepte des nachhaltigen Konsums oder eine nachhaltige Entwicklung der Gesellschaft ablehnen. Sie machen nur widerwillig oder gar nicht mit, wenn sie mit den textilen Vermittlungsangeboten konfrontiert werden. Dabei kann es sich um Einzelpersonen, gesellschaftliche Gruppierungen oder auch Parteien handeln. Diese Gegenpositionen sind jedoch in den Welten, in denen ich mich bewegt habe, oft nicht legitimiert, sie sind im Aushandlungsprozess nahezu ausgeschlossen, bzw. sie werden als implizierte Akteur:innen zur Zielgruppe der entwickelten oder aktiv vollzogenen Vermittlungsangebote. Wenn sie nicht, wie gedacht, handeln, ist es womöglich nicht das passende Angebot, also werden beispielsweise Präkonzepte und Voreinstellungen untersucht, um überzeugendere Formate zu entwickeln. Die Adressierten sollen Teil des großen gemeinsamen „commitments" für eine nachhaltige Entwicklung der Gesellschaft werden. Der Alltagsbezug und die textilen Aktivitäten sollen sie ‚abholen'.

Bei einer genaueren Betrachtung ist der Konsens hinter der Formel BNE dann nicht mehr so eindeutig. Das, was immer wieder ausgehandelt wird bzw. werden sollte, ist die Frage des WIE (1). Also die Frage, wie und in welcher Form werden die textilen Aktivitäten umgesetzt und damit verbunden auch die zugrunde liegenden Konzepte von Lernen und Bildung.

Und die zweite Frage ist die Frage des großen Ziels (2) und worum es überhaupt geht. Denn trotz oder gerade vielleicht auch wegen der international verabschiedeten und sehr universell formulierten 17 Nachhaltigkeitsziele ist mit der Verwendung der Begriffe „Nachhaltigkeit", „nachhaltige Entwicklung" und „Bildung für nachhaltige Entwicklung" immer eine Ungenauigkeit verbunden. Wenn die Akteur:innen der verschiedenen Welten von „Nachhaltigkeit" oder „nachhaltiger Entwicklung" sprechen, so meinen sie nicht das Gleiche und auch wenn vom „transformativem Lernen" oder einer „großen Transformation der Gesellschaft" die Rede ist, dann kann dies die Veränderung der gesamten wirtschaftlichen politischen Landschaft bedeuten oder aber auch nur veränderte Konsumpraktiken der Individuen. Dabei werden Lösungsvorschläge formuliert und wissenschaftlich argumentiert. Die stetigen Versuche, Nachhaltigkeit mit objektiven, wissenschaftlichen Kriterien zu beschreiben, verdrängt aber aus Sicht Ingolfur Blühdorns die Tatsache, dass Nachhaltigkeit etwas ist, das sich ökonomisch nicht berechnen, auch nicht naturwissenschaftlich objektiv feststellen oder mit effizienten Technologien erreicht werden kann, sondern dass es etwas ist, das gesellschaftlich auf Grundlage von sozialen Normen und Wertvorstellungen immer wieder neu ausgehandelt wird (Blühdorn

2020: 95). Das Bearbeiten des Problems der Nicht-Nachhaltigkeit der Gesellschaft durch einfache Upcycling- und Reparaturpraktiken kann dabei daher auch kritisch als eine von vielen Objektivierungs- und Entpolitisierungsstrategien (Blühdorn 2020: 112) gesehen werden. Der Politikwissenschaftler und Nachhaltigkeitsforscher stellt die Diagnose der Nicht-Nachhaltigkeit der Gesellschaft und fordert die „Repolitisierung der ökologischen Frage" und eine Auseinandersetzung mit der gesellschaftlichen Werteorientierung. „Entsprechend gilt: Die nachhaltigkeitspolitische Zentralfrage, was für wen, in welchem Maße, mit welcher Begründung, mit welchen Mitteln und für wie lange erhalten werden soll, ist wissenschaftlich nicht zu klären, sondern bleibt allemal eine Angelegenheit sozialer Normen und politischer Entscheidungen" (Blühdorn 2020: 94). Blühdorn stellt weiter fest, dass wir mehr Wissen denn je über die Nicht-Nachhaltigkeit der Gesellschaft haben, aber dass das Nachhaltigkeits-Paradigma dennoch gescheitert ist. Er führt differenziert und kritisch eine soziologische Bestimmung der aktuellen Verfasstheit der Nachhaltigkeitspolitik und bezeichnet das gesellschaftlich vorherrschende „Verständnis von Subjektivität, Identität, Selbstbestimmung, Selbstverwirklichung und einem gelungenen Leben" als entscheidend (Blühdorn 2020: 113). Das bedeutet in der Sozialen Arena, in der sich textile Vermittlung und Bildung für nachhaltige Entwicklung treffen, wird auch ausgehandelt, um welche Form der gesellschaftlichen Entwicklung es gehen kann. Tragen textile Praktiken zu einer Stabilisierung des Status Quo bei oder ermöglichen sie vielleicht einen gesellschaftlichen Aushandlungsprozess und eine Diskussion von Werten und Normen?

Querliegendes

Die SA fragt auch nach dem *Querliegenden* zwischen den Sozialen Welten. Es gibt Überzeugungen, Vereinbarungen oder Ressourcen, die einzelne Akteur:innen über Institutionen und Aufgabengebiete hinweg verbinden. Hier geht es also nicht, wie bei den Boundary Objects um verbindende Elemente zwischen allen, sondern um Elemente, die einerseits Untergruppierungen in den Sozialen Welten schaffen, aber diese wiederum über die Welten hinweg verbinden. Ich stellte mir die Frage: Welche querliegenden Verbindungen kann ich vorfinden? Eine Querverbindung sind die unterschiedlichen Überzeugungen zu Lernen und Bildung, die Menschen organisations-, institutions- und themenübergreifend verbinden. Dies machte ich an meinen persönlichen Kooperationserfahrungen fest. Traf ich auf Menschen mit einem ähnlichen Bildungsverständnis wie meinem, die sich beispielsweise direkt oder indirekt auf Klafkis kritisch-konstruktive Didaktik (Klafki 1993) bezogen, so viel es leichter, gemeinsame Angebote zu entwickeln, traf ich auf Menschen mit einem anderen Verständnis von Lehren und Lernen, so wurde es deutlich schwerer, gemeinsam zu arbeiten. Und die unterschiedlichen Ansätze traf ich sowohl in der Sozialen Welt der Textilen Bildung als auch in der der Bildung für nachhaltige Entwicklung. Das Bildungsverständnis ist dabei abhängig von Alter, Qualifikation und persönlichen Erfahrungen. Selten wird es ausgesprochen oder bewusst wahrgenommen, aber es macht sich in der mehr oder weniger reibungslosen Zusammenarbeit oder einem stillen Einverständnis bemerkbar. Dabei sind auch hier die Ansätze fließend und selbst eine Person kann in einem Gespräch zwischen verschiedenen pädagogischen Überzeugungen wechseln. Teilen zwei kooperierende Parteien ein bestimmtes Verständnis von Lehren und Lernen, können spannungsfreier weltenübergreifende Vermittlungs-, Forschungs- oder auch Förderkonzepte entwickelt werden. Sie haben vermutlich in ähnlichen Kontexten Vermittlungserfahrungen gemacht oder eine ähnliche pädagogische Ausbildung. Weicht ein Verständnis von Bildung und Lernen von der eigenen oder von einer gesamten Institution ab, entstehen Irritationen. Dabei gibt es auch Unterschiede zwischen den Fachdidaktiken. Hier gibt es dann nicht nur ein divergierendes Verständnis von Lernen, sondern auch von Wissenschaft, das sich in der Lehre und der Umsetzung gemeinsamer BNE-Angebote zeigen kann. Auch Southerland et al. (2003) schreiben, dass das Wissenschaftsverständnis der Lehrenden sich in der Lehre niederschlägt: „scientists' beliefs about the nature of science are manifested in their enactment of curriculum“ (Southerland et al. 2003: 669). Ein geteiltes Verständnis von Wissenschaft und Bildung ermöglicht somit einen konstruktiven Aushandlungsprozess sowohl in Fragen des Arbeitens mit Textilien als auch in der Auseinandersetzung mit BNE. Weitere querliegende Soziale Welten, die zu guten Kooperationen oder zu einem gemeinsamen Handeln führen, entstehen durch besondere Qualifikationen oder ein spezifisches Problembewusstsein. Menschen und Organisationen, die zu Postkolonialismus, zu Postwachstum oder zu antirassistischer Bildung arbeiten, fasse ich beispielsweise hierzu.

8.3 „Intense Focus on ...“

Nach dem analytischen Schritt der Beschreibung der Sozialen Welten, eröffnen sich in der Situationsanalyse mehrere Optionen. Eine hiervon ist es, sich auf die weitere Auseinandersetzung einer bestimmten Sozialen Welt zu fokussieren (Clarke 2018: 161). Hierfür wählte ich die Soziale Welt der allgemeinbildenden Schulen aus. Ich erstellte eine weitere Map nur für diese Soziale Welt (Abb. 8.4).

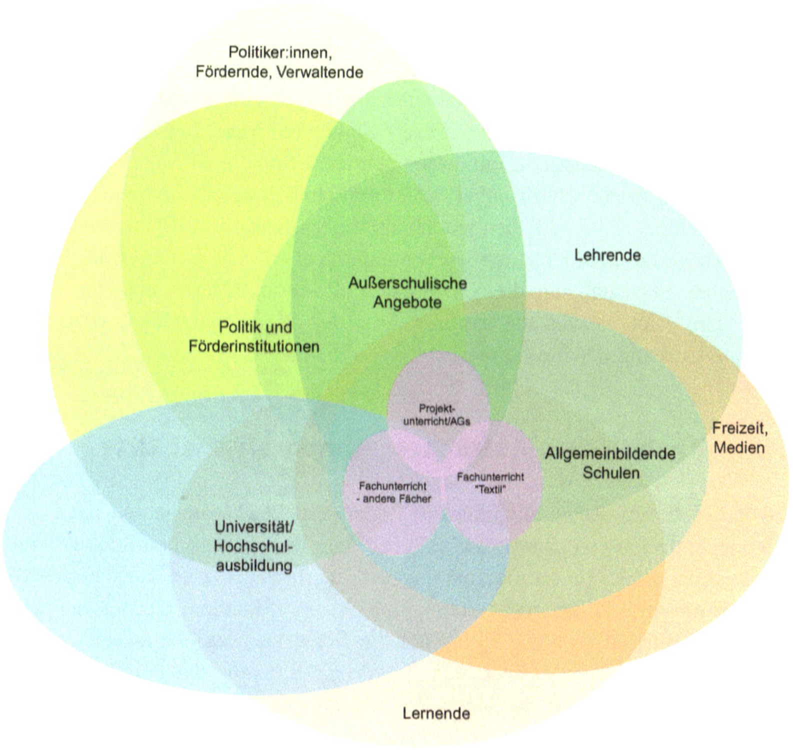

Abbildung 8.4 Subwelten in der Sozialen Welt der Schule

In der Sozialen Welt der Schule gibt es kleine Subwelten, die in die Situation hineinwirken. Hierzu zählen neben den Lehrenden die Universitäten, die Politik bzw. die öffentlichen Verwaltungsorganisationen mit ihren Verwaltungspraktiken und Vorgaben, außerschulische Angebote, Förderinstitutionen und das soziale Umfeld der Lernenden. In jeder Sozialen Welt gibt es „Subkulturen“ und querliegende Welten. Auch in der Sozialen Welt der allgemeinbildenden Schule existiert das *Querliegende*: Das können die unterrichteten Fächergruppen, organisatorische Strukturen, Querschnittsaufgaben oder verschiedene Haltungen und Gruppierungen in Reformprozessen sein. Ich setzte hier als eine für mich zentrale querliegende Welt in der Sozialen Welt der Schule die verbindende Haltung zu vorhandenen Bildungs- und Lernkonzepten und die Einstellung zu möglichen

Reformvorhaben. Denn dies wurde sowohl von Schüler:innen als auch Lehrpersonen in meiner Forschung vielfach thematisiert. Sicherlich auch als Spiegel meiner eigenen Interessen, die sich in der Reaktion im Feld zeigten.

In nächsten Schritt zoomte ich erneut näher an die empirischen Forschungssituationen heran. Ich erstellte eine „Messy Situational Map" (siehe Anhang 4 im elektronischen Zusatzmaterial) und eine „Ordered Situational Map". Die „Ordered Situational Map" schafft dabei Strukturen ähnlich einem Codiersystem. Die beiden Situational Maps blieben jedoch auf einer deskriptiven Ebene und Beziehungen zwischen den Elementen wurden nicht deutlich. Die Relationen zwischen den Elementen visualisiert die SA mit den „Positional Maps" und den „Relational Maps". Ich entwickelte das Verfahren der „Relational Maps" weiter und kombinierte es mit der Praxistheorie.

8.4 Analytisches Aufsuchen ethnografischer Orte

Mit den „interferierende Praktiken" (Breidenstein 2021) suchte ich nach dem Aufeinandertreffen von pädagogischen Praktiken, fachdidaktischen Praktiken und Praktiken der BNE. In der Bearbeitung der Interferenzen können unausgesprochene Sinn- und Bedeutungssysteme, die in der Situation relevant gemacht werden, identifiziert werden. Indem ich die Frage nach den beobachteten oder beschriebenen Praktiken gestellt habe, wurde die Situation dynamischer. Es war nicht nur das Produzieren und Herstellen von Dingen, sondern das Anleiten, das Präsentieren, das Verkaufen oder Verschenken. Es zeigten sich Variationen von Praktiken, verbunden mit Diskursen und Subjektivierungsweisen. Mit der Anwendung des Quadrats der Kulturanalyse in Kombination mit der SA konnte ich die Situation differenzierter betrachten. Praktikenkomplexe ließen sich beispielsweise in kleinere zerlegen oder es tauchten verschiedene Subjektivierungsweisen und Artefakte auf. In einer Synthese des Quadrats der Kulturanalyse und der „Relational Maps" der Situationsanalyse habe ich verschiedene empirische Situationen meiner Feldforschung gemappt (z. B. Abb. 8.5).

Ich habe die empirischen Situationen nach ihren Praktiken, Artefakten, Subjektformen und Diskursen befragt. Welche Sinn- und Bedeutungssysteme liegen ihnen zugrunde bzw. welche impliziten Wissensordnungen sind relevant? Die Beziehungen und Verbindungen des Quadrats der Kulturanalyse visualisieren das Erfahrene in Wort und Bild. Über die teilnehmende Beobachtung, die erlebte Praxis und durch die qualitativen Interviews bzw. Team- oder Workshopdiskussionen erschlossen sich nach und nach implizite Wissensformen (Reckwitz 2016: 41). Ich ging mein Material mit dem Fokus auf die Praktiken durch und in einem weiteren

Schritt – v. a. über die Interviews – konnte ich klären, welchen Bezug die Interviewten dabei zu BNE oder anderen Diskursen herstellen (hierzu auch Reckwitz 2016: 56 f.). Wenn ich textile Praktiken nun auch als ‚*organisierte Sets körperlicher Aktivitäten*‘ fasse, dann komme ich zum Schneiden, Abstecken, Nähen aber auch zum Auswählen von Stoffen und zum Sprechen über ein Vorhaben und das genaue Vorgehen. Es gehören aber nicht nur die körperlichen Aktivitäten im Vollzug textiler Techniken, die man als originäre Praktiken (Schindler 2015: 102) des Textilunterrichts bezeichnen könnte, dazu. Zu den von mir gefassten textilen Praktiken zählen auch Handlungen, die über den Kanon an textilen Techniken hinaus gehen, wie das Tauschen von textilen Dingen, das Verkaufen, das Präsentieren oder das Fühlen von Materialien und das Sprechen darüber oder das Experimentieren.

Es entstanden verschiedene Maps zu verschiedenen ethnografischen Sequenzen. Beim imaginären Betrachten der unterschiedlichen empirischen Situationen ergaben sich Variationen in den Perspektivierungen: Einerseits der Fokus auf das soziale Geschehen innerhalb der Gesamtsituation, auf die ich in Kapitel 10 und 11 eingehen werde und andererseits der Fokus auf die Praxis der Produktion eines textilen Gegenstands (Kapitel 12). Am Ende brachte ich die verschiedenen Praxis-/Diskursformationen aus den unterschiedlichen Maps zusammen. Ich suchte raum-zeitlich übergreifende Formationen in den empirischen Situationen. Durch die individuelle Perspektive einer Forschenden auf das Feld entstehen blinde Flecken, die in der Grafik mit weiteren Kreisen angedeutet sind (Abb. 8.6).

Ich betrachtete die Situationen zunächst aus der Perspektive der Lehrenden und fand sechs zentrale Themen bzw. Praxis-/Diskursformationen: Die Auseinandersetzung mit den textilen Artefakten war mit Vorstellungen aus der textilen Alltags- und Berufswelt (1) sowie mit Prozessen der Gestaltung und Ästhetik (2) verbunden. Hieran schlossen Praktiken und Überzeugungen des nachhaltigen Konsums und der Produktion an (3). Die Ordnung im Raum wurde zumeist bestimmt von Praktiken des Vollzugs von Unterricht und Schule (4). Durch die Relevanz der BNE, die ich in die Forschungssituationen einbrachte, spielten einerseits Vorstellungen und Praktiken gesellschaftlicher- und politischer Transformationsprozesse (5) in die Situation hinein und andererseits schulische Reform- bzw. Entwicklungsprozesse (6), wie sie beispielsweise in Niedersachsen mit dem BNE-Erlass gefordert werden (Niedersächsisches Kultusministerium 2021).

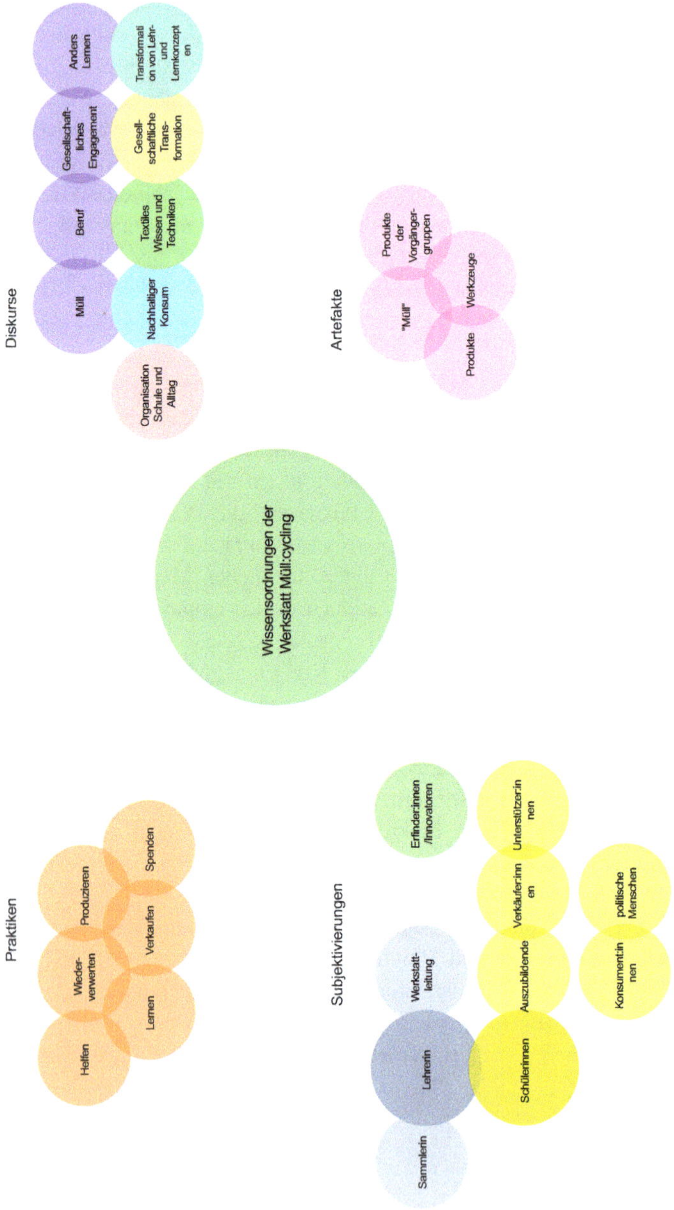

Abbildung 8.5 Beispiel: (Lern-)Kulturanalyse-Map zur Werkstatt ‚Müll:cycling'

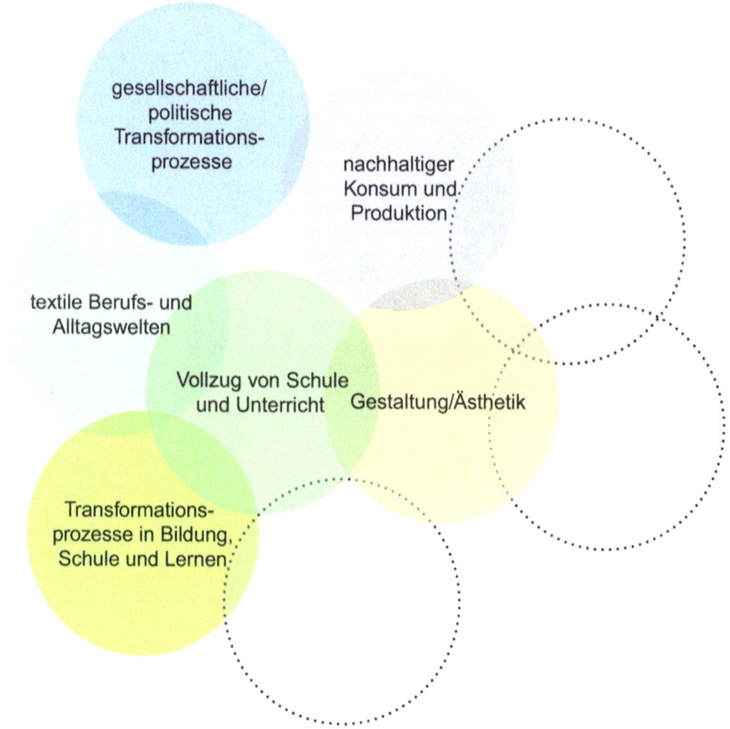

Abbildung 8.6 Sechs Praxis-/Diskursformationen in der Textilvermittlung

Aufgrund meines Materials und meines Vorgehens wurde meine Sichtweise durch die Perspektive der Lernbegleitung, der Lehrpersonen, Pädagog:innen, Vermittler:innen bestimmt. Entweder ich kam als Vermittlerin in den Feldforschungssituationen oder ich nahm schnell die Funktion einer Helferin oder Vermittlerin ein und stand in einem intensiveren Austausch mit den Lehrenden als mit den Lernenden. Auf der Suche nach den stummen Akteur:innen der SA habe ich die Situation nochmal aus der Perspektive der Lernenden betrachtet: Was haben sie gemacht? Was hat sie beschäftigt? Welche impliziten Wissensordnungen könnten für sie eine Rolle gespielt haben? Sie beschäftigten sich in ihrem Tun und ihrem Sprechen zwar einerseits mit nahezu allen oben genannten Themen, aber es ergaben sich zwei weitere Bereiche. Zum einen der Umgang mit digitalen Medien (7) als Hilfs- und Kommunikationsmittel und zum anderen die

Beschäftigung mit persönlichen Beziehungen und individuellen Bedürfnissen (8) (Abb. 8.7).

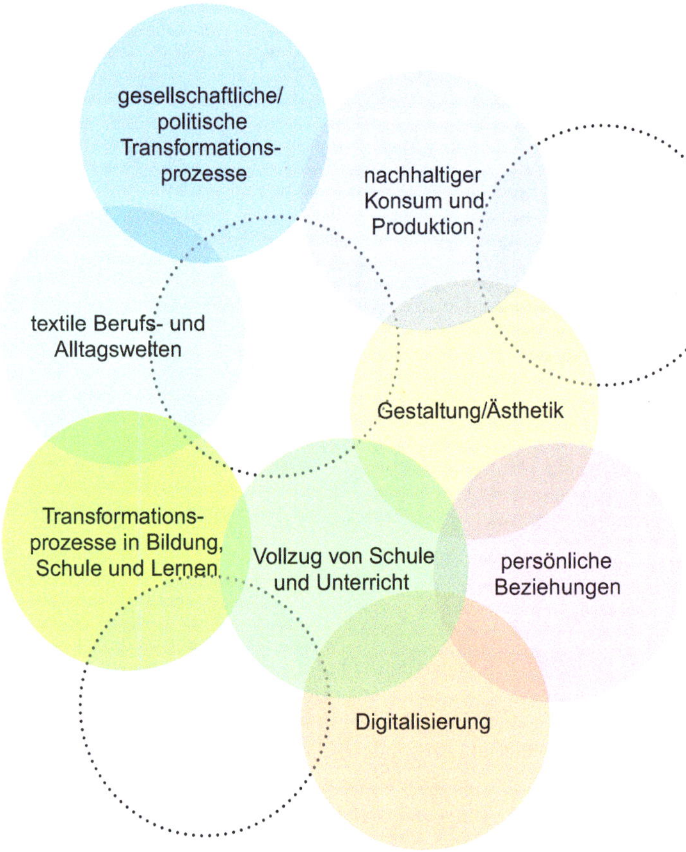

Abbildung 8.7 Acht Praxis-/Diskursformationen in der Textilvermittlung

Hieraus entwickelte sich ein Bild von verschiedenen Praxis-/Diskursformationen, die sich raum-zeitlich übergreifend nahezu in allen Forschungssituationen immer wieder zeigten und gegenseitig überlagerten. Beispiele für die einzelne Formationen habe ich in einer Tabelle gesammelt (Tabelle 8.1). Sie kann als eine Form der abstrakten „Situational Maps" gesehen werden. Die Artefakte und Subjektformen aus den einzelnen Maps sind hierin nicht enthalten.

Tabelle 8.1 Sammlung zu den Praxis-/Diskursformationen in den empirischen Situationen

Praxis-/ Diskurskomplexe	Praktiken (z. B.)	Diskurse (z. B.)	
Textile Alltagswelten	Waschen Kleiderkauf DIY-Praktiken Haushaltspraktiken Zuschreibungspraktiken	Fashion/Mode/Stil Bekleidungkonventionen Textil als materielle Kultur DIY	Textilkonsum Slow Fashion/Fast Fashion Gender Kunststoffe …
Textile Berufswelten	Berufspraktiken Wirtschaftspraktiken	Produktion Berufsorientierung Innovationsdiskurse Siegel- und Label Wirtschaftsregulierung	Verbraucher:innenbildung Globalisierung Wohlstand …
Gesellschaftliche/ politische Transformationsprozesse	Praktiken des polit. Engagements Zuschreibungspraktiken Diskutieren	Demokratiebildung Partizipation Postkolonialismus Intersektionalität Gerechtigkeit	Neoliberalismus Fortschritt/Wachstum
Transformation und Beständigkeit von Bildung und Vermittlung	Didaktische Praktiken Zeigen Forschen Aufgaben Motivierende Praktiken	Allgemeinbildung Individualisiertes Lernen Lehrpläne Reformpädagogik Emanzipation Persönlichkeitsbildung Bildungspolitik	Konstruktivistisches Lernen Aufklärung und Information …

(Fortsetzung)

Tabelle 8.1 (Fortsetzung)

Praxis-/ Diskurskomplexe	Praktiken (z. B.)	Diskurse (z. B.)	
Gestaltung und Ästhetik	Gestaltungspraktiken Präsentationspraktiken	Kunst Modedesign	Künstlerische Techniken …
Persönliche Beziehung	Zuschreibungs- bzw. Differenzierungspraktiken Beziehungspraktiken Kommunikation Helfen Sorge	Social Media Milieu und Habitus Gender Familie Öffnung von Schule (?)	…
Nachhaltiger Konsum	Konsumpraktiken Beurteilungspraktiken Zuschreibungspraktiken Moralisierungspraktiken Produktion und Verkauf	Postwachstum Nachhaltige Produktion Innovationsdiskurse Siegel- und Label Wirtschaftsregulierung	Verbraucher:innenbildung Globalisierung …
Vollzug von Schule und Unterricht	Zuschreibungs- bzw. Differenzierungspraktiken Organisations- und Verwaltungspraktiken Raumpraktiken	Öffnung von Schule Digitalisierung BNE in der Schule (Whole Institution Approach) Bildungsgerechtigkeit	Ungleichheit Schulsystem Berufsorientierung Inklusion/Heterogenität Bildungspolitik …
Digitalisierung/ Medien	Medien konsumieren Medien produzieren Sprechen über Medien Kommunizieren über digitale Geräte	Medienkompetenz Digitalisierung von Bildung Jugend und Digitalität	…

Die Tabelle kann die Vielschichtigkeit einer Vermittlungssituation erfassen und einen Reflexionsprozess unterstützen. Je nach Vermittlungsanlass kann solch eine Tabelle variieren. Sie dient nur einer ersten Orientierung und ist ähnlich wie die Maps der Situational Analysis eine Form der Befragung der Situation, die weiterentwickelt werden kann.

8.5 Reflexion und Relevanz

Das Arbeiten im Zusammenspiel mit Situationsanalyse, Praxistheorien und autoethnografischem Schreiben war kein reibungsloser Prozess, da ich nach sinnvollen Kombinationen suchen musste. Mithilfe verschiedener Mapping-Strategien konnte ich sowohl die empirischen Situationen, meine autoethnografische Forschungssituation, als auch die Situation an sich genauer betrachten, befragen und etwas besser verstehen. In der Erprobung der verschiedenen Mappingverfahren konnte ich einerseits die Komplexität der Situation grafisch erfassen und die Lernenden und Zielgruppen als (zumeist) stumme Akteur:innen bewusster einbeziehen. An dem komplexen Aushandlungsprozess zum Umgang mit Textilien und Bildung sind verschiedene soziale Felder beteiligt, die textile Praktiken und Vermittlungskonzepte veröffentlichen, austauschen, reproduzieren und modifizieren. Upcycling- und Reparaturverfahren sind dabei didaktische Elemente, die wie die SDGs einen nur selten hinterfragten, alles verbindenden Konsens darstellen. Dabei können innerhalb der Sozialen Welten das Verständnis von Bildung und Lernen sowie das Verständnis von nachhaltiger Entwicklung und Nachhaltigkeit variieren. Ein gemeinsames oder ähnliches Verständnis, beispielsweise zum Lernen oder zum Wunsch nach einer gesellschaftlichen Transformation, stellt das *Querliegende* dar, das Akteur:innen unterschiedlicher sozialer Welten miteinander verbindet.

Mit dem Scharfstellen auf die Soziale Welt der allgemeinbildenden Schulen und der Erstellung der Maps wurden Sinn- und Bedeutungskonstruktionen verbunden, mit verschiedenen Praxis-/Diskursformationen im Feld herausgearbeitet. So können sich überlagernde bzw. interferierende Praktiken (Breidenstein 2021) überhaupt erst beschrieben werden, um mögliche Störungen oder Verstärkungen wahrzunehmen. Sie liegen nicht in der Interferenz zwischen zwei bzw. drei einfachen Praxis-/Diskursformationen wie BNE, Textil und Schulpädagogik. Aus der Analyse ergab sich eine ‚Bricolage' von Praktiken und Diskursen, die im Vollzug der sozialen Praxis zur Sinn- und Bedeutungskonstruktion beitragen.

> Es können sich widersprüchliche Anforderungen zwischen den Praktiken mit ihren impliziten Wissensordnungen und den Diskursen ergeben, Artefaktsysteme können auf eine Weise eigendynamisch (re-)agieren, dass sie sich nicht ohne Weiteres in Praktiken einfügen und in Diskursen repräsentierbar sind, Subjektivierungsprozesse können misslingen oder unintendierte Folgen auf der Ebene körperlicher oder psychischer Reaktionen zeitigen.
>
> (Reckwitz 2016: 40)

Im Zusammentreffen können Artefaktsysteme widerspenstig sein, Subjektivierungsprozesse nicht erfolgreich oder Praktiken und Diskurse sich nicht ohne Weiteres ineinander fügen. Mit dem Quadrat der Kulturanalyse differenziert Reckwitz die möglichen Destabilisierungsprozesse, die durch „Brüche" und „Inkompatibilitäten" zwischen allen vier Elementen des Quadrats entstehen können (Reckwitz 2016: 40). Es können innerhalb der Elemente und Formationen Überlagerungen und Kombinationen unterschiedlicher Wissensordnungen stattfinden, die einen Moment der Unruhe schaffen (Reckwitz 2016: 40). Er spricht an dieser Stelle von Kultur, ich würde den Begriff für diese Analyse zur Lernkultur erweitern. Die Kombination diverser Elemente wirkt dabei nicht zwangsläufig destabilisierend, sondern sie kann auch stabilisierend wirken (Reckwitz 2016: 40). Zuletzt empfiehlt die SA, aus den Ergebnissen der Analyse eine Project-Map zu erstellen. Auch diesen Schritt habe ich gemacht und es ist eine Landkarte entstanden (siehe Anlage 1 im elektronischen Zusatzmaterial). Sie war ein Leitfaden in meinem Schreibprozess, sie ist für Leser:innen ein Wegweiser im Text und sie fasst meine Überlegungen im Kern zusammen.

Auf Grundlage dieser analytischen Beschreibung der „gestalt" (Clarke et al. 2018: 71) der Situation werde ich nun in die Kapitel übergehen, die sich stärker den ethnografischen Beschreibungen von Überlagerungen, Widersprüchen oder auch Verstärkungen im Feld zuwenden.

In Kapitel 10 (Abb. 8.8) geht es primär um das Aufeinandertreffen von Textiler Praxis und Nachhaltigem Konsum in unterschiedlichen Vermittlungsräumen und daraus hervorgehenden Subjektformen und Artefakten. Dabei bedingen die Artefakte und die mit ihnen verbundenen Sinn- und Bedeutungskonstruktionen die Subjektivierungsweisen der Lernenden und Lehrenden.

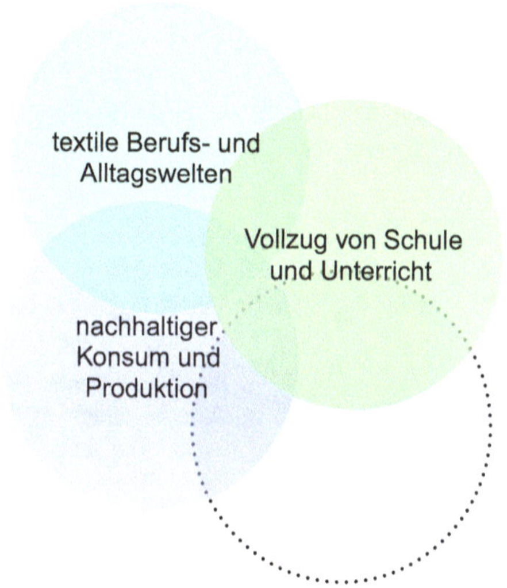

Abbildung 8.8 Überlagerungen in der textilen Vermittlungspraxis

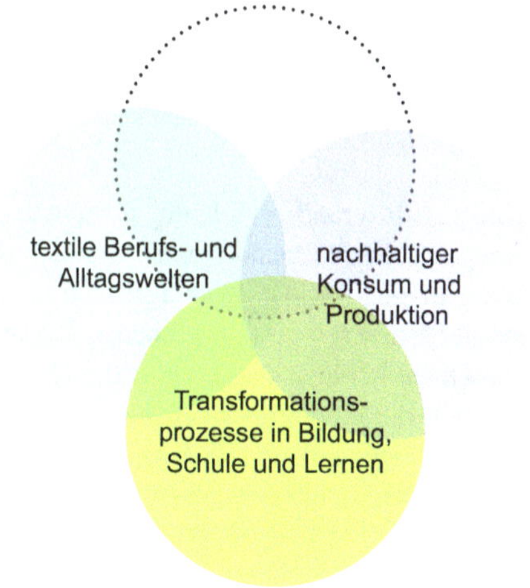

Abbildung 8.9 Überlagerungen in neuen Lernformaten

In Kapitel 11 (Abb. 8.9) geht es um ein Aufeinandertreffen von schulischen und gesellschaftlichen Transformationsprozessen, textiler Bildung und nachhaltigem Konsum in zwei neu eingeführten Schulprojekten. Hier wird deutlich, wie sich Subjektivierungsweisen der beteiligten Diskurse ineinanderfügen und die ‚Zweckdienlichkeit' des Lernens verstärken.

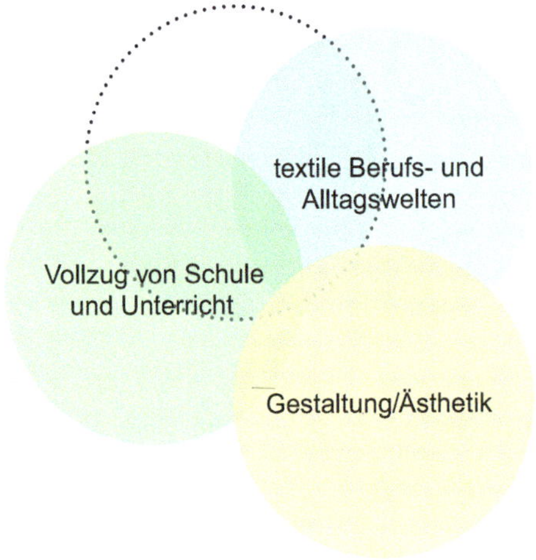

Abbildung 8.10 Überlagerungen zwischen Gestaltung und Aufgabe

In Kapitel 12 (Abb. 8.10) verändere ich die Perspektive und zoome ganz nah in die ‚Transaktion' zwischen Lernenden und Artefakten. Mit der „Practical Epistemology Analysis" arbeite ich die Überlagerungen zwischen schulischer Aufgabenerfüllung und der ästhetisch-gestalterischen Auseinandersetzung mit der Materialität der textilen Dinge heraus.

In Kapitel 14 werde ich die ethnografischen Beschreibungen zusammenführen und für die Textile Bildung und die Bildung für nachhaltige Entwicklung diskutieren. Dazwischen finden sich zwei Forschungsnotizen als eigenständige Kapitel (Kapitel 9 und 13).

Open Access Dieses Kapitel wird unter der Creative Commons Namensnennung 4.0 International Lizenz (http://creativecommons.org/licenses/by/4.0/deed.de) veröffentlicht, welche die Nutzung, Vervielfältigung, Bearbeitung, Verbreitung und Wiedergabe in jeglichem Medium und Format erlaubt, sofern Sie den/die ursprünglichen Autor(en) und die Quelle ordnungsgemäß nennen, einen Link zur Creative Commons Lizenz beifügen und angeben, ob Änderungen vorgenommen wurden.

Die in diesem Kapitel enthaltenen Bilder und sonstiges Drittmaterial unterliegen ebenfalls der genannten Creative Commons Lizenz, sofern sich aus der Abbildungslegende nichts anderes ergibt. Sofern das betreffende Material nicht unter der genannten Creative Commons Lizenz steht und die betreffende Handlung nicht nach gesetzlichen Vorschriften erlaubt ist, ist für die oben aufgeführten Weiterverwendungen des Materials die Einwilligung des jeweiligen Rechteinhabers einzuholen.

Forschungsnotiz: Das Betreten der Orte – Raum, Dinge und Ordnung

9

Im Herbst 2021 beginne ich mit der Feldforschung im Werkstattunterricht der Gesamtschule Färberwaid (GSF)[1]. Um in den Textilraum zu kommen, muss ich den Eingang 3 der GSF finden und nutzen. Ich komme an einer Gruppe Jugendlicher vorbei und gehe eine Wendeltreppe hoch. Die Farbe an den Wänden platzt ab, es hallt im renovierungsbedürftigen Treppenhaus des Schulgebäudes – vermutlich aus den 80er Jahren oder älter. Es ist kühl. Das Treppenhaus der GSF wirkt ungeliebt und ungepflegt. Ich bin auf dem Weg zur Werkstatt ‚Müll:cycling'. Der Textilraum ist im ersten oder zweiten Stockwerk. Ich bin ein wenig orientierungslos, obwohl ich die Werkstatt zum zweiten Mal besuche. Beim ersten Mal hatte ich nicht so viel Zeit, den Raum wahrzunehmen, denn ich hatte mich mit Klara, der Lehrkraft, auf dem Schulhof getroffen und war sofort in ein Gespräch verwickelt. An diesem Tag öffne ich die schwere metallische Tür zum Textilraum und bin irritiert, denn ich stehe plötzlich in einem schmalen Vorraum, den ich beim ersten Besuch gar nicht wahrgenommen hatte. Hier ist eine Garderobe und hier sind auch Schränke mit Materialien und Nähmaschinen. Sie stehen *nummeriert* in einem Regalfach. Ich komme in den Raum und Klara sitzt vorne vor einer Tafel an einem Arbeitsplatz. Ich denke sofort an den Begriff ‚Lehrerpult'. Sie hat ihren Laptop vor sich. Während das Treppenhaus wenig einladend wirkte, erscheint der Raum gemütlich, aber dennoch provisorisch. Viele Möbel sind alt und gebraucht. Nahezu an allen Wänden, an denen es möglich

[1] Kurzinformationen zu den ethnografischen Orten finden sich in Anhang 3 im elektronischen Zusatzmaterial.

Ergänzende Information Die elektronische Version dieses Kapitels enthält Zusatzmaterial, auf das über folgenden Link zugegriffen werden kann https://doi.org/10.1007/978-3-658-51463-1_9.

© Der/die Autor(en) 2026

S. Jessen, *Textile Bildung in Schulkulturen der Nachhaltigkeit*, Schule und Gesellschaft 73, https://doi.org/10.1007/978-3-658-51463-1_9

ist, stehen Schränke. Es gibt eine Tischgruppe in der Mitte und einzelne Arbeitsplätze an der Seite. Es gibt viele Dinge, deren Funktionen nicht sofort deutlich werden, denn sie sind in Tüten, unter Kartons und natürlich in Schränken verborgen. Der Raum ist nicht einfach rechteckig, sondern es gibt eine größere Nische an der Fensterseite. Irgendwann fällt mir aber auf, dass der Raum anscheinend nicht nur für Textil und Werken genutzt wird, sondern auch als Musikraum. Die Instrumente befinden sich vor allem in der Nische. Während des Werkstattunterrichts ist die Nische ein ‚toter', ungenutzter Raum, er ist dem Musikunterricht vorbehalten (Abb. 9.1).

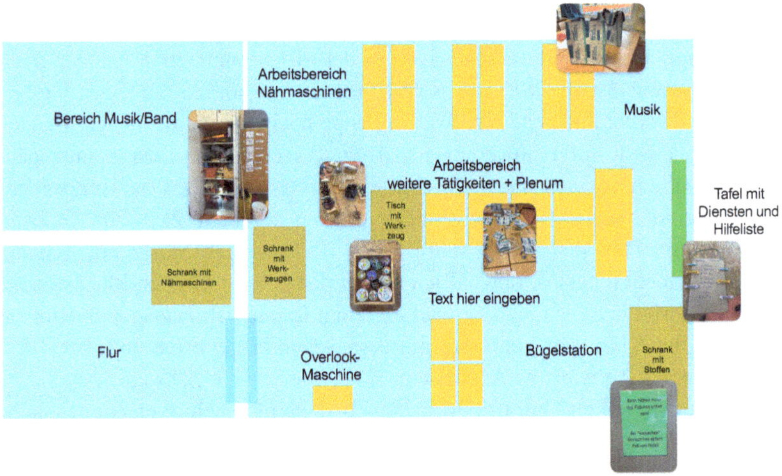

Abbildung 9.1 Textil- und Musikraum in der GSF (Digitale Skizze)

Vor dem Start jeder Werkstatt öffnet Klara in der GSF die Türen der Schränke weit. Sie stellt Werkzeuge wie Scheren, Nadeln und Pinsel auf einen Tisch und hängt zwei Pappkarten an die Tafel: eine für die Organisation der Raumdienste – es gibt einen Werkzeugdienst, einen Materialdienst und einen für das Fegen – und eine Karte für die Organisation der Hilfeanfragen der Schüler:innen. Die Nähmaschinen werden dann erst mit Beginn des Unterrichts von den Schüler:innen auf die Arbeitstische gestellt und auch am Ende sorgfältig wieder weggeräumt. Es gibt nur ein Nähmaschinenmodell. Es handelt sich um eine mechanische Nähmaschine, die Klara als verlässlich und wartungsarm empfindet. Klara hat sich für die Organisation der Maschinen und Werkzeuge ein strenges System ausgedacht.

Ich war zu Anfang irritiert, dass jedes Kind eine nummerierte Dose und eine Nähmaschine hatte und erklärte mir das zunächst selbst als Coronamaßnahme. Aber im Interview konnte mir die Lehrkraft die Bedeutung des Zahlensystems und dessen Funktion später erklären:

> K: [...] und dann kriegen die ja diese Nummern, weil die sich ja die Nähmaschine per Nummer aussuchen, oder ihr Nadeldöschen, oder auch ...
>
> S: genau das, genau, erklär mir das System nochmal.
>
> K: Ja, jeder bekommt eine Nummer zugeordnet und hat dann die Nummer 1 bei der Nähmaschine. Das heißt, [...] das ist eine Kontrolle, weil ich hatte hier schon unfassbar schlecht zurückgeräumte Nähmaschinen [...], wo was kaputt gegangen ist. Das kann ja passieren, aber es wollte keiner gewesen sein. Und seitdem ich das namentlich zuordne, gehen die besser mit den Nähmaschinen um. Weil sie wissen, man kann rauskriegen, wenn´s ... Bei der Gruppe war das jetzt [...] egal, aber ich habe auch andere Leute gehabt [...] Bei den Nadeldöschen ist halt wichtig, wenn die keine mehr da drin haben, ja, dann haben sie die verdad..., versaubeutelt. Und ich sag denen immer, Stecknadeln sind teuer, ihr müsst, das sind Werkzeuge, ihr müsst die aufheben. Ich meine, normalerweise, wenn man da gut mit umgeht, dann [...] kauft man sich einmal im Leben so eine Nähmaschinenkiste und nicht, und nicht häufiger. Und so eine kostet 60 Euro so, ne so eine blaue große Kiste und deswegen. Das sind so Sachen. Und seitdem passen sie da drauf auf und heben ihre Sachen auf.
>
> S: Und was, also, äh, die Döschen haben eine Nummer, die Nähmaschinen haben eine Nummer?
>
> K: Genau und die Scheren nicht, weil ich zu wenige habe. Sonst hätten die auch Stoffscheren, die hätten sonst auch eine Nummer [...]
>
> (Lehrkraft K., GSF, Pos. 138–141)

Das Nummernsystem verwendet Klara auch für weitere Werkzeuge, die sie nicht nur für die textilen Techniken benötigt. Die Schüler:innen werden durch die Nummer von Klara als Eigentümer:innen der Dinge positioniert und sie überträgt ihnen somit auch die Verantwortung für die Dinge:

> K: [...] kleine Scheren haben alle Nummern, Pinsel haben eine Nummer und seitdem machen sie die Pinsel halt sauber. Weil wenn, wenn sie den Pinsel nicht sauber machen, ist der verklebt beim nächsten Mal, dann haben sie keinen und ich weiß, du hast deinen Pinsel nicht sauber gemacht, jetzt kaufst du einen neuen. Und das ist dann eben so ...
>
> (Lehrkraft K., GSF, Pos. 143)

Das System wird im Verlauf der Werkstatt kommentarlos von allen Beteiligten umgesetzt. Zu Beginn holen sich alle die entsprechenden Dinge, und zum Abschluss werden sie weggeräumt. Nur selten gibt es sprachliche Referenzen zum Nummernsystem. Aber an einer Stelle wird die Bedeutung des Systems für die Kinder nicht nur in der Nutzung, sondern auch in einer Äußerung deutlich:

> Keno weiß gerade nicht mehr so richtig, was sein nächster Arbeitsschritt zur Fertigstellung eines Turnbeutels sein soll. Aber irgendwie kommt der Hinweis der Lehrerin, dass er jetzt abstecken kann. Durch einen weiteren Hinweis [...] wird er an sein Stecknadeldöschen erinnert. Und er spricht leise vor sich hin: „Stimmt, man hat ja so eine eigene Stecknadeldose. Jeder hat alleine eine Nadelkiste, die nur mir gehört."
>
> (Feldnotizen GSF: 11)

An dieser Stelle wird deutlich, wie das System von einem Kind angenommen wird. An der Art und Weise, wie das Kind spricht, wird erkennbar, dass das Übertragen der Kontrolle auf die Dinge von diesem Kind nicht nur als Zuständigkeit, sondern auch als Wertschätzung empfunden wird. Das Zahlensystem dient der Aufrechterhaltung der Ordnung im Raum, aber auch dem Erhalt der Materialien. Es überträgt den Schüler:innen Verantwortung, die offensichtlich auch wahrgenommen wird. In erster Linie ist das Nummernsystem eine Praxis der Kontrolle. Im Interview wird deutlich, dass die Frage der Raumorganisation einer Lehrkraft im Bereich Textil Erfahrungen und routinierte Praktiken abverlangt, die sie im Laufe ihres Arbeitsalltags entwickelt und perfektioniert.

> K: [...] das war in [vorhergehende Schule] da [...] hatte ich echt viel Disziplinprobleme. Das war auch Referendariat, ich war noch völlig unerfahrene Lehrerin und da haben die Kids das natürlich versucht [...] und da sind die abgehauen und dann stand ich da, manchmal in einem total krassen Werkraum, und musste den alleine aufräumen. Und dann habe ich mir gedacht, nee, das, ich muss jetzt irgendwie auch eine Kontrolle einbauen.
>
> (Lehrkraft K., GSF, Pos. 147)

Die Praktiken der Raumorganisation sind hier durch einen spezifischen Einsatz von Artefakten und Zeichen zugleich erzieherische Praktiken, die nicht nur der Strukturierung der Abläufe im Raum dienen. Die Organisation des möglichst selbstständigen Lernens hat in dieser Werkstatt einen hohen Stellenwert. Die Lehrkraft hat viel Zeit investiert und Ideen entwickelt, um einen reibungslosen Ablauf zu ermöglichen, ohne ständig selbst direkt kontrollieren zu müssen. Die Kontrolle wird auf die Dinge übertragen und implizit ausgeübt. In einer anderen

Interviewpassage wird deutlich, dass die Lehrerin sich von dem klassischen Bild einer Lehrkraft vor allem im Werkstattkurs distanzieren möchte.

> K: Absolut. Nä, ich bin ja eigentlich gar keine Lehrerin, ich bin ja eher so eine ..., ich mach gerne mit Kindern Sachen. Aber ich bin, also diese disziplinarischen Sachen, die ich auch durchsetzen muss – was ich auch kann – die machen mir gar keinen Spaß, das freut mich nicht, also diese Bad-Cop-Al..ä..-Seite des Lehrers, ist mir immer ... anstrengend. Aber, äh, Lehrerin sein finde ich total toll, weil ich eben gerne mit jungen Leuten zusammen produ... Projekte mache. Und das wäre natürlich, das ist ein Selbstläufer dann, das ist ja ein Ding, dann ... wenn du was mal hast, was die Kinder toll finden, dann macht das ja einfach nur Spaß. Die bringen soviel Motivation mit, Wahnsinn! Toll! Und deswegen, ja genau. Und die, diese, das sind ja nur zwei Blöcke, die Woche aber da, da speist sich ganz viel Energie für alles andere, was ich tun muss draus (S: Okay). Und im Projekt, klar, im Projekt gibt es auch so was, aber, in Deutsch gibt´s auch, ich mach das ü..., überall kann ich sowas noch verorten. Aber hier mach ich es halt in, sozusagen in Reinkultur.
>
> (Lehrkraft K., GSF, Pos. 104)

Da dieses Interview an einer Schule stattfindet, die bereits seit einigen Jahren den Fachunterricht aufgelöst hat, werden von Klara verschiedene Lehr- und Lernsituationen, wie der Werkstatt- und der Projektunterricht, beschrieben, die durch diese Schulform möglich sind. Klara sieht in der Werkstatt die Möglichkeit, ihr Ideal der Arbeit mit Kindern und Jugendlichen umzusetzen. Gemeinsam werden sie zu Produzierenden. Sie selbst beschreibt sich zunächst als Person, die „eigentlich" (Z. 1) keine Lehrerin ist und grenzt sich von „disziplinarischen Sachen" (Z. 2) und von einem traditionellen Bild einer Lehrerin ab. Sie greift auf den Begriff „Bad Cop" (Z. 4) zurück und legt damit nahe, dass sie sich lieber als „Good Cop" positioniert. Gleichzeitig ist ihr bewusst, dass ihre Tätigkeit auch die ‚ungeliebte' Seite des Lehrer:innendaseins beinhaltet. Das Profil der Schule ermöglicht es ihr aber, in den unterschiedlichen Lehr- und Lernformaten die beiden Seiten unterschiedlich zu gestalten. Sie hat in ihrer Laufbahn als Lehrkraft Strategien entwickelt, um genau die „disziplinarischen Sachen" (Z. 2) und die Aufgaben einer Lehrerin auf die Ordnung der Dinge zu übertragen. Die „disziplinierenden Unterweisungspraktiken" des Unterrichtens sind in „regulierende Unterrichtspraktiken" (Kuhlmann/Ricken 2022: 102) überführt worden und die Dinge nehmen eine besondere Funktion dabei ein. Im Interview wird es für mich als Forschende, aber auch als Vermittlerin aus der außerschulischen Bildung interessant, da die Lehrerin mit ihren eigenen Worten beschreibt, wie sie sich selbst im Unterricht positionieren möchte. Die Schüler:innen sollen wie von alleine arbeiten, es soll ein „Selbstläufer" (Lehrkraft K., GSF, Pos. 104) sein.

Sie nutzt hierfür die Ordnung der Zahlen und Dinge, um einen disziplinierenden Unterricht – „Bad Cop" (Z. 4) – zu vermeiden. Es wird das erkennbar, was Nele Kuhlmann und Norbert Ricken (2022) beschreiben, wenn sie darauf hinweisen, dass disziplinierende Subjektivierungsweisen der alten Volksschule zunehmend in regulierende Unterrichtspraktiken überführt wurden, da verstärkt auf die Selbsttätigkeit der Lernenden gesetzt wurde (4). Diese Form des Ausführens von Macht und Kontrolle wird von ihnen im Rückgriff auf weitere Autor:innen und Foucault als „Pastoraltechnik" oder als „sanfte Regierung" (Kuhlmann/Ricken 2022: 4) beschrieben. Sie argumentieren, dass in gegenwärtigen Unterrichtspraktiken die Lehrperson hinter der „Responsibilisierung" der Schüler:innen verschwindet, denn diese sollen durch Formen der freiwilligen Selbstkontrolle zu selbstständig Lernenden werden, die sich quasi selbst regieren (Kuhlmann/Ricken 2022: 4).

In der Werkstatt ‚Müll:cycling' kann ich diese Responsibilisierung der Schüler:innen in einer besonderen Klarheit beobachten und beschreiben. Da die Schule bereits vor fast 20 Jahren begonnen hat, „sich selbst zu reformieren"[2] und stark auf einen individualisierten Unterricht in Werkstätten, Projekten und Lernbüros setzt, gehört die starke Eigenverantwortung der Kinder für ihr Lernen zur Schulkultur. Für die ungeliebte, disziplinierende Seite des Lehrer:innendaseins hat Klara verschiedene Praktiken entwickelt: Hierzu gehören das strenge Nummernsystem, dreidimensionale Nähanleitungen sowie von Schüler:innen erstellte Erklärvideos, aber auch verschiedene Dienste und dazugehörige Tafeln, die zu Beginn der Werkstatt besprochen werden, sowie eine Hilfeliste. Es sind Elemente, die sich auch in anderen Settings des individualisierten Lernens wiederfinden (z. B. in Breidenstein/Rademacher 2017).

Nicht jedes Element hat den Effekt, den Klara vorsieht. Interessanterweise ist es gerade die Hilfe-Liste, ein Instrument, das weniger der Disziplinierung der Schüler:innen im Sinne des „Leitbild(s)" selbstständiger Schüler:innen (Kuhlmann/Ricken 2022: 4) als vielmehr deren Unterstützung dient, das in der Umsetzung nicht wie gedacht zum Einsatz kommt. Die Hilfeliste hängt an der Tafel, die Kinder, die Hilfe benötigen, können sich eintragen, aber Klara orientiert sich selten an der Liste. Kinder, die sich dort diszipliniert eintragen, warten oftmals vergebens. Klara reagiert meist ad hoc auf Geräusche. Sie hört, wenn eine Nähmaschine verhakt, wenn Kinder ihre Frustration durch Schnaufen oder Stöhnen äußern oder sie nimmt direkten Augen- und Sprachkontakt mit den Kindern auf.

[2] Zitat der Internetseite der Schule (anonymisiert).

> Zwei Mädchen sind sehr ruhig und haben daher lange Wartezeiten, wenn sie nicht weiterwissen. Sie nutzen auch nicht die Hilfeliste an der Tafel. Hier sollen sich alle Kinder eintragen, die Hilfe benötigen. Aber es erschließt sich mir noch nicht, inwieweit sie wirklich angewendet wird. Aber irgendwann nimmt die Lehrerin auch sie [die beiden Mädchen] wahr. ‚Hast du das [Einfädeln] ganz alleine gemacht? Klasse! sehr gut!' Nun geht es auch weiter. Das Kind darf Probenähen.
>
> (Feldnotizen GSF: 10)

Auch wenn die Lehrerin viele disziplinierende Maßnahmen auf die Dinge im Raum übertragen hat, so hat sie doch weiterhin die Regie über den Produktionsprozess der Nähprodukte. Immer wieder entscheidet sie, wo und ob etwas weitergearbeitet wird oder ob gar etwas aufgetrennt werden soll.

Klaras Werkstatt ist ein Beispiel für das Zusammenspiel der Lernkultur einer Schule bzw. einer Lerngruppe mit der Raumorganisation und der didaktischen Strukturierung der Dinge. Gerade zu Beginn der Analyse meiner Daten haben mich die Räume, die ich besuchte, fasziniert. Es gibt zahlreiche Auseinandersetzungen zur Bedeutung des (Klassen-)Raums für den Unterricht (u. a. Breidenstein 2006; Herrmann/Flasche 2015; Ninnemann/Jahnke 2019; Engel et al. 2021). „Räume sind [...] institutionalisierte Figurationen auf symbolischer und – das ist das Besondere – auf materieller Basis, die das soziale Leben formen und die im kulturellen Prozess hervorgebracht werden" (Löw 2004: 46). Dabei bringen auch die Räume Menschen als bestimmte Subjekte hervor. Die Anordnung der Tische, möglicherweise der Tafel oder eben auch der Werkzeuge und Maschinen, dient einem spezifischen Subjektivierungsgeschehen. Viele der Textilräume verweisen bereits durch ihre Einrichtung auf das Fach und seine Traditionen. Der Raum ist neben dem ‚Produktziel' des Unterrichts, der Anleitung und der fachlichen Unterstützung der Lehrkraft ein zentrales Element der Stabilisierung des Textilunterrichts. Das textile Arbeiten findet in eigens dafür vorgesehenen Räumen statt, aber mit der Erweiterung durch die BNE auch in Klassenzimmern, Workshopräumen oder Ausstellungen. Räume des textilen Arbeitens können damit auch als „stets neu zu konstituierende relationale (An)Ordnungen sozialer Güter und Lebewesen" (Löw 2004: 58) betrachtet werden.

In einer weiteren Feldforschungssituation drei Monate später konnte ich in der Funktion als Vermittler:in spüren, wie eine Veränderung der räumlichen Ordnung das Vermittlungsgeschehen beeinflusste. Ich plante die Durchführung eines Projekttags in der Grundschule Indigo (GI). Eine Kollegin, zwei studentische Mitarbeiter:innen und ich aus der Universität sollten vier erste Klassen und ihre vier Lehrkräfte durch den Tag begleiten. Die vier ersten Klassen sollten im Sinne des geöffneten Unterrichts für den Tag in gemischten Gruppen in wechselnden

Räumen arbeiten. Ich komme zur Vorbereitung in die Schule. Im Vorfeld hatten die vier Lehrkräfte die Anordnung der Räume und die Gruppenaufteilung besprochen:

> Etwas chaotisch in der Schule. Die Lehrkraft war mit der Raumorganisation überfordert und hatte ihre Liste nicht da. Ich hatte die Info aber auch nicht bekommen. Irgendwann haben wir dann in einem Raum angefangen, aber der war dann doch falsch. Die Lehrerin meinte, das wäre alles so kompliziert gewesen, sie hätte sich dann rausgehalten. ‚Dann auch noch klassenübergreifend, das muss doch nicht sein, das ist doch zu viel.' Es wurde in Farbgruppen eingeteilt, die dann die Räume wechseln. Aber nachdem sie alles angesehen hatte, war es in Ordnung. [...]
>
> Komplexe Strukturen (klassenübergreifend), Absprachen und Zeit scheinen das Problem zu sein. Immer wieder sind wir gestern mit der Zuordnung der Klassenräume durcheinandergekommen. Die Räume sind auch nicht ‚linear' angeordnet. Für mich kam erschwerend hinzu, dass ich nur die Vornamen kenne.
>
> (Feldnotizen GI: 21)

Es gab einen langen Flur. Auf der linken Seite waren die Garderoben und an der rechten Seite gingen die Klassenräume ab sowie kleinere Arbeitsräume der Lehrkräfte. Sie folgten aber nicht der Reihenfolge von 1a bis 1d oder umgekehrt, sondern waren durcheinander angeordnet. Auch am Kopf des Flures war ein Klassenraum. Es ging darum, diese vier Räume für vier Gruppen, die sich aus vier ersten Klassen bilden, für verschiedene Angebote mit der Slow Fashion Lernkiste vorzubereiten. Es handelte sich aber um spezifische Klassenräume, die in ihren unterschiedlichen Bereichen von den Lehrkräften und Schüler:innen bereits mit Bedeutung versehen waren. Die Vorbereitung der Räume war für mich als ‚Fremde' in der Schule nicht einfach, denn ich konnte diese nicht mit meiner Bedeutung versehen, ohne die reguläre zu kennen. Hier zeigt sich im Kontext BNE die räumliche Dimension des geöffneten Unterrichts und das Spannungsverhältnis, das zur etablierten, stabilen sozialen Ordnung einer Lerngemeinschaft entsteht:

> Das Programm der ‚Öffnung' des Unterrichts wendet sich vor allem gegen die ‚Geschlossenheit' von lehrerzentriertem Unterricht, wobei die Öffnung von Unterricht nicht nur im übertragenen Sinn gemeint (etwa als Partizipation von Schülerinnen und Schülern oder als Überschreitung von Fächergrenzen), sondern auch sehr konkret räumlich zu verstehen ist: Klassenräume sollen umgestaltet, Türen geöffnet und Klassenzimmer und Schulgebäude (zumindest zeitweise) verlassen werden. Das Programm einer Schul- und Unterrichtsreform richtet sich nicht zuletzt auf eine neue räumliche Ordnung schulischer Praxis (vgl. etwa Brügelmann et al. 1998; Hanke 2005; Wallrabenstein 1991).
>
> (Breidenstein et al. 2017: 19 f.)

Bereits beim Aufbau zeigte sich, dass die Räume der Klassen von den jeweiligen Lehrkräften sehr individuell gestaltet waren und dass es auch für die Organisation der Räume Absprachen im Team bedurfte. Hier treffen alte Praktiken der lehrer:innenzentrierten Organisation des Schulalltags mit neuen Praktiken der Öffnung zusammen. Die Klassenzimmer wiesen Gemeinsamkeiten (bspw. Tafel, Platz für einen Morgenkreis, Materialfächer der Schüler:innen) auf, aber bereits bei der Anordnung der Arbeitsplätze der Schüler:innen oder des Lehrkräftearbeitsplatzes gab es Unterschiede in den Klassenräumen (Abb. 9.2). Vor allem die Ordnung der Dinge und die Systeme der Aufbewahrung unterschieden sich. Wir (drei Kolleg:innen und ich) waren als Gäste in die Schule gekommen und versuchten, uns mit unseren Materialien und Angeboten die Räume anzueignen. Damit gab es in der Dimension Raum eine Öffnung des Unterrichts im doppelten Sinne: Die Klassenräume wurden geöffnet und die Schule öffnete die Räume für uns als außerschulische Akteur:innen. Wir mussten die Räume nutzen, die von den Lehrkräften personalisiert und für den regulären Grundschulunterricht in z. B. Deutsch und Mathe optimiert waren. Als außerschulische Pädagogin musste ich die Erfahrung machen, wie es ist, wenn man nicht alleinige Gestalterin des Lehr- und Lernraums ist. In der Raumaneignung spiegeln sich Unklarheiten in der Organisationsstruktur wider. Auch am Projekttag selbst gab es immer wieder Unsicherheiten, wer und was in welchem Raum stattfinden soll. Hinzu kam die Nutzung der Aula, um mit dem gesamten Jahrgang einen Anfang und ein Ende zu gestalten:

> In der Aula ist alles ausgeartet. Totales Chaos. Die Lehrkräfte haben es auch nicht geschafft, die Kinder ruhig zu bekommen. Am Ende sind zwei Klassen einfach rausgegangen.
>
> (Feldnotizen GI: 22)

Nicht alle nahmen den Tag so negativ wahr wie ich. In Feedbackgesprächen erinnerten sich viele Schüler:innen an die Aktion „als wir die Kleider verkehrtherum anzogen", und auch ich notierte weiter in meinem Tagebuch:

> Aber trotz all dem Chaos haben die Kinder sich verkleidet und die Kleidungsstücke anders genutzt. In der Aula, war ich aber [aufgrund der Akkustik] überhaupt nicht in der Lage mit den Kindern zu sprechen … Wären wir mal in die [Klassen-]Räume gegangen … Aber ich war überfordert mit der Logistik für das Equipment … und die

Abbildung 9.2 Klassenzimmer der Grundschule (Handskizze)

> Aula ist so ein schöner Raum ... In der Aula waren die Kinder aber überhaupt nicht in der Lage zuzuhören.
>
> (Feldnotizen GI: 23)

Der Raum bedingt mit seinen spezifischen Eigenschaften den Verlauf einer Handlung und eröffnet oder begrenzt Aktionsmöglichkeiten. Bei der Betrachtung der Raumordnung geraten recht schnell die spezifischen Praktiken und impliziten Wissensordnungen der jeweiligen Institution in den Blick. „Die meisten räumlichen (An)Ordnungen sind institutionalisiert und werden entweder durch Zäune, Mauern etc. abgesteckt, durch symbolische Zeichen markiert oder durch Erfahrungswissen vermittelt" (Löw 2004: 58). Während meiner Planung des Projekttags fehlte mir das Erfahrungswissen, das die Räume der Schule betraf. Ich wusste nicht, wie die Lerngruppen sich normalerweise in den Räumen bewegen und diese nutzen. Mir wurde klar, dass die materialisierten, räumlichen Arrangements (Löw 2004: 58) das Handeln in einer Grundschule auf besondere

Weise strukturieren. In den von mir besuchten Schulen waren die personalisierten Praktiken der Raumgestaltung und Organisation der Lehrkräfte entscheidend für die soziale Ordnung im Unterricht. Außerschulische Bildungsorte haben oftmals andere Raumpraktiken als Orte der institutionalisierten Bildung. Für mich als außerschulische Vermittlerin waren viele Herausforderungen der schulischen Vermittlungssituationen im Kontext Textil unbekannt und die Beschäftigung mit den Räumen und die jeweiligen Lösungen faszinierten mich. Im Laufe Zeit erstellte ich Tabellen und Übersichten zu den Räumen und versuchte, Ordnungen und Strukturen dahinter zu entdecken. Ein loser Faden, der vielleicht irgendwann noch einmal verfolgt werden kann. Denn die Raumpraktiken sind, wie das Beispiel von Klara zu Beginn zeigt, zentraler Teil einer Lernkultur und eng mit sozialen Praktiken der Disziplinierung und Unterwerfung, aber auch mit der Bereitschaft der Subjekte zur Selbstführung, verbunden. Und der Textilunterricht mit seinen Werkzeugen, Maschinen und Materialien weist besondere Raumpraktiken vor, die in ihrem sozio-materiellen Arrangement Teil der sozialen Situation des Lernens werden.

Open Access Dieses Kapitel wird unter der Creative Commons Namensnennung 4.0 International Lizenz (http://creativecommons.org/licenses/by/4.0/deed.de) veröffentlicht, welche die Nutzung, Vervielfältigung, Bearbeitung, Verbreitung und Wiedergabe in jeglichem Medium und Format erlaubt, sofern Sie den/die ursprünglichen Autor(en) und die Quelle ordnungsgemäß nennen, einen Link zur Creative Commons Lizenz beifügen und angeben, ob Änderungen vorgenommen wurden.

Die in diesem Kapitel enthaltenen Bilder und sonstiges Drittmaterial unterliegen ebenfalls der genannten Creative Commons Lizenz, sofern sich aus der Abbildungslegende nichts anderes ergibt. Sofern das betreffende Material nicht unter der genannten Creative Commons Lizenz steht und die betreffende Handlung nicht nach gesetzlichen Vorschriften erlaubt ist, ist für die oben aufgeführten Weiterverwendungen des Materials die Einwilligung des jeweiligen Rechteinhabers einzuholen.

10 Textile Artefakte und ihre Subjekte

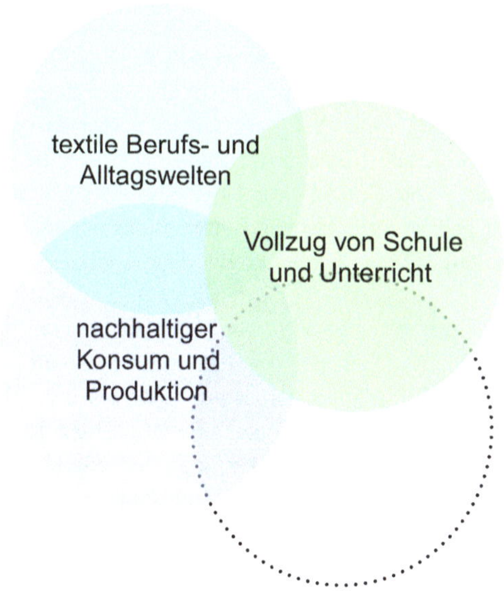

Ergänzende Information Die elektronische Version dieses Kapitels enthält Zusatzmaterial, auf das über folgenden Link zugegriffen werden kann https://doi.org/10.1007/978-3-658-51463-1_10.

© Der/die Autor(en) 2026
S. Jessen, *Textile Bildung in Schulkulturen der Nachhaltigkeit*, Schule und Gesellschaft 73, https://doi.org/10.1007/978-3-658-51463-1_10

„Jede Praxis hat aus einer praxistheoretischen Analysehaltung heraus Sinn, und zwar einen Sinn, der im Vollzug der Praktiken beständig hergestellt und zum Ausdruck gebracht wird“ (Rabenstein/Wagener-Böck 2022: 8). Mit dem Quadrat der Kulturanalyse (siehe Kapitel 6) habe ich mich auf die Suche nach diesem Sinn in der Textilen Vermittlungspraxis gemacht. Welche Dinge habe ich wie vorgefunden? Wie kann ich die textile Praxis lesen? Ich habe mich mit den Praxis-/Diskurformationen, ihren Artefakten und ihren Subjekten auseinandergesetzt. Mit Hilfe der Autor:innen aus der Schul- und Bildungsforschung begann ich die Praktiken, die ich in meinen Protokollen beschrieben und in meinen Maps gesammelt hatte, mit der Frage zu betrachten, welche Subjekte diese Praktiken in Situationen hervorbringen, in denen sich der gesellschaftliche Anspruch einer nachhaltigen Entwicklung mit der textilen Vermittlungspraxis verbindet bzw. welche sie hervorbringen sollen.

Kern des Unterrichtens sind Praktiken des Zeigens (Prange 2019). Daher kann die textile Praxis im Unterricht an vielen Stellen als Zeigestruktur gelesen werden. Doch was soll sie zeigen? Und wem soll es eigentlich gezeigt werden? Ausgehend von der Textilen Bildung geht es um das Zeigen von Techniken, von Materialien, aber auch von Praktiken des Produzierens und Konsumierens, wie der ressourcenschonende Umgang mit Rohstoffen oder die funktionale sowie ästhetische Gestaltung von Dingen. Mit einem kulturwissenschaftlich orientierten Textilunterricht geht es auch um das Befragen der Dinge, das Betrachten der Welt mit anderen Augen und damit um die Sinn- und Bedeutungsebenen der materiellen Kultur.

In der BNE soll auch etwas gezeigt werden. Aber je nach Interpretation liegt das, was gezeigt wird, weit auseinander. Einerseits beinhaltet das Zeigen konkretes Wissen und Handlungsalternativen, und andererseits soll gelernt werden, wie die Welt gestaltet, im Idealfall sogar gerettet werden kann. Denn ein mit der Gestaltungskompetenz (de Haan 2008a) klar formuliertes Ziel ist es, zu zeigen, wie eine noch ungewisse Zukunft der Gesellschaft mitgestaltet werden kann. Es haben sich dabei verschiedene Zeigeformen entwickelt. Einerseits wird dabei die Vision des ‚So-tun-als-ob‘ herangezogen, in Rollen- und Planspielen oder Zukunftswerkstätten, oder es wird in Schüler:innenfirmen, Werkstätten oder Service Learning-Angeboten ein klarer Realitätsbezug gesucht. Mit und während des Vollzugs von Handlungen in der Praxis werden Praktiken angeeignet und entwickelt. Das Konzept BNE befindet sich dabei in einem Dilemma, denn keiner weiß genau, welches Wissen und welche Kompetenzen in der Welt von morgen notwendig sind. Das Zeigen gerät damit an seine Grenzen bzw. wird abstrakt und allumfassend.

Im folgenden Kapitel möchte ich auf der Basis verschiedener ethnografischer Beschreibungen dem nachgehen, was textile Artefakte bzw. Produkte und mit ihnen verbundene Praktiken zeigen bzw. zeigen sollen und welche Subjektformen sie möglicherweise mit sich bringen. Dabei werde ich auch angelehnt an die Idee, dass es originäre Praktiken (Breidenstein 2021: 943, Schindler 2015: 102) des Faches ‚Textil' bzw. der Nadel- und Handarbeit geben könnte, in die Fachgeschichte zurückschauen.

Ich werde mit einem Beispiel aus der Grundschule beginnen, in welchem die Lernenden aussortierte Kleidung bedrucken. Danach möchte ich Episoden zum ‚nützlichen Ding' im Textilunterricht vorstellen, um schließlich auf textile Lernartefakte einzugehen, die mit konkreten Lernzielen verbunden sind. Daraus ergibt sich eine Orientierung, in welchen Sinn- und Bedeutungszusammenhängen ein textiles Artefakt in einer Vermittlungssituation stehen kann.

10.1 Schüler:innen, Konsument:innen, Produzent:innen, Gestalter:innen

Anhand verschiedener empirischer Situationen meiner Forschung lässt sich der Gebrauch wiederkehrender, spezifisch textiler Praktiken im Hinblick auf die Subjektformen analysieren, die in sie eingelagert sind. Hierbei zeigt sich vor allem ein Subjektivierungsgeschehen, das Variationen von Schüler:innen bzw. Lernende, Konsument:innen, Produzent:innen, aber auch Gestalter:innen hervorbringt. Es treffen, wie in Kapitel 6 beschrieben, Praxis-/Diskursformationen aus verschiedenen Richtungen aufeinander. Der akademische Diskurs (Kapitel 7) in seiner differenzierten Auseinandersetzung ist oft fern von der Umsetzung in Schulen, außerschulischen Lernorten und Museen. Während beispielsweise an der Universität Oldenburg seit vielen Jahren Material Literacy zentral unterrichtet wird, findet das Konzept in der schulischen Realität vermutlich nur bedingt Anwendung. Denn einerseits wird Textil oftmals fachfremd unterrichtet[1] und andererseits ist die Zeit im schulischen Alltag für diese Form der Reflexion oftmals zu knapp. Vorhandene Unterrichtmaterialien und Entwürfe werden von Lehrenden als Impuls genommen, angepasst und variiert, wodurch ähnliche, aber auch andere Subjektivierungsformen entstehen, die eng mit dem Verständnis der Lehrenden von Lernen und Bildung zusammenhängen. Ich starte mit einem Beispiel aus einer Grundschule, in der ein wöchentlicher, klassenübergreifender BNE-Projekttag zum Thema Kleidung für die ersten Klassen eingeführt wurde.

---

[1] So war es in nahezu allen Fällen meiner Forschung.

Textildruck zwischen ‚freier' Gestaltung und ‚kontrollierter' Produktion

Ich bin wieder in der Grundschule. Alle vier Lehrkräfte der vier ersten Klassen möchten alte T-Shirts mit den Kindern bedrucken. Jede Klasse verfolgt dabei ein anderes Konzept. Eine Lehrerin hat den ganzen Raum aufgeräumt, alle Textilien sind draußen auf dem Flur, es ist viel Platz. Die Schüler:innen erproben das Drucken Stück für Stück auf Probestoffstücken. Eine andere Lehrkraft hat eine Druckstation außerhalb des Klassenzimmers aufgebaut. Sie betreut jeweils drei bis vier Schüler:innen individuell während die anderen Kinder mit der Assistenz im Klassenraum Aufgaben erledigen. Die zwei anderen Lehrkräfte arbeiten an den gewohnten Gruppentischen in den Klassenräumen.

Ich bin in der Klasse von Mona, als sie nach einer sehr konfliktreichen Pause anfängt, den Stempeldruck wieder zu erklären. Sie konnte kaum etwas vorbereiten, weil sie vorher Pausenaufsicht hatte und noch dazu im Anschluss die Konflikte in der Klasse klären musste. Sie nimmt Papierhandtücher, holt die gelbe Farbe in einem Mischschälchen und verschiedene Stempel. Sie spricht leise und beginnt mit dem Korken zu stempeln. Das Gelb leuchtet auf dem grauen Papierhandtuch. Ein Kind nimmt den Korken wahr und sagt: ‚der Korken, das ist Bierflasche!' Die Lehrerin erklärt, das ist, wie mit den Kartoffeln. Denn sie haben zuvor im Kunstunterricht bereits Bilder mit Kartoffeln gedruckt. Sie nimmt einen vorbereiteten Pappring, der von einer Klopapierrolle abgeschnitten ist und druckt gelbe, leuchtende Ringe nebeneinander auf ein Papierhandtuch. Ein Kind ruft: ‚Das blubbert!'

(Feldnotizen GI: 37, gekürzt)

An dem Vormittag werden in allen Klassen T-Shirts bedruckt, die vier ersten Klassen haben scheinbar das Gleiche vor, aber im konkreten Vollzug der Praxis sind sowohl Verlauf als auch Ergebnisse vom jeweiligen materiellen Arrangement bestimmt. Dabei haben (zumeist) die Lehrkräfte die Regie über das Arrangement. Sie wählen, je nach Vorerfahrung, unterschiedliche Vermittlungswege.

„Ich lobe meine Kunst"

Mona, die ich die meiste Zeit begleite, ist sowohl Klassen- als auch Kunstlehrerin. Sie betont daher in Gesprächen die selbstbestimmte Gestaltung der Kinder. Sie hat beim Bedrucken der T-Shirts weniger den Anspruch auf das Erlernen einer präzisen Technik oder das Herstellen eines ‚tragbaren' Ergebnisses. Die Kinder werden als Gestalter:innen ihres eigenen T-Shirts adressiert und gefragt, was sie auf ihr T-Shirt drucken möchten. Es wird über die Gestaltungsmöglichkeiten gesprochen. Das T-Shirt wird dabei wie ein Bild, das im Prozess entsteht, behandelt. Experimentieren und Ausprobieren ist explizit erwünscht. Vor der Pause hatte sie den Kindern bereits einen Pappring gezeigt:

> L: Was kann man damit machen?
>
> K: Eine Sonne, Kreis und Striche, ...
>
> L: Was noch?
>
> K: einen Fisch (Sie haben kurz vorher Fische mit Kartoffeldruck gedruckt, die Bilder hängen im Flur.)
>
> L: Was passiert mit Kreis und Stempel? Das kann man bestimmt ausprobieren!
>
> K: Dann sieht das bestimmt ekelhaft aus.
>
> L: Aber dann kann man einfach weiter machen, dann wird es schön.
>
> (Feldnotizen GI: 36)

Im Gespräch zeigt die Lehrerin verschiedene Dinge und bespricht mit den Kindern das technische Vorgehen und zugleich die Gestaltungsmöglichkeiten, die sich zwischen abstrakten Formen und bildlichen Vorstellungen ergeben:

> Sie zeigt nochmal die Dinge, die sie zum Drucken vorbereitet hat und fragt: ‚Kann ich so eine X-Box oder eine Puppe machen?' Denn zuvor haben eigentlich alle Kinder von bildlichen Dingen gesprochen, die sie auf ihre T-Shirts drucken möchten. Die Kinder antworten alle: ‚Nein.'
>
> ‚Das ist vielleicht schwierig. Guckt bitte, dass ihr das vorher ausprobiert. Ihr könnt auch das Papier dafür nehmen!' Sie verteilt an jeden Arbeitsgruppentisch zwei Farben: ‚Wenn ihr eine andere Farbe möchtet, tragt ihr vorsichtig das T-Shirt an den anderen Tisch.'
>
> Sie überlegen weiter, was man mit den Stempeln drucken könnte. Ein Kind überlegt:‚Wenn man mit dem Kreis immer Halbkreise druckt, dann wird es eine Wolke.' Die Lehrerin fragt, welche Farben das Kind dafür braucht und das Kind antwortet: ‚Blau und weiß.' ‚Dann stelle ich an euren Tisch vielleicht gleich blau und weiß. Oder ihr könnt auch Wolken drauftupfen.'
>
> Sie beginnt die Farben an die Tische zu verteilen. Ein Kind fragt, ob es das vorbereitete Friedenszeichen nehmen darf. Was Mona bejaht.
>
> Die meisten Kinder beginnen direkt auf das T-Shirt zu malen und nur teilweise zu drucken. Mona lässt sie arbeiten. Ich versuche noch, einem Kind den Tipp zu geben, probiere es doch erstmal auf dem Papier, aber merke schnell, dass dafür keine Geduld mehr da ist. ‚Oh, das ist so cool.' Hört man im Raum. Einige Kinder beginnen irgendwann mit ihren Händen zu drucken und eine Schüler:in beginnt ihr T-Shirt großflächig abstrakt zu bemalen.
>
> (bearbeitete Feldnotizen GI: 37–39)

Während die Lehrkraft die Kinder zwar als Gestalter:innen und Künstler:innen anspricht, nehmen aber nicht alle Kinder diese Subjektivierungsform an. Einzelne verweigern sich, fühlen sich nicht wohl, sie bearbeiten die von der Lehrkraft gestellte Aufgabe, aber es findet offensichtlich keine Auseinandersetzung mit dem Material und dem möglichen Ergebnis statt. In einem unbemerkten Moment landet sogar ein T-Shirt in der Toilette, was zu einer größeren Diskussion in der Lerngruppe führt. Einige Kinder gehen jedoch auch in einen intensiven Gestaltungsprozess. Sie nehmen die Materialität ihres T-Shirts, der Farben und anderer Kleidungsstücke in ihrer Umgebung wahr und lassen sich hiervon inspirieren. Eine Schülerin steht irgendwann versunken vor ihrem T-Shirt und sagt: „Ein magischer Ort." Diese Kinder nehmen im Subjektivierungsgeschehen das materielle Arrangement der Lehrkraft auf und werden zu Gestalter:innen. Die Lehrkraft verstärkt diese Subjektivierungsform, indem sie die T-Shirts nicht durch eine Modenschau, sondern durch einen Galerierundgang, wie die Kunstwerke in einem Museum betrachten lässt (siehe Beispiele Abb. 10.3 und 10.4):

> In Monas Klasse sind alle fertig, alles ist aufgeräumt. Alle sitzen im Kreis. Die Lehrerin befragt die Klasse: ‚Wer hat alles mit Radiergummi gedruckt? Wer hat mit Ringen gedruckt?'
>
> Viele Kinder haben einiges ausprobiert, aber es wurde auch viel gemalt. Damit alle Kinder, alle Ergebnisse sehen können, werden die T-Shirts auf die Fensterbank gelegt und es findet zum Abschluss ein Galerierundgang statt. Es wirkt alles recht eng und unübersichtlich. Die Lehrerin merkt es, aber die Zeit und der Raum lassen keine andere Lösung zu. Sie erklärt den Kindern, was eine Besucherschlange ist: ‚Im Museum, wenn sich Menschen Bilder angucken, gibt es manchmal eine Schlange.' Es ist eine Assistenz im Raum. Sie geht voran und zeigt den Kindern den Weg und gibt damit auch das Tempo vor. ‚Seht euch alles an, was sieht schön aus?'
>
> […] Im Anschluss fragt die Lehrerin: ‚Wer möchte etwas Besonderes loben?' Es sitzen wieder alle im Kreis, die Kinder können die T-Shirts nicht mehr sehen. Ein Kind, Rya, beginnt: ‚Bei mir und Jo ist es mehr mit Kunst gemacht.' Jo hat das ganze T-Shirt blau gemalt und rote Spritzer drauf verteilt. Die Lehrerin fragt Jo, warum das Kind es so gemacht hat. Das Kind antwortet: ‚Ich habe es rot und blau getupft und wild Punkte gemacht. Ich habe das mit Farbe gemacht. Es ist bunt geworden.'
>
> Die Lehrerin spricht weiter: ‚Zwei Sachen sind besonders kunstvoll.' Rya wurde bereits in der letzten Stunde von der Lehrerin als 'unsere Malerin' bezeichnet […] Ein anderes Kind (Kaj) fährt fort: ‚Ich lobe meine Kunst und es gab noch ein blaues Glückszeichen. Innen war das Zeichen weiß.' Die Lehrerin fragt, wer es gemacht hat. Teff hat es gemacht und Kaj richtet sich an Teff und sagt: ‚Ja, ich finde dein Bild echt schön!' An dieser Stelle finde ich es interessant, dass die dreidimensionalen T-Shirts für die Kinder zu Bildern geworden sind. Sie scheinen nicht darüber nachzudenken, wie die ‚Bilder' als T-Shirts wirken.

> Kaj fährt fort: ‚Ich habe zwei Glückszeichen.' Die Lehrerin erklärt, dass es ein Zeichen für Frieden ist. Woraufhin Kaj meint, dass sie morgen ihr Friedens-T-Shirt anzieht. Nach einer Nachfrage erläutert Mona, dass es gerade ein Land gibt, in dem kein Frieden ist. […]
>
> Sie spricht ein anderes Kind an: ‚Sok, bist du zufrieden?' Das Kind hat ein sehr symmetrisches Muster gedruckt, das wir Erwachsenen schon unbemerkt bewundert haben. Das Kind antwortet aber: ‚Ne, das war komisch.' Die Lehrerin und die Assistenz bestärken das Kind und sagen, dass sie den Druck schön finden. Das nächste Kind beginnt zu erzählen, dass es zwei Farben genommen hat, weil es ‚das hier entdeckt hat' und zeigt auf eine Hose. Sie ist zweifarbig zusammengenäht in grau und schwarz. Auch das T-Shirt ist zweifarbig bemalt – mit den Farben der ukrainischen Flagge. Die Lehrerin fragt, ob das Kind die Farben genommen hat, weil es sie mag. Das Kind antwortet: ‚Ja, ich mag diese Farben.'
>
> (Feldnotizen GI: 42–41)

Aktuelle Themen aus dem Alltag der Kinder spiegeln sich in den Ergebnissen wider. Einerseits, veranlasst durch das Bereitstellen von entsprechenden Zeichen und Druckvorlagen, wie dem Peace-Zeichen, durch die Lehrerin und andererseits durch die Kinder selbst. Es gibt wiederholt Peace-Zeichen und die Farben Blau und Gelb sind präsent. Zwei T-Shirts sind mit Adidas-Zeichen bemalt. Die Kinder melden sich in der großen Runde jedoch nicht zu Wort. Im Gespräch wird einerseits deutlich, dass sich die Kinder teilweise mit Formen und Farben beschäftigt haben, aber gleichzeitig wird der Austausch zu den Ergebnissen stark von der Lehrkraft gelenkt, die bereits eine Vorstellung davon hat, wer in der Klasse eine ‚Künstlerin' oder ‚Malerin' ist. Ihre Zuschreibungen haben im Verlauf einen hohen Stellenwert.

In einer weiteren Klasse arbeiten die Schüler:innen relativ frei. Hier nehme ich weder an Einführung noch Abschluss teil, aber die Arbeitsweise der Schüler:innen scheint mir ähnlich wie in Monas Klasse, als ich durch alle Räume wandere:

> Im anderen Raum drucken die Kinder auch an Tischgruppen. Auch sie beginnen teilweise zu malen. Hier ist die Befürchtung der Lehrerin, dass die Farbe nicht reicht. Als Kinder anfangen Handabdrücke zu machen, sagt sie erst: ‚Ja, gute Idee.' Stellt dann aber fest, dass es zu viel Farbe benötigt. Die Kinder sollen das lieber lassen. Es sind aber ein paar Handabdrücke entstanden. Unter anderem ein Schmetterling. Sie spricht später von einem Nord-Süd-Gefälle zwischen den Ergebnissen in den Klassen und bezieht sich damit ironisch auf die anderen beiden Klassen, die sich strenger an der vorgegebenen Drucktechnik und einer sauberen Arbeitsweise orientieren. Sie habe die Kinder mehr machen lassen. ‚Nur malen nicht, weil die Farbe nicht reicht.' Sie ist sichtlich ein wenig gestresst. Es geht nochmal um die Kosten der Farbe.
>
> (Feldnotizen GI: 37–39)

Ob die Kinder hier in der Ansprache, zum Beispiel beim Abschluss, ähnlich offensiv zu Künstler:innen werden, kann ich leider nicht nachvollziehen. Auffällig in dieser Passage ist aber, dass der Gestaltungsprozess durch die Verfügbarkeit der Ressourcen eingeschränkt wird. Das Malen und das Drucken mit den Handflächen wird untersagt, da die Lehrerin befürchtet, dass die Farben nicht ausreichen.

„Ich möchte das in Ruhe machen"

> Irgendwann gehe ich raus auf den Flur, um Fotos zu machen. Die drei Kinder mit Carolin, einer anderen Lehrkraft, sitzen konzentriert am Tisch. Zwei Kinder malen einen Regenbogen und ein Kind möchte mit dem Bleistiftradiergummi Sterne auf sein T-Shirt drucken. Es hat eine Schablone und druckt mit voller Konzentration und sehr genau nach und nach drei blaue Sterne.
>
> (Feldnotizen GI: 39)

Die Lehrkraft auf dem Flur hat mir im Vorfeld vor allem von ihrem Studium des Sachunterrichts in Musterstadt erzählt. Sie möchte in Ruhe mit den Kindern arbeiten. Aus ihrer Sicht geht das nicht mit den vorhandenen Materialien mit so vielen Kindern. Daher sind von ihr nur drei Kinder draußen auf dem Flur eingeplant. Die anderen Kinder arbeiten drinnen und dann ‚macht sie das eben mehrmals'. Ein tragbares Ergebnis ist ihr wichtig, damit das Material nicht verschwendet wird. Sie hat mir zwischendurch erzählt, dass sie viel ‚Müll' aufbewahrt und für den Unterricht nutzt, beispielsweise für die Wortschatzarbeit. Ich bin beeindruckt von ihrem gut vorbereiteten Tisch im kühlen Flur. Sie hat für jede Farbe Pappteller und Pinsel sowie von ihr vorbereitete Knopfstempel, Ringe und Plastikschablonen in Form von Vögeln bereitgestellt.

> Carolin sagt, dass die T-Shirts nicht nur den Kindern sondern auch ihr gefallen sollen. Sie möchte den Kindern Zeit und Ruhe geben und die brauchen sie auch, um das T-Shirt nicht einfach ‚vollzuschmieren'.
>
> (Feldnotizen GI: 39)

Hier steht ein Ergebnis, das allen gefällt, im Vordergrund. Die Kinder werden eng beraten.

> Ich werde von Carolin zum Fotografieren geholt. Sie hat jetzt drei neue Kinder. Ein Kind hat ein Herz gestempelt und möchte nun die rote Farbe, um es auszumalen. Die Lehrerin fragt: ‚Willst du das ausmalen? Dann ist das so wie bei …' Sie zeigt auf das T-Shirt des anderen Kindes. Das Kind bejaht. ‚Ja, dann ist das so.' sagt Carolin. Das

> Kind kann das Herz ausmalen. Die Lehrerin weist zwischendurch darauf hin: ‚Macht nicht zu viel.'
>
> (Feldnotizen GI: 43)

Die Beratung geht so weit, dass die Lehrerin teils in den Arbeitsprozess der Kinder ungefragt eingreift und einzelne Schritte übernimmt. Gleichzeitig arbeiten die Kinder, die dort sitzen hochkonzentriert und genau an dem Projekt, das sie vorher im Detail mit der Lehrerin absprechen konnten.

Auch im vorletzten Raum ist alles systematisch vorbereitet. Alle Textilien sind aus dem Raum geräumt und er wirkt so, als ob es mehr Platz gäbe. Es sind aber auch weniger Kinder in der Klasse. Die Kinder probieren erst gründlich verschiedene Drucktechniken und Farben an verschiedenen Stationen auf Probestücken aus. Sie lernen, mit viel und wenig Farbe zu drucken. Zunächst nur mit einer Farbe, und dann erproben sie unter der Anleitung und Aufgabenstellung der Lehrkraft die Kombination von zwei Farben. Erst danach dürfen sie mit dem Bedrucken der T-Shirts beginnen.

> Karla in diesem Raum hat Knöpfe mit Schmetterlingen und Sternen vorbereitet. Sie sind gleich sehr beliebt bei den Kindern. Hier wird viel gedruckt, einige haben Ansätze zum Malen. Aber Malen ist hier eigentlich nicht erlaubt.
>
> (Feldnotizen GI: 40)

Dadurch, dass einerseits im Vorfeld Übungen zum Drucken durchgeführt wurden und andererseits bildhafte Stempel zur Verfügung stehen, wird in diesem Raum viel mehr gedruckt. Viele Kinder nutzen die kleinen Schmetterlingsstempel (Beispiel, siehe Abb. 10.1). Es entstehen abstrakte Muster, aber auch Bilder von Wiesen. Ein Kind stempelt einen gelben Kreis und malt Sonnenstrahlen. Hier stand offensichtlich das Erlernen der Drucktechnik im Vordergrund. Es wird sehr konzentriert und mit viel Ruhe gearbeitet, der Raum und die Aufgabe wirken auf mich klar strukturiert.

Die unterschiedlichen Zugänge zum textilen Druckverfahren (Abb. 10.2 und 10.3) lassen mich über das Verhältnis zwischen Artefakt, Produkt und Gestaltung nachdenken. Ich beginne, in den Anfängen der Textilen Bildung zu recherchieren.

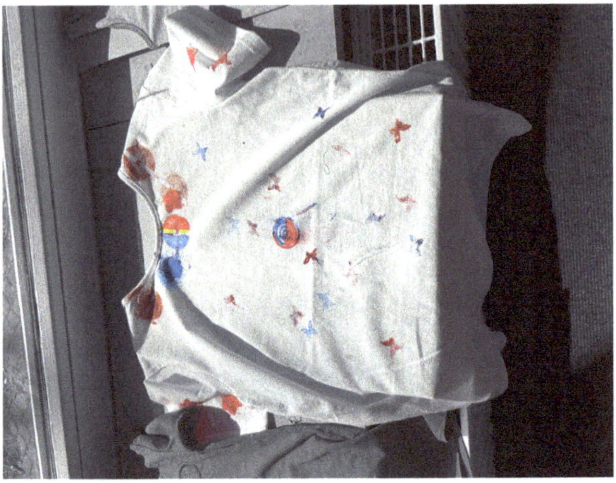

Abbildung 10.1 Ergebnis Lerngruppe ‚Drucktechnik'

Abbildung 10.2 Ergebnis 1 Lerngruppe ‚Ich lobe meine Kunst': „Ich habe zwei Farben, weil ich hatte das hier entdeckt." Das Kind zeigt auf die eigene Hose, die zweifarbig zusammengenäht ist: Grau und Schwarz. (Beobachtung GI, 11.3.22)

Abbildung 10.3 Ergebnis 2 Lerngruppe ‚Ich lobe meine Kunst'

Diskurs um ‚Gestaltung'

Textildidaktik bzw. Textile Bildung haben einen Ursprung in der Arbeiter:innen- bzw. Konsument:innen- und Verbraucher:innenbildung. Aber spätestens seit Beginn des 20. Jahrhunderts kam mit der Reformpädagogik eine neue Richtung des ästhetisch-gestalterischen Arbeitens mit in die Ausbildung und Erziehung im Bereich Textil (J. B. 1903, Grupe et al. 1914). Dieses gestalterische Arbeiten zeigt sich unterschiedlich in den didaktischen Ansätzen der jeweiligen Zeit. Insbesondere mit den Begriffen ‚Textiles Gestalten' oder ‚Textilgestaltung' wird in den Lehrplänen seit Ende des 20. Jahrhunderts ein gestalterisches Arbeiten im Sinne der damaligen Kunsterziehung (Sommerfeld 1978: 52) bzw. der heutigen Kunstvermittlung oder Kunstpädagogik eingeführt. Eine zu starke Betonung der gestaltenden Position des Fachs wird dabei von einigen Textildidaktiker:innen Ende des 20. Jahrhunderts als Bedrohung empfunden. So schreibt Dietlind Sommerfeld 1978: „Zusammenfassend lässt sich sagen, daß ein Reduzieren der Aspekte der Textilarbeit auf die Belange der Bildnerischen Erziehung für die Textilarbeit gleichbedeutend mit dem Auflösen des Faches ist" (62). Sommerfeld, die in ihrem Buch einen detaillierten Überblick über die Entwicklungen und verschiedene Positionen im Feld des Textilen Werkens – ihre favorisierte Fachbezeichnung – gibt, hinterfragt Herbert Trümpers Position, der einen „zweckfreien Umgang mit Stoffen aller Art" (Trümper zitiert nach Sommerfeld 1978: 59) fordert:

> Allerdings ist es fraglich, ob Trümper wirklich auf Werkgerechtigkeit Wert legt, denn technisches Können scheint er sehr unterzubewerten. Wie sollte man sonst

> seine Aussage interpretieren, dass das Kind beglückt ist, wenn man ihm zeigt, ‚wie man aus Stoffen kleine brauchbare Gebilde formt? Einige Nähte, einige Handgriffe lernt es schnell‘ (...). Das 'gebundene Gestalten' verliert bei ihm den Charakter des lebenspraktischen-nützlichen.
>
> (Sommerfeld 1978: 60)

Was unter dem Begriff ‚Gestaltung‘ konkret zu fassen ist, wie weit die Freiheit der Gestaltung in einer konkreten Vermittlungshandlung gehen darf, hängt stark von der jeweiligen schreibenden oder vermittelnden Person ab. Im historischen Diskurs zeichnet sich so ein ähnliches Dilemma ab, wie im Projektunterricht der Grundschule: Gilt es, ein ‚lebenspraktisches-nützliches‘ Ding herzustellen oder steht der Gestaltungswille der Kinder im Vordergrund? Zweckfrei ist das Projekt durch den BNE-Kontext eines nachhaltigen Konsums ohnehin nicht.

Die Druckwerkstatt in der Grundschule, die von vier Lehrkräften unterschiedlich durchgeführt wurde und auch zu unterschiedlichen Ergebnissen führte, zeigte, dass hier in der Vermittlung von Praktiken der Produktion und Praktiken der Gestaltung gesprochen werden kann, die einerseits Lernende, aber auch Ausführende oder Gestaltende hervorbringen. Der variierende Vollzug der Praktiken in ein und demselben Projekt in der gleichen Schule ist zum einen durch das materielle Arrangement der Lehrkräfte (1), des Weiteren durch vorher vollzogene Praktiken in einem ähnlichen Setting, die in die Situation hineinreichen (2) und nicht zuletzt durch variable Aneignungsweisen der Kinder (3) bestimmt. Damit verbunden sind unterschiedliche, implizite Wissensordnungen, die in der Kombination von Artefakten und fachdidaktischen Vorstellungen sowie Alltagspraktiken liegen. Sie können sich überlagern mit anderen Wissensordnungen der Unterrichtssituation. Gemeinsam bleibt den einzelnen Fällen in dieser ethnografischen Szene das Arbeiten mit textilen Materialien und die Basis der Vermittlung einer textilen Technik, verknüpft mit der vermeintlich nachhaltigen Praxis des ‚Upcyclings‘[2], das Ausgangspunkt des Lernarrangements ist. Der Bezug auf eine Praktik des nachhaltigen Konsums erhöht beispielsweise bei Carolin den Anspruch, keine Ressourcen zu verschwenden. Dieser Anspruch führt zu einer Ambivalenz zwischen einem freien, experimentellen Gestaltungsprozess der Kinder und der möglichst langen Nutzung des Produkts.

[2] Der Begriff ‚Upcycling‘ ist für ein solches Projekt unpräzise. Ich verwende ihn jedoch bewusst in seiner alltagssprachlichen Bedeutung, da dieser Begriff sowohl in Anleitungen im Internet als auch in Kreativ- und Bastelbüchern sowie in Unterrichtsvorschlägen, beispielsweise für den T-Shirt-Druck, verwendet wird (vgl. Knörzer 2020; Bundesumweltministerium 2020). Auch meine digitale Umfrage (Kapitel 4) zeigt, dass der Begriff in der alltäglichen sozialen Praxis anschlussfähig ist.

10.2 Das nützliche, nachhaltige Ding

Produktpräsentation 1: Werkstatt ‚Müll:cycling', Jahrgang 5–7 (Abb. 10.4)

Abbildung 10.4 Verkauf der genähten Produkte

Ich gehe morgens um zehn zu einem zentralen Platz in unserem Viertel. Es ist Februar, die Luft ist kühl und feucht. Als ich ankomme, sind Tische, Hocker und Materialien sowie neun Kinder schon da. Klara spricht halbwegs aufgeregt mit den Kindern alles ab. Dazwischen werde ich kurz begrüßt. Die Lehrerin schickt zwei Kindergruppen (jeweils fünf Kinder) mit Bauchladen die Straße entlang zum Verkaufen. Die Bauchläden sind aus alten Obstkästen und Backblechen gebaut. Alles ist selbstgemacht. Die Kinder sollen um elf Uhr wieder da sein. [...] Die anderen bauen weiter auf. [...] Eine Kundin fragt nach, kauft etwas. Die Kinder am Stand wissen nicht so recht, wo sie was hinstellen sollen und was sie machen sollen [...] Ein Herr kommt und fragt nach, wofür das Geld ist. Die Kinder möchten das Geld dem Übergangswohnheim spenden. Es gibt Kinder an der Schule, die dort wohnen.

[...] Klara berichtet mir zum Ende des Treffens wieder von der Containeridee. Sie hat bald einen Termin mit der Schulleitung. Sie macht das mit einem Kollegen. Sie könnten in dem Container Dinge aus verschiedenen Werkstätten zum Verkauf anbieten. Aber der Container müsste immer besetzt sein. Sie träumt von einer Schüler:innenfirma. Aber da müsste auch Buch geführt werden.

(Feldnotizen GSF: 2–3)

Produktpräsentation 2: Werkstatt ‚Drei Stoffe', Jahrgang 8 (Abb. 10.5)

Abbildung 10.5 Textile Produkte in der Vitrine

Heute ist es wieder schwer, alles zu verfolgen. Es sind einfach zu viele Projekte. Prescilla kommt und zeigt mir ihren Rock. Die Wochen zuvor hatte sie fast gar nicht an ihrem Projekt aus den drei Stoffen gearbeitet. Sie hat sich mit einer Freundin oder mit mir unterhalten und gehäkelt. Aber plötzlich scheint sie fertig. Sie probiert einen sehr engen Rock an. Er ist auf einer Seite weiß, auf der anderen schwarz. Sie probiert ihn an, obwohl (zumindest für mich) sofort klar ist, dass der Rock nicht passen kann. Sie hat weder Knöpfe noch Reißverschluss, der Stoff ist nicht elastisch.

[...] Prescilla geht mit dem Rock, der nur über die Unterschenkel geht, im Raum herum. Mehrere Schüler:innen gucken. Auch die Lehrerin guckt, sie lobt den Rock. Mara, die auch einen Rock macht, sagt: ‚Es muss einem nicht passen, meiner passt mir auch nicht.'

Die Lehrerin fragt in den Raum: ‚Muss ich irgendwas retten? Ist was schlimm?' Prescilla zeigt ihr ihren Rock. Die Lehrkraft begutachtet ihn und sagt: ‚Gut.' Und schließt die Frage an, ob Prescilla nicht auch eine Schwester habe, die den Rock tragen könnte. Aber aus meiner Sicht ist auch dieser Gedanke vollkommen absurd. Es scheint mir kaum möglich, dass man den Rock tragen könnte, allein schon aufgrund der unterschiedlichen Stoffqualitäten und der fehlenden Verschlussfunktion. Aber am Ende hat Prescilla die Aufgabe erfüllt. Sie näht noch den Stoff mit dem Baum als Schleifen an und dann kommt der fertige Rock in die Vitrine. (Feldnotizen GSH: 17)

Produktpräsentation 3: Projekt Sockenmonster, Jahrgang 1 (Abb. 10.6)

Mona hat ein fertiges Sockenmonster für den Unterricht mitgebracht. Zum Start fängt Mona an, mit dem Monster zu sprechen. Es stellt sich vor. Sie bekommt damit – nachdem es im Klassenzimmer ziemlich unruhig war – fast wieder die gesamte Aufmerksamkeit der Kinder. Es wird gelacht! Ein Kind hat auch schon einen Socken auf der Hand. Monas Monster spricht weiter: ‚Aber mir fehlt die Nase zum Riechen. Ihr müsst übrigens gar nicht so laut sein, ich versteh euch trotzdem.' Die Kinder reagieren und rufen extra laut und durcheinander: ‚Hallo, hallo, hallo.'

Das Monster versteckt sich und will nicht weitersprechen, wenn es so laut ist. Die Kinder werden ruhiger. Das Monster spricht weiter: ‚Ich habe ein paar Monsternasen gefunden.' Es zeigt auf ein paar Knöpfe. Ein Kind widerspricht: ‚Nein, Augen!' Das Monster antwortet, dass Augen natürlich auch nicht schlecht wären. Ein anderes Kind sagt, es müssen kleine Nasen sein, denn große sehen hässlich aus. Wieder ein anderes Kind versucht, einzugreifen und sagt: ‚Hört auf, ihr beleidigt den Kleinen.'

Nun erklärt die Lehrerin: ‚Die Nasen müssen an das Monster, es gibt da einen Trick. Wir brauchen dazu Nadel und Faden.' Es wird wieder unruhiger im Raum. Ein Kind ruft: ‚Das ist lustig!' Ein anderes Kind ruft aufgeregt: ‚Oh, wir müssen nähen!' Die Lehrerin spricht weiter: ‚Wir müssen das Nähen ausprobieren, ich habe ein paar Fäden vorbereitet.' Da beim letzten Mal bereits mit dem Monster begonnen wurde und die Kinder einen unterschiedlichen Arbeitsstand haben, bricht noch mehr Unruhe aus. [...] Ein anderes Kind merkt an: ‚Oh mein Gott, ich habe Angst vor Nähen.' Wieder ein anderes Kind meint: ‚Ich hab´ schon mal genäht, und ich hab mir wehgetan, aber war nicht schlimm.'

Abbildung 10.6 Sockenmonster in Aktion

Als sich alles etwas beruhigt hat, erklärt die Lehrerin mit dem Monster: ‚Der Witz ist, wir piksen durch die Nasenlöcher aber auch durch die Socken. Die Nadeln sind extra nicht spitz (wird später mehrmals betont), ich habe extra die stumpfen genommen.‘ Ein Kind spricht als Monster: ‚Ich will eine Nase haben.‘ Und das Monster der Lehrerin antwortet freundlich, dass das Monster dann gut zuhören müsse. [...] Die Lehrerin setzt mit der Erklärung fort. Sie zeigt, wie sie die Nadel durch Knopf und Socken sticht: ‚Jetzt muss ich ein bisschen drücken durch unser Monster.‘ Ein Kind erwidert: ‚Ich kann das nicht!‘ Das Monster der Lehrerin beruhigt mit den Worten: ‚Das ist ganz klar, das geht allen so.‘ Viele fangen an und es geht eigentlich ganz gut. Wir drei Erwachsenen helfen.

(Feldnotizen GI: 31–32)

Das textile Artefakt als Leistung

Alle von mir besuchten Werkstätten und Projekte in der Schule zielen auf die Produktion von Dingen ab – Dinge, die später auch genutzt werden sollen. Sie werden mit einem Sinn versehen, sei es als Kleidungsstück, als Spielzeug, als Geschenk oder als Accessoire. Das Ideal der Nützlichkeit und Sinnhaftigkeit der hergestellten Artefakte wird über das Tragen am eigenen Körper, in einer Inszenierung, wie einer Ausstellung oder Modenschau oder im Verkauf, gezeigt. Es gibt Dinge, bei denen der Gebrauch und die handwerkliche Produktion im Vordergrund stehen und Dinge, die als künstlerische Produkte ausgestellt werden. Egal, ob handwerkliche Perfektion und Nutzbarkeit oder künstlerischer Ausdruck anvisiert sind, die hergestellten Dinge fügen sich als Leistungsbeweis und auch als möglicher Gegenstand der Bewertung in die schulische Ordnung ein, in denen die Leistung Schüler:innen zu anerkennbaren Subjekten macht. Leistung wird in einer wechselseitigen Bezugnahme von Schüler:innen und Lehrpersonen (Bonanati 2022: 284) und damit in einer Verbindung von verschiedenen sozialen Praktiken hergestellt. Hierbei kann zwischen Praktiken der Aufgabenstellung, Praktiken der Aufführung bzw. dem Zeigen von Leistung sowie Praktiken der Bewertung von Leistung unterschieden werden (Rabenstein/Idel/Ricken 2015: 245). Für die Lehrkräfte und die Schüler:innen wird das fertige textile Produkt zu einem Zeichen von vorhandenen bzw. nicht vorhandenen Fertigkeiten, Fähigkeiten, Fleiß oder Engagement, je nachdem, was im Zentrum des Lernarrangements steht.

Betrachtet man das textile Produkt und die damit verbundenen Praktiken genauer, so entspricht es einer textilen Prüfung. Reh und Ricken (2017) beschreiben die Prüfung als „eine der zentralen pädagogischen Praktiken" (248). Ob es die Herstellung eines Turnbeutels ist, das Bedrucken eines T-Shirts oder das frei gestaltete textile Produkt. Das bei der Lehrkraft abzugebende textile Artefakt lässt die textilen Fertigkeiten zu geprüften Fertigkeiten werden. Die Lehrkraft wird auch hier – ähnlich wie in anderen schulischen Prüfungen – zu einer ambivalenten Machtperson, die einerseits über ‚Erfolg und Scheitern entscheidet' und gleichzeitig in ihren eigenen Fähigkeiten und Wissen selbst geprüft wird (Ricken/Reh 2017: 253). Ricken und Reh beschreiben die Prüfung als technischen Mechanismus der Subjektivierung. Die Geprüften werden mit dem Produkt eng verbunden und nicht nur identifiziert, sondern eben subjektiviert, da die Lernenden mit dem erfolgreich fertiggestellten Produkt auch ausgezeichnet werden und zeigen, dass sie bestimmte Fertigkeiten beherrschen. Sie eignen sich damit eine bestimmte Position an. In der situativen Praxis des textilen Produzierens wird auch das Selbstverhältnis und das Selbstverständnis der Produzierenden wie bei anderen Prüfungen „formatiert" (Ricken/Reh 2017: 253). Das textile Artefakt lässt feststellen, wird zu einem unübersehbaren Symbol, welches mehr oder weniger geforderten und erwarteten Fertigkeiten oder Fähigkeiten in der Unterrichtssituation vermittelt wurden. „Die Macht der Prüfung, das performativ hervorzubringen, was sie bloß meint konstativ festzustellen, begründet ihren Erfolg“ (Ricken/Reh 2017: 253). Textile Artefakte können dabei offensichtlich zu Prüfungsstücken werden, wie beispielsweise Mustertücher im historischen Nadel- oder Handarbeitsunterricht oder die Prüfungsstücke erhalten, wie in den von mir besuchten Aktivitäten, einen über die pädagogische Bedeutung hinausgehenden Sinn. Die Prüfung kann mit unterschiedlichen Zielen versehen sein, es kann das Nachahmen einer präzisen Technik sein oder ein tragbares, gut verkäufliches Produkt oder auch ein gelungener Gestaltungsprozess.

Ping-Pong mit der Vergangenheit

Durch die Auseinandersetzung mit der Bedeutungskonstruktion des textilen Produkts entstand für mich ein gedankliches Ping-Pong-Spiel mit der Fachgeschichte. Das Fach Textil unterscheidet sich durch die Produktion von Dingen in seinem historischen Entstehen von anderen Fächern, die Leistung über schriftliche Prüfungen, Abfragen von Wissen oder Teilnahme bzw. Engagement der Lernenden erheben. Mit Verwissenschaftlichung, aber auch Diversifizierung des Faches, setzen sich Autor:innen in den 1970er und 80er Jahren mit der Geschichte des Hand- und Nadelarbeitsunterrichts auseinander. Bereits im 19. Jahrhundert produzierten Schüler:innen im ‚Arbeitsunterricht‘ textile Produkte für den Lebensunterhalt. „Die fertigen Gegenstände wurden unter Gewinnbeteiligung verkauft“ (Ulrich/Zimmermann 1983: 246). Seit der Industrialisierung entstanden Industrieschulen bzw. Erwerbsschulen. In diesen lernten Kinder das Handwerk, wie Stricken, Spinnen, Weben und Nähen, und konnten somit zum Lebensunterhalt der Familien beitragen. In den Erwerbsschulen waren Lohn, Arbeit und Lebensunterhalt durch den Verkauf sinnvoller Dinge eng miteinander verknüpft.

Zeitgleich entwickelten sich Höhere Töchterschulen (um 1800). Die privaten Schulen für die Töchter des wohlhabenden Bürgertums galten als Vorbereitung für die „weibliche Bestimmung“ (Ladj-Teichmann 1983: 99). „Aus einer ‚zierlich‘ anzusehenden Beschäftigung, aus einer als Muße ‚verkleideten‘ Arbeit, die half, ein intimes Familienklima herzustellen, haben Frauen eine nicht zu übersehende, produktive Arbeit gemacht“ (Ladj-Teichmann 1983: 92). Sie stellten eine Vielzahl farbiger Textilien her, die im Haus präsentiert wurden. Ladj-Teichmann liest diese als eine Selbstvergewisserung, als ein ‚Ich bin da‘[3]. In den Töchterschulen konnten

[3] Hier entsteht eine interessante Parallele zu dem von mir beobachteten Textilunterricht: Beschäftigten sich Schüler:innen nicht mit dem aktuellen Projekt oder hatten keine aktuelle Aufgabe, so begannen sie zu häkeln. Sie setzten damit ein Zeichen: „Ich bin da, ich beteilige mich am Unterricht.“

„alle Fähigkeiten, die über die ‚weibliche Bestimmung' hinausgingen", vernachlässigt werden (Ladj-Teichmann 1983: 100) und das Kunstvolle und das Ästhetische rückten stärker in den Vordergrund. Aus Sicht der Autor:innen der Monatszeitschrift für Fachlehrer und Fachlehrerinnen „Handarbeit und Hauswirtschaft" in den 1980er Jahren wurde der Unterricht 100 Jahre zuvor damit „immer sinnentleerter" und zur „reinen Beschäftigung" (Ulrich/Zimmermann 1983: 246).

Die einen Artefakte wurden genutzt und verkauft, die anderen wurden präsentiert. In der Literatur der letzten 150 Jahre zur Durchführung des Handarbeits- oder Nadelarbeitsunterrichts und später zur Didaktik des Textilunterrichts geht es immer wieder um das Einüben von Praktiken, die Nutzung der Dinge, aber auch um Gestaltung und Objektpräsentationen.

Nicht jedes Artefakt ist in der Geschichte des Textilunterrichts mit einem Sinn, der über das Lernen hinausgeht, versehen. Im Nadelarbeits- oder Handarbeitsunterricht war es ab dem Ende des 19. Jahrhunderts gängige Praxis, Probestücke und Mustertücher zu erstellen, die der Einübung und Aneignung von textilen Techniken und Wissen dienten, sie wurden eingeführt, um den Unterricht zu systematisieren. In ihrer Schrift 'Der Handarbeitsunterricht in Schulen' (1890) verlangt Rosalie Schallenfeld, dass zunächst alle Übungen an Probestücken ausgeführt werden (Schallenfeld zitiert nach Sommerfeld 1978: 24).

> Jeder Lehrgegenstand der Volksschule ist methodisch bearbeitet, und seine Methode ist den größten Veränderungen unterworfen gewesen, weil sein reges Streben nach Verbesserung immer neue Ansichten in das Leben gerufen hat. Nur der Handarbeitsunterricht macht davon eine Ausnahme. [...] Es ist bei ihm ein Verschwenden der Lehrzeit und Lehrkraft, ein vereinzeltes und durcheinander Arbeiten, [...] ein wahres Abquälen und ein völliges Nichtsthun, ein Prangen mit erzielten Früchten und eine Fortschrittslosigkeit sondergleichen. [...]
>
> (Schallenfeld 1857: 257 f. zitiert nach Sommerfeld 1978: 23)

Die Begründung Schallenfelds in der von ihr bereits 1857 verfassten Schrift „Über die Unzweckmäßigkeit des jetzigen Handarbeitsunterrichts in Töchterschulen" macht deutlich, wie sehr die Auffassung zur Umsetzung des 'Handarbeitsunterrichts' und die damit verbundenen Artefakte mit den aktuellen gesellschaftlichen Situationen sowie dem vorliegenden Verständnis von Unterricht und Schule verbunden sind. Und gleichzeitig wird sichtbar, dass der alltagsbezogene, handwerklich und weiblich orientierte Unterricht schon seit jeher eine Sonderposition im Fächerkanon einnimmt. Nun wird das Fach nach strengen Regeln und Mustern gelehrt und unterrichtet, dabei wird von der 'Schallenfeldschen Methode' gesprochen (Sommerfeld 1978: 22). Doch die Systematisierung ist nicht unproblematisch. Sommerfeld schreibt hierzu: „Bei allen positiven Ansätzen darf bei R. Schallenfeld nicht übersehen werden, daß sie das Fach nur aus der Sicht der rein manuellen Arbeit betrachtet, und daß sie es dadurch für die Schule zum Technischen Fach abstempelt" (Sommerfeld 1978: 24).

Anfang des 20. Jahrhunderts gab es unter dem Einfluss der Reformpädagogik eine Wendung in Zielsetzung und Arbeitsweise. Johanna Hipp ist eine der Ersten, die, nachdem sie ein Buch zur Reform des Zeichenunterrichts herausgegeben hat, mit dem kleinen Werk 'Handarbeit der Mädchen' auch dort eine Reform vorschlägt. Dies wird 1903 in der Zeitschrift 'Kunst und Handwerk – Zeitschrift des Bayrischen Kunstgewerbevereins zu München' wie folgt kommentiert:

> Die Forderung ist auch hier durchweg: nicht mechanisches Nachahmen, sondern eigenes Auffassen und Gestalten, und der Weg, den J. Hipp skizziert [...], scheint vollständig geeignet, um zu diesem Ziele zu führen. Bis jetzt werden die verschiedenen Techniken: Stricken, Häckeln, Nähen [...] an Musterstreifen und -Tüchern gelernt; [...] Heute trägt niemand mehr solche Strümpfe, aber der Strickmusterstreifen muß in der ersten Klasse bewältigt werden, obwohl das Stricken mit seinen komplizierten Fingerbewegungen durchaus keine Arbeit für die ungeschickten Händchen unserer Sechsjährigen ist. J. Hipps erste Forderung ist dagegen, daß schon die erste Arbeit einen greifbaren Zweck haben soll; [...].
>
> (J. B. 1903: 345)

Johanna Hipp schlägt vor, aus Stoffstücken Tintenwischer zu nähen, da sie dies für eine Aufgabe hält, die den ‚kindlichen Fähigkeiten' entspricht. Danach sollen andere Gebrauchsgegenstände und einfache Kleidungsstücke hergestellt werden (J. B. 1903: 345). Die Bedürfnisse der Kinder und die ästhetische Gestaltung, verbunden mit einer grundsätzlichen Funktionalität, rücken stärker in den Vordergrund. Wenige Jahre später bringt Margot Grupe 'Die neue Nadelarbeit' heraus, die aufgrund ihres Erfolgs mehrfach neu aufgelegt und überarbeitet wird. Die Kinder sollen Probestücke zum Erlernen des Nähens mit der Nähmaschine anfertigen, aber diese Probestücke sollen, wie bei Johanna Hipp, bereits zu Beginn zu brauchbaren Dingen werden:

> [...] hier ist von Anfang an die Technik nicht als Selbstzweck, sondern in der Herstellung brauchbarer Dinge zu üben, wovon jedes nur genau die Nähte enthält, die für den Zusammenhalt oder die Verzierung notwendig sind. Sogenannte Übungsstücke sind damit gleich den früheren Nähtüchern ausgeschlossen.
>
> (Grupe 1914: 119)

Unter diesem Einfluss der Kunsterziehungsbewegung (ab 1888) öffnet sich das Spannungsfeld zwischen dem ‚fleißigen' Erlernen einer textilen Technik und der Beschäftigung mit Kunst und Kunstwerken, die in den ‚jungen Menschen' schöpferische Kräfte wecken und entwickeln sollte. Die Zielsetzung des Unterrichts pendelt zwischen den gehorsamen, zukünftigen Arbeiterinnen oder Hausfrauen und dem gestaltenden Kind, das sich durch das Herstellen von nützlichen Gegenständen selbst finden soll. „Das Nähen für die Puppe soll durch Selbstfindung, Selbsttun dazu beitragen, produktive Kräfte zu lösen" (Grupe 1914: 88). Margot Grupe bezieht sich dabei auf Johanna Hipp, „die das Arbeiten für die Puppe ‚das Ideal allen Nähens in der Schule' nennt." Sie betont auch, dass beim Nähen einer Puppe – ganz dem weiblichen Ideal entsprechend – zu dem Moment der Schaffenslust der Reiz der Fürsorge als „Stärkstes" hinzukommt, „das einen wahren Zauber über die Arbeit ergießt" (Grupe 1914: 88). Interessant hierbei: Auch der Gedanke der Fürsorge und des Engagements für andere findet heute noch in fast allen von mir beobachteten empirischen Situationen einen Platz, wie beispielsweise das Monster im Grundschulunterricht, das eine Nase benötigt.

Im Verlauf der letzten 150 Jahre lässt sich ein wiederholter Wechsel beobachten zwischen angeleiteter (Re-)Produktion und selbstbestimmter Gestaltung sowie zwischen dem Anfertigen reiner Lernartefakte oder von Artefakten bzw. Produkten (Sommerfeld 1978: 32–86), die über das Lernen hinaus durch Ausstellungen, Verkauf oder individuelle Nutzung, wie durch das Kleiden oder Spielen, mit Sinn versehen werden. Dieser Sinn ist immer auch von der gesamtgesellschaftlichen Auffassung von Bildung, von Vorstellungen von Kultur und Gesellschaft, von den jeweiligen zugeschriebenen Zielen der Textilen Bildung und, in der konkreten Vermittlungshandlung, von der Lern- bzw. Schulkultur abhängig.

Die unsagbare ‚Nicht-Nützlichkeit'

Während meiner Forschungszeit sind mir selten Produkte begegnet, die, wie in Schallenfelds Zeit, nur als Übungsstücke angefertigt wurden. Die textilen Artefakte, deren Anfertigung zumeist mit einem hohen Aufwand verbunden ist, wurden immer durch die Lehrenden mit einem weiteren Nutzen versehen. Damit sollten „Spaß" (Lehrkraft H., GSH, Pos. 139) und/oder „Ehrgeiz" (Lehrkraft M., Teil 2, GI, Pos. 61) gefördert und im Kontext der BNE ein ressourcenschonender Umgang mit Materialien eingeübt werden. Die Sinnzuschreibung für die Artefakte ist mit einer Verlängerung der Nutzungsdauer textiler Materialien durch Umnutzung, Reparatur oder Weitergabe verbunden. Selten werden textile Dinge ‚nur' um zu lernen angefertigt. Wenn Reste bleiben oder etwas nicht Nutzbares entsteht, dann ist es mit den Prinzipien der nachhaltigen Entwicklung und der Textilen Bildung, die von jeher auf einen sparsamen Umgang mit Rohstoffen geachtet hat, nur schwer vereinbar.

Eine Lehrkraft berichtet mir von einem Unterricht einer anderen Lehrkraft, an dem sie teilnahm. Sie beobachtete eine Verschwendung der Materialien, die durch das ‚Noch-Nichtkönnen' der Schüler:innen entstand. Da ich auch an eher experimentellen Ansätzen und damit unvermeidlich ‚verschwenderischen' Ansätzen interessiert bin, fragte ich im Gespräch kritisch nach:

> S: Und Sie glauben nicht, dass das Ausprobieren vor den Grundtechniken kommen könnte?
>
> H: Das habe ich gesehen, äh, und fand das (S: Ah, das was das …) nicht gut, weil so viel Abfall da war. Die, die hat die Schüler laufen lassen, schneiden, schneiden, schneiden, nähen, nähen und der Mülleimer war voll! Jedes Mal!
>
> S: Und kein richtiges Ergebnis sozusagen.
>
> H: Ne, die haben es zwar ausprobiert, aber … ich halte das für Verschwendung.
>
> […]
>
> H: So, und dann denke ich mir, nee, so möchte ich nicht arbeiten. Die machen ja alle niedliche kleine Sachen. Nä, das können die gerne ausprobieren. Und da meckere ich auch nicht, wenn die Naht so und so ist. (S: ja, ja) außer sie ist so quer, ja. Das finde ich schon, aber so vorher, mit der Hand, mögen die auch nicht!
>
> (Lehrkraft H., GSH, Pos. 459–466)

Die Lehrkraft beschreibt, wie sie zu der Überzeugung kam, dass das Anwenden textiler Techniken sinnvoll ist, um Verschwendung von Materialien zu vermeiden. Sie nimmt das Dilemma wahr, das dabei zwischen dem herausfordernden Erlernen der Techniken und der Motivation der Lernenden entsteht. Eine Naht kann daher auch mal krumm sein oder es muss auch nicht alles mit einem Steppstich vorab mit der Hand genäht werden. Aber das Ziel, dass 'niedliche, kleine Sachen' entstehen, ist von der interviewten Person gesetzt.

Damit ist das Thematisieren der ‚Nutzlosigkeit' von Dingen so unangemessen, dass im Unterricht ein ‚Als-ob', ein Schein der Nützlichkeit, aufrechterhalten wird, wie im oben beschriebenen Rock-Beispiel aus der Werkstatt ‚Drei Stoffe'. Hier erscheint in der empirischen Situation das Unsagbare nach dem Adele Clarke (2018) in der Situationsanalyse sucht: Viele der in der Schule produzierten Artefakte sind im Grunde reine ‚Lernartefakte'. Sie werden hergestellt, weil eine Aufgabe gegeben wird, weil etwas geübt oder ausprobiert werden soll. Danach sind die Artefakte meist überflüssig. Um den Lernenden einen höheren Sinn zu vermitteln, wird eine weitere Bedeutungsebene hinzugefügt, die von allen Teilnehmenden fast zu jeder Zeit aufrechterhalten wird. Nur einmal äußert sich eine Schülerin in der Werkstatt ‚Drei

Stoffe‘ kritisch und energisch, was ich mir auch in meinem Forschungstagebuch notiere:

> Was heute noch spannend war, war das Aussortieren der Kiste mit vielen angefangenen Häkelstückchen. Es wurde immer dann gehäkelt, wenn nichts anderes zu tun war. Es waren alles Teile ohne Funktion, die aber auch niemanden mehr gehörten. Sie wurden einfach nur gehäkelt, um zu häkeln. Ist das der vorgeschobene Schüler:innenjob?
>
> Lene sollte heute mal überlegen, was sie aus ihrem riesigen Häkelstück macht. Da hat Nada das ausgesprochen, was (vermutlich) keiner hören will: 'Seid ehrlich! Es ist nicht immer alles toll!'
>
> (Forschungstagebuch: 412)

In der Werkstatt ‚Drei Stoffe‘ war die Aufgabenstellung bezogen auf das Produkt offen formuliert. Der Gestaltungs- und Arbeitsprozess verlief daher bei den Schüler:innen sehr individuell und die Ergebnisse unterscheiden sich stark in Qualität und Nutzbarkeit. Ich spreche im Interview mit der Lehrerin darüber:

> H: Ja, und dann, dass es denen Spaß macht, dass sie fragen können, dass sie Freiheiten haben, dass ich so ein bisschen gucke. Es soll auch ein Ergebnis kommen, na, es gibt, sind immer welche dabei, die … nicht so fleißig sind, die, die gerne was anderes möchten, oder mir geht es heute nicht so gut, da weiß ich dann auch so … kurz, so und so, **aber dann wieder integrieren**.
>
> S: Was verstehen sie denn unter Ergebnis dann?
>
> H: Ähm, so wie dieses Projekt, nä, mit diesen drei Stoffen, dann möchte ich schon, dass da ein Ergebnis ist.
>
> (Lehrkraft H., GSH, Pos. 129–131)

Solange die Jugendlichen „fleißig“ an einem Ergebnis arbeiten, also der sozialen Praxis des Beschäftigtseins nachgehen, sind sie anerkennbare lernende Subjekte. Im Verlauf des Unterrichts entstehen Taschen, Kissen, ein Oberteil und zwei Röcke. Wenn sie aber nicht produzieren, weil es ihnen beispielsweise nicht gut geht, dann bewegen sie sich außerhalb der Schüler:innenposition. Sie müssen sich dann nach einer kurzen Pause, wieder „integrieren“ und an ihrem „Ergebnis“ weiterarbeiten. Frau Grote hat hierfür aber auch eine weitere Maßnahme entwickelt. Schüler:innen, die nicht an der aktuellen Aufgabenstellung arbeiten, können häkeln. Der Schein der Produktion eines Gegenstands und der sinnvollen Tätigkeit wird dabei aufrechterhalten und sie sind weiterhin anerkennbare Subjekte der Lerngruppe des Textilunterrichts.

Neben der Aufgabenstellung, dem Herstellen eines „Ergebnisses“, plant die Lehrkraft zunächst eine kleine Ausstellung als Motivation für die Lernenden bzw. Produzierenden. Am Ende des Schuljahres werden die Ergebnisse in einer Vitrine auf dem Flur vor dem Textilraum präsentiert.

> H: Ich wollte so eine kleine Ausstellung machen, irgendwie. [...] Weil, das ist viel Arbeit und so weiß man auch, ne, es kommen andere und ein klein bisschen Druck finde ich nie verkehrt. [...] und dann dachte ich, vielleicht haben die da auch Spaß dran, ne, das anderen zu zeigen, was sie gemacht haben. [...]
>
> (Lehrkraft H., GSH, Pos. 139)

Die Schüler:innen sowie auch die Lehrer:in können mit dieser Vitrine ihre Leistung zeigen, denn es ‚ist viel Arbeit‘. Interessant ist hierbei, dass nicht nur die Objekte, sondern auch die Aufgabenstellung mit ausgestellt wird. Die Vitrine, die Aufgabenstellung sowie die Produkte der Aufgabenstellung verweisen damit für andere in der Schulgemeinschaft nicht nur auf die Vielfalt der textilen Objekte aus drei Stoffen, sondern auch auf die Bedeutung des textilen Unterrichts im Rahmen der Schulkultur. Damit ist auch die Leistung der Lehrkraft verbunden, etwas beigebracht zu haben und die Leistung der Schüler:innen etwas hergestellt zu haben. Dass ein Großteil der Produkte nach dem Ausstellen in der Vitrine vermutlich in einer Zimmerecke verschwindet oder gar im Müll landet, wird verschwiegen.

In wenigen Fächern ist das Bedürfnis, einem Lern- und Prüfungsobjekt einen weiteren Sinn und Nutzbarkeit hinzuzufügen, so groß wie im Textilunterricht. Was wäre, wenn jeder Deutschaufsatz als Geschichte verschenkt werden müsste oder jede Matheaufgabe ein Teil eines Rezepts oder einer technischen Anleitung sein sollte? In der Interferenz zwischen textiler Bildung und Bildung für nachhaltige Entwicklung mit dem Ziel von lebenslang Lernenden und ressourcenschonenden Subjekten verstärkt sich das Bedürfnis, ausschließlich nützliche Dinge herzustellen. Im beobachteten ethnografischen Ausschnitt geht es soweit, dass von allen Beteiligten ein ‚Als-ob-es-sinnvoll-ist‘ aufrechterhalten wird. In einer anderen ethnografischen Notiz halte ich fest, dass eine Lehrkraft in den Arbeitsprozess der Lernenden eingreift und Arbeiten der Schüler:innen übernimmt, um abzusichern, dass ihr (der Lehrkraft) die Ergebnisse gefallen und somit für die Lernenden auch (potenziell) tragbare T-Shirts entstehen. Der Nutzen der Dinge ist zugleich mit einem Grad der Perfektion verbunden, die in der schulischen Praxis an ihre Grenzen kommt.

Nicht nur in der Werkstatt ‚Drei Stoffe‘, sondern auch in der Werkstatt ‚Sockenmonster‘ zeigt sich am Ende, dass die Objekte über die Situation der Herstellung hinaus nur wenig Spielwert haben:

M: Die meisten haben sie, glaube ich, mitgenommen. Also so einzelne fliegen nochmal durch den Klassenraum (M. lacht) … Ja, das ist halt sowieso, dass das Traurige finde ich, ne, dass so diese ganze, dass diese Produkte, die man herstellt, zwar einerseits für die Kinder erstmal total wichtig sind, aber wenn das so Zuhause nicht aufgenommen wird, ne, also wenn da keiner nachfragt, […] denn, puh, denn versauern die im Schulranzen, nä, und das ist manchmal ein bisschen traurig …

(Lehrkraft M., Teil 1, GI, Pos. 4)

S: Aber ihr habt nicht irgendwie im Unterricht noch ein bisschen gespielt?

M: Wir haben ein bisschen, klar so. Aber es ist dadurch, dass es ja eben Monster waren, waren sie schon sehr wild (beide lachen). Das heißt, so richtig viel, außer sich gegenseitig anzufallen (beide lachen), fiel den Kindern nicht ein (beide lachen). Nein, da haben wir auch nicht mehr viel draus gemacht.

(Lehrkraft M., Teil 1, GI, Pos. 6–8)

Dass die Dinge nicht ihren vorgesehenen weiteren Sinn erfüllen und den Spielwert verlieren, wird an dieser Stelle damit verbunden, dass 'das so Zuhause nicht aufgenommen wird'. Ein Grund des Verlusts des Spielwerts ist das mangelnde Interesse der Eltern und wird eher wenig mit den Artefakten selbst verbunden. In dieser Grundschule verweisen die Lehrkräfte noch mehrfach auf die Herkunft der Kinder und machen hieran Defizite fest (Kapitel 11). Das Defizit wird nicht am Artefakt festgemacht, sondern am Hintergrund der Kinder.

Es stellt sich die Frage, inwiefern im Kontext BNE und Textil ein offener Umgang damit stattfinden muss, dass auch Ressourcen, die ‚nur' für das Lernen verwendet werden, sinnvoll eingesetzt sind und dass es selbst mit Blick auf einen schonenden Umgang mit natürlichen Ressourcen in Ordnung ist, Dinge zu entsorgen und auch Prototypen oder fehlerhafte Dinge herzustellen. Im Tun ‚als ob' die Dinge nützlich wären, liegt die Gefahr, dass jede Form der Wiederholung im Alltag für die Lernenden eher ausgeschlossen ist, da es nicht realistisch erscheint, dass selbst produzierte Dinge wirklich gefallen und (wieder-)verwendet werden können. Denn: „Individuen erlernen also dadurch, dass sie Praktiken vollziehen, die Welt, sich und andere in bestimmter Weise zu deuten und sich – ‚mitspielend' – als jemand bestimmtes zu zeigen" (Kuhlmann/Ricken 2022: 2). Wenn nun aber das ‚So-Tun-Als-Ob' Teil des Spiels wird, kann es kaum zu einer glaubwürdigen Alltagspraxis werden.

Realitätsbezug, Anleitung und Anerkennung

In der Bildung für nachhaltige Entwicklung sind daher Projekte mit Realitätsbezug, wie Schüler:innenfirmen, Reparaturwerkstätten oder Projekte im Bereich Service Learning beliebt. Die Werkstatt ‚Müllcycling' hat auch den Verkauf der aus Müll hergestellten Dinge zum Ziel. Im Gegensatz zu den ‚Drei Stoffen' geht es nicht um

Gestaltung, sondern die Werkstatt ‚Müllcycling' zielt auf ein verkäufliches Konsumprodukt ab. Wenn nutzbare Dinge entstehen sollen, dann sind, wie in der Werkstatt ‚Müll:cycling', strenge Anleitungen, Wiederholungen und oftmals auch ein mehrfaches Auftrennen von Fehlversuchen notwendig. In der Werkstatt ist wie bereits vor mehr als 100 Jahren bei Margot Grupe vor allem die Funktion entscheidend.

> K: Genau, die kriegen von mir eine Kritik, wenn, wenn sie irgendwie eine Tasche oben zugenäht haben. Dann müssen sie das auftrennen. Das ist klar, weil die Tasche funktioniert nicht. Aber wenn irgendwas nicht schön genäht ist und es trotzdem funktioniert, dann lege ich das in deren Entscheidung und das finde ich wichtig, weil sonst die Frustration zu hoch ist.
>
> (Lehrkraft F., GSF, Pos. 110–113)

Damit sich die Artefakte gut produzieren und verkaufen lassen, ist eine enge Begleitung durch die Lehrkraft und eine sorgfältige Auswahl der Produktvorlagen erforderlich. Um dennoch ein individuelles Arbeiten im Sinne des individualisierten Lernens zu ermöglichen, hat sich Klara an der GSF eine klare Ordnung ausgedacht (Kapitel 9). Die Verkäuflichkeit eines Produkts wird damit zum Bewertungsmaßstab, einerseits des Werkstattunterrichts der Lehrkraft und andererseits der Schüler:innenleistung. Und auch wenn Klara beispielsweise die Werkstatt als ein gemeinsames Produzieren mit Kindern und Jugendlichen beschreibt, so bleibt sie immer in der machtvollen Position der Lehrkraft, die im Produktionsprozess immer wieder beurteilt und damit Artefakte zu geeigneten Produkten und Lernende zu erfolgreichen oder eben nicht-erfolgreichen Produzierenden macht. Am Ende des Halbjahres ist auch sie diejenige, die ein Zertifikat mit einer Beurteilung der schulischen Leistung ausstellt und damit die erbrachte soziale Praxis in die Normen der schulischen Ordnung aufnimmt[4].

Das Artefakt dient in den schulischen Lernwerkstätten und Wahlpflichtkursen – egal, ob als reines Lernobjekt oder nicht – als Zeichen des Lernfortschritts. Dabei wird nicht nur ein individueller Lernfortschritt sichtbar, sondern es wird auch zu einem Vergleichsprodukt. Die Lernenden und vor allem auch die Lehrenden vergleichen den Arbeitsprozess und die Ergebnisse wiederholt mit denen der anderen Lernenden. Die Intensität und Form des Vergleichens ist je nach Lerngruppenkonstellation, Aufgabenstellung sowie Schulkultur unterschiedlich. Während in der Grundschule verstärkt von der Leistungsbereitschaft einzelner und den Leistungsdefiziten anderer gesprochen wurde, maßen die Lehrkräfte in den weiterführenden

[4] An der GSF bekommen die Schüler:innen in den Werkstätten keine Noten und Zeugnisse, sondern nach jedem Halbjahr ein Zertifikat mit einer Beurteilung ihrer erworbenen Kompetenzen im Werkstattunterricht.

Schulen die Leistung der Lernenden einerseits an der Kreativität und der aufgabengetreuen Umsetzung und andererseits am Engagement und der Hilfsbereitschaft der Kinder und Jugendlichen.

Ehrgeiz, Fleiß und Zuweisung

In allen Werkstätten verweisen die Lehrkräfte im Interview ganz nebenbei, aber doch auch wiederholt, auf die Notwendigkeit von Ehrgeiz, Fleiß und Ordnung:

> K: [...] Zum Beispiel Rinna ist ja ein super Beispiel. Die ist ja eine ganz, äh, motivierte, kreative. Aber die ist so ein bisschen ... **unordentlich**, sagen wir mal. Und dann, dann hat sie dann was, was genäht und dann sag ich, ja, okay, das kann man jetzt so lassen, aber das kannst du auch aufmachen und nochmal neu machen und dann sieht es schöner aus. Und jetzt ist sie ins ... jetzt ist sie dabei, dass sie sagt, ich mach das nochmal neu.
>
> (Lehrkraft F., GSF, Pos. 110)

Oder:

> M: Es ist auf jeden Fall sehr sichtbar geworden, dass die, die es irgendwie hingekriegt haben, dass die sehr, sehr stolz darauf waren. Also, dass sie schon erkannt haben, aha, ich kann da was. Was schon auch was Wertvolles ist, was man nicht bei allen sieht, also was nicht alle können und dass das sie schon zufrieden gemacht hat.
>
> S: Und die, die es nicht gekonnt haben?
>
> M: Die? .... ja, ich glaub schon, dass es ein paar gewurmt hat und dass sie deshalb das nochmal ein bisschen stärker probiert haben. Und, und sich Hilfe geholt haben, dann war es dann kam es ja auch zu einem Ergebnis.
>
> (Lehrkraft M., Teil 2, GI, Pos. 52)

Oder:

> M: Ja, wann der **Ehrgeiz** kommt und ich frag mich auch, warum das eig... also mir kommt es so vor, dass das genau in vielen Dingen der Punkt ist, dass die Kinder eigentlich diese Erfahrung gar nicht mehr machen, dass es sich lohnt, sich für irgendwas richtig anzustrengen, um das dann selber zu können. Das meine ich wäre, jedenfalls in meiner Wahrnehmung war das, war das mal anders. Nä, also diese Peinlichkeit eigentlich, dass in der zweiten Klasse noch jemanden fragen muss, dass er die Schuhe (S: Schuhe bindet) zubindet. Dass, das ist denen nicht peinlich, überhaupt nicht ist denen das peinlich.
>
> (Lehrkraft M., Teil 2, GI, Pos. 57)

Das textile Artefakt wird auch heute noch, wie bereits in der Vergangenheit, zu einem Symbol für Fleiß, Geschicklichkeit und Ehrgeiz. In den Interviews werden Fleiß, Ehrgeiz und Ordentlichkeit als ein von Schüler:innen nicht erfüllter Bezugsrahmen bezogen auf den Lernprozess oder als Eigenschaft der Subjekte genannt. Die Lehrerinnen beschreiben mir Schüler:innen, die sich zunächst eben nicht diesen alten textilen Idealen angemessen zeigen und berichten aber auch, wie mit dem textilen Arbeiten genau diese alten ‚Tugenden' doch wieder gefördert werden können.

Dagmar Ladj-Teichmann (1983) arbeitet Anfang der 1980er Jahre in ihrer Dissertation zur Sozialgeschichte der Frauenarbeit im 19. Jahrhundert heraus, wie der Textilunterricht dazu diente, junge Mädchen zur Weiblichkeit zu erziehen. Durch die kritische Lektüre der Vergangenheit ist es erschreckend, aber gleichzeitig auch nicht überraschend, wie häufig die Lehrkräfte im Vollzug der textilen Praktiken von Fleiß und Ordnung sprachen. Ich muss an meine Kollegin denken, die bezogen auf die Neuaufstellung der Textildidaktik Ende des 20. Jahrhunderts schreibt:

> Diese Verwissenschaftlichung ist als Kampfansage gegen die textiltechnische und textilpraktische Kanonbildung des Faches lesbar. Vor dem geschichtlichen Hintergrund, dass über die Anwendung textiler Techniken oftmals auch national-weiblich codierte Tugenden wie Sittsamkeit, Fleiß, Anmut, Demut und Treue eingeübt werden sollten, wenden sich Forderungen nach Verbalisierung auch gegen solche körperlich-stillen Zurichtungsweisen.
>
> (Mühr 2020: 136)

Mir kommt ein provokativer Gedanke in den Kopf: Findet mit dem geschäftigen Produzieren adäquater Konsumprodukte nicht auch eine Form von – vielleicht nicht Zurichtung – aber doch vielleicht Zuweisung auf Plätze in einer noch funktionierenden kapitalistischen Welt statt, sowohl als fleißige, arbeitende Bürger:innen als auch als mäßig konsumierende, dennoch produktorientierte Verbraucher:innen? Ist es das, was BNE erreichen soll und kann?

Noch erschreckender finde ich den Gedanken, wenn ich bedenke, wer beispielsweise im Wahlpflichtkurs Textil teilnimmt: In der von mir besuchten Werkstatt ‚Drei Stoffe' waren es ausschließlich weiblich gelesene Jugendliche. Mit dem Fokus auf die Produktion schöner, nützlicher Dinge für den Haushalt, zum Schmuck oder zum Spielen, im Kontext der BNE, scheint sich das fortzusetzen, was in der häuslichen Erziehung und in den höheren Töchterschulen praktiziert wurde, wo die „Frauen als Bewahrerinnen der positiv besetzten menschlichen Eigenschaften, als ‚Hüterinnen der Moral‘ und des ‚trauten Heimes‘ einer Beschäftigung nachgehen sollten“ (Ladj-Teichmann 1983: 92).[5]

Wenn man bedenkt, welche Wirkmacht den nachhaltigen (weiblichen) Praktiken des Reparierens, Tauschens und Weiternutzens im Diskurs zum nachhaltigen Konsum zugeschrieben werden, kann man hierin eine Fortsetzung des Bestrebens sehen, mit weiblichen ‚Tugenden‘, die Welt ein Stückchen besser zu machen. Die Dissertation von Ladj-Teichmann ist – wie auch diese Arbeit mit ihrem Bezug auf die nachhaltige Entwicklung – eine Arbeit ihrer Zeit, in der es einerseits um Frauen und ihre Rechte und andererseits um eine kritische Perspektive auf den Kapitalismus ging. Daher formuliert sie zum Ende einen ambivalenten Gedanken, der auch anschlussfähig an heutige Diskurse zur Transformation der Gesellschaft ist. Sie schreibt, textile Handarbeiten und die aufwendige Herstellung „unnötiger Dinge“ würden einen Anachronismus bilden, in einer Epoche in der sich kapitalistische Produktionsmethoden durchsetzen (Ladj-Teichmann 1983: 216). Sie sieht in der „weiblichen Produktivität“ auch eine Form der Abwehr der „kapitalistischen Reduktion des Menschen“ und beschreibt dies als das Aufbewahren eines kleinen Stücks „Selbstbestimmung“ (Ladj-Teichmann 1983: 215). „Textilarbeiten trugen nicht nur dazu bei das uns bekannte Sozialisationsergebnis ‚weibliches Wesen‘ zu erzielen, sondern sie hatten – wie jede erzieherische Maßnahme – einen durchaus ambivalenten Charakter“ (Ladj-Teichmann 1983: 215). Und so bezeichnet Heike Derwanz fast 40 Jahre später das Visible Mending, also das sichtbare Stopfen eines Kleidungsstücks, auch als politische Praxis (Derwanz 2020b: 122 f.). Wobei nicht nur die Reparatur an sich eine „anti-konsumistische Praktik“ ist, sondern auch das Tragen, denn damit würde eine neue gesellschaftliche Norm kommuniziert (124 f.). Diese Bezüge öffnen einen großen Bogen zwischen ‚Weiblichkeit‘, Produktion, Konsum, ‚Weltenretten‘ und Aktivismus und sind eher als Denkanstoß gedacht und nicht als vollentwickelte Gedanken zu verstehen. Aber die Frage, die sich hier im Rahmen dieser Arbeit stellt, ist: Was könnte nun diese politische Praxis in der Schule bewirken bzw. wie kann durch diese gedachte Verbindung das textile Arbeiten und auch die BNE (wieder) politischer und kritischer werden, anstatt auf Anpassung durch Fleiß, Ehrgeiz und Ordnung zu setzen?

---

[5] Das ist anschlussfähig an meine Beobachtung, dass eine Vielzahl der BNE-Projekte zum nachhaltigen Konsum in der Tendenz die Handlungsoptionen v. a. auf weiblich gelesene Praktiken beziehen. Hierzu zählt der Textilkonsum aber auch das Thema Mikroplastik, bei dem Kosmetika und die Wäsche von Kleidungsstücken in den Blick geraten, obwohl teils höhere Mikroplastikanteile aus der Industrie und beispielsweise durch Reifenabrieb in die Umwelt gelangen. (Bund für Umwelt und Naturschutz Deutschland o. J.; Fraunhofer UMSICHT 2024)

10.3 Lernartefakte

Die Zeigestruktur in der Überlagerung von textiler Vermittlungspraxis und BNE besteht zumeist in der Herstellung, Wiederverwendung oder Reparatur von Dingen und die damit verbundene Weiter- und Längernutzung (Kapitel 7). Es gibt aber nicht nur textile Praktiken, die etwas Neues entstehen lassen, die ich als Zeigestruktur deute, sondern auch die des Zerlegens oder des Experimentierens. Die bleibenden Reste sind letztendlich auch ‚Produkte' und Artefakte des Unterrichts. Während es dabei selbstverständlich ist, dass bei einem naturwissenschaftlich angelegten Experiment oder Versuch Reste übrig bleiben, die vermutlich im Müll entsorgt werden müssen, ist das bei textilen Experimenten nicht unbedingt der Fall.

Klara berichtet mir von den textilen Experimenten ihrer Kollegin, die sie in der Werkstatt für Naturwissenschaften (NW) durchführt:

> K: [...] Frau F. [...] die hat auch Textil gelernt, die ist aber auch NW-Lehrerin, [...] die macht, ‚Was trägst du da?' und die untersucht Materialien mit der Brennprobe und so. [...] Das habe ich mal gemacht, aber es fällt immer wieder raus [...] es nimmt soviel Zeit und dann kann ich wieder so wenig produzieren. Und ich leg den Schwerpunkt auf das Produzieren, ganz klar. Wobei ich das toll finde, wenn das brennt, riecht und stinkt tierisch nach Plastik. [...] Und das ist halt irgendwie super spannend diese Erkenntnisse, die die Kinder dadurch gewinnen. [...]
>
> (Lehrkraft F., GSF, Pos. 86–87)

Auch in der Universität und in anderen Kontexten werden mir die Brennprobe, ein Versuch für den Nachweis eines Rohstoffs, einer Faserprobe, aber auch andere experimentelle Verfahren, wie das Färben mit Naturfarbstoffen, genannt und gezeigt. In diesen naturwissenschaftlichen Experimenten wird das Lernen in der Durchführung gesehen und der ‚Beweis' des Lernens wird in der Regel in schriftlichen Protokollen oder lediglich mündlich in Gesprächen festgehalten. Das textile Artefakt, das ‚Übrigbleibsel' des Experiments, wie die Asche oder der geschmolzene Strohhalm, werden und sind meist diskussionslos Müll.

Das Zerlegen

Auch eine Form des Experimentierens zeigt sich im Zerlegen von Kleidungsstücken und Textilien. Sowohl die von mir besuchten Lehrkräfte als auch Kolleg:innen berichten vom Zerlegen von textilen Produkten in Unterricht und Lehre. Die Lehrkraft der Werkstatt ‚Drei Stoffe' hatte beispielsweise Leinenbeutel und andere Produkte zerlegt, um mit Schüler:innen gemeinsam den Schnitt zu erarbeiten.

Das Zerlegen wird mit verschiedenen Bedeutungsebenen versehen. Einerseits, um den Aufbau eines Produkts zu verstehen, und andererseits um Produkte auf Grundlage eines zerlegten Produkts nachzuarbeiten. Mit Blick auf eine nachhaltige Ressourcennutzung kann das Zerlegen aussortierter Dinge auch als Materialspeicher betrachtet werden. Klara aus der Werkstatt ‚Müllcycling' beschreibt im Interview eindrucksvoll eine Szene, in der sie den Schüler:innen zeigen möchte, dass aussortierte Dinge aus wertvollen Rohstoffen bestehen:

> So, und das ist so dieser Gedanke, mit diesem, aus Müll Neues herstellen, der begleitet mich auch in meiner Freizeit im Prinzip. Weil manchmal, letztens habe ich eine alte, eine kaputte […] da hatte jemand eine kaputte Sporttasche vor die Tür gelegt, wo ich so dachte: Wer soll die mitnehmen? Und ich bin natürlich vorbeigekommen und hab mich gefreut, weil ich habe dann eine riesen Ausbeute gehabt. Ich habe dann zwei Meter Gurtband gehabt. (S: Super!) Ja, ich habe dann 4 Reißverschlüsse und halt die, die noch schönen Stoffflächen aus denen man Bauchtaschen nähen kann. Weil die sind dann ja auch beschichtet und ein bisschen wasserabweisend und das hab ich dann den Kindern auch gezeigt.
>
> (Lehrkraft F., GSF, Pos. 8)

Im Falle von Klara entstehen im Prozess des Auseinandernehmens aus einem Fundstück viele kleine neue Artefakte. Sie verbleiben in der Textilwerkstatt der Schule. Das Zerlegen hat das klare Ziel, die einzelnen Bestandteile zu nutzen. Die Tätigkeit des Zerlegens ist für Klara mit einem doppelten Sinn versehen. Einerseits sieht sie in der Tasche intuitiv einen Materialfundus für ihren Unterricht. Sie sieht das Gurtband für Taschen, sie sieht Stoffe für Bauchtaschen und vier Reißverschlüsse. Sie erkennt im Vorübergehen die Eigenschaften der Materialien und kann sie den verschiedenen Funktionen, die sie in der Werkstatt benötigt, zuordnen. Sie zerlegt die Tasche aber nicht zu Hause oder in der Unterrichtsvorbereitung, sondern sie zerlegt sie im Werkstattunterricht und nutzt die pädagogische Zeigefunktion. Ihr Ziel ist es, dass auch die Schüler:innen zukünftig die einzelnen Bestandteile eines Produkts als Ressource wahrnehmen können.

Materialisierte, verkörperlichte Botschaften

In den schulischen Projekten und Werkstätten erscheinen textile Produkte und ihre Herstellung zentral. An außerschulischen Lernorten und in Unterrichtsmaterialien zeigen sich textile Vermittlungspraktiken in Verbindung mit den Zielen der BNE noch auf eine andere Art und Weise. Es werden exemplarisch textile Techniken nachvollzogen, wodurch (zumeist) kleine Lernartefakte, wie Miniatur-T-Shirts oder Webstücke und Experimentierabfälle entstehen. Konkrete textile Aufgaben für Lernende bringen hier Lernartefakte von kurzer Lebensdauer und mit einer einmaligen affektiven Bedeutungsaufladung hervor. Textile Praktiken, wie das Knopf Annähen im Akkord oder das Weben werden beispielsweise ausprobiert, um sich in die Arbeitsbedingungen der Produzierenden in der Textilindustrie hineinzuversetzen. Diese moralisierenden Praktiken verbinden sich mit Praktiken der Aufgabenstellung und -bearbeitung (z. B. Stationenlernen) im Unterricht oder an außerschulischen Lernorten.

Im Herbst 2022 besuche ich ein Umweltbildungszentrum und nehme zusammen mit einer Studierendengruppe einer anderen Universität an einem Bildungsangebot zu Kleidung für Grundschüler:innen teil. Die Studierendengruppe soll selbst ein Konzept zum ‚transformativen Lernen' entwickeln. Der Kontakt ist über die Dozentin der Gruppe entstanden, sie hatten im Vorfeld die ‚Slow Fashion Kiste' bei mir ausgeliehen.

> Cara Schmidt begrüßt uns. Alles ist eher klein und gemütlich. Es gibt einen Stuhlkreis und rundherum an der Wand sind Tische aufgebaut. An einer Wäscheleine im Raum hängen Kleidungsstücke. Neben einer einfachen Nähmaschine stehen sehr plakativ Dosen für Fadenreste. Es sind sechs Studierende, sowie ein Dozent und die Dozentin dabei. Cara berichtet, dass eine abgeordnete Lehrkraft auf die Idee zu dem textilen BNE-Angebot gekommen ist, als sie in der Schule das Chaos in den Fluren und die vielen Jacken auf dem Boden gesehen hat. Sie erzählt weiter, dass das Team des Bildungszentrums bei der Erstellung des Textil-Angebots viel über die Bekleidungsindustrie gelernt habe[6]. [...]
>
> Nach der Vorstellung startet Cara mit dem Programm. Wir sammeln gemeinsam, was BNE bedeutet. Es fallen Schlagworte wie der Aufbau von Gestaltungskompetenz, die SDGs oder auch das ‚Lernen mit Kopf, Herz und Hand'. Danach starten wir mit dem Bildungsangebot. Ich und die Seminargruppe werden von Cara wie Schüler:innen durch das Programm geführt, aber sprechen teilweise im Verlauf und vor allem zum Abschluss auf der Metaebene darüber. Zu Beginn sitzen die Studierenden eher gelangweilt auf ihren Stühlen, [...].
>
> Cara startet mit einer inhaltlichen Einführung in die textile Kette. Nach einer kurzen Erläuterung zur Baumwollpflanze, den Anbaubedingungen sowie auch zu den schlechten Arbeitsbedingungen, die unter anderem mit Kinderarbeit verbunden sind, sagt sie: ‚Und das möchten wir jetzt auch machen.' Sie verteilt viele weiße, weiche Baumwollflöckchen auf dem Boden. Vor allem das ästhetische Bild ist hierbei sehr eindrücklich. Jede Person bekommt ein kleines Säckchen. Wir sollen die Blüten aufsammeln. Aber nicht einfach so, sondern wir sollen uns für jede Blüte aufs Neue

[6] Eine interessante Aussage, die sehr viele der Lehrenden im Interview machen. Sie selbst wussten vor der Umsetzung der Programme nicht viel. In der Erarbeitung haben sie immer mehr erschreckende Informationen gefunden und halten es für notwendig, sie an die Lernenden weiterzugeben. Sie gehen von einer ähnlich einschneidenden Wirkung wie bei sich selbst aus.

bücken. 'Bücken, in den Sack stecken, aufstehen, bücken, in den Sack stecken, aufstehen, ...' Sie gibt die Säckchen herum, sodass alle Studierenden und der Lehrende ein Säckchen bekommen. [...] Cara stoppt die Zeit, wir beginnen. Es ist sofort Bewegung und eine Form von Austausch im Raum. ‚Puh, da muss ich heute kein Sport mehr machen'. Alle sammeln recht engagiert. Irgendwann sind nur noch wenige Flocken übrig. Die Menschen kommen sich näher, da es nur noch wenige Flocken sind, die im Zentrum übrigbleiben. Es wird schwer, sich zu bücken, ohne aneinander zu stoßen. Einzelne hören auf. Die letzten Flocken werden eingesammelt. Zwischendrin imitiert Clara die Stimme einer Aufseherin, die die pflückenden Kinder antreibt. ‚Auf, schneller, wir müssen heute noch fertig werden!' – oder so ähnlich. Ich erinnere mich nicht an die genauen Worte, aber ich empfinde sie als unangenehm. Wer weiß schon genau, wie diese Aufseherinnen sprechen? Das ist sicherlich sehr unterschiedlich. Sie müssen nicht böse sein. Aber die Pflückbewegung an sich tut mir gut. Die Aktivität im Raum tut auch gut nach dem langen Sitzen. [...]

Nach einem kurzen Austausch und Gespräch beginnen wir mit dem Stationenlernen. Alle bekommen ein Arbeitsheft. Die emotionale Aufladung setzt sich fort. Letztendlich ist es eine Art mobile Ausstellung mit Mitmachangeboten. Es sind immer Dinge zum etwas selber tun, die helfen sollen sich emotional in die Arbeitssituationen von Kindern in der textilen Kette zu versetzen und gleichzeitig muss ein Arbeitsheft korrekt ausgefüllt werden. Zu jeder Aktivität gibt es ein erläuterndes Poster mit Informationen zum Arbeitsprozess und zu den schlechten Arbeitsbedingungen. Ich gehe herum und vermeide es fast schon, die Geschichten der Kinder anzusehen. Ich fotografiere sie. [...]

Die Mitmachangebote, wie das Weben oder das Nähen eines kleinen T-Shirts, sind einfach, schnell umsetzbar und veranschaulichen einen Arbeitsprozess oder eine textile Technik. Interessant ist der Gedankengang beim Färben. Die Kinder sollen Stoffe mit Tinte färben (ohne Handschuhe oder Hilfsmittel). Die Studierenden nehmen einen Stift zur Hilfe. Clara nimmt das wahr und weist darauf hin, dass genau das nicht gemacht werden soll. Es geht darum, dass Farbe an den Fingern bleibt. So bleibt die Aktion in Erinnerung und es wird auch Zuhause darüber berichtet. [...]

Am Ende sprechen wir auf der Metaebene und gehen auf den letzten Seiten im Heft noch die positiven Handlungsoptionen durch. Es findet ein Gespräch statt. Es gibt Ideen. Aber es wird nichts mehr dazu ausprobiert.

Immer wieder komme ich an Orte, an denen die Menschen emotionale, lenkende Mitleidsgeschichten einsetzten oder einsetzen möchten. Und sie wirken im Moment der pädagogischen Aktion! Die Menschen sind berührt, diskutieren und nehmen es als Wahrheit an. Schnell herrscht Konsens: ‚Ja, unsere Bekleidungsindustrie ist schlecht.' [...] Haben die Kinder in solchen Settings noch die Möglichkeit sich eine eigene Meinung zu bilden? Zu diesem Zeitpunkt notierte ich mir, dass ich noch mehr Studien bzw. Texte benötige.

(Forschungstagebuch: 209–212)

Diese Episode ist eine der eindrücklichsten, um das darzustellen, was sich mit den Begriffen materialisierte bzw. verkörperlichte Botschaften fassen lässt. Die Lehrenden haben einen konkreten, normativen Inhalt, den sie an die Lernenden durch eine Form der Inszenierung einer textilen Praxis möglichst eindrücklich weitergeben möchten. Besonders häufig treffe ich diese Form der textilen Vermittlungspraxis an außerschulischen Lernorten an. Es handelt sich um größere und kleinere Inszenierungen. Oft schlüpfen die Lernenden beim Arbeiten mit den textilen Dingen in die Rolle von Arbeitenden. Sie pflücken Baumwolle, wie im Beispiel, oder färben Stoffstücke oder nähen Knöpfe im Akkord an. Abwandlungen dieser Ansätze habe ich auch selbst in der Konzeption von Bildungsmaterialien, wie der Slow Fashion Materialkiste, verwendet. Die Lernenden sollen am ganzen Körper erfahren, wie mühsam die Textilproduktion ist. Das ist das normative Ziel auf der Ebene des Nachhaltigkeitsdiskurses. Aber gleichzeitig überlagert sich diese Praxis, dieser Miniatur-Inszenierungen, mit schulischen Praktiken des (textilen) Lernens. Das kommt denjenigen, die das Konzept entwickeln oder die Vermittlungssituation gestalten, zunächst entgegen: Einerseits erlernen die Teilnehmenden ganz nebenbei eine textile Technik oder probieren sie zumindest aus und gleichzeitig sind sie mit ‚Kopf, Herz und Hand' involviert und sollen so mit allen Sinnen lernen, wie es auch das erklärte Bildungsziel des von mir besuchten Bildungszentrums ist. Die Schlagworte ‚Kopf, Herz und Hand', die auf den Pädagogen Johann Heinrich Pestalozzi (1746–1828) verweisen, stellen damit eine einfache Verbindung zwischen einem Alltagsverständnis von Grundschulpädagogik sowie zwischen BNE und Textildidaktik her (u. a. Kolhoff-Kahl 2005: 96, Eichelberger/Rychner 2008: 112), wo die drei Worte oder auch die Formel ‚mit allen Sinnen lernen' oftmals als implizite – unhinterfragte – Begründung für jegliches praktisches Tun in Vermittlungssituationen verwendet werden.[7] Das Bildungszentrum formuliert die Idee des Kurses so, dass durch Informationen und Betroffenheit eigenes Handeln überdacht werden soll. Ein Ziel ist es Werthaltungen, Konsum- und Lebensstile zu überprüfen. Aber, verbunden mit dem hierarchischen und leistungsorientierten System Schule, werden solche Inszenierungen des körperlichen Vollzugs textiler Praktiken, die ‚Versinnlichung' von normativen Vorstellungen der BNE, auch zu einem Problem. Denn den Lernenden bleibt nur noch wenig Freiraum in der Interpretation. Das Lernziel

[7] In den Publikationen zeigt sich hinter dem jeweiligen Verständnis von ‚mit allen Sinnen lernen' je nach Person und didaktischem Konzept ein differenziertes Verständnis davon, was unter Hand-Herz-Kopf-Wahrnehmung oder sinnlicher Wahrnehmung zu verstehen ist. Sehen die einen in dem Zugang ‚mit allen Sinnen lernen', einen ästhetisch offenen, durch die Lernenden geleiteten Zugang (Herzog 1992: 183), so handelt es sich außerhalb der ästhetischen Bildung, wie im beschriebenen Beispiel, oftmals um Praktiken des Lernens, die nicht nur sprachlich sondern körperlich vollzogen werden.

ist klar und es wird, wie jede andere schulische Aufgabe umgesetzt. Die Person, die die Inszenierung (an-)leitet, hat in diesem Fall das Recht auf die ‚Wahrheit'. Die Teilnehmenden vollziehen geübt die Rolle der lernenden Schüler:innen und übernehmen in vielen Fällen (nicht grundsätzlich!) die anvisierte Subjektposition, wenn kein Raum für Diskussion oder Reflexion eröffnet wird.

Ich konnte die Inszenierung des Baumwollpflückens mit zwei verschiedenen Studierendengruppen miterleben. Während meines ersten Besuchs waren durch das Gesamtarrangement des Lernsettings auch eine Metaebene und kritische Fragen möglich, während die Studierenden im Rahmen des zweiten Besuchs wie Schüler:innen behandelt wurden und damit auch kaum Fragen auf der Metaebene stattfanden. Die Studierenden fühlten sich der Situation teilweise hilflos ausgeliefert.

Es gibt weitere Beispiele wie dieses. Unter anderem ein Museum, das für ein Angebot überlegt, kleine ‚praktische' Übungen zu integrieren, um textile Arbeitsprozesse und historische Arbeitsbedingungen zu verdeutlichen. Die Intensität der Botschaft ist dabei abhängig von der Intensität der Inszenierung und des mehr oder weniger bewusst eingesetzten materiellen Arrangements. Sie werden Teil der sozialen Praktik der Regulierung. Sie zielen darauf ab, bestimmte Gefühle und Moralität zu erzeugen.

In der moralisierten Inszenierung, in der die Botschaft der schlechten Arbeitsbedingungen im Zentrum steht, entwickeln sich jedoch auch Widersprüche. In einer anderen ethnografischen Episode arbeitete ich mit Lehrer:innen in einem Workshop zur Materialkiste ‚Slow Fashion'. Die Lehrkräfte haben die einzelnen Stationen der Materialkiste ausprobiert und stellen sie sich gegenseitig vor:

> Wir hatten noch ‚Die Naht', einen Knopf annähen. In dem Materialpaket sind verschiedene Knöpfe, Nähnadeln, Nähseiden … Ich glaub, damit die Kinder ein Gefühl bekommen, was dahintersteckt, ja, einmal dann einen Knopf anzunähen. Ich mein, in der Industrie wird es anders gemacht, das wissen wir ja, wird es anders gemacht, die Aufgabe, Knopf annähen, wie fühlt es sich wohl an, als Näherin zu arbeiten. […]
>
> (Wien WS1, Pos. 205)

Ganz beiläufig verweist die Sprecherin darauf, dass diese Station keine Darstellung der realen Verhältnisse ist. Da wir uns in einer Gruppe von ‚Textilexpert:innen' befinden, geht sie selbstverständlich davon aus, dass wir alle wissen, wie es in der Industrie gemacht wird. Ich selbst jedoch, die zu diesem Zeitpunkt noch neu im Feld ‚Textil' war, musste bei der Transkription des Materials (denn erst da ist mir der kleine, gemurmelte Zusatz aufgefallen) recherchieren, wie Knöpfe in der Serienproduktion angenäht werden, wo beispielsweise ‚Knopfannähautomaten' zur

Verfügung stehen. Ist es dennoch legitim das Knopfannähen im Akkord als eine beispielhafte Praxis für die Arbeitsbedingungen in der Textilindustrie darzustellen?

Textile Praktiken und Affekte

In der konkreten empirischen Situation findet eine individuelle Auslegung der Teilnehmenden der körperlichen und materiellen Praxis statt. Im Falle der ersten Gruppe, mit der ich an der Aktion ‚Baumwollpflücken' teilnahm, stand in der Subjektivierungsweise der Gruppe das körperliche ‚Training' im Vordergrund. Das machte sich beispielsweise an der Äußerung 'Dann muss ich heute kein Sport mehr machen' bemerkbar. Eine Kollegin berichtete mir darüber hinaus von einem ähnlichen Besuch mit einer Schulklasse: Das ‚Baumwollpflücken' wurde zu einem Wettkampf und das Ausfüllen des Heftes führte zu einem Abarbeiten der Aufgaben, das die ästhetischen Erfahrungen im Umgang mit den bereitgestellten Materialien überlagerte. Mit dem Vollzug der textilen Tätigkeiten mit dem eigenen Körper entstehen eigene Vernetzungen und Emotionen mit teilweise von den Lehrpersonen unerwarteten Wissensordnungen. Sie können zu Affekten wie Spaß, Angst oder Entsetzen führen. In der Sprache der Praxistheorie können diese Praktiken auch als affizierte bzw. affizierende Praktiken bezeichnet werden. „Wie und was dabei sinnlich wahrgenommen wird, hängt von der jeweiligen Praktik und ihrer affektiven Struktur ab" (Hasenfratz 2018: 110). Martina Hasenfratz beschreibt in ihrem Artikel „Die Nachhaltigkeit der Dinge: Praktiken, Artefakte, Affekte", wie alltägliche Praktiken und Artefakte des nachhaltigen Konsums mit der Umsetzung nachhaltiger Strategien in der Gesellschaft verbunden sind. Sie legt dabei einen Fokus auf die damit verbundenen Affekte, die „[…] immer erst in Form von körperlichen Erregungszuständen erfahrbar [werden], d. h. durch die materielle Verankerung in habitualisierten Praktiken, und sind nur auf Grundlage kultureller Wissensschemata nachzuvollziehen" (Hasenfratz 2018: 110). Die Praktiken wirken affiziert oder affizierend. Reckwitz spricht von „semiotisch-imaginären Artefakten", die hergestellt werden, um Zeichen und „Imaginationen" zu übermitteln. Er nennt dabei beispielhaft schriftliche Texte und Bilder (Reckwitz 2016: 111 f.). Diese semiotisch-imaginären Artefakte wirken affizierend. In den beschriebenen Inszenierungen der textilen Praktiken findet eine Kombination statt. Semiotisch-imaginäre Artefakte, wie die Bilder und Texte zur Kinderarbeit, werden mit einer affizierten Praktik verbunden, die durch weitere Artefakte, wie die realen Baumwollblüten, gerahmt werden. Dabei sind es nicht nur die Dinge, die in diesem Fall dazu produziert werden, „bestimmte Zeichen, (Zukunfts-) Vorstellungen und Symbole zu transportieren" (Hasenfratz 2018: 110), sondern es ist die gesamte Inszenierung eines materiellen und akustischen Arrangements, das affizierend wirken soll. Das Arrangement der Artefakte und Menschen in den Vermittlungssituationen trägt dabei entscheidend zur affektiven Struktur der Praxis bei.

Wie diese wiederum von den Teilnehmenden gedeutet und im weiteren Handeln verarbeitet wird, ist dabei offen. Es können sich verschiedene intendierte Affekte, wie im oben beschriebenen Beispiel, überlagern. Einerseits wird ein Erschrecken über die Verhältnisse in einer globalen Textilindustrie beabsichtigt, aber gleichzeitig wird im Metagespräch sowie in einer begleitenden Veröffentlichung mehrfach betont, dass Schulklassen ‚Spaß' an dem Programm haben sollen. Hier stellt sich ethisch die Frage, inwieweit es angemessen ist, den Vollzug von mühsamen Produktionspraktiken und die damit verbundene Botschaft zu den Missständen einer globalen Textilindustrie mit einer positiven emotionalen Aufladung wie ‚Spaß' zu verbinden.

Das, was mit starken, positiven oder negativen Affekten verbunden ist, wird zwar im Allgemeinen verstärkt wahrgenommen, da Affekte aufmerksamkeitslenkend wirken (Reckwitz: 2016: 107). Doch inwiefern Affekte sich auch auf das zukünftige, intendierte (nachhaltige) Handeln auswirken, ist ungewiss. In der BNE wird schon seit Längerem die Bedeutung unmittelbarer Erfahrungen verbunden mit positiven Gefühlen für die Motivation und die Antizipation von nachhaltigen Handlungsstrategien hervorgehoben (Bormann/Haan 2008: 34). Dabei wurden negative Emotionen, beispielsweise durch Bedrohungsszenarien, stets abgelehnt. Auch die Psychologie weist darauf hin, dass negative Zukunftsszenarien und Kenntnisse über Missstände kurzfristig emotional berühren, aber nicht unbedingt zu einer Verhaltensänderung führen. Autor:innen der Umweltpsychologie beschreiben, dass Probleminformationen zwar das Wissen fördern, aber dass es für eine direkte Verhaltensänderung mehr bedarf, wie zum Beispiel eine differenzierte Rückmeldung oder ein konkretes Ziel (Matthies/Wallis 2018: 41).

Wenn Lehrpersonen textile Praktiken mit inhaltlichen und oft moralischen Botschaften versehen, haben sie Gestaltungsspielräume im Freiheitsgrad der Ausführung und der Interpretationsmöglichkeiten. Eine Möglichkeit ist die dichte Beschreibung einer Szene mit einer strengen Rahmung, wie Zeit, Bewegung und Akustik, wie im oben beschriebenen Beispiel. Es sieht eine klare Botschaft vor, die in etwa so lauten könnte: ‚Der Anbau von Baumwolle ist hoch problematisch und Kinder leiden darunter.' In diesem Fall sollte und muss die moralische Botschaft und die Wirkung auf die Lernenden bedacht und ethisch reflektiert werden. Eine weitere Möglichkeit ist eine etwas offenere Gestaltung der textilen Praxis lediglich mit der Rahmung durch eine Frage, ein Bild oder im Falle eines Museums auch eines Objekts, die eine Parallele der durchzuführenden Aktion mit einem textilen Arbeitsprozess nahelegen. Hier bleibt der Interpretationsspielraum offener, wenn die anvisierte Botschaft beispielsweise eher darin liegt, zu zeigen, dass viel Zeit und Ressourcen in einem textilen Produkt stecken.

In Vermittlungssituationen der BNE konnte ich wiederholt die Praxis beobachten, dass textile Aktivitäten mehr oder weniger bewusst mit normativen bzw. moralischen Botschaften der Lehrpersonen verbunden sind, die oftmals affizierend wirken oder wirken sollen. Hierzu zählt das körperliche Nachvollziehen von textilen Arbeitsprozessen, aber auch das Versehen textiler Arbeitsmaterialien und Produkte mit Zeichen und Botschaften, also der Verwendung oder Herstellung von affizierten Artefakten. So verwendete eine Lehrkraft einen besonderen Stoff, der für sie mit der Deutung als Symbol für Umweltzerstörung verbunden war oder eine Lehrkraft ließ die Lernenden ihre selbst genähten Beutel mit politischen Botschaften im Kontext Migration und Flucht bedrucken, ohne dass den Kindern die Bedeutung der Aufdrucke bewusst war.

Die Arrangements von affizierten Artefakten und Praktiken fand ich vor allem in Museen und außerschulischen Lernorten, die mehr Möglichkeiten der Inszenierung haben, aber auch in schulischen Kontexten. Im Umgang mit diesen materialisierten Botschaften schlossen sich für mich als Vermittlerin Reflexionsfragen an, die bei der Entwicklung von Angeboten kritisch-reflexiv wirken können und Orientierung bieten.

Fragen an die Durchführung textiler Handlungen in einem Lehr-Lern-Arrangement:

- Inwiefern ist der Vollzug der Praxis kongruent mit dem gewünschten Realitätsbezug, beispielsweise auf einen wirtschaftlichen Arbeitsprozess? Woher kommen die Inhalte/das Wissen?
- Wirken die Praktiken und Artefakte in einer Vermittlungssituation affizierend bzw. emotional?
- Sind die textilen Praktiken in einem Lehr- und Lern-Arrangement mit Botschaften versehen? Welche?
- Inwiefern sind diese Botschaften moralisch aufgeladen?
- Lässt das Arrangement einen Raum für Interpretation und Diskussion?
- Sind sich die Lernenden über diese Botschaften bewusst? Verstehen die Lernenden die Botschaften? Sind sie in der Lage, damit umzugehen? Welche Deutungsmöglichkeiten haben die Lernenden im Rahmen des Arrangements?

10.4 Zwischenfazit: Artefakte und Produkte zwischen Instruktion und Individualisierung

In textilen Vermittlungssituationen beschäftigen sich die Menschen mit den Dingen in erster Linie um Textilien zu produzieren bzw. zu gestalten oder mit ihnen zu experimentieren. Dabei können die Dinge durchaus widerständig sein. „Für Latour gelten Dinge als Akteure, die etwas Konkretes in das Netzwerk einbringen. Dies verdeutlicht er mit gedankenexperimentellen Beispielen, in denen die Funktionen der Objekte zentral sind: Menschen greifen zu Dingen, mit denen ‚Etwas' erreicht werden kann" (Wiesemann/Lange 2015: 273). Gepaart mit der BNE werden die Dinge nicht nur verwendet, um eine textile Kompetenz zu erreichen, sondern es soll gleichzeitig noch ‚Etwas anderes' erreicht werden, etwas im pädagogischen Sinne „Zweckdienliches" (Budde/Blasse 2023: 7) und zugleich etwas, das möglichst der Verschwendung entgegenwirkt, anstatt Ressourcenverbrauch zu verstärken. Was das genau ist, lässt sich nur in der konkreten, empirischen Situation beschreiben.

In den oben beschriebenen Beispielen verweise ich auf verschiedene Werkstätten, in denen das Aufeinandertreffen unterschiedlicher Praxis-/Diskursformationen, verschiedene Artefakte und Subjekte hervorbringt. Die in der textilen Vermittlungspraxis erzeugten Artefakte bewegen sich dabei, je nach vorherrschenden Subjektkulturen in der sozialen Praxis, in einem Spannungsfeld zwischen Lernartefakten, künstlerischen Artefakten und nützlichen bzw. zweckdienlichen Artefakten. Die Ergebnisse der textilen Vermittlungspraxis liegen irgendwo zwischen nicht weiter verwendbaren Lernerzeugnissen und Abfällen, abstrakten, vielleicht künstlerischen Objekten oder nützlichen Dingen, die als zu verkaufende oder zu verschenkende Konsumprodukte gehandelt werden. Je nach Artefakt werden in der sozialen Praxis unterschiedliche Subjektivierungsformen aufgerufen.

Ich unterscheide damit zwar zwischen drei Formen, aber die Artefakte in den Vermittlungssituationen entsprechen selten nur einer Form. Sie erscheinen vielmehr als Mischformen, die auch von den verschiedenen Beteiligten unterschiedlich gedeutet werden können. Zunächst gibt es das *künstlerisch-ästhetische Artefakt* (1), das entsteht, wenn das gestaltende und ästhetische Arbeiten im Vordergrund steht und die Objekte am Ende als Kunstwerke und als ein Zeichen der Auseinandersetzung mit sich und der Welt präsentiert werden. Im Entstehungsprozess sollen die Handelnden zu gestaltenden, selbsttätigen Subjekten werden. Im Kontext BNE ist mir das künstlerisch-ästhetische Arbeiten selten begegnet, wenngleich es in der Textildidaktik beschrieben und Vermittlungskonzepte zu diesem Kontext an der Universität gelehrt werden.

Des Weiteren entstehen in textilen Vermittlungssituationen, heute wie auch in der Vergangenheit, *Lernartefakte* (2) wie Probestücke, Mustertücher oder Materialexperimente. Sie dienen nahezu ausschließlich dem Lernprozess und machen die Beteiligten zu lernenden bzw. übenden oder forschenden Subjekten. Hier erscheinen die Schüler:innen meist als angeleitete junge Menschen, die eine Aufgabe umsetzen. Das textilpraktische Arbeiten, also die Praktik der Erfüllung der Aufgabe, kann dabei mit einem weiteren Sinn als dem Erlernen einer textilen Technik versehen sein und wird dadurch zu einer affizierten Praktik. Im Kontext der Bildung für nachhaltige Entwicklung habe ich beobachtet, dass textile Praktiken mit normativen Inhalten versehen werden und teils emotional und moralisch aufgeladen sein können. Praktiken und ihre Artefakte werden damit mit materialisierten, oft moralischen Botschaften verknüpft. Diese Form der moralischen und emotionalen Aufladung findet sich in Aufgaben des Stationenlernens oder an außerschulischen Lernorten. In der Situation zeigt sich, ob die affizierten Praktiken auch zu affizierenden Praktiken werden, also ob die angestrebten Affekte wie Anstrengung oder Angst auch von den Lernenden subjektiviert werden.

Eine dominante Sinn- und Bedeutungszuschreibung für die Ergebnisse einer textilen Vermittlungssituation der BNE ist das *nützliche Artefakt als Konsumprodukt* (3). Es wird über den pädagogischen Sinn hinaus mit einem Zweck versehen. Die Nützlichkeit des Produkts ist ein Zeichen für einen sparsamen Umgang mit Ressourcen und für ein bewusstes nachhaltiges Handeln. Die Beteiligten werden zu produzierenden Subjekten, die zugleich in ihren zukünftigen Eigenschaften als Konsument:innen oder auch als Arbeitskräfte angesprochen werden sollen. Der Wunsch nach Verwendbarkeit der Artefakte ist im Kontext BNE so groß, dass Realsituationen, wie der Verkauf der Dinge, geschaffen werden. Ist ein Verkauf nicht angedacht, so wird doch zumindest die weitere Nutzung als Geschenk oder im eigenen Gebrauch vorgestellt. Die (ökonomische) Nützlichkeit der produzierten Dinge ist bereits in den historischen Wurzeln des Textilunterrichts zu finden und stand auch immer wieder im Widerspruch zu beispielsweise künstlerisch-ästhetischen Lehrkonzepten. Während der Textilproduktion wird dabei von den Lehrenden auch wiederholt auf die traditionellen Tugenden des Textilunterrichts, wie Fleiß und Ehrgeiz, Bezug genommen (Abb. 10.7).

Abbildung 10.7 Zwischen Lernartefakt, Konsumprodukt und Kunstwerk

Mit der Überlagerung zwischen den Praxis-/Diskursformationen des Textilen, die das Textile als ein Konsumprodukt in Alltag und Beruf fassen, und dem Praktiken-/Diskurskomplex des ressourcenschonenden Handelns verstärkt sich das Bedürfnis nach nützlichen, ‚sauber' gearbeiteten Artefakten vor allem bei den Lehrenden. Hier wird in vielen Gesprächen betont, dass eine Wiederverwendung von Materialien und ein sparsamer Umgang angestrebt werden soll. In der Grundschule wird die weitere 'Nicht-Verwendung' der als Spielzeuge erdachten Sockenmonster von der Lehrkraft auf die Herkunft der Kinder zurückgeführt und nicht auf die Artefakte selbst. Für die möglichst verschwendungsfreie Produktion von Konsumprodukten wird daher in der Werkstatt ‚Müllcycling' unter einer sehr strengen Anleitung und Systematik der Lehrkraft gearbeitet und in der Werkstatt ‚Drei Stoffe' wird nahezu durchgehend eine Imagination der zukünftigen Verwendbarkeit hergestellt. In beiden Werkstätten findet darüber hinaus ein Vorzeigen der Ergebnisse – einerseits durch den Verkauf, andererseits durch die Vitrine – an eine breitere (Schul-)Öffentlichkeit statt. Die produzierten Dinge dienen damit zugleich auch als Leistungsbeweise sowohl der Lernenden als auch der Lehrenden. Um die Verwendbarkeit der Ergebnisse zu sichern, gibt es je nach Schulkultur und Subjektivierungsgeschehen unterschiedliche Strategien.

Open Access Dieses Kapitel wird unter der Creative Commons Namensnennung 4.0 International Lizenz (http://creativecommons.org/licenses/by/4.0/deed.de) veröffentlicht, welche die Nutzung, Vervielfältigung, Bearbeitung, Verbreitung und Wiedergabe in jeglichem Medium und Format erlaubt, sofern Sie den/die ursprünglichen Autor(en) und die Quelle ordnungsgemäß nennen, einen Link zur Creative Commons Lizenz beifügen und angeben, ob Änderungen vorgenommen wurden.

Die in diesem Kapitel enthaltenen Bilder und sonstiges Drittmaterial unterliegen ebenfalls der genannten Creative Commons Lizenz, sofern sich aus der Abbildungslegende nichts anderes ergibt. Sofern das betreffende Material nicht unter der genannten Creative Commons Lizenz steht und die betreffende Handlung nicht nach gesetzlichen Vorschriften erlaubt ist, ist für die oben aufgeführten Weiterverwendungen des Materials die Einwilligung des jeweiligen Rechteinhabers einzuholen.

Neue Lernformate und Schulentwicklung

11

Ergänzende Information Die elektronische Version dieses Kapitels enthält Zusatzmaterial, auf das über folgenden Link zugegriffen werden kann https://doi.org/10.1007/978-3-658-51463-1_11.

© Der/die Autor(en) 2026

S. Jessen, *Textile Bildung in Schulkulturen der Nachhaltigkeit*, Schule und Gesellschaft 73, https://doi.org/10.1007/978-3-658-51463-1_11

Das Niedersächsische Kultusministerium sieht BNE als Aufgabe der gesamten Schulgemeinschaft und Teil der Schulentwicklung. „BNE lässt sich in ihren verschiedenen Bereichen und als ganzheitlicher Ansatz sowohl im Unterricht als auch in Projekten sowie im Schulleben verankern und stellt eine wichtige Säule der Schulprogrammarbeit und der Leitbildentwicklung dar“ (Niedersächsisches Kultusministerium 2021: 3).

Dabei könne die „strukturelle Verankerung von BNE im Unterricht“ besonders gewinnbringend umgesetzt werden, wenn

- die Auswahl von Themen im besonderen Maße relevante Fragestellungen der Schülerinnen und Schüler aufgreift.
- die Auseinandersetzung im Unterricht ökologische, ökonomische, soziale, kulturelle, politische sowie ethische und religiöse Dimensionen miteinander verbindet.
- überfachlich vernetztes Wissen und Haltungen erworben und reflektiert werden.
- eigenverantwortliche und partizipative Lernprozesse Selbstwirksamkeitserfahrungen ermöglichen.
- Organisationsformen und Lernformate etabliert sind, die selbstbestimmtes Lernen und individuelle Lernwege begünstigen.

(Niedersächsisches Kultusministerium 2021: 3)

Das Niedersächsische Kultusministerium betont damit, wie auch andere politische Papiere zur BNE, einen emanzipatorischen Ansatz[1] (Kultusministerkonferenz 2024: 7), der Partizipation, Selbstwirksamkeitserfahrung und transformatives Lernen fordert. Die Hoffnung, die mit einem emanzipatorischen Ansatz der BNE bzw. mit der Idee einer transformativen Bildung oder dem transformativen Lernen (u. a. Pettig 2021; Rieckmann/Getzin 2019; Singer-Brodowski 2018) verbunden ist, ist eine Selbstermächtigung und Mündigkeit der Lernenden. Sie sollen beispielsweise eigene Projekte entwickeln, dabei kritische Fragen stellen, mit

[1] „BNE gründet auf einem emanzipatorischen und inklusiven Bildungsverständnis, das auf demokratischen Grundsätzen wie Freiheit, Gleichheit, Gerechtigkeit und Rechtstaatlichkeit beruht und dieses mit einer Aussicht auf eine positive Zukunftsgestaltung verknüpft. BNE eröffnet damit Perspektiven für eine auf diesen Werten basierende zukunftsorientierte, wertorientierte Ausrichtung schulischer Bildung und Erziehung. BNE-Lernprozesse ermöglichen somit Diskurse, die bei komplexen Fragestellungen über eine rein fachliche Betrachtung von Sachverhalten und Einsichten hinausgehen, ohne dabei konkrete politische Entscheidungen und Handlungsweisen, Lebensstile oder Wirtschaftsweisen vorzugeben“ (Kultusministerkonferenz 2024: 7).

Dilemmata umgehen und auch Lehrkräfte hinterfragen bzw. verschiedene Positionen aushandeln können. Das emanzipatorische Bildungsverständnis ist zugleich mit einem inklusiven Bildungsverständnis verbunden.

> Um Schülerinnen und Schüler auf die Herausforderungen des Lebens in der globalisierten Gesellschaft vorzubereiten, bedarf es einer schulischen Bildung, die jedem Kind und jeder Jugendlichen bzw. jedem Jugendlichen eine individuelle Entwicklung im Rahmen einer offenen und partizipativen Lern-, Unterrichts- und Schulkultur ermöglicht. Damit betrifft BNE die ganze Schule.
>
> (Niedersächsisches Kultusministerium 2021: 2)

Im Verlauf meiner autoethnografischen Forschung bin ich zweimal auf Schulentwicklungsprojekte gestoßen, die BNE in Form von Projekttagen in den Schulalltag implementieren sollten. Zum einen an einer Grundschule, in der ein wöchentlicher klassenübergreifender BNE-Tag zu wechselnden Themen eingeführt wurde und zum anderen an einer weiterführenden Schule, an der mit einem neunten Jahrgang das Lernformat FREI DAY erprobt wurde. Anhand dieser beiden Beispiele lassen sich Herausforderungen beschreiben, die sich in der Überlagerung von textiler Vermittlung, Schulentwicklungsvorhaben und einem starken Fokus auf SGD 12 zu nachhaltigem Konsum und Produktion ergeben.

Zunächst werde ich im ersten Abschnitt anhand des Beispiels der Grundschule die Aufschichtungen von Zuschreibungspraktiken darstellen, während ich im zweiten Abschnitt am Beispiel des FREI DAYS die Subjektverhältnisse im konkreten Projektvollzug im Textilraum betrachte und darauf aufbauend auf das Risiko der Funktionalisierung von Bildung durch die Adressierung der Schüler:innen und Schüler als engagierte, junge ‚Weltretter:innen' eingehe. Im Anschluss werde ich die Beobachtungen aus beiden Beispielen zusammenführen. Es wird deutlich, dass Partizipation in Schule schnell an Grenzen kommt und dass gleichzeitig das Textile weit mehr Perspektiven eröffnen kann als eine rein wirtschaftliche.

11.1 Primarstufe: Ein wöchentlicher BNE-Projekttag ‚Kleidung'

Der Niedersächsische Erlass „Bildung für nachhaltige Entwicklung" (BNE) bezieht sich auf einen „weiten Diversitäts- bzw. Inklusionsbegriff, der alle Dimensionen von Verschiedenheit umfasst und auf Chancengerechtigkeit für Menschen mit Behinderungen, natio-ethno-kulturelle Gerechtigkeit, Gendergerechtigkeit,

Raum für eine eigenständige sexuelle Orientierung und sozio-ökonomische Chancengerechtigkeit abzielt" (Niedersächsisches Kultusministerium: 2). Auch die Empfehlung der Kultusministerkonferenz formuliert einen Anspruch auf die Berücksichtigung von Heterogenität und Pluralität in kollektiven Lernprozessen:

> Heterogenität bedeutet in diesem Zusammenhang, dass Zugänge und Werthaltungen zu Nachhaltigkeitsfragestellungen eröffnet werden, unabhängig von Geschlecht, Alter, Unterstützungsbedarf, sozioökonomischem und kulturellem Hintergrund u. a. m. Pluralität in kollektiven Lernprozessen meint die Erkenntnis, dass bei Nachhaltigkeitsfragestellungen alle in einer Gruppe etwas beitragen können und unterschiedliche Fähigkeiten einander ergänzen.
>
> (Kultusministerkonferenz 2024: 7)

Im Frühjahr 2022 besuchte ich über sechs Wochen als Ethnografin und Vermittlerin einen neu eingeführten wöchentlichen BNE-Projekttag zum Thema ‚Kleidung' in der städtischen Grundschule GI (siehe Beschreibung im Anhang 3 im elektronischen Zusatzmaterial). Ich möchte beschreiben, wie sich die politische Anforderung der BNE in der sozialen Praxis dieses Schulprojekts kurz nach der Veröffentlichung des BNE-Erlasses auswirkten. Bereits in Kapitel 10 habe ich mich auf das Druckprojekt bezogen. Es handelt sich bei dem Vorhaben um ein klassen- und fächerübergreifendes BNE-Projekt mit vier ersten Klassen. Die Lehrkräfte benannten die Lerngruppen in der Vorbereitung als heterogen und das soziale Umfeld, Mehrsprachigkeit sowie Inklusion als Differenzdimensionen.

Bekleidungspraktiken und damit verbundene Zuschreibungen sind grundsätzlich Teil des Schulgeschehens, da der Zustand und das Aussehen der Kleidung im Urteil über das Gegenüber kaum ausgeblendet werden können. Mit der Durchführung eines BNE-Projekts ‚Kleidung' wird Bekleidung zum ausdrücklichen Unterrichtsgegenstand. Johanna Weselek stellt in ihrer Interviewstudie 2022 fest, dass von Lehrkräften „Nachhaltigkeit mit Wissen assoziiert und primär als Lebensstil- und Bewusstseinsfrage artikuliert wird, wodurch ökologische Distinktionspraktiken entstehen können" (Weselek 2022: 390). In diesem Abschnitt möchte ich beschreiben, wie sich die Praxis-/Diskursformationen des Textilen, der schulischen Ordnung und des Nachhaltigen Konsums überlagern und dazu führen, dass ökologische und schulische Distinktionspraktiken in einem BNE-Projekt aufeinandertreffen. Dabei werde ich die Überlagerungen von Differenz- und Zuschreibungspraktiken in textilen Vermittlungssituationen im Kontext der BNE darstellen. Ich möchte sichtbar machen, wie in einem schulischen DIY (Do it Yourself)-Upcycling Projekt soziale Ungleichheit und schulische Differenzzuordnungen reproduziert werden können, während gleichzeitig eine homogene

Lerngemeinschaft konstruiert wird. Da ich in der Doppelfunktion als außerschulische Pädagogin und Ethnografin an dem Projekt nicht nur beobachtend, sondern teilweise durchführend teilgenommen habe, bin ich auch Teil der Zuschreibungspraxis. Zum Projektstart war ich mit drei Kolleg:innen des Lehr-Lern-Labors Textil der Universität in einer anleitenden Funktion an der Schule. Im Anschluss besuchte ich die Gruppen an fünf weiteren Vormittagen zur teilnehmenden Beobachtung. Im ersten Schritt werde ich die schulischen Zuschreibungspraktiken verdeutlichen, um dann auf die sozialen Praktiken des nachhaltigen Konsums einzugehen. In einem dritten Schritt werde ich beide Perspektiven unter Einbezug des empirischen Materials miteinander verbinden.

Die Projektstruktur und schulische Zuschreibungspraktiken

In der Institution Schule lassen sich Aufschichtungen von sozialen Praktiken beobachten, die Differenz bzw. Normalerwartungen hervorbringen (Machold/Wienand 2021). An der Grundschule GI verweisen die Auseinandersetzung der Lehrkräfte mit den besonderen Voraussetzungen im Stadtteil bereits zu Beginn wiederholt auf Zuschreibungspraktiken, die die Schüler:innen der Lerngruppen als ‚benachteiligt' oder einem ‚anderen' sozialen Milieu zugehörig ausweisen. Es herrscht ein selbstverständliches Einvernehmen, dass die Lehrkräfte und ich mit einer ‚besonderen' Lerngruppe arbeiten werden. Die Schule definiert sich zum Zeitpunkt meiner Besuche auf der Internetseite unter anderem als eine Schule, die „kulturelle Vielfalt als Chance" sieht, den Schulstart durch die Bildung kleiner Klassen erleichtert und „kompetent in den Bereichen Integration und Inklusion" arbeitet (Feldnotizen GI: 23). Die Schüler:innen sowie „unsere Eltern" (WS GI, Pos. 290) werden in Gesprächen zu einer nahezu homogenen Gruppe kollektiviert, die aus Sicht der beteiligten Akteur:innen in großen Teilen die Normalerwartungen der allgemeinen Grundschule einer monolingualen Mehrheitsgesellschaft (Machold/Wienand 2021: 40) nicht erfüllt.

Die defizitäre Zuschreibungspraxis, die den gesamten Einzugsbereich der Grundschule betrifft, beginnt mit der institutionellen Praxis[2], die erste Klasse vierzügig zu gestalten, während die folgenden Jahrgangsstufen dreizügig sind. Die kleineren Gruppen sollen den Kindern aus dem defizitär wahrgenommenen Stadtteil einen guten Schuleinstieg ermöglichen. Zum Zeitpunkt der Durchführung ist noch unklar,

[2] In Niedersachsen können auf Antrag „Schulen mit einem Anteil von mindestens 40 Prozent in einem Schuljahrgang an: – Schülerinnen und Schülern aus zugewanderten Familien mit Defiziten in der deutschen Sprache und/oder – Schülerinnen und Schülern mit besonderen Lernerschwernissen, nachgewiesenen gesundheitlichen Schwierigkeiten und Verhaltensauffälligkeiten eine zusätzliche Klasse je Schuljahrgang gebildet werden" (Niedersächsisches Kultusministerium 2019: 166).

wie im zweiten Schuljahr die neuen drei Klassen aufgeteilt werden. Das sorgt sowohl bei den Lehrkräften als auch bei den Schüler:innen für Unruhe.

Die Priorität der Lehrkräfte im ersten Schuljahr liegt darin, die Kinder der eigenen Klasse in die Arbeitsweisen der Schule einzuführen und in den Hauptfächern zu unterrichten. An den wiederkehrenden Vergleichen der Leistungen der Schüler:innen durch die Lehrkräfte, zeigt sich ein impliziter Anspruch, dass die Kinder der vier Klassen am Ende auch in einer neuen Klassenkonstellation ‚funktionieren' und damit vergleichbare Normalerwartungen erfüllen. Der Projekttag BNE dient auch dazu, das Zusammenlegen der Klassen vorzubereiten. Ein klassenübergreifender Projekttag wird in dieser Situation aber zu einer Herausforderung. Im Abschlussinterview, das ich mit einer der Klassenlehrerinnen nach dem Projektende führe, berichtet sie mir daher:

> […], so richtig scharf darauf ist eben keiner mehr, eben mit diesem Klassenaustausch. […] Aus verschiedenen Gründen auch: Die einen sagen, so ein ganzer Mittwoch, da fehlt mir ja dann auch Mathe und Deutsch, die Kinder brauchen erstmal was anderes […] und gut, dann kannst du dann wieder sagen, ja, aber das andere, da fließt das auch mit ein und das ist auch wichtig, ja, aber […]
>
> (Lehrkraft M., Teil 2, GI, Pos. 11)

Der BNE-Projekttag und das gemeinschaftliche Arbeiten konkurrieren aus der Sicht der Lehrerin mit der Aufgabe, die Schüler:innen in die Routinen der Schule einzuführen und stabile Beziehungen sowohl zwischen Lehrkraft und Kindern, als auch zwischen den Kindern herzustellen. Die Defizite, mit welchen die Kinder in die Schule kommen, sollen mit der institutionellen Maßnahme der kleineren Klassen möglichst kompensiert werden. Aufgrund der Herkunft aus einem „armen Stadtteil" (WS GI, P., Pos. 11) und der Mehrsprachigkeit wird von den Lehrkräften indirekt in Frage gestellt, ob der BNE-Projekttag für die Lernenden sinnvoll ist. Die Umsetzung wird immer wieder von anderen Erfordernissen des Schulalltags überschattet. Daher wurden eine Öffnung des Unterrichts für ein klassen- und fächerübergreifendes Arbeiten sowie kooperative oder partizipative Arbeitsweisen, wie es politische Papiere fordern (Kultusministerkonferenz 2024: 11) nur am ersten Projekttag umgesetzt. Die Lehrerin erklärt mir das mit terminlichen Herausforderungen und unterschiedlichen Prioritäten in den Lerngruppen:

> weil es einfach nicht anders machbar war, dass man diese Gruppen so durchmischt, wir hatten es ja tatsächlich mit euren Termin so, dass wir auch durch die Klassen quer gemischt haben, das haben wir danach eigentlich fast nicht mehr gemacht.
>
> (Lehrkraft M., Teil 1, GI, Pos. 2)

Ein Widerspruch zwischen den Ansprüchen der BNE und den institutionellen Routinen der Grundschule als ein Ort der Anpassung aber auch Selektion, Leistungsorientierung und Qualifikation (Budde/Blasse 2023) wird sichtbar. Der Widerspruch ist nicht ohne weiteres aufzulösen, denn er ist mit den gesellschaftlichen Rahmenbedingungen verbunden.

Um das Leistungsziel zu erreichen, wird in einem Interview wiederholt der Ehrgeiz der Kinder aber auch der familiäre Hintergrund benannt. Durch Verweise in Gesprächen auf das, was in den Familien der Kinder nicht stattfindet (Lehrkraft M., Teil 2, GI, Pos. 28) wie beispielsweise gemeinsames Lesen, wird eine implizit vorhandene Vorstellung von einer adäquaten familiären Unterstützung erkennbar. Im Interview stellt die Lehrerin immer wieder situativ Herkunftsbezüge her, was unter dem „Doing Background" (Machold/Wienand 2021: 89) gefasst werden kann. Die Differenzordnung der Schule verläuft dabei nicht nur entlang von Leistung, sondern auch entlang des Hintergrunds, der aber mit guter Leistung ausgeglichen und unsichtbar gemacht werden kann. Die backgroundbezogenen Unterscheidungspraktiken sind defizitär und stellen heraus, was in der Familie ‚eigentlich' stattfinden müsste. Damit ist eine Vorstellung verbunden, dass Schüler:innen etwas in die Schule mitbrächten, das für den schulischen Erfolg entscheidend ist und was, „wenn überhaupt – lediglich kompensatorisch bearbeitet werden kann" (Machold/Wienand 2021: 122). Dabei wird nicht berücksichtigt, dass erst die schulische Praxis mit ihren Erwartungen die Unterscheidungen produziert.

Heterogenität spielt bei der anfänglichen Planung des DIY-Upcycling-Projekts keine Rolle und es liegen Normalerwartungen an mitzubringende Kleidungsstücke vor. Diese Zuschreibungspraxis zeigt sich in einer zögerlichen Beschreibung während unseres ersten Treffens:

> alte … also, die Kinder sollen, ähm, möglichst, das ist, wir müssen dazu, also, man muss dazu wissen, dass wir hier in einem sehr armen Stadtteil sind, wo es den Menschen gar nicht, also die haben jetzt nicht einen Überfluss und ich sehe das auch daran, was sie mitgebracht haben an Kleidungsstücken. Das ist eigentlich wirklich, das würde eigentlich nur in die …, in den Altkleidersack passen.
>
> (WS GI, P., Pos. 11)

Die Lehrkraft bezeichnet den Stadtteil als „arm" und zieht die aussortierte Kleidung der Kinder heran, um zu belegen, dass sie „jetzt nicht einen Überfluss" haben. Die Lehrkräfte planen trotzdem das Bedrucken als eigenes kleines Vorhaben im Kontext des Upcyclings, obwohl die Kleidungsstücke aus ihrer Perspektive „in den Altkleidersack gehören". Dass bereits an dieser Stelle ein Widerspruch zwischen der Idee des Upcyclings, also dem Aufwerten aussortierter Kleider und dem Wunsch nach gut erhaltenen Kleidungsstücken entsteht, wird den Gesprächspartner:innen nicht deutlich. Im Sinne der BNE wäre es, gerade die Dinge um- und weiter zu nutzen, die sonst aus dem textilen Kreislauf herausfallen und entsorgt werden.

Die Akteur:innen im Feld nehmen im Projektverlauf wiederholt Zuschreibungen entlang der Differenzlinie ‚arm' bzw. ‚sozial benachteiligt' vor und verbinden dies auch mit Zuschreibungen eines ‚nachhaltigen' oder ‚nicht-nachhaltigen' Konsums. Im Laufe des BNE-Projekts der GI werden die Schüler:innen wiederholt aufgefordert, Dinge von Zuhause mitzubringen. Über das Mitbringen von Spielzeug oder Kleidung kommt es wieder zu Zuschreibungen. Eine Lehrerin berichtet, dass das, was die Kinder mitbringen „unheimlich viel schrillster Plastikkram" (Lehrkaft M., Teil 2, GI, Pos. 19) ist. Es reproduziert sich ein gesellschaftlicher Diskurs eines ‚guten' und eines ‚schlechten' Konsums, der zugleich auf eine soziale Herkunft zurückgeführt wird. Im Gegensatz zur vorhergehenden Formulierung, dass es in dem Stadtteil keinen Überfluss gibt, bringen die Kinder aus dem Einzugsbereich zwar Spielzeug im Überfluss („unheimlich viel") mit, aber dieses Spielzeug wird mit den Begriffen „schrill", „Plastik" und „Kram" in Bezug auf einen nachhaltigen Konsum defizitär eingeordnet.

Ich beschreibe in meinen Notizen zu kurzen, ethnografischen Gesprächen mit den Lehrkräften, dass die Kinder im Unterricht auch Praktiken in den Familien beschrieben haben, die der Praxis des nachhaltigen Konsums zugeordnet werden könnten. Schüler:innen erzählten beispielsweise im Unterricht über Weitergabe-, Reparatur- und Tauschpraktiken. Dies führt die Lehrkraft, die an dieser Stelle die Deutungsmacht hat, im Gespräch mit mir aber wieder auf ein Defizit zurück: Die Familien sind teilweise groß und Kleidung nur begrenzt verfügbar, sodass Kleidung weitergegeben und ggf. repariert werden muss. Die Reparaturpraxis wird als ein Zeichen des Mangels und nicht als bewusste Lebensstilentscheidung interpretiert. Das bedeutet, dass Reparaturpraktiken in einigen sozialen Gruppen legitim sind und für andere nicht. Wie kann mit dieser Differenz im Unterricht umgegangen werden? Die Soziologie bietet eine Beschreibung dieser Zuschreibungspraxis, verbunden mit einem nachhaltigen Konsum.

Nachhaltiger Konsum und Ungleichheit

Die symbolischen Praktiken, wie das offensichtliche Tragen von Secondhand Kleidungsstücken oder sichtbare Reparaturen, können als politisches Zeichen oder Sozialkritik (Derwanz 2020b: 125), aber auch als Zeichen der Zugehörigkeit oder Abgrenzung interpretiert werden und tragen damit zu einer „ökologischen Distinktion" Neckel (2018) bei. Mit der Praxis des nachhaltigen Konsums haben sich neue Praktiken sozialer Differenzierung entwickelt. Neckel verortet Praktiken eines ökologischen Lebensstils vor allem in einem bestimmten Segment der Mittelschicht, das sich mit diesem Lebensstil abgrenzt, als moralisch überlegen wahrnimmt und damit die eigene Geltung erhöht (Neckel 2018: 61). Er schreibt diesen Lebensstil Personen im Dienstleistungs- und Bildungsbereich mit einem überdurchschnittlich hohen Einkommen, die vornehmlich in akademisch geprägten Städten leben (Neckel 2018: 60 f.), zu und bezeichnet Nachhaltigkeit als ein neues kulturelles Bewertungsmuster von Ungleichheit (Neckel 2018: 72). Der grüne Lebensstil erzeugt dabei soziale Abgrenzung nicht durch materielle Güter oder eine luxuriöse Lebensweise, sondern zeigt sich als immaterielles Statussymbol in Form eines besonderen Wissens (Neckel 2018: 71). Ökologische Nachhaltigkeit, so Neckel, werde öffentlich als ein fundamentales Kriterium dessen betrachtet, was als das richtige Leben gelte. Menschen, die sich diesem richtigen Leben entziehen, seien Formen der Stigmatisierung ausgesetzt (Neckel 2018: 71).

Praktiken der Nachhaltigkeit, wie der ökologische Einkauf, das sichtbare Reparieren oder das Weiter- und Umnutzen von Dingen, können als Distinktionsstrategien gelesen werden. Ob Menschen eine Motivation für Praktiken der Nachhaltigkeit entwickeln, hängt demzufolge von ihrer sozialen Position ab (Hasenfratz 2018: 106). Dabei wird in der sozialen Praxis immer wieder neu ausgehandelt, was eigentlich als nachhaltig zu verstehen ist. „Praktiken gelten dann als nachhaltig, wenn die sie bestimmenden Artefakte als nachhaltig deklariert und gesellschaftlich als solche legitimiert sind“ (Hasenfratz 2018: 107). Nicht alle Menschen haben dabei die Deutungsmacht zu definieren oder zu deklarieren.

Im beschriebenen Projekt sind es die Lehrkräfte, die sich wiederum auf gesellschaftliche Aushandlungsprozesse beziehen. ‚Upcycling' wird im gesellschaftlichen Diskurs über Medien, Unterrichtsempfehlungen oder politisch motivierte Ratgeber (u. a. BNE-Portal 2023; BMUV-Bildungsservice 2020) als nachhaltig definiert und dient als Beispiel in Vermittlungsangeboten. Andere wissenschaftliche Diskurse sehen in der Praxis des Upcyclings jedoch (noch) keine flächendeckende Lösung für eine globalisierte Textilindustrie. Die Produktion von großen Serien ist mit Upcycling kaum möglich und bisher eine Praxis einer Nische (Sung/Singh/Bridgens 2021: 2, Derwanz 2021: 175). Schulische Upcyclingprodukte sind damit eher ein Zeichen eines (vermeintlich) nachhaltigen Lebensstils oder eines gesellschaftlichen Engagements als eine konfliktfreie Lösung. Eine undifferenzierte Darstellung birgt dabei die Gefahr, Dilemmata der nachhaltigen Entwicklung auszublenden. Dies passt zu der Einschätzung weiterer Autor:innen, dass Nachhaltigkeit mit ihren eindeutigen Handlungsempfehlungen auch als „Subjektivierungsprogramm“ oder eine Form der „kollektiven Subjektivierung“ zu sehen ist (u. a. Hamborg 2022, Alkemeyer et al. 2021). In sozialen Praktiken, wie in diesem Beispiel, werden Vorstellungen über Subjekte erzeugt, die individuell verantwortlich, aber auch handlungsmächtig sind. Es werden einfache Ideen entwickelt, wie sich

Subjekte bewusst und nachhaltig verhalten sollen. Mit einer unreflektierten Praxis werden dabei aber in der BNE Macht- und Ungleichheitsstrukturen verdeckt (Hamborg 2022: 92). Eine Individualisierung und einfache Handlungsmöglichkeiten blenden Dilemmata aus und tragen zu einer Entpolitisierung bei (Kapitel 5).

Ambivalenzen im schulischen Upcycling-Projekt

Die Lehrkräfte im beschriebenen Grundschulprojekt entscheiden sich für das Bedrucken von T-Shirts. Sie hatten bereits bevor ich zu dem Projekt dazu gestoßen war, einen Workshop mit zwei BNE-Coaches einer benachbarten weiterführenden Schule. In diesem Workshop lernten die Lehrkräfte einerseits das Konzept BNE und die 17 SDGs kennen und andererseits legten sie die verschiedenen Themen der Jahrgänge für die Projekte im Jahresverlauf fest. Bereits während des Workshops begann die Internetrecherche.

> M: Ja, also diese die Coaches [..], die [...] nehmen schon viel Einfluss auf das, was wir so pädagogisch und konzeptionell machen ... sollten.
>
> S: Ja, die haben dann zusammen mit euch die Projektideen [...]? Also, ihr hattet dann einen Leitfaden an ...
>
> C: Die haben wir selber...
>
> M: Die haben das schon angeleitet. Und Olga, zum Beispiel, hatte uns auch ziemlich schnell denn ein paar Internetsachen rausgesucht, woran wir uns orientieren können. Das ist ja auch nett und gut, aber ..., man muss es halt dann trotzdem ...
>
> S: Zu jedem Thema jeweils hat sie euch dann?
>
> M: Ja, aber jetzt auch, auch denn aus dem Augenblick.
>
> C: Das, was du als normale Lehrkraft auch machst: du guckst.
>
> M: Sie hat denn eben während wir geplant haben, hat sie dann schon dagesessen und die Internetrecherche gemacht (alle lachen) und uns dann zugeballert mit (C: genau) Material (beide lachen) so ist es ... Naja ja.
>
> (Lehrkraft M., Teil 2, GI, Pos. 111–116)[3]

In der vorbereitenden Internetrecherche sind die Lehrer:innen auf verschiedene Ideen der Weiter- und Umnutzung von Kleidungsstücken gestoßen. Das Upcycling-Konzept in den verschiedenen Unterrichtsmaterialien und Kreativ-Büchern ist eng

[3] Zum Abschluss meines Interviews mit Lehrerin M., kam Lehrerin C. in den Raum und beteiligte sich am Gespräch, da die Lehrkräfte im Anschuss ihre Teambesprechung hatten. Gemeinsam sprachen wir über Punkte, an die sich Lehrerin M. nicht mehr so gut erinnerte.

mit der DIY-Bewegung verbunden. In vielen DIY-Internetanleitungen tauchen junge weiblich gelesene Personen mit guter technischer Ausstattung auf, die Textilien zu neuen modischen Produkten umarbeiten (u. a. Monentia 2023; DIY Eule 2024, Familie.de, o. J.).

Sie zeigen, wie man aus Textilien, die nicht mehr passen oder dem eigenen Stil nicht (mehr) entsprechen, neue Kleidungsstücke schaffen kann, die sich besser in das individuelle Lebensgefühl einfügen. Kein Pilling, keine Flecken, keine Verfärbungen auf den Schaustücken – es stellt sich fast die Frage, warum die Dinge nicht einfach in ihrer alten Form weiterverwendet werden können. Die Ergebnisse sind makellose, konkrete, nutzbare Dinge.

Ein Upcycling-Prozess nach diesem Vorbild stellt sich in der Schule als Herausforderung dar, wie in unserem Vorbereitungsgespräch deutlich wird:

> Aber sie bringen das hier mit. Das ist also ausgemustert und wir wollen damit irgendwas machen. Und ich, wir hatten gesagt, zum Beispiel T-Shirts … und zum äh, ich hatte mir gedacht […] zum Bedrucken […] Da habe ich auch schon gedacht ‚oh ha'…
>
> (WS GI, P., Pos. 11)

In der Beschreibung wird eine Ambivalenz sichtbar: Die von der Gruppe der Kinder aussortierten Kleidungsstücke, Unterhemden, bedruckte Shirts oder auch defekte Kleidungsstücke, passen nicht zu den Ideen der gut präparierten, weiblich gelesenen, erwachsenen Personen im Internet. Hier zeigt sich wieder der traditionelle Bezug der textilen Techniken auf ein Bild von Weiblichkeit, verbunden mit Häuslichkeit, Sorgfalt und Fürsorge.

Die Lerngruppen setzen das Vorhaben trotz zu Beginn unpassender Kleidungsstücke zum Abschluss des mehrwöchigen Projekts ‚Kleidung' um. Da jede Lehrkraft individuelle Vorstellungen zur Umsetzung hat, arbeiten die Kinder in ihren Lerngruppen unter der Anleitung der vertrauten Lehrkraft (Kapitel 10). Die Praxis der Durchmischung der Lerngruppen, die für das BNE-Projekt geplant war, findet nicht statt. Die Lehrkräfte verfolgen unterschiedliche Vermittlungsansätze, um die heterogenen Voraussetzungen der Kinder und die Erwartungen an ein tragbares Produkt in Einklang zu bringen. Zwei verzichten auf die Erwartung eines perfekten T-Shirts und das Drucken wird zu einem künstlerisch-ästhetischen Gestaltungsprozess, der zum Malen übergeht, während die anderen beiden die Umsetzung sehr eng anleiten, um damit eine stärkere Kontrolle über die (potentiell) tragbaren T-Shirts und die Druck-Technik zu haben.

Alle Lehrkräfte versuchen, wie auch in anderen pädagogischen Settings, den defizitären Background der Kinder zu kompensieren (Machold/Wienand 2021: 122). Kinder, die keine geeigneten Kleidungsstücke mitbringen, bekommen ein Stück einer zerschnittenen Tischdecke. Mit dieser Praxis werden die fehlenden Ressourcen oder das fehlende Engagement markiert. Kinder, die ihre eigenen T-Shirts gestalten können, entsprechen der Normalvorstellung, die dem Upcycling-Projekt zugrunde liegt. Sie können zum Projektende ihre neuen Kleidungsstücke tragen und damit Engagement und Kreativität beweisen.

> Ja, das also ähm, das haben sie denn getragen. Das war [...] einige waren richtig stolz [...]. Und die Kinder, die ja auch kein T-Shirt..., hatten dann ja zum Teil so ein Deckchen und waren davon auch ganz, ganz entzückt irgendwie, dass sie sowas Schönes hingekriegt haben.
>
> (Lehrkraft M., Teil 2, GI, Pos. 27)

Die Ambivalenz der kompensatorischen Praxis ist der Lehrkraft beim Formulieren ihrer Aussage bewusst, aber sie stellt die schulische Ordnung dadurch wieder her, dass auch die Kinder mit einem „Deckchen" stolz auf ihr Produkt sein konnten. Es ist ein Versuch, eine Ordnung herzustellen, in der der Background weniger Relevanz hat, sondern das individuelle Engagement und die Leistung der Schüler:innen zählt. Der Fortbestand der Ungleichheit, beispielsweise durch die Tatsache des aktiven Tragens des T-Shirts, wird dabei ausgeblendet.

Im Verlauf zeigt sich ein weiterer Widerspruch. Eine Lehrkraft berichtet mir während des Aufbaus: „Da stehen mal eben 40 Euro auf dem Tisch. [...] Das ist eigentlich zu aufwendig und zu teuer. Unsere Eltern können das auch nicht bügeln" (Feldnotizen GI: 38). Zwei der Lehrkräfte sind unsicher beim Fixieren der Farbe und denken, dass sowohl die Kinder als auch die Eltern das Bügeln nicht übernehmen können. Die Lehrkräfte trauen den Familien damit die Wiederholung der Praxis nur eingeschränkt zu, da sie erstens keine geeigneten Kleidungsstücke haben, zweitens nicht die finanziellen Mittel und drittens nicht die praktischen Fähigkeiten. Die selbstermächtigende Handlungsfähigkeit der Kinder im Sinne der BNE rückt damit in den Hintergrund.

Instruktion und Ungleichheit

Die ethnografische Beschreibung zeigt, dass Kleidung, nachhaltiger Konsum und soziale Distinktion nicht weit auseinander liegen. Wie Menschen sich kleiden, ist habituell geprägt (Bourdieu/Delsaut 1975, Bourdieu 1987). Sie wird nicht nur zum Schutz vor Kälte, aus ästhetischem Empfinden oder aus Scham getragen, sondern die Kleidung eines Menschen drückt auch Zugehörigkeit und Lebensstil aus. Unwillkürlich neigen Menschen dazu, die Kleidung einer Person zu deuten. Und das Projektbeispiel zeigt, dass dies nicht nur für die Kleider, die Menschen an ihrem Körper tragen gilt, sondern auch für Kleidungsstücke, die sie aussortieren.

Es wird deutlich, wie es aufgrund von implizit vorhandenen sozialen Ordnungen zu Überlagerungen von Differenz- und Zuschreibungspraktiken in einem Schulvorhaben im Kontext der Bildung für nachhaltige Entwicklung (BNE) durch eine Fokussierung auf gesellschaftlich kommunizierte Praktiken des nachhaltigen Konsums kommen kann. Auch Johanna Weselek stellt in ihrer Studie fest: „Durch die aktuelle Fokussierung der Nachhaltigkeitsthematik auf nachhaltigen Konsum ist ausgewogener gesellschaftlicher Aushandlungsprozess nicht gegeben, weil dadurch nur bessergestellte Schichten angesprochen werden und nur diese die Möglichkeit bekommen, sich nach dem aktuellen Verständnis nachhaltig zu verhalten" (Weselek 2022: 389). Die Idee der bewussten Kaufentscheidungen und der Wertorientierung eines ‚nachhaltigen', weil ‚guten' Konsums führt damit „notgedrungen zu Praktiken des Unterscheidens" (Weselek 2022: 385).

Hier sollte eine Reflexionsebene eingezogen werden, denn es gibt vermutlich keine eindeutigen Lösungen, wie mit welchen Lerngruppen mit aussortierten Kleidungsstücken gearbeitet werden kann. Aber es bedarf eine Sensibilisierung der Beteiligten (nicht nur der Lehrkräfte), dass mit mitgebrachten Dingen aus den Familien auch Zuschreibungspraktiken verbunden sind und dass diese im Rahmen von BNE-Projekten auch zum Unterrichtsgegenstand werden (können).

In der Beschreibung wird deutlich, dass sich politische und ideelle Vorstellungen zu einer inklusiven und sozial gerechten BNE nicht direkt in der sozialen Praxis umsetzen lassen. Für die Akteur:innen ist eine Öffnung von und in Schule durch ein wöchentliches BNE-Projekt mit den zu erreichenden Leistungen nur schwer zu vereinbaren. Unter anderem auch daher wird auf einfache Upcycling-Vorschläge zurückgegriffen. Aber die unhinterfragt nachhaltige Praxis des Upcyclings simuliert einfache Lösungen und individualisiert damit ein globales Problem (Kapitel 5). Die Handlungsmöglichkeiten werden ohne Rücksicht auf heterogene Voraussetzungen normativ vorgegeben. Gleichzeitig werden den Familien kollektive Verhaltensweisen im Umgang mit Kleidung zugeschrieben, mit denen eine Wiederholung nicht umsetzbar erscheint.

Das Ziel, die Lernenden für einen nachhaltigen Konsum zu sensibilisieren kann dabei nicht nur verfehlt werden, sondern sogar ins Gegenteil umschlagen: „Die Aneignungsprozesse der Akteur*innen der höheren Schichten können zu distinktiven Bildungsprozessen führen, was wiederum zu Abneigungsprozessen der Akteur*innen der schlechter gestellten Schichten führen kann" (Weselek 2022: 384). Dieses Upcycling-Projekt ist einer rein instrumentellen Bildung für nachhaltige Entwicklung zuzurechnen (Kapitel 5). Ein einseitig instruktives Vorhaben birgt aber die Gefahr, Ungleichheiten und Machtverhältnisse zu reproduzieren, anstatt im Sinne der BNE Differenzen anzuerkennen und bestärkend zu arbeiten.

Marco Rieckmann und Marie-Christine Vierbuchen (2020) heben einen emanzipatorischen Ansatz mit dem Empowerment als normativen Kern sowohl der BNE als auch der inklusiven Bildung hervor (5). Akteur:innen sollten in der Konzeption von BNE-Angeboten daher Normalerwartungen reflektieren, um Projekte so zu planen, dass der Arbeitsprozess mit mitgebrachten Artefakten und die Bedeutungskonstruktionen offenbleiben. Eine Reduktion der BNE auf den nachhaltigen Konsum und Upcycling-Praktiken mit dem Anspruch auf ein tragbares Produkt scheinen hierfür nur bedingt geeignet. Die Lösung ist aus meiner Sicht nicht, auf das Mitbringen von Alttextilien zu verzichten, sondern offen für das, was mitgebracht wird zu sein und damit wertschätzend zu arbeiten. Eine Beteiligung der Lernenden und das Anerkennen ihrer Erfahrungen ist hierbei zentral. Damit verbunden ist ein Sich-Einlassen auf die Ungewissheit des pädagogischen Handelns. Für Vermittlungsvorhaben mit (textilen) Dingen aus den Haushalten der Kinder sind eine Reflexion der eigenen Zuschreibungspraxis und eine konzeptionelle Planung notwendig.

Im Arbeiten mit aussortierten Kleidungsstücken, gibt es dabei eine Vielzahl von weiteren Möglichkeiten, nachdem das Ideal eines konkreten nutzbaren Ergebnisses in Form eines Konsumprodukts (siehe Kapitel 10) abgelegt ist und das Nicht-Normative nicht als Störung empfunden wird. Wenn Diversität „als didaktisch-pädagogisches Strukturelement begriffen wird" (Brenne/Kaiser 2023: 8) und das Selbstverständnis der Schule nicht auf einheitliche Abläufe ausgerichtet ist (Brenne/Kaiser 2023: 8), dann kann das, was für das ästhetisch-gestalterische Arbeiten gilt auch in der BNE transformative Bildungschancen eröffnen.

Im Sinne einer emanzipativen BNE kann es sinnvoll sein, nicht auf individuelle Produkte, sondern auf kollektive Aushandlungsprozesse in einer Auseinandersetzung mit den Dingen zu setzen. Alttextilien könnten dann auch gemeinsam zerlegt (Kapitel 10), im Rahmen von einer Ästhetischen Forschung (Kämpf-Jansen 2012; Leuschner/Knoke 2012; Götsch 2023) untersucht und zu Kunstobjekten weiterentwickelt oder gemeinschaftlich in experimentellen Verfahren um- und weitergenutzt werden. Auch Kompostversuche mit Schuhen, Jeans oder Stoffstücken, wie ich sie bereits mit Studierenden erprobt habe, sind dabei denkbar (Jessen 2024) und können dazu führen, neue Geschichten im Kontext der BNE zu entwickeln anstatt alter Zuschreibungen eines ‚guten' und eines ‚schlechten' Konsums in textilen Praktiken zu reproduzieren. Ein offenes Vorgehen, in dem Irritationen und ‚Fehler' als Lernanlass wahrgenommen werden, bietet in einer bewussten Auseinandersetzung mit den Dingen, Chancen im Sinne eines transaktionalen Lernens (Kapitel 12).

11.2 Sekundarstufe 1: Der FREI DAY

Gegen Ende der Feldforschung entstand der Kontakt zu einer Schule, die den FREI DAY mit ihrem neunten Jahrgang erproben wollte. Der FREI DAY läuft unter dem Motto ‚Lernen, die Welt zu verändern' (Schule im Aufbruch gGmbH 2025). Das Vorhaben, den Freitag als einen freien Projekttag zu den SDGs (Sustainable Development Goals) einzuführen, wird von der gGmbH ‚Schule im Aufbruch' koordiniert. Schüler:innen werden hier als die Gestalter:innen von morgen adressiert. An mindestens vier Stunden in der Woche wird eine freie Projektzeit im Stundenplan integriert, innerhalb der sich die Schüler:innen im Sinne der 17 Nachhaltigkeitsziele in der Schule oder in ihrem Umfeld engagieren sollen. Die Idee bezieht sich auf das Buch „FREI DAY: Die Welt verändern lernen! Für eine Schule im Aufbruch" der „langjährigen Schulleiterin" Margot Rasfeld (Schule im Aufbruch gGmbH 2025). Auf der Internetseite wird das Buch vom OECD-Bildungsdirektor und Koordinator der PISA-Studien, Andreas Schleicher, als „verblüffend einfach" beworben (Schule im Aufbruch gGmbH 2025). Somit verspricht die Internetseite, dass der FREI DAY sowohl Leistungsorientierung im Sinne von PISA als auch gesellschaftliches Engagement und Zusammenhalt verbindet.

BNE fordert mit Lernformaten wie dem FREI DAY in besonderem Maße die Öffnung von Unterricht und Schule. Georg Breidenstein und Sandra Rademacher beschreiben die Öffnung von Schule und Unterricht als zentrale Formel von Reformbestrebungen und in Teilen als eine „Befreiung des Schülerkörpers", der sich nunmehr frei im Raum bewegen kann (Breidenstein/Rademacher 2017: 20). Mit den Empfehlungen und Forderungen zur Einführung von BNE an Schulen ist ein Schulentwicklungsprozess verbunden, der eine Öffnung im Sinne von fächerübergreifendem Arbeiten, Partizipation der Lernenden und eine Öffnung nach außen zur Kooperation mit außerschulischen Partner:innen fordert (Kultusministerkonferenz 2024: 12 f.). Die Schüler:innen sind im Rahmen von besonderen Lernformaten aufgefordert, sich im Umfeld der Schule und im Stadtteil frei zu bewegen. Sie dürfen nun nicht nur Dinge aus Regalen holen und körperliche Haltungen einnehmen, „die im traditionellen, lehrerzentrierten Unterricht undenkbar sind" (Breidenstein/Rademacher 2017: 20), sondern der FREI DAY erlaubt dem „Schülerkörper", das Schulgelände zu verlassen, fordert sogar dazu auf. Aber so, wie die von Rademacher und Breidenstein beobachteten Praktiken im Raum nicht primär Offenheit zeigen, so verhält es sich auch mit einer Öffnung des Unterrichts im Sinne des FREI DAYs. Auch hier finden Begrenzungen statt und es werden alte oder neue (schulische) Ordnungen aufrechterhalten bzw. etabliert.

Im folgenden Abschnitt werde ich auf ein Fallbeispiel eingehen, in dem ich im Rahmen meiner Forschung die Neueinführung des FREI DAYs begleiten konnte. Mit dem FREI DAY wurden an der von mir besuchten Schule nicht nur der Freitag für die mehr oder weniger freie Projektarbeit eingeführt, sondern auch Lernateliers, um auch das Lernen für die anderen Schulfächer anders und damit auch kompatibler zu den durch den FREI DAY verursachten Stundenkürzungen zu gestalten.

Zunächst können Leser:innen über die ethnografische Beschreibung des FREI DAYs einen Eindruck vom Verlauf bekommen, um im Anschluss meine Reflexion zu den Subjektverhältnissen nachvollziehen zu können. Hieraus ergeben sich zwei Kritikpunkte am Konzept der BNE, die sich im empirischen Beispiel bestätigen: Funktionalisierung von Bildung und die Überlagerung von wirtschaftlichen Interessen und BNE.

Freitags im Textilraum

Da ich nicht über die Hauptkoordinator:innen in das Projekt gekommen bin, sondern über die Arbeit im Textilraum, erfuhr ich erst nach und nach während meiner Besuche in der Schule mehr über die Strukturen und Vorhaben zum FREI DAY. Ich besuchte den Textilraum regelmäßig freitags, war dabei, beobachtete, führte lose Gespräche, machte Notizen und führte ein ethnografisches Interview mit der Lehrkraft. Im Raum nahm ich vor allem die Position als forschende Beobachterin ein und gelegentlich wurde ich als Expertin in Gestaltungs- und Nachhaltigkeitsfragen einbezogen. Am Ende besuchte ich die Abschlusspräsentation der Schüler:innen und einen Informationsnachmittag an der Schule. Meine Perspektive ist nur ein kleiner Mosaikstein in einem größeren Projekt. Ich konnte den Prozess nicht von Anfang an begleiten und ich nahm nur einen begrenzten Teil des Feldes im Textilraum der Schule wahr. Hier erschienen Schüler:innen[4], die sich aus verschiedenen Gründen für die Arbeit in diesem Raum entschieden hatten, anstatt im Sinne einer Öffnung von Schule außerhalb der Schule zu arbeiten. Freitags im Textilraum trafen in der sozialen Praxis das Anliegen, Schule zu verändern, das Erlernen textiler Praktiken und Ideen von Nachhaltigkeit und nachhaltigem Konsum aufeinander. Ich bekam erst zum Ende einen guten Überblick, welche Schüler:innen zu was arbeiten.[5]

---

[4] Die Schüler:innen des 9. Jahrgangs mussten sich in Absprache mit der Klassenlehrkraft zu Beginn der FREI DAY-Phase für ein Projektthema und für eine betreuende Lehrkraft entscheiden.

[5] Zwei Mädchen und eine Dreiergruppe gehören zum festen Kern. Ich sehe sie regelmäßig. Eine weitere Gruppe häkelt. Sie kommen nur selten in den Textilraum. Sie suchen sich einen anderen, selbstbestimmten Ort. Ich vermute, dass sowohl die zeitliche Gestaltung als

Da es sich bei dem FREI DAY um einen ersten Probedurchlauf handelt und da ich mit dem Besuch des Textilraums auch nur einen sehr kleinen Ausschnitt des Probedurchlaufs besuchen konnte, lassen sich kaum Aussagen zum FREI DAY im Allgemeinen aus meinem Material schließen. Ich möchte dennoch einen Einblick in einen Verlauf eines der vier Schüler:innenprojekte geben – immer verbunden mit der Frage: Welche Adressierungen und Subjektivierungsweisen sind zu beobachten?

Mit der Wahl des Textilraums scheint klar, dass es sich bei den Projekten der Lernenden um textilpraktische Auseinandersetzungen handeln wird. Aus der Sicht der Lehrkraft war es eine Herausforderung mit den Schüler:innen Projekte zu entwickeln, die sie in der Kürze der Zeit mit nicht vorhandenen Nähkenntnissen umsetzen konnten. Die meisten Schüler:innen hatten den Anspruch, das Nähen an der Nähmaschine zu erlernen. Dafür haben sie mit (oder von?) der Lehrerin ein passendes Nähprojekt entwickelt, mit dem sich eine Verbindung zu den SDGs herstellen ließ. ‚Upcycling'-Vorhaben waren naheliegend, sodass eine Schülerin alte T-Shirts umnähte und eine weitere mit dem Umarbeiten eines Kleides zu einem Top startete. Eine Gruppe von drei Mädchen beschrieben mir ihr Projekt als „Kleid aus Plastik". Sie kommen immer mal wieder in unterschiedlichen Konstellationen in den Raum. Ausgangspunkt für sie war eine Recherche bei Designer:innen im Internet. Nika, die selbstsicherste Person in der Gruppe, berichtete bei unserem ersten Treffen, dass sie unter anderem Verschlüsse von Getränkedosen verwenden möchten, um zwei Kleidungsstücke aus Plastik zu gestalten.

> Als ich mich und meine Forschung vorstelle, sagen die drei Schüler:innen, das passe ja zur Nachhaltigkeit. (…) Nika zeigt mir Skizzen und Recherchen auf dem Tablet. (…) die Schülerin ist sichtlich stolz. Sie zeigt mir ein Kleid, das aus ‚Plastik' gebunden ist. Sie zeigt mir einen Gesichtsvorhang aus Dosenverschlüssen. So etwas möchten sie auch machen. Aber hierfür benötigen sie auch Stoff. ‚Wenn wir das ausprobieren, kann man ja was machen, helfen!'
>
> (Forschungstagebuch: 364)

In der Dreiergruppe ist in meiner Wahrnehmung eine Schülerin (Nika) immer am Planen, eine am Mitmachen und eine ist Helferin. Das wird auch von der Lehrkraft so angenommen, wie folgende Ausschnitte aus einer Episode meines zweiten Besuchs zeigen:

---

auch die Ortswahl die Bereiche sind, in denen diese Schüler:innen ihre Selbstbestimmung wahrnehmen.

Die 3er-Gruppe ‚Plastik' kommt. Sie müssen in 4 Wochen fertig werden. [...] Sie haben die Arbeit aufgeteilt. Nika mit der goldenen Kette um den Hals erklärt am meisten, aber die zweite sagt auch mal etwas. [...]

Nika beschreibt immer wieder ihre genauen Vorstellungen. Die Lehrerin versucht mit ihr, einen Schnitt zu erarbeiten. Die anderen sehen eigentlich nur zu. Die Lehrerin macht den Schnitt für den Ärmel nahezu alleine unter Regie von Nika. Nika wird von allen Beteiligten immer wieder um ihr Einverständnis gefragt. Eigentlich haben sie die Arbeit aufgeteilt. Nika macht den ‚Körper' und die anderen beiden die Ärmel. [...]

Bei der Diskussion zum Schnitt für den Ärmel wird es irgendwann komplex und kompliziert. Die Lehrkraft und die Schüler:innen müssen sich verständigen. Sie versuchen, ihre Vorstellungen durch das Zeigen am Körper zu konkretisieren. Sie probieren den gewünschten Ärmel auf Papier zu übertragen. Gerade frage ich mich, ob das Drapieren am Körper oder an einer Puppe mit Probestoff da nicht einfacher wäre. Was ist das für eine Art von Designprozess? [...]

Die Lehrkraft erklärt beim T-Shirt Schnitt weiter, dass sie den Ärmel viermal mit Nahtzugabe benötigen. Sie zeichnet die Naht Blau und die Zugabe extra in Rot. Sie erläutert: „Das gibt Sicherheit." Die Lehrkraft erklärt, wie der Stoffen liegen soll und dass es wichtig ist, den Fadenlauf zu berücksichtigen. Sie illustriert das mithilfe einer Geschichte zur Hose ihres Mannes. Der hatte eine qualitativ gute Hose bei Laden X gekauft. Nach dem Waschen hatte sich das Bein aber verzogen. [...] Sie versucht, den Schüler:innen den Unterschied zwischen Web- und Kettfäden zu erklären und dass die Kettfäden das nicht halten können.

Später sagt die Lehrerin bei der Ärmeltruppe: ‚Gerade wäre normal, aber ihr wollt das ja anders.' Nika sagt: ‚Die Linie habe ich weggemacht, weil ich wollte das ja nicht gerade haben.' Es gibt ein kleines Hin und Her, wie es genau aussehen soll. Die Lehrerin sagt dann: ‚Probiert es erstmal so aus, wie ihr euch das gedacht habt. Wenn es nicht reicht, könnt ihr noch etwas wegnehmen.' Zu der dritten Schülerin, die ich schon für mich ‚Helferin' genannt habe, sagt sie: ‚Du hilfst ihr.' [...]

Schülerin Nummer 2 beginnt den Ärmelschnitt aus Papier auszuschneiden. Es bleiben Papierreste. Sie sagt zur Helferin: ‚Bring die mal weg.' Sie legt sie einfach zur Seite. Die zwei beratschlagen weiter über den Ärmel. Sie legen nun den Schnitt immer wieder auf den Stoff. [...]

Nun überlegt das Dreierteam den Ärmel kürzer zu machen. Die Lehrerin schlägt erst vor, zu falten, aber dann wird doch einfach abgeschnitten. Sie sagt: ‚Solange hinlegen, bis es passt.' Die Schüler:innen weisen darauf hin, dass sie noch zusätzlichen Stoff haben. Es erscheint alles recht unsystematisch. Dann kommt aus meiner Sicht so etwas wie eine Lösung: Der eine Stoff soll am besten einmal gebügelt werden. Später wird der ganze Stoff einmal gebügelt und dann wird alles schon besser. Die Helferin hat nun mit dem Bügeln auch eine richtige Aufgabe. ‚Am besten von links und Stufe 1, sonst kann der Stoff schmelzen', rät die Lehrkraft. [...]

Es werden nun zwei Stoffe (von dem bereits gebügelten Stoff) übereinandergelegt, dann kann nichts schiefgehen. Es wird gut festgesteckt und dann soll Schülerin Nummer 2, die mitmacht, schneiden. Ich bringe für die weiteren Stoffstücke ein, dass diese eventuell auch gebügelt werden sollten. Die Helferin wird angewiesen (ich glaube von der Lehrerin oder von Nika?) zu bügeln. [...]

Es wird nochmal diskutiert, ob die Flecken zum Beispiel durch Applikationen kaschiert werden sollen. Die Lehrerin wirft ein: ‚Vielleicht gehen die Flecken auch beim Waschen raus.' Nika meint, das glaubt sie nicht, der Stoff habe es in sich. Die Lehrerin fragt: ‚Woher weißt du das?' Aber es wird dann auch nicht weiter darauf eingegangen, was das nun für ein Stoff ist oder, ob man die Flecken nun rausbekommt. Nun darf Nummer 2 endlich die ersten zwei Stoffstücke übereinander gesteckt ausschneiden. Die Lehrerin hat (glaube ich) alles gesteckt. [...]

Das war jetzt der erste Ärmel, der zweite Ärmel soll laut Lehrerin erst beim nächsten Mal geschnitten werden. Die Lehrerin legt den Stoff aber schon aufeinander und überflüssige Stücke sollen abgeschnitten werden. ‚Aber auch nicht zu viel, denn vielleicht braucht man ja noch Stücke!' Sie erzählt eine Geschichte, als sie einen Kragen nähen wollte. [...]

Die Lehrkraft packt den Stoff und den Schnitt ordentlich zusammen: ‚Dann könnt ihr das wegpacken. Dann habt ihr heute viel geschafft, ihr habt ja noch vier Wochen.' Wenn ich darüber nachdenke, haben weniger die Schüler:innen viel geschafft, sondern die Lehrerin war essentiell. Sie hat vieles für die Schülerinnen gemacht und sehr viel angewiesen.

Nika näht noch. Die Lehrerin packt weiter zusammen. [...]

(Feldnotizen GSH: 7–10)

Am Ende des Schuljahres findet die Präsentation der Projektergebnisse in den Klassenräumen der 9. Klassen statt. Alle Lehrkräfte der Schule, Eltern oder interessierte Personen, wie ich, sind zur Präsentation eingeladen. Alle Schüler:innen bzw. Schüler:innengruppen haben einen Platz in einem ihrer Klassenräume. Sie zeigen Filme, Flyer, Poster, Präsentationen oder Objekte. Diese sind Teil der schulischen Aufgabe zum FREI DAY und stellen den inhaltlichen Anspruch und den Bezug zu den SDGs wieder formal her.

Ich treffe die Lehrerin im Textilraum:

Dann gehen wir hoch in den Gang der neunten Klassen. Sie nimmt noch das T-Shirt von einer Schülerin mit. Wir treffen Nika. Die Lehrerin fragt: ‚Na, aufgeregt?' Sie antwortet: ‚Nein, eigentlich nicht.' Sie habe das Kleidungsstück heute morgen noch fertig gemacht. Nika scheint stolz. Sie hat es auch einmal angezogen. Die anderen beiden sehe ich nicht.

Die Schüler:innen des Jahrgangs sitzen an Tischen, unterhalten sich, tippen auf ihren Tablets. Sie wirken desinteressiert. Spricht man sie an, fangen sie meist breitwillig an

> zu erzählen. Wenige sind auch wirklich stolz, andere genieren sich fast für ihre Produkte. (…) Es scheint, kein so großes Interesse an einem gemeinsamen Austausch zu geben. Wenn Lehrkräfte oder ich auftauchen, entsteht so etwas wie Ernsthaftigkeit. Auf Fragen wird gerne geantwortet, man hört bei einigen dann doch auch Stolz heraus.
>
> Viele der ‚Textil-Mädchen' sind zusammen in einer Ecke. Eine Dreiergruppe ‚Häkeln und Taschen' und die zwei Mädchen mit dem Upcycling-Projekten. Die Dreiergruppe mit dem Oberteil aus Plastik ist in einem anderen Raum. Wir gehen zu der Gruppe mit den ‚Upcycling'-Projekten und sehen uns ihre Dinge an. Sie haben teilweise Präsentationen vorbereitet. […]
>
> Es kommt ein Lehrer, der sie befragt, was sie gemacht haben. Später als sie darüber sprechen, was am FREI DAY gut war, sagt er: ‚Ihr habt hier ja auch etwas gelernt. Feinmotorik ist ja wichtig und wenn ihr hier was produzieren konntet, dann könnt ihr auch andere Dinge produzieren.'[…]
>
> (Forschungstagebuch S. 413–415)

Die Schüler:innen hatten sich schüchtern hinter den Tischen positioniert und fingen bereitwillig an mit mir, dem Lehrer und der Textillehrkraft zu sprechen. Die Power-Point-Präsentationen der Textilprojekte stellten allgemeine Zahlen zum Kleidungskonsum und damit einen Bezug zum SDG „Nachhaltiger Konsum und Produktion" her. Es findet am Ende eine Präsentation der textilen Vorhaben auf zwei Ebenen statt. Zum einen die textilen Produkte als Ergebnis des Arbeitsprozesses und zum anderen die Power-Point-Präsentationen der Schüler:innen, um den inhaltlichen Bezug zu den SDGs herzustellen – fast so, als ob die Kleidungsstücke bzw. Taschen nicht auch von alleine in der schulischen Bewertungslogik bestehen könnten. Der textile Lernprozess, die Auseinandersetzung mit den Materialien und Dingen, wird durch den Anspruch, dass die Projekte anschlussfähig an die SDGs sein sollten, überlagert.[6]

Wenige Wochen später findet an der Schule eine schulenübergreifende Informationsveranstaltung für Lehrkräfte und Multiplikator:innen zum FREI DAY statt. In der Aula sind die farbenfrohen SDG-Würfel dekorativ auf der Bühne verteilt. Nach einer Einführung gibt es verschiedene Workshops – unter anderem einen, in dem die Schüler:innen der Schule von ihren Erfahrungen berichten:

---

[6] Um diese Aufgabe zu erfüllen, ergänzen die Schüler:innen Recherchen, die nichts bis wenig mit ihrem Vorhaben zu tun haben. Aber nicht alle Projekte wurden so willkürlich auf die SDGs bezogen und präsentiert, wie die Textilprojekte. Die Vielfalt war groß. Einige Filme zeigten relativ überzeugend den Prozess der Schüler:innen oder ihre Fragen. Ein Projekt fiel mir besonders auf, vor allem auch aufgrund des Engagements von mehr als zehn Schüler:innen und der bleibenden Außenwirkungen. Ich erklärte mir das damit, dass hier die Lehrkraft vermutlich eine andere Position und Funktion eingenommen hat.

> Ich betrete einen Raum, in einer Reihe sitzen Mädchen, Junge, Mädchen, Mädchen, Mädchen, Mädchen. Sie sollen den Erwachsenen Rede und Antwort zum FREI DAY stehen.
>
> Ein bisschen war es wie im Zoo: die Schüler:innen und ihre Erfahrungen wurden präsentiert. Gut war, dass – obwohl die Schulleitung dabei war – die Schüler:innen meist ehrlich waren. Sie haben gesagt, was gut und was schlecht lief. Einige aus dem Jahrgang mochten den FREI DAY wohl nicht, haben nichts gemacht, haben nichts geschafft. Ein:e Schüler:in wünschte sich Noten und ein Leistungsprinzip. Andere betonten, dass eine gute Begleitung durch die Lehrkraft hilfreich sei. Bei der Gruppe mit mehr als zehn Schüler:innen und dem Film, der mich beeindruckte, war das wohl so. Aber da vermute ich, dass da auch wirklich sehr viel von der Lehrkraft kam. Aber warum auch nicht! Vielleicht muss man Kombinationen finden und machen. Je Lehrkraft, Thema und Gruppe.
>
> (Veranstaltung_FREI DAY, Pos. 11–14)

Auf der Veranstaltung erfahre ich auch, dass nicht alle Schüler:innen an der freien Projektarbeit des FREI DAYs teilgenommen haben. Schüler:innen, die im System Schule im Haupt- und Förderschulniveau eingestuft wurden, haben zunächst für ihren Abschluss gearbeitet. Erst zum Ende konnten sie kleine eigene, mehr oder weniger freie Projekte[7] wie das Nähen eines Mäppchens aus Textilresten umsetzen. Der Abschluss und die schulische Leistungsorientierung hatten hier Priorität vor dem gesellschaftlichen Engagement und einem selbstbestimmten Lernen. Der Sinn des offenen Arbeitens und des Engagements während des FREI DAYs ist für Schüler:innen aber nicht immer nachvollziehbar, da sich nicht alles (z. B. Zeitverluste durch Konflikte in Gruppen) reibungslos in ihre eigene schulische Verwertungslogik einfügt. Am ehrlichsten und direktesten empfinde ich zwei Schüler:innen, die mit mir zusammen am Tag der Abschlusspräsentation des Jahrgangs das Haus verlassen: „Ey, Digger, da hätten wir auch zuhause bleiben können. Drei Stunden, das hätte keiner gemerkt.“ Auch an diesem Tag hätten sie scheinbar gerne von der selbstbestimmten Zeitgestaltung des FREI DAYs Gebrauch gemacht. Für mich bleiben am Ende offene Fragen zum FREI DAY:

- Benötigen die Projekte zum FREI DAY zwingend einen Bezug zu den 17 SDGs als alles überlagernde normativ aufgeladene Symbolik?

[7] Die beiden wollten gerne ein Fischmäppchen nähen, wie das der Lehrkraft. Das erklärte mir, warum sie einmal mit im Textilraum waren. Erst hatte die Lehrkraft gedacht, sie nähen etwas einfacheres aus Segeltuch. Das war das erste Mal als sie da waren. Aber die beiden wollten unbedingt den Fisch machen. Und es hat auch geklappt. Sie haben beide einen Fisch genäht. (Veranstaltung_FREI DAY, Pos. 31–34)

- Wie kann eine intensive/reflektierte Auseinandersetzung der Lernenden mit den Dingen aussehen?
- Ist eine abschließende Projektpräsentation das richtige Ziel?
- Braucht der FREI DAY ein Ziel?
- Wie frei ist der FREI DAY wirklich?

Subjektverhältnisse im Textilraum

Das beschriebene Beispiel aus dem Textilraum zeigt, dass sich das Arbeiten wenig von dem Prozess in der anderen Werkstatt ‚Drei Stoffe' unterscheidet, die ich parallel bei der gleichen Lehrerin besuche (Kapitel 12). Im Arbeitsprozess geht es vorrangig um die technische Umsetzung, aber der ästhetische Gestaltungsprozess oder die Auswahl der Materialien, beispielsweise unter ästhetischen oder nachhaltigen Aspekten sind untergeordnet bzw. werden nicht gemeinsam diskutiert. Die SDGs oder ein Bezug zur nachhaltigen Entwicklung tauchen in der textilen Praxis nicht auf. Er wird erst zur Abschlusspräsentation wieder hergestellt.[8]

Bemerkenswert finde ich, dass im gesamten Prozess die Schüler:in, die von vornherein selbstbestimmt und selbstbewusst in das Projekt gegangen ist, diese Position im Verlauf immer stärker ausfüllt. Selbst die Lehrerin lässt Arbeitsschritte von ihr legitimieren. Das Urteil der anderen beiden Schüler:innen der Gruppe ist nicht oder fast nicht relevant. Es trifft das zu, was zu den allgemeinen Beobachtungen von einem unterrichtlichen Geschehen gehört: „Es wird deutlich, wie Auswahl und Bewertung von Unterrichtsbeiträgen auf Grundlage von Vorannahmen über Schüler*innen getroffen und diesen somit unterschiedliche Zuständigkeiten und Kompetenzen zugewiesen werden" (Bonanati 2022: 285). Die Lehrerin verstärkt die Subjektkultur der Dreierkonstellation, indem sie die Schüler:innen entsprechend ihrer sozialen Position in der Kleingruppe adressiert: „Und du hilfst ihr".

Die Lehrkraft nimmt einerseits die Position einer erfahrenen Näherin ein und legitimiert diese durch episodische Erzählungen zu eigenen Nähprojekten. Es sind private Erfahrungen, die sie weitergibt und mit denen sie die Lernenden vor dem Scheitern schützen möchte. Phasenweise werden die Lernenden auch zu Gestaltenden bzw. Nika übernimmt durch ihre Souveränität aber auch durch ihr Interesse und eine intensivere Auseinandersetzung mit den Recherchen die Position der Designerin im Team. Die anderen beiden im Team bleiben für mich rätselhaft, ich habe mir in den Notizen nicht einmal ihre Namen notiert. Sie scheinen vor allem dabei zu sein, weil das Projekt ihr aktueller Auftrag als Schüler:innen ist. Nika hat hierdurch

[8] Der einzige Bezug der Schüler:innen, der gleich zu Beginn hergestellt wurde, war das Weiter- und Wiederverwenden von Plastik und Dosenverschlüssen. Es bleibt unklar, ob das fertige Objekt ein Designstück, ein reguläres Kleidungsstück oder ein Kunstobjekt, das zur Reflexion anregt, werden soll.

eine Person, die mitdenkt und mitmacht und eine eher uninteressiert wirkende ‚Helferin'. Die beiden anderen haben durch Nika ein Projekt, das sie auch am Ende präsentieren können, denn hierauf läuft der FREI DAY hinaus.

Mit der subjektivierungstheoretischen Perspektive zeichnet dies ein ambivalentes Subjektivierungsgeschehen zum FREI DAY in dem von mir besuchten Textilraum nach. Die Medien und Texte zum FREI DAY beschreiben das Schüler:innensubjekt als ein aktives handelndes Subjekt, das sich eigene Ziele setzt und das eigene Lernen kontrolliert. Gepaart mit dem Anspruch einer Bildung für nachhaltige Entwicklung wird das lernende Subjekt zudem als ein engagiertes Subjekt, das helfen soll die Welt zu verändern, adressiert. Dass die konkrete Situation immer auch ein Anders-Handeln und Umdeuten zulässt (Kuhlmann/Ricken 2022: 1), zeigt sich an den unterschiedlichen Aneignungsweisen der drei Schülerinnen. Während Nika die Position des aktiv handelnden Subjekts zumindest verbal annimmt, „Wenn wir das ausprobieren, kann man ja was machen, helfen", bleiben die beiden anderen im Hintergrund. Vor allem Nika recherchiert, plant und entscheidet. Nur sie wird dabei von der Lehrerin als reelle Gesprächspartnerin wahrgenommen. Die anderen beiden bleiben dagegen in der Position der ausführenden Schüler:innen.

Zumeist findet eine wechselseitige Adressierung zwischen der Lehrkraft und den Schüler:innen in einem gewohnten Subjektverhältnis statt: Die Schüler:innen erledigen eine Aufgabe, die Lehrer:in begutachtet von Zeit zu Zeit das Voranschreiten der Projekte und gibt neue Arbeitsschritte, wie das Nähen an der Nähmaschine, frei, sie berät und versucht, die Lernenden vor Fehlern und Irrtümern zu bewahren. Ihre Autorität als Anleitende stärkt sie, indem sie – zumindest solange die Schüler:innen vor Ort sind – mehrfach auf die zeitliche Planung hinweist und das Arbeiten der Schüler:innen koordiniert. Sie ist auch diejenige, die über das Wissen an den Nähmaschinen verfügt und die Schüler:innen je nach Bedarf einarbeitet. Dabei folgen sowohl sie als auch die Schüler:innen dem normativen Verständnis eines textilen Nähprojekts, wie es im Alltag der Schule vollzogen wird und greifen auf ein originäres Verständniss des Faches als die Vermittlung von textilen Kenntnissen zurück. Es wird im Prozess keine Mehrperspektivität, weder im Sinne der SDGs noch im Sinne der Textildidaktik eröffnet.

Wie die Lernenden mit der Aufforderung zum gesellschaftlichen Engagement im Laufe des Projekts umgehen, ist zu jeder Zeit unklar, nicht vorhersagbar. Bei der Präsentation zeigt sich, einige nehmen die Aufforderung an, sich zu engagieren, andere bleiben in ihren eingeübten schulischen Praktiken und Positionierungen. Sie greifen auf Praktiken zurück, die zu ihren Routinen im Schulalltag gehören. Hierzu kann zählen, nur dann etwas zu zeigen oder zu präsentieren, wenn es von Erwachsenen eingefordert wird oder, wenn möglich, nicht zu erscheinen oder sich Verpflichtungen zu entziehen. Wie die Adressierungsform in den konkreten sozialen

Situationen von den Lernenden aufgenommen wird, ist offen. Als Subjekt gilt nach Kuhlmann und Ricken (2022), wer sich „als sich und seinem Handeln zugrundliegend begreift“ und damit als verantwortlich gilt und zudem „in diesem Handeln und (körperlichen) Erscheinen entlang sozialer Normen er- und anerkennbar ist“ (1 f.). In meinen Beobachtungen traf ich Schüler:innen an, die sich als gesellschaftlich Engagierte zeigten, als Lernende, als etwas Leistende, aber auch diejenigen, die sich entzogen oder uninteressiert waren.

Im beschriebenen Fallbeispiel wichen die Lernenden selten von der vorherrschenden Subjektkultur der Aufgaben erfüllenden Schüler:innen bzw. von routiniert eingeübten Praktiken im Schulgefüge ab. Die Schüler:innen zeigten sich in ihrem Handeln und ihrem körperlichen Erscheinen entsprechend vorherrschender sozialer Normen. Dabei waren sowohl die Normen der schulischen Leistungskultur erkennbar, indem die Schüler:innen in Form von Produkten und Präsentationen das Erreichte zeigten, wenn es eingefordert wurde, aber es wurde auch die Norm des sozialen Umgangs in der Peergruppe sichtbar, die sich in einem ‚Nicht-Ganz-Dabei-Sein‘ zeigte und zu der ein eher beiläufiges Wahrnehmen der schulischen Aufgaben gehörte.

Aber auch die Lehrkräfte werden mit dem Modellprojekt anders adressiert. Im Interview zeigt sich eine beobachtende Distanz zur eigenen Schulkultur und den vielfältigen Reformvorhaben der Schule im Kontext der BNE:

> S: Das heißt aber, sie sehen sich da schon drin? Aber wissen noch nicht genau wie, wie es läuft?
>
> H: Ja, ja, ne, genau.
>
> S: Also, lassen sich auch überraschen?
>
> H: Genau es ist noch sehr offen. [...] Ich könnte ja in das Team reingehen, aber ... ja, ne ...
>
> S: (schmunzelt) Aber Sie haben ... Also, es klingt so, als ob Sie Vertrauen in das Team hätten und als ob das schon was wird.
>
> H: Da sind eine ganze Reihe guter Leute dran. Ich bin mal gespannt. Ich habe ein bisschen Schwierigkeiten, weil es ein bisschen ideologisch wird, so, hm.
>
> S: Ja, führen Sie es ruhig noch mal aus, das ist ganz spa... ist auch spannend, als ...
>
> H: Ja, also, erst mal eine Idee und, und ohne Noten und ähm, Zukunft und alles fächerübergreifend und alles wird ganz anders und ist verlockend. Aber ich finde Inhalte auch sehr wichtig und eine gute Struktur finde ich auch sehr wichtig. Von daher ... bin ich mal gespannt.
>
> S: Also, ideologisch meinen Sie sozusagen im Sinne vom Lernen verändern?

H: Ja, genau. Man ist dann nur Begleiter und dann sage ich mir auch, hm, naja, Begleiter schön und gut oder manchmal sagt auch einer „Freund" von Schülern. Das bin ich nicht, da gehe ich zurück. Ich bin kein Freund.

(Lehrkraft H., GSH, Pos. 169–183)

Meine Interviewpartnerin ist etwas zögerlich in ihrer Reflexion des aktuellen Reformprozesses der Schule zu BNE. Wir nähern uns im Gespräch langsam an, bis deutlich wird, dass bei ihr eine Grenze der Veränderung in dem Moment entsteht, wenn es „ein bisschen ideologisch" wird. In der Fortsetzung erklärt sie, was sie darunter fasst. Sie beschreibt Elemente, die bisher vorhandene soziale Ordnungen der Schulkultur hinterfragen, wie beispielsweise den Fachunterricht oder spezifische Inhalte und Strukturen, sowie die Adressierung der Lehrkräfte als „Begleiter" oder sogar „Freunde" der Schüler:innen. An dieser Stelle rückt das Subjektivierungsgeschehen der sich verändernden Schulkultur in den Blick, das sich auch auf die Adressierung der Lehrkräfte auswirkt. Ähnlich wie Lehrkraft K. (‚Bad Cop', siehe Kapitel 7) beschäftigt sich Lehrkraft H. mit ihrer Beziehung zu den Schüler:innen im Lernprozess. Mit der Durchführung des Probedurchlaufs für den FREI DAY wird eine Reflexion dieser Beziehung relevant. Vor allem in den Terminabsprachen wird deutlich, dass durch den FREI DAY eine Unsicherheit bei der Lehrerin vorhanden ist. Sie kann mir sagen, wann sie im Textilraum ist, aber sie weiß nicht – und das betont sie immer wieder, ob auch Schüler:innen da sein werden und was passieren wird. Die Textillehrerin ist jeden Freitag vor Ort und berät, aber Ergebnis und Zeitplan sind variabel. Die Schule hatte bereits vor dem FREI DAY in der Mittagszeit ein Zeitfenster, das sich ‚WahlZeit' nannte. Hier kommen die Schüler:innen regelmäßig zu festen Zeiten in den Textilraum und setzen eigene kleine, freie textile Projekte um.

S: Ja. Ja, ja. Okay. Und, ähm, wenn Sie jetzt. Gut. Wir haben jetzt natürlich die ‚Wahl-Zeit'. Ist ja so ein bisschen ähnlich wie FREI DAY, ja, letztendlich. Aber merken Sie so einen Unterschied für sich?

H: Ja, [der FREI DAY] […] ist ja richtig ein ernsthaftes Projekt, wo ja, wirklich die sofort wissen, das und das soll dabei herauskommen. Und da ist es so, die kommen: Ja, ich kann nicht nähen! (mhm) Hm? okay! (S: Und sie wollen aber auch …?) Und das finde ich schwierig.

[…]

S: Ach, die mussten sich aber entscheiden, von wem sie mehr betreut werden wollen?

H: Ja, das wird vorgestellt, ja, ja. (S: okay) Die müssen wissen, was sie machen, was sie lernen wollen. Und das mit dem Klassenlehrer besprechen.

(Lehrkraft H., GSH, Pos. 292–297)

Im Gegensatz zur ‚WahlZeit' bezeichnet die Lehrerin den FREI DAY als ein „ernsthaftes Projekt". Die Ernsthaftigkeit entsteht aus verschiedenen Faktoren: Die Schüler:innen müssen mit ihrem/ihrer Klassenlehrer:in besprechen, was sie machen möchten, durch die Wahl einer Betreuungsperson ist das Fach festgelegt und die Schüler:innen müssen „sofort wissen, das und das soll dabei herauskommen". Im Gegensatz zur ‚WahlZeit' ist der FREI DAY viel stärker im alltäglichen ‚Job' des Schüler:innendaseins zu verorten. Sie haben einen klaren Auftrag, den sie abarbeiten sollen. Die SDGs bestimmen die Auftragslage.

Die Beschreibung der Lehrkraft macht deutlich, dass hier eine Diskrepanz entsteht zwischen dem Anspruch etwas zu lernen (das Nähen) und der Ergebnisorientierung. Sie wissen sofort, was dabei herauskommen soll, aber eine realistische Einschätzung der eigenen Fähigkeiten fehlt offensichtlich. So beschrieb mir die Lehrerin bereits im Telefongespräch zur Vorbereitung, dass sie die Nähprojekte der Schüler:innen erst einmal anpassen musste. Die Lehrerin lässt sich zwar auf die neue Form des Arbeitens ein, aber eine Skepsis und Distanz zum Versuch FREI DAY besteht fort. Sie verbleibt in einer gewohnten anleitenden Lehrerinnenposition, indem sie die Projekte der Schüler:innen immer wieder in „machbare" Bahnen lenkt.

Die „Zweckdienlichkeit" des Lernens: Verschwendete Zeit?

Bereits zu Beginn des FREI DAYs steht immer wieder die Frage im Raum, ob wirklich etwas gelernt wird. Besonders eine Schülerin wirft diese Frage bei unserer ersten Begegnung und nahezu zu jedem Treffen wieder auf. Sie erzählt mir zunächst begeistert von ihrem Upcycling-Projekt und den korrekten Schnitten, die sie aus dem Internet hat (vermutlich auf Anraten der Lehrkraft). Dann erklärt sie mir, „dass sie es erst blöd fand, dass der FREI DAY eingeführt wurde. ‚Denn es fallen Textil und Englisch aus.' Aber dann hat sie sich zu einem Textilprojekt entschieden, alleine schon, um in dem Raum zu sein" (Forschungstagebuch: 363). Auch während eines Treffens zum Ende des Projekts kommen wir auf das Thema, ob der FREI DAY nun sinnvoll ist: „Das Mädchen findet den FREI DAY immer noch nicht optimal. Sie wird schlechter in Englisch, da sie weniger Unterricht hat. (…)" (Feldnotizen GSH: 14). Die gleiche Schülerin produziert im Verlauf der gesamten FREI DAY-Zeit drei textile Produkte. Sie ist bezogen auf die Menge der produzierten Stücke mit Abstand die Produktivste. Es wirkt fast so, als ob sie die verlorene „Lernzeit" mit brauchbaren Produkten ausgleichen möchte. Bei der Präsentation ist sie eine der wenigen, von denen ein Elternteil und Geschwister mit dabei sind: „Sie ist sichtlich stolz. Sie hat das Top, eine Tasche und noch ein Kleid zu einer Bluse umgearbeitet. Sie sagt, sie hätte ohne den FREI DAY nicht so viel genäht. Die Mutter meint, bei der Tasche, das hätte sauberer genäht sein können" (Forschungstagebuch: 414).

Es beschäftigte einige in den kurzen Gesprächen zur Abschlusspräsentation, ob der FREI DAY nun ‚gut' oder ‚schlecht' war, ob er wiederholt werden sollte oder nicht. Es gibt daher auch bei den Textil-Präsentationen ein paar Versuche, die als verloren wahrgenommene Arbeitszeit durch vermeintlich Gelerntes oder Erreichtes aufzuwerten. Das geht von der ‚Feinmotorik', über ‚das Produzieren gelernt zu haben' bis hin: „Das könnt ihr alles mal verwenden, wenn du zum Beispiel Modedesign machen möchtest" (Forschungstagebuch: 413). Die Artefakte werden so wie andere schulische Artefakte mit der schulischen Verwertungs- und Leistungslogik gerahmt, die vor allem auf die Vorbereitung auf ein Studium oder eine berufliche Ausbildung abzielt. Es wird, wie es Budde und Blasse nennen, eine bestimmte „Zweckdienlichkeit" gesucht und angeführt und „Bildung verliert dann den ihr innewohnenden Selbstzweck" (2023: 7). Dabei betrifft die normative Ausrichtung der Kommentare während der Präsentation der textilen FREI DAY-Projekte weniger den nachhaltigen Konsum oder das nachhaltige Handeln im Allgemeinen, auf das sich Budde und Blasse beziehen, als vielmehr die Vorbereitung der Schüler:innen auf mögliche Schulabschlüsse und auf ihre Tätigkeiten als zukünftige Arbeitskräfte.

Die Bewertung des Vollzugs des FREI DAYs ist dabei von einer „Verwertungslogik" der leistungsorientierten Schule bestimmt. Das findet sich nicht nur in meiner beobachteten Praxis wieder, sondern auch Medien betiteln ihre Berichte beispielsweise mit, „FREI DAY in der Schule: Projektmanagement auf dem Stundenplan" (Norddeutscher Rundfunk (NDR) 2024). Die positive Resonanz zum FREI DAY resultiert damit auch daraus, dass sich eine „Zweckdienlichkeit" für die Berufsvorbereitung mit einer „Zweckdienlichkeit" im Sinne einer nachhaltigen Entwicklung verbindet. In Medienberichten, wie dem oben zitierten, wird mehrfach betont, dass Schüler:innen lernen, Verantwortung zu übernehmen. Der Begriff „Projektmanagement" macht die Bedeutung des FREI DAYs für die Förderung hochqualifizierter Arbeitskräfte deutlich. Eine wirtschaftliche Verwertungslogik entsteht im Bereich Textil oftmals dadurch, dass junge ‚kreative' Menschen aus aussortierten Kleidungsstücken neue textile Stücke produzieren. Im Bericht des NDR wird bildhaft beschrieben, wie zwei Schüler:innen Pullover und T-Shirts zerschneiden: „Nataly und Jonas nähen zum Beispiel Zopfgummis aus alten T-Shirts und Pullovern – und retten die Kleidung vor dem Mülleimer" (Norddeutscher Rundfunk (NDR) 2024). Keiner fragt hier danach, wer die Haargummis benötigt, ob sie sich wirklich als Haargummis eignen, ob die Pullover und T-Shirts eventuell auch noch anders hätten verwendet werden können oder wie viele Reste der Pullover und T-Shirts übrigbleiben und womöglich doch im Mülleimer landen. Denn im Kontext des ‚Upcycling' stellt sich schnell die Frage, ob es sich nicht eigentlich um eine Form des ‚Downcyclings' handelt. Es ist diskutierbar, ob das textilpraktische Arbeiten im Kontext des DIY-Upcyclings immer mit einer Aufwertung des Ausgangsmaterials oder vielleicht doch eher mit einer Abwertung verbunden ist. Es ist das zu beobachten, was Heike Derwanz mit „Upcycling hype and downcycling reality“ (Derwanz 2021:159 f.) beschreibt. Aber ein In-Frage-Stellen oder eine kontroverse Diskussion der Projekte der Schüler:innen, „die Verantwortung übernehmen“ (UNESCO-Kommission Deutschland o. J. b), ist in den plakativen Online-Darstellungen der FREI DAY-Projekte kaum möglich, denn die Motivation für zukünftiges Engagement soll nicht genommen werden. Ein Upcycling-Projekt erscheint hier unkontrovers und eine eindeutig nachhaltige Lösung, die keine weitere Auseinandersetzung mit möglichen Dilemmata oder Unsicherheiten benötigt.

Solange Schule darin besteht, dass Lehrkräfte die Aufgaben, die Regeln und den Rahmen bestimmen, werden sich Schüler:innen in die Positionen der zwar angeleiteten aber auch widerständigen Schüler:innen begeben. In der konkreten Situation wird dann nicht nur ein Bemessen des Lernens an seiner Zweckdienlichkeit relevant, sondern auch die implizite Wissensordnung, wie das System Schule mit seinen eigenen Regeln und Zwängen unterlaufen werden kann. Sie werden in den offiziellen Ankündigungen zum FREI DAY jedoch nicht gedacht und nicht genannt.

> Am FREI DAY entwickeln Schüler*innen Hoffnung und Zuversicht für ihre Zukunft, da sie sich als selbstwirksam und handlungsfähig erleben. Sie spüren: ‚Ich kann etwas bewegen.‘ Hoffnung und Zuversicht sind wichtig, da sich Kinder und Jugendliche durchaus bewusst über die ungelösten Probleme unserer Zeit sind. Am FREI DAY können sie aktiv werden und ihre Umgebung selbst gestalten. Sie lernen, neue Perspektiven einzunehmen, entwickeln ihre Problemlösefähigkeit und die Bereitschaft für Veränderung und Innovation.
>
> (Schule im Aufbruch gGmbH o. J.)

Das Versprechen des FREI DAY, dass sich die Schüler:innen als „selbstwirksam“ und „handlungsfähig“ erleben, konnte ich in der konkreten Umsetzung nur begrenzt wahrnehmen. Ein Lernformat wie der FREI DAY bedarf, wie es in diesem Text vielleicht nachvollziehbar wurde, einer anderen Lernkultur mit anderen Subjektivierungskulturen, die nicht ad hoc innerhalb eines Halbjahres entstehen. In der konkreten Handlung beziehen sich die Akteur:innen immer auf routinierte soziale Praktiken. Gerade die Institution Schule hat hier lange tradierte Subjektformen. Aber selbst wenn Schulkultur und Subjektivierungsgeschehen sich verändern, so bleibt es aus praxistheoretischer Perspektive unwahrscheinlich, dass alle Kinder und Jugendlichen die vom FREI DAY vorgesehene Subjektform der ‚Zukunftsgestalter:innen‘ annehmen. Mit der Verbindung weiterhin leistungsstarke Kinder und Jugendliche hervorzubringen, die in Studien wie PISA gut abschneiden, kommt die

Anforderung, sich gesellschaftlich im Sinne der Global Goals (SDGs) zu engagieren nur als zusätzliche Leistungsanforderung hinzu. Und diese Anforderung werden einige Jugendliche, wie im beschriebenen Beispiel Nika und andere Projektgruppen annehmen. Andere, wie die ‚Mitmacherin' und die ‚Helferin' von Nika oder die beiden Schüler:innen, die mit mir das Schulgebäude verließen, werden ihr ausweichen. Zumindest in diesem von mir im Textilraum beobachteten Probeversuch des FREI DAYs bleibt es dabei, dass sich Schüler:innen als „Geprüfte" und damit „je nach Leistung als ebenso akzeptables wie verwerfbares ‚Fähigkeitenbündel' verstehen" (Kuhlmann/Ricken 2022: 4). In der Abschlusspräsentation wird wiederholt darauf Bezug genommen, welche Fähigkeit – Stichwort: ‚Feinmotorik' – sich die Schüler:innen angeeignet haben oder was sie geleistet haben.

Global Goals: Wirtschaftlich erfolgreich und sozial ungleich?

Die SDGs werden als unkontrovers und eindeutig kommuniziert. Sie werden zu einer leitenden Norm im Realisierungsprozess. Nicht selten trägt dies auch zu einer Individualisierung und Entpolitisierung von Problemen bei. Wobei es bei den von mir besuchten FREI DAY-Präsentationen auch Projekte gab, in denen die Lernenden in einen Dialog mit der Politik getreten sind und damit die Möglichkeit bestand, eine politische Verantwortung einzufordern. Im Textilraum wurde jedoch eine deutliche Individualisierung der zukünftigen Herausforderungen der Gesellschaft deutlich und eine Reduktion auf Praktiken des nachhaltigen Konsums. Johanna Weselek und Alexander Wohning sehen „die Gefahr einer Überforderung und Überwältigung von Individuen, wenn mögliche Handlungsräume nicht konfliktiv diskutiert werden, sondern scheinbar ‚einfache' individuelle Lösungen suggeriert werden" (Weselek/Wohning 2020: 79). Solch eine Bildungspraxis, die BNE auf die Verantwortungsbereitschaft verkürzt und die lediglich darauf abzielt, was jeder Einzelne verbessern kann, um strukturelle Probleme zu überwinden, formulieren sie als problematisch. „Die Übernahme individueller Verantwortung wird als gesellschaftliche Verantwortungsübernahme verstanden, ein Denkmuster, das im „flexiblen Kapitalismus" durchaus als hegemonial bezeichnet werden kann (Lessenich 2008)" (Weselek/Wohning 2020: 79). Auch im FREI DAY besteht die Gefahr, diese individuelle Verantwortungsübernahme und normative Gerechtigkeitsvorstellungen zu überbetonen.

Das Idealbild[9], das beim Lesen der Texte und medialen Berichte über den FREI DAY entsteht, sind engagierte und motivierte junge Menschen, die keine eigenen Probleme, aber viele kreative Ideen haben, um die Welt zu verbessern und diese gemeinschaftlich umsetzen.

Teilnehmende Schulen des FREI DAY präsentieren auf ihren Internetseiten lange Listen und positive Berichte von Aktivitäten der Schüler:innen – nicht selten auch textile Projekte. Auch eine Grundschule in Saarbrücken zeigt ihr erfolgreiches, neues Lernformat auf der Internetseite mit einer Gruppe, die mit textilen Produkten arbeitet. Ich nenne sie beispielhaft, da sich die Vorhaben im Bereich Textil von Schule zu Schule ähneln:

> Die Gruppe ‚Upcycling' hat sich vor allem alter Kleidung zugewandt und sie zu neuen Dingen verarbeitet. Es wurden Einkaufstaschen geknüpft, Kissen und Täschchen genäht und alles beim ‚Floh am Hof' sowie in einem Café in Saarbrücken verkauft. Die Einnahmen wurden an die Organisation ‚Mon Coeur' gespendet. Diese will für die Kinder in ihrem Hilfsprojekt Hefte und Stifte für das neue Schuljahr besorgen.
>
> (Maria Montessori Grundschule 2024)

Die Praktikenkonstellation, die sich hier in der Kurzbeschreibung abzeichnet, ist ähnlich wie in der Werkstatt ‚Müll:cycling' (Kapitel 10): Kinder bzw. Jugendliche produzieren textile Gegenstände und verkaufen diese, um dann das eingenommene Geld an eine Organisation weiterzugeben. Durch eine gewinnorientierte Produktion und den Verkauf werden Gelder eingenommen, um diese an Menschen zu spenden, die benachteiligt sind und nicht in vollem Umfang an unserer Konsumgesellschaft teilnehmen können. Anerkennung bekommen diejenigen, die helfen und spenden. So ist ein Artikel der Saarbrücker Zeitung auf der Internetseite der Grundschule auch mit der Überschrift „Kleine Helden auf dem Weg, die Welt zu retten" betitelt (Maria Montessori Grundschule 2024).

Ähnliche Projekte wie dieses gab es auch vor dem FREI DAY. Kinder stellten im Unterricht Dinge her, die beispielsweise auf dem Weihnachtsbasar verkauft wurden, um das eingenommene Geld für einen guten Zweck zu spenden. Soziale Praktiken des Produzierens und Geldspendens sind etabliert und werden nicht in Frage gestellt.

---

[9] Neue, partizipative Lernformate sind aus meiner Perspektive eine große Chance. Umso schwerer fällt es mir, dieses Vorhaben so kritisch zu beschreiben. Ich denke nicht, dass Projekte wie diese mit den Worten der Lehrerin „zu ideologisch" sind und nicht durchgeführt werden sollten. Aber was hier deutlich werden soll ist, dass es bei weitem nicht so „verblüffend einfach" ist, wie Andreas Schleicher und auch die Internetseite von „Schulen im Aufbruch" vorgeben. Es bedarf nicht nur neuer Strukturen, sondern auch neuer Praktiken und Subjektivierungsweisen, die sich erst nach und nach in der Variation der konkreten sozialen Aktivitäten, zeitlich und räumlich übergreifend (unvorhersehbar), herausbilden werden.

Im Zeitungsbericht werden die ‚erfolgreichen' Kinder zitiert und ihr Projekt ähnlich einem aufstrebenden Start-up Unternehmen beschrieben:

> ‚Das war ziemlich schwer, sich für ein Projekt zu entscheiden', erzählt Mona von der Upcycling-Gruppe, ‚Die klangen alle spannend'. Mit Amira, Hanna und Sophia hat sie sich dann mit der Ex- und Hopp-Mentalität bei Kleidungsstücken beschäftigt, hat aus alten T-Shirts Taschen geknotet und mit großen Nadeln Kissenbezüge genäht, sie beim Schulflohmarkt und beim Unverpackt-Laden verkauft und fast 175 Euro eingenommen.' Die gingen an die Non-Profit-Organisation ‚MonCoeur. Hilfe für Afrika'. 17 Kinder in den Townships von Kapstadt erhielten so den Grundstock für eine schulische Nachbetreuung. ‚Die wollen ja genauso lernen wie wir', meinen die erfolgreichen Upcyclerinnen.
>
> (Saarbrücker Zeitung 9.7.2024: C1 zitiert nach Maria Montessori Grundschule 2024)

Der FREI DAY produziert nach außen Erfolgsgeschichten, die im besten Fall einer Verwertungslogik im dreifachen Sinne entsprechen: Junge Menschen entwickeln innovative Ideen, wie heranwachsende Unternehmer:innen. Sie engagieren sich z. B. für Menschen, die in der aktuellen Gesellschaft benachteiligt sind und – ganz nebenbei – üben sie Praktiken des ressourcenschonenden Produzierens im Sinne des nachhaltigen Konsums. Das hiermit verbundene Weltbild einer überlegenen westeuropäischen Gesellschaft, die wirtschaftlich erfolgreich ist und eine damit verbundene Philanthropie[10] wird unkontrovers reproduziert.

Was in diesen Erfolgsgeschichten nicht auftaucht ist, dass die gesellschaftliche Ungleichheit bereits in den Schulen beginnt. Sind wirklich alle Kinder und Jugendlichen in der Lage, sich in Form dieser etablierten sozialen Praktiken einer bürgerlichen Gesellschaft zu engagieren? Haben wirklich alle Kinder das in den zitierten Berichten fast schon intrinsische dargestellte Bedürfnis nach Engagement? Während meiner FREI DAY-Besuche erschienen Jugendliche, die sich nicht engagierten, eher als blinde Flecken. Sie verschwanden in den Gruppen oder arbeiteten an Einzelprojekten, die in der Abschlusspräsentation nicht auftauchten. Eine Schülerin, die offensichtlich private Herausforderungen hatte und nicht immer anwesend war, stellte im Vergleich zur leistungsorientierten Schülerin, die mehr als drei Kleidungsstücke produzierte, nur ein Kleidungsstück her. Sie taucht daher in meinen Beschreibungen nur selten auf und war auch bei der Abschlusspräsentation nicht zu sehen. Anzuerkennende Subjekte des FREI DAYs werden so eher diejenigen, die begründen können, dass sie sich im Sinne der 17 internationalen Nachhaltigkeitsziele engagieren, helfen, andere unterstützen (können). Dabei gehen zumindest in den genannten Beispielen im Bereich Textil erfolgreiches Unternehmer:innentum

[10] Siehe hierzu auch Heike Derwanz (2021) zu Philantrophie und Kleiderspenden (128 f.).

und soziale Verantwortung Hand in Hand. Es wird die Illusion aufgebaut, dass die jungen Menschen ihren kleinen Beitrag zur allgemeinen ‚Weltrettung' leisten können, ohne ihren eigenen privilegierten Status zu hinterfragen. Diejenigen, denen geholfen werden soll, sind in diesem Fall ‚die anderen'.

Die persönlichen Ressourcen hierfür haben vor allem die jungen Menschen, die bereits erfolgreich im System Schule sind, die weniger Probleme haben, sich in die schulischen Normalerwartungen der Mehrheitsgesellschaft einzufügen. Im FREI DAY der GSH sind diejenigen, die sich auf den ersten Schulabschluss vorbereiten müssen, nicht Teil der ‚Engagierten'. Sie sind zunächst von einem gemeinschaftlichen Engagement ausgeschlossen. Erst nach erfolgreicher Vorbereitung auf den Schulabschluss der neunten Klasse können sie noch an einem kleinen eigenen Projekt arbeiten.

Ganz ehrlich: FREI DAY oder SDG-Day?

In der Performanz des FREI DAYs überlagern sich soziale Praktiken aus verschiedenen Bereichen. Schulische Praktiken überlagern sich mit Praktiken des gesellschaftlichen Engagements aber auch der Berufsvorbereitung. Hinzu kommen – je nach Projektausrichtung durch die Lernenden in Kooperation mit den Lehrkräften – Praktiken aus verschiedenen Schulfächern, aus der politischen Bildung oder aus dem großen Kosmos der Freizeitgestaltung. In diesen nicht vorherzubestimmenden Überlagerungen liegt sicherlich ein spannendes Moment des FREI DAYs, das in zukünftigen Forschungen untersucht werden kann. Kann der FREI DAY die schulische Ordnung und ihre vorherrschende Leistungskultur, so wie es sich die Akteur:innen erhoffen, verändern? Oder kommt mit dem FREI DAY nur eine zusätzliche und aktuell noch schwer für die Schüler:innen einzuordnende Leistungsanforderung des gesellschaftlichen Engagements hinzu?

In der Namensgebung FREI DAY schwingt eine Adressierung an selbstständige sich frei entscheidende Menschen mit. Doch sie werden mit der Überlagerung von Konzepten des individualisierten Lernens und des gesellschaftlichen Engagements sowohl für ihr eigenes Lernen als auch für die gesellschaftliche Entwicklung verantwortlich gemacht. Der FREI DAY ist, wie die Lehrerin formuliert, ein „ernsthaftes" Projekt. Die Schüler:innen haben eine konkrete Aufgabe, die mit dem normativen Einbezug der SDGs verbunden ist. Die Idee des Projekttages ist es, etwas für die weltweite Erreichung der SDGs zu unternehmen. Die Grenzen des Projekts sind damit hart formuliert. Innerhalb der Grenzen, die von der Institution Schule gegeben sind, können sich die Lernenden ‚frei' bewegen. Es bleibt eine zu prüfende Leistung, die am Ende des FREI DAY präsentiert wird. Mit dem FREI DAY entfällt die Prüfungslogik der Schule nicht. Mit der Präsentation von Produkten am Ende des Halbjahres zeigt sich lediglich ein Wandel des Prüfungsformats. Ein Prüfungsformat, das mit dem öffentlichen Präsentieren von Erreichtem in die Logik einer Gesellschaft der Nachhaltigkeit passt. Denn Prüfungslogiken ergeben sich dabei aus der Art der Einbettung in die jeweiligen Gesellschaftslogiken (Ricken/Reh 2017: 254). Der Wandel der Prüfungsformate und ihrer gesellschaftlichen Funktionen lässt sich nur unter Berücksichtigung der Logik(en) der jeweiligen Gesellschaft diskutieren (Ricken/Reh 2017: 254). Textile ‚Upcycling'-Produkte fügen sich dabei gut in die Prüfungslogik einer Gesellschaft der Nachhaltigkeit ein, die weiterhin an Wachstum und Leistung interessiert ist. Die Freiheit des FREI DAY drückt sich für die Schüler:innen in meiner Beobachtung in der freien Themen-, Orts- und Zeitgestaltung aus und indem sie die Intensität der Auseinandersetzung selbst bestimmen.

11.3 Zwischenfazit: Partizipation und die „Architektur" Schule

In der Überlagerung von Textil und BNE in den beiden beschriebenen Vorhaben zeigen sich eine Reproduktion von Ungleichheit, Verstärkungen von Subjektkulturen einer leistungsorientierten Schule und einer Responsibilisierung von Individuen[11]. Die schulische Leistungsordnung verbindet sich mit den Ideen des nachhaltigen Konsums sowie mit einem sozial engagierten Unternehmer:innentum und läuft dabei Gefahr, etablierte soziale Strukturen des nicht-nachhaltigen Handelns unkritisch zu reproduzieren. Gesellschaftliche Ungleichheit wird dabei einerseits auf der Ebene der Lernenden und andererseits auf gesellschaftlicher Ebene abgebildet.

In der Umsetzung des FREI DAYs in Form von textilen Projekten[12] in der von mir beobachteten ethnografischen Reihe deutet sich zunächst ein unkontroverser Aktivismus an, der vor allem diejenigen zu anerkannten Subjekten macht, die sich

[11] Siehe hierzu auch verschiedene kulturwissenschaftliche Beiträge zum Nachhaltigkeitsdiskurs in „Reflexive Responsibilisierung: Verantwortung für nachhaltige Entwicklung" (Henkel et al. 2018).

[12] Es gibt sicherlich auch noch andere textile Projekte, wie beispielsweise „Reparaturwerkstätten", in denen sich ein anderes Subjektivierungsgeschehen nachzeichnen lässt.

erfolgreich engagieren, indem sie etwas nachhaltig produzieren. Die unkontroverse Übernahme von etablierten Praktiken des Produzierens und Helfens sowie der 17 internationalen Nachhaltigkeitsziele tragen zu drei Dynamiken bei:

- Vermeiden eines politischen Diskurses
- unsichtbar Machen von Machtstrukturen und Herrschaftsverhältnissen
- implizite Übernahme von Werten.

Diese Dynamiken können dazu führen, die „Nicht-Nachhaltigkeit politischer Entscheidungen zu verschleiern" (Budde/Blasse 2023: 7). Schulkultur und überkommene Hierarchien sowie die gesellschaftlich vorherrschende Leistungsordnung, verbunden mit einer normativ aufgeladenen Adressierung, begrenzen die Möglichkeiten der politisch angestrebten Selbstermächtigung oder Emanzipation.

Es reicht damit nicht, Zeitfenster für engagierte Projekte zu schaffen, sondern es muss die Schule in ihrer gesellschaftlichen Einbettung betrachtet werden, die eine soziale Praxis der Ungleichheit und des nicht-nachhaltigen Handelns reproduziert. Nicht nur einzelne Lernformate sondern die soziale Praxis und die Subjektverhältnisse müssten sich verändern und das ist nicht reibungslos.

Im Interview wird deutlich, dass beispielsweise die Einführung des FREI DAY einen Prozess der Veränderungen in der sozialen Praxis der Schule anstößt. Dabei sind nicht nur die Adressierungsweisen der Schüler:innen andere, sondern auch die der Lehrkräfte. Mit der Einführung neuer Lernformate und damit verbundenen Praxis-/Diskursformationen besteht auch die Chance, Räume zu öffnen, kontrovers zu diskutieren und vielleicht sogar Partizipation zu ermöglichen. Denn der FREI DAY fordert als Lernformat, wie auch andere Lernformate der BNE, die Partizipation von Schüler:innen ein.[13]

---

[13] Aber wie schwer das in einem institutionalisierten Kontext ist, zeigt sich nicht nur an dem von mir besuchten FREI DAY, sondern auch an Beispielen aus der kritischen Vermittlungspraxis der Kunst, die von der Kunstvermittlerin Elke Zobl beispielsweise im Projekt „Making Art, Taking Part" kritisch reflektiert wird (Zobl 2020, Zobl/Huber 2018). Das Forscher:innenteam hatte das Anliegen partizipativ zu forschen, aber stellte am Ende fest: „Unter einem selbstreflexiven Blickwinkel betrachtet, gingen wir mit dem Anliegen in das Projekt, partizipativ zu forschen. Tatsächlich blieben die Jugendlichen in einer Rolle als Teilnehmer*innen von Fokusgruppen innerhalb eines experimentellen Settings verhaftet, sodass das Team – und nicht die Jugendlichen selbst – auf dieser Grundlage die nächsten Projektschritte gestaltete" (Zobl 2020: 146).

Sie weist weiter darauf hin, wie stabil das Subjetverständnis als Schüler:innen ist und dass es für partizipative Projekte andere Rahmenbedingungen als die der Schule benötigt. Es sind andere Strukturen, Arbeitsabläufe sowie Zeit und Ressourcen notwendig (Zobl 2020: 147).

Für die beteiligten Akteur:innen des FREI DAYs und anderer Projekte gilt es daher, in der zukünftigen sozialen Praxis auszuhandeln, inwiefern echte Partizipation in der institutionalisierten Bildung möglich ist oder möglich gemacht werden kann. Denn „die Grammatik der Schule" bleibt, wie Budde/Blasse 2023 schreiben, „auch bei der Umsetzung einzelner BNE-Maßnahmen unverändert, d. h. Leistung, Konkurrenz und Individualismus werden in Schule als (un)heimlicher Lehrplan vermittelt, und damit das Gegenteil dessen, was BNE normativ fordert" (Budde/Blasse 2023: 8). Sie verlangen daher eine Veränderung der „Architektur" der Schule und eröffnen damit die Perspektive, dass „eine neue Schule als Bedingung für eine andere Gesellschaft [...] vielleicht auch der Programmatik von BNE gerechter zu werden [vermag]" (Budde/Blasse 2023: 9). Für mich stellt sich dabei die Frage, ob dies nicht – lediglich von einer anderen Seite – die gleiche Forderung ist, wie die der BNE-Akteur:innen nach einem Whole School Approach (u. a. Holst/Grund/Brock 2024). Die aktuelle Schule und die gesellschaftliche Idee von Bildung sind mit den idealisierten Zielen einer BNE nicht vereinbar, daher fordern beide Seiten, die Akteur:innen der BNE sowie die der kritischen Bildungs- und Erziehungswissenschaften einen Umbau der Schulstruktur. Wie weit dieser Umbau gehen kann, ist eine Frage, die gesamtgesellschaftlich verhandelt werden muss. Der FREI DAY und die Akteur:innen wie „Schulen im Aufbruch" zeigen einen praxisorientierten Weg auf, Schule, wie sie vollzogen wird, zu hinterfragen vielleicht auch an ihre Grenzen zu bringen. Gleichzeitig ist es eine zentrale Aufgabe der kritisch-analytischen Erziehungs- und Bildungswissenschaften, diese Praxis zu begleiten und Herausforderungen deutlich zu machen.

Für die textile Praxis lässt sich sagen, dass das ‚einfache' Durchführen von textilpraktischen Projekten mit dem Ziel der Produktion eines nachhaltigen Konsumobjekts nicht zwingend zu den Zielen der politisch geforderten BNE beiträgt und sogar ihnen entgegenwirken kann. Lernprozesse in der Auseinandersetzung mit textilen Gegenständen im Kontext BNE sollten ausgehend von den zwei Beispielen weitergedacht und -entwickelt werden:

Offene Lernformate im Arbeiten mit aussortierten Dingen, die das Nicht-Normative als Bereicherung wahrnehmen und gemeinschaftlich mit den Dingen der Kinder arbeiten.

Textiles in der Projektarbeit zur nachhaltigen Entwicklung nicht nur auf den nachhaltigen Konsum zu reduzieren, sondern mehrperspektivisch Fragen an die Dinge und ihre Verbundenheit in unterschiedliche Richtungen stellen und diese als Ausgangspunkt für die Projektarbeit zu nutzen.

Open Access Dieses Kapitel wird unter der Creative Commons Namensnennung 4.0 International Lizenz (http://creativecommons.org/licenses/by/4.0/deed.de) veröffentlicht, welche die Nutzung, Vervielfältigung, Bearbeitung, Verbreitung und Wiedergabe in jeglichem Medium und Format erlaubt, sofern Sie den/die ursprünglichen Autor(en) und die Quelle ordnungsgemäß nennen, einen Link zur Creative Commons Lizenz beifügen und angeben, ob Änderungen vorgenommen wurden.

Die in diesem Kapitel enthaltenen Bilder und sonstiges Drittmaterial unterliegen ebenfalls der genannten Creative Commons Lizenz, sofern sich aus der Abbildungslegende nichts anderes ergibt. Sofern das betreffende Material nicht unter der genannten Creative Commons Lizenz steht und die betreffende Handlung nicht nach gesetzlichen Vorschriften erlaubt ist, ist für die oben aufgeführten Weiterverwendungen des Materials die Einwilligung des jeweiligen Rechteinhabers einzuholen.

„Material as a Subject of Inquiry“ 12

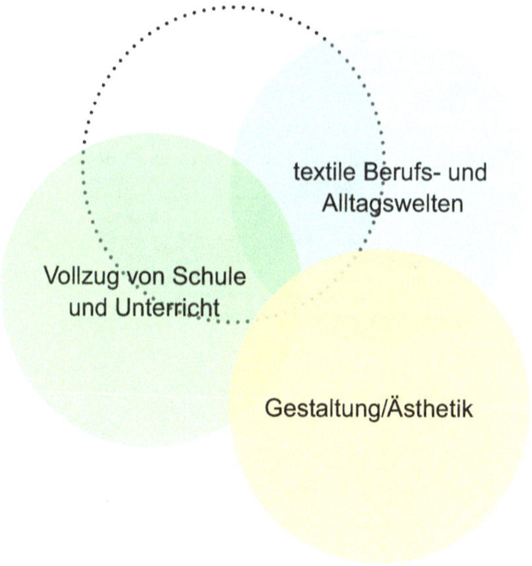

Ergänzende Information Die elektronische Version dieses Kapitels enthält Zusatzmaterial, auf das über folgenden Link zugegriffen werden kann https://doi.org/10.1007/978-3-658-51463-1_12.

© Der/die Autor(en) 2026

S. Jessen, *Textile Bildung in Schulkulturen der Nachhaltigkeit*, Schule und Gesellschaft 73, https://doi.org/10.1007/978-3-658-51463-1_12

Das Arbeiten mit Alttextilien, beispielsweise im Rahmen des so genannten ‚Upcycling', unterscheidet sich von anderen Lernarrangements der BNE durch die konkrete Auseinandersetzung mit der Materialität alltäglicher Dinge. Dabei geht es vordergründig um das Erlernen und Anwenden textiler Techniken, wie Nähen oder Reparieren. Im gestaltenden Prozess kann aber auch eine Korrespondenz mit den Dingen entstehen, die die Lernenden mit der materiellen Kultur und ihrer gesellschaftskonstituierenden Relevanz konfrontiert. Diese Auseinandersetzung vollzieht sich mehr oder weniger explizit. Ich möchte in diesem Kapitel näher an diese Auseinandersetzung heranzoomen und die empirische Situation in der Mikroperspektive betrachten. Während meiner Recherchen bin ich auf die textildidaktischen Arbeiten der Schwedin Hanna Hofverberg gestoßen. Sie verknüpft Annahmen des New Materialism mit „Deweyan Transactionalism" (Hofverberg 2022). Hieraus entsteht eine Betrachtungsweise, die neue Perspektiven auf die Lernprozesse in der textilen Vermittlungspraxis mit Alttextilien zulässt. Der New Materialism betont, wie auch schon die in Kapitel 6 eingeführte Situationsanalyse und auch die Praxistheorien, die Beteiligung von nicht-menschlichen Elementen in (Trans-)Aktionen. Wie agieren menschliche und nicht-menschliche Akteur:innen in der textilen Vermittlungspraxis miteinander? Welche „agencys" sind zu beobachten in empirischen Situationen, die textile Materialien als Ausgangspunkt haben? Diese Fragen werden mich im Verlauf dieses Kapitels beschäftigen.

12.1 Drei Stoffe: Materielles und Visuelles

In der textilen Vermittlungspraxis in der Schule treffen nicht nur ein lernender bzw. gestaltender Mensch und nicht-menschliche Akteur:innen aufeinander, sondern es sind weitere Menschen und Elemente involviert, die in die Situation hineinwirken. Während der Analyse stellt sich für mich nicht nur die Frage nach dem Zusammenspiel zwischen Lernenden und Materialien, sondern auch, welchen Einfluss die weiteren Elemente der Situation auf den Lernprozess haben. Welchen Effekt haben die verschiedenen Praxis-/Diskursformationen und mit ihnen verbundenen Elemente, die sich in der sozialen Praxis des textilen Gestaltungsprozesses überlagern?

Hierzu formuliere ich vorab eine weitere Vorüberlegung zum Umgang mit Alttextilien im Unterricht: Die Dänin Nina Odegard beschreibt in ihrem Artikel „When matter comes to matter – working pedagogically with junk materialism", wie die Dinge für Kinder im Elementarbereich, während sie mit Müll arbeiten, noch nicht definiert sind. Für die Kinder sind die materiellen Eigenschaften der Dinge, beispielsweise als stabiles Baumaterial, wichtiger als ihre „eigentliche", funktionale Verwendung. „Having been saved from the garbage bin, recycled materials seem to have lost their function, which in turn seems to appeal to children's creativity and make them collaborate and construct in numerous ways" (Odegard 2012: 387). Odegard stellt heraus, dass die Erwartungen der Erwachsenen eine entscheidende Rolle im Gestaltungsprozess der Kinder spielen, aber dass aus den Dingen heraus eine „counter-power" (Gegenkraft) entstehen kann. „I argue that the counter-power to adult expectations comes from the material itself and the ways children work with it" (Odegard 2012: 398). Die Entdeckungen der Kinder mit den recycelten Materialien sind für sie materielle, aber auch diskursive Entdeckungen. Odegard schlussfolgert daher, dass die Lehrenden bzw. Anleitenden/Vermittler:innen durch Reflexion ein entsprechendes Bewusstsein darüber haben sollten, dass ihre Erwartungen einen Einfluss auf die Entdeckungen haben. Für Kinder (im Elementarbereich) sind recycelte Dinge noch funktions- und bedeutungslos. Sie sind in der Lage, frei damit zu arbeiten. Da aber Erwachsene durch ihre Erwartungen an die Handlung der Kinder den Prozess einschränken können, sollten erwachsene Vermittler:innen Reflexionsfähigkeit entwickeln. Sie müssen sich auf einen unsicheren, offenen Prozess der Lernenden einlassen, die die Dinge ohne spezifische Funktionszuschreibungen verwenden. In deutschen Veröffentlichungen der frühkindlichen Bildung steht der Argumentation von Odegard auch die Ko-Konstruktion (Schmitt/Simon 2021) nahe, wie sie beispielsweise in der „Pädagogik des Bastelns" (Heyl/Schäfer 2016: 95), einer Didaktik zur frühen ästhetischen Bildung, Anwendung findet. Eindrucksvoll argumentiert Odegard mit verschiedenen Autor:innen dafür, dass eine Überbetonung des Zwecks die Freiheit der Kinder einschränkt. Für mein weiteres Vorgehen stellte sich die Frage, inwiefern die Beobachtungen aus dem Elementarbereich zum Umgang mit ‚junk materials' auf die Schüler:innen der Sekundarstufe, also Jugendliche, und dem Umgang mit Alttextilien übertragbar sind.

Die Werkstatt ‚Drei Stoffe' in einem Wahlpflichtkurs eines achten Jahrgangs einer städtischen Gesamtschule[1] (Kapitel 10) ist geeignet, um das Zusammenspiel der Akteur:innen mit einem besonderen Fokus auf die Materialität zu erfassen. Durch die Form der Aufgabenstellung mit drei verschiedenen, teilweise wiederverwendeten Stoffen konnte ich hier bei verschiedenen Schüler:innen eine deutliche Varianz in der Auseinandersetzung mit den zur Verfügung stehenden Materialien im Verlauf des Lernprozesses beobachten. Ich werde daher den Lern- und Gestaltungsprozess von zwei Schüler:innen vergleichend betrachten.

[1] Es handelt sich um das Wahlpflichtfach ‚Textil'. Die Schüler:innen (ausschließlich weiblich gelesen) haben die Werkstatt angewählt. Der Unterricht findet wöchentlich für 1,5 Stunden im Textilraum der Schule statt. (Kurzporträt siehe Anhang 3 im elektronischen Zusatzmaterial).

Zunächst führe ich wieder in die ethnografische Beschreibung der empirischen Situation ein, um die zentrale Bedeutung der Aufgabenstellung herauszuarbeiten. Im zweiten und dritten Schritt werde ich dann mithilfe der „Practical Epistemology Analysis" (PEA) und den Annahmen des transaktionalen Lernens (Transactional Learning) aus der skandinavischen Fachdidaktik eine Mikroanalyse von den zwei Gestaltungsprozessen in der spezifischen ethnografischen Szenenfolge vornehmen, um das konkrete Voranschreiten des Lernprozesses und die daran beteiligten Elemente auszuleuchten.

12.2 Die Aufgabe

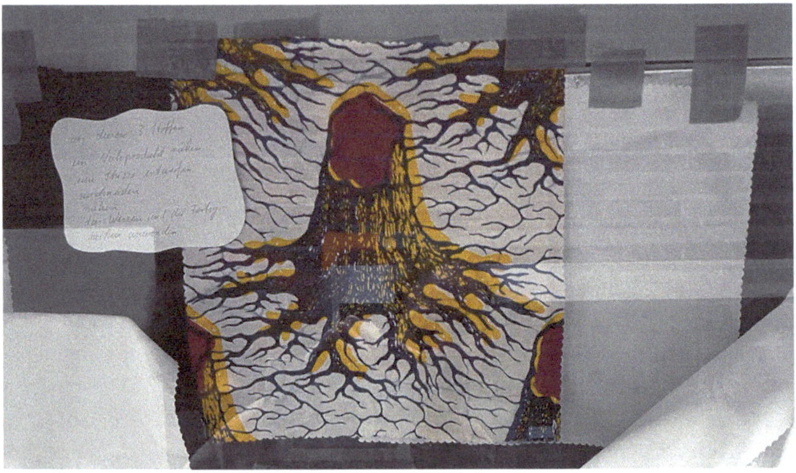

Abbildung 12.1 Präsentation der Aufgabe und der drei Stoffe

In der Werkstatt ‚Drei Stoffe' erhielten alle Schüler:innen nahezu identische Ausgangsmaterialien und eine Aufgabe, die einerseits klare Vorgaben hatte, aber andererseits bewusst ergebnisoffen gehalten war (Abb. 12.1). Sie erinnerte mich ein wenig an eine spielerische Challenge. Alle Teilnehmenden bekamen drei Stoffvierecke, die zuvor von der Lehrkraft ausgewählt und zugeschnitten wurden. Hierzu die Projektbeschreibung der Lehrkraft:

> 3 verschiedene vorgegeben Stoffteile zu einem Teil zusammenstellen. Die Aussage des afrikanischen Stoffes soll in irgendeiner Form erhalten bleiben!!! Also nicht als Innenfutter verwenden und man sieht nichts. Dann ist die Aufgabe nicht erfolgreich gelöst worden.
>
> (Textil KC Tabellenvorlage, Pos. 97)

Die Schüler:innen sollen im Rahmen dieser Aufgabe vier ‚Unteraufgaben' erfüllen:

- ihr Kürzel [*Initialen oder Name*] aufsticken oder nähen,
- die Naht versäubern,
- mind. zwei verschiedene Nähte anwenden
- und zwei Zierstiche.

Für den gestalterischen Ablauf sah die Lehrkraft folgende Schritte vor: Zunächst Gefühle zum Stoff wahrnehmen, Ideen entwickeln und Skizzen anfertigen, dann eine Entscheidung treffen und im Prozess immer wieder einzelne Arbeitsschritte fotografieren und dazu im iPad Stichpunkte notieren. Die Ergebnisse sollten am Ende allen vorgestellt und in einer Ausstellung im Textilraum präsentiert werden. Die Schüler:innen wurden bereits als fortgeschrittene Lernende adressiert, die verschiedene textile Techniken beherrschen. Gleichzeitig forderte die Aufgabenstellung, im Gegensatz zur Werkstatt ‚Müll:cycling' (Kapitel 10), in der ein einfacher Turnbeutel nach Anleitung mit wenig Gestaltungsspielraum hergestellt wurde, so etwas wie einen individuellen Gestaltungsprozess.

Jede:r Schüler:in produzierte ein anderes Artefakt, stand damit vor anderen Herausforderungen und setzte andere Arbeitsschritte um. Mir fiel es schwer, hier eine gute Position als teilnehmende Beobachterin zu finden. Ich wurde mehr zur unbeteiligten, fragenden Beobachterin des dezentrierten Geschehens. In die Gestaltungsprozesse wollte und konnte ich nicht eingreifen und Hilfestellungen waren weniger nötig, da es sich um ältere und erfahrenere Schüler:innen handelte.

Im Vordergrund stand das Anwenden der Techniken und das Produzieren eines Produkts, das die oben genannten Aufgaben erfüllte. Die Lehrerin war diejenige, die über die Tatsache, wie und wann die Aufgabe erfüllt ist, entschied. Dabei waren die Aufgabenstellung und die Integration der drei Stoffe zentral. Während der ersten beiden Werkstattbesuche notierte ich mir mehrmals Aussagen, die die Aufgabenstellungen bezogen auf das Baummotiv auf einem der Stoffe betreffen:

> Die Lehrkraft spricht in den Raum: ‚Man muss sehen, dass man den Baum sieht, sonst sieht man das Thema nicht.' Ich frage mich, was ist das Thema? Aber das werde ich ggf. beim Interview erfahren. [...]
>
> Lehrerin zwischendurch in den Raum: ‚Die Stoffe musst du verwenden. Aber wieviel, ist deine Entscheidung. Der Baum muss zu sehen sein, damit man es erkennt.'
>
> [...] Die Reaktionen der Schüler:innen sind vielfältig: ‚Können wir uns entscheiden, welchen Stoff wir nehmen? Ich möchte ein ganz normales Kissen.' [...]
>
> Eine möchte komplett weiß, ‚aber das ist nicht das Thema.' ‚Kissen ist eine gute Idee. Dann mache ich schwarz und weiß und an den Ecken den Baum.'
>
> (Forschungstagebuch: 381 f.)

Es gab Schüler:innen, die sich dabei mehrfach rückversicherten, ob sie die Aufgabe korrekt umsetzten und andere, die in einen individuellen Gestaltungsprozess gelangten und sich dabei wenig für das Urteil der anderen oder der Lehrkraft interessierten. Der Prozess des Entwerfens bzw. Ideenentwickelns war in der Werkstatt nur wenig zu beobachten, denn er fand oftmals digital statt und war somit für mich nicht zugänglich. Einzelne Schüler:innen zeigten mir ihre Skizzen auf Papier oder auf dem Tablet. Oft fand die Gestaltung auch erst im Laufe des Produktionsprozesses statt.

Der Verlauf war sehr unterschiedlich. Einige begannen sofort, andere haderten. Es war wohl das erste Mal, dass die Lehrerin so eine Aufgabe in die Gruppe gab. Sie hatte während der Einführung Taschen und Kissen als Beispiele vorgeschlagen. Sie zeigte immer mal wieder Objekte, die aus ihrer Sicht als Beispiele dienen könnten. Zum zweiten Termin brachte sie auch ein Stoffmuster mit, das zeigt, wie sie mit dem Baummotiv gearbeitet hat:

> ‚Das wollte ich euch zeigen.' Es gibt keine großartige Reaktion. Die Lehrerin fährt fort, dass alle auch an die Ziernaht denken sollen. Sie zeigt auch ihr Beispielprojekt. Sie hat Blumen aus den anderen Stoffen auf den Baumstoff genäht. (...) ‚Die Verzierung könntet ihr dann so machen.' Sie hat dann auf die floralen Applikationen auf den Stoff gezeigt. Sie gibt eine grobe Erklärung, wie das geht. Dann fragt sie: ‚Gibt es was, wo ich noch helfen kann?' Das Ganze passiert eher beiläufig, die meisten sind aktiv am Räumen, sie haben wenig Interesse zuzuhören.
>
> (Feldnotizen GSH: 2)

Die Aufgabenstellung, verbunden mit der Sichtbarkeit des Baummotivs, war bis kurz vor Abgabe das dominierende Thema in der Werkstatt, das kontinuierlich von allen Akteur:innen sprachlich bearbeitet wurde. Weitere Wissensordnungen schienen nachrangig. Implizit möchte die Lehrkraft mit dem Motiv des Baumes zum Nachdenken anregen. Im Interview sprechen wir über die Auswahl der Materialien, die Aufgabe und konkret über den Stoff mit dem Aufdruck des Baumstumpfs:

> S: Und sehen Sie da Anknüpfungspunkte zu Bildung für nachhaltige Entwicklung, in dem, was Sie da tun?[2]
>
> Lehrkraft: Eben dieses Thema, auch unbewusst, drüber nachzudenken, wie ist die Natur? Ne, was macht der Mensch? Und das Material, alles gute Qualität! Keine Chemiefasern drin. Ja.
>
> Und etwas, was man gebrauchen kann. Ja. Und die Tischdecke war ja eine Tischdecke. […]
>
> S: Und der schwarze Stoff war wahrscheinlich auch ein gebrauchter oder neu gekaufter?
>
> Lehrkraft: Das war ein Futterstoff, aber reine Viskose.
>
> S: Aber der war schon da, oder?
>
> Lehrkraft: Den habe ich bestellt, bei Ebay. (S: okay, ah, okay) gleich 5 Meter. (Lehrkraft schmunzelt)
>
> S: Und der Baumstoff war auch extra bestellt?
>
> Lehrkraft: Ja, der war, äh, also nicht bestellt. Über einen, der in Afrika gearbeitet hat und der hat die Stoffe bei Ebay Kleinanzeigen verkauft, weil er zu viele hat und da habe ich ihm die abgekauft. Weil ich fand das einfach faszinierend dieses Thema, dass sie da in Afrika so mit umgehen. Und die machen sich Kleidung draus, gehen mit diesem Motiv raus feiern! Weil das ist ja schon, nä, mit Blut sozusagen in der Mitte vom Baum, der abgeholzt ist.
>
> S: Ja, weiß ich gar nicht. Man kann es ja unterschiedlich interpretieren… (S. schmunzelt)
>
> Lehrkraft: Ja, aber so, es ist ja nichts Grünes, nä.
>
> S: Ne, aber, ja. Also ich hätte ihn gar nicht so negativ interpretiert, glaube ich. Ich hätte …
>
> Lehrkraft: Was haben Sie denn gedacht?

[2] Anmerkung: Die Lehrkraft hat das Projekt nicht explizit als BNE-Projekt entwickelt. Sie hatte vor allem mit mir Kontakt aufgenommen, um mehr über BNE und Textil zu erfahren. Aber bereits im Telefonat hatte sie mir einen globalen Bezug der Werkstatt ‚Drei Stoffe' angekündigt und schilderte mir das Projekt als eines, das auch in den Kontext BNE passen könnte.

S: Ich. Ich sehe da als erstes diese Jahresringe und sehe dieses lange Leben sozusagen da drin. Und ich habe gar nicht über das Negative des Abgeholzten nachgedacht, lustigerweise. Das ist bei mir gar nicht so schnell aufgeploppt.

Lehrkraft: Bei den Schülern war [das] sofort negativ.

S: Ja, das ist spannend. Also die finden, das kommt ja auch immer wieder, dass sie das nicht mögen. (Lehrkraft Ja!) und ich habe auch eher noch die Wurzeln gesehen, also dieses Wurzelwerk, was, so verbunden, also verbunden ist.

Lehrkraft: Ja, ja, kann man auch so sehen. Ja.

S: Also, ich habe das persönlich gar nicht so negativ gesehen und fand das spannend …

Lehrkraft: Könnte man auch so sehen. Nä, und dann auf einmal entsteht vielleicht was, nä.

S: Ja, also Wurzeln sind für mich eher Leben und diese Lebens-, die Jahresringe letztendlich auch. Und, ja.

Lehrkraft: Ich fand es erst gruselig. Als ich es das erste Mal gesehen habe und dachte: Ja, das nimmst du!

S: Und, aber sie haben nicht so lange mit den Schülerinnen wahrscheinlich darüber gesprochen, sondern eher mal reingegeben. Dann kamen wahrscheinlich ein paar Kommentare würde ich jetzt vermuten[3] …

Lehrkraft: Doch besprochen habe ich das (S: Ja?) und auch gezeigt. (S: Okay.) Und gesagt: das und das machen wir dann und dann und das und das. Erst mal drüber nachdenken, erstmal mal sacken lassen. (S: Mhm, okay.) Und das machen wir im zweiten Halbjahr. Gut.

S: Es erklärt auch ein bisschen auf Ihrer Probe… oder auf Ihrem Stück haben Sie ja dann diese Blätter und die Blüten draufgenäht. (Lehrkraft: Ja.) Das erklärt so ein bisschen den Gedankengang dahinter, dass dann da so Leben draufgenäht ist sozusagen.

Lehrkraft: Ja, ja, genau, weil für mich fehlte das Grün.

(Lehrkraft G, GSH, Pos. 217–244)

Die subjektiven Annahmen der Lehrkraft, die sich hier andeuten, sind nicht Teil der Analyse. Ich möchte die empirische Situation aus einer ganzheitlichen Perspektive betrachten, die sowohl die Lehrkraft als auch die anderen Akteur:innen der Situation berücksichtigt. Dabei fällt auf, dass einige Annahmen, die die

[3] Leider war ich zum Zeitpunkt der Projekteinführung noch nicht vor Ort, sodass ich nicht beschreiben kann, wie die Lehrkraft die Diskussion und die Auseinandersetzung mit den Stoffen und den Gestaltungsprozess eingeführt hat.

Lehrkraft im Interview formuliert, unhinterfragt Teil der gesamten Vermittlungssituation waren und von allen Beteiligten aufrechterhalten wurden. Das ist zum einen das „Gruselige" des Baummotivs und zum anderen, dass etwas entsteht „etwas, was man gebrauchen kann" (Z. 6). Die spätere Verwendbarkeit wird von den Schüler:innen mit Äußerungen wie beispielsweise ‚ich mach das für mein Zimmer' oder ‚ich schenke das meiner Oma' wiederholt im Unterricht thematisiert. Gleichzeitig wird die Sinnhaftigkeit des Produkts von ihnen in Frage gestellt, wenn sie diskutieren, ob es überhaupt der Oma gefällt oder in das Zimmer passt.

Andere implizite Wissensordnungen, die von der Lehrkraft angesprochen werden, wie ihre Perspektive auf ‚Afrika' oder die Verwendung nachhaltiger Materialien, spielen dagegen in der verbalen und materiellen Auseinandersetzung der Schüler:innen in meiner Wahrnehmung keine bemerkenswerte Rolle.

Die Schüler:innen eignen sich die Aufgabenstellung sehr unterschiedlich an. Einige setzen sie pragmatisch um, indem sie auf Kissen oder Taschen aus Vorlagen der Lehrkraft zurückgreifen. Andere erproben eigene Gestaltungsprozesse und entwickeln ihr Objekt in der Auseinandersetzung mit dem Material. Wieder andere versuchen, einen eigenen Gestaltungsprozess zu finden, aber sie geraten dabei immer wieder ins Stocken: „Ein Mädchen neben mir: ‚ich überlege noch, wie man das konfektionieren könnte' und faltet den Stoff (Sie wird das noch die ganze Stunde machen)" (Forschungstagebuch: 380). Einige suchen willkürlich im Internet, andere beginnen einfach mit Techniken, die sie kennen, und wieder andere, wie ein Mädchen, das ein Schachbrett-Kissen plant, beginnen erstmal, die Stoffkanten mit einem Lineal gerade zu schneiden.

Viele sitzen und sprechen in immer gleichen, kleinen Gruppen miteinander (meist nicht nur über die Projekte) – die Sitzordnung ist jedes Mal nahezu identisch. Nur durch die Nutzung der Nähmaschine entstehen Variationen, denn hierfür müssen die Schüler:innen die Plätze wechseln. Ausschließlich diejenigen, die etwas nähen möchten, dürfen an einer Nähmaschine sitzen. Das Aktivitätslevel ist in den ersten Stunden heruntergefahren, es scheint kein Zeitdruck zu bestehen. Erst in den letzten zwei Sitzungen wird das Geschehen dynamischer. Die Menschen bewegen sich mehr im Raum zwischen Arbeitstisch, Bügelstation und Nähmaschinen. Aufgrund der Vielfalt der ‚Räume', die im Textilraum durch die Einzelprojekte und Gruppierungen entstehen, konzentriere ich mich in meinen Notizen auf drei Personen: ‚Nadja mit dem Schachbrett-Kissen', ‚Luise mit der Schaufensterpuppe' sowie Jasmin, die lange nicht mit der Arbeit beginnt und in der ersten Stunde nur häkelt und sich unterhält.

In der letzten Sitzung, an der ich teilnehme, wird nach und nach eine Ausstellungsvitrine im Flur vor dem Textilraum gefüllt. Die Lehrkraft nimmt die fertigen Produkte entgegen und arrangiert sie in der Vitrine. Die Aufgabenstellung der

Lehrerin ist so relevant, dass sie zum Projektende sogar in der Ausstellungsvitrine mit veröffentlicht wird. Der „Baumstoff" ist über den anderen beiden Stoffen aufgehängt. Dazu gibt es ein einfaches Schild: „Aus diesen 3 Stoffen ein Nähprodukt nähen, eine Skizze entwerfen, zuschneiden, nähen, das Wissen und die Fertigkeiten anwenden" (siehe Abb. 12.1). In diesem Text sind die Anforderungen der zu Beginn sehr detaillierten Aufgabenstellung reduziert worden.

> Heute ist es gar nicht mehr Thema, dass die Aufgabe [mit den Unteraufgaben] erfüllt werden muss. Es schien so, dass es die Hauptsache ist, dass die Dinge fertig werden. Erste Dinge hingen bereits in der Vitrine. Eng bepackt. [...] Eine Schülerin hat eine Tasche gemacht, in der der Baum innen ist. Zu Beginn, war das nicht denkbar.
>
> (Forschungstagebuch: 412)

Die Erfüllung der Unteraufgabe wird bei der Abgabe und beim Arrangieren in der Vitrine von der Lehrkraft nicht mehr weiter kommentiert. Sie sind auch auf der Beschriftung in der Vitrine nicht mehr erkennbar. Auch die Sichtbarkeit des Baums wird nicht mehr verbalisiert.

Obwohl die Weiterverwendung der Artefakte als Produkte in den Gesprächen immer präsent ist, entstehen überwiegend Lernprodukte (Kapitel 10), die zunächst in einer Vitrine ausgestellt und später wenig Verwendung finden werden. Die Artefakte sind ein Zeichen für die Praxis der Erfüllung der Aufgabe. Die Aufgabe ist erfüllt und die Artefakte wirken sogar funktional. Aber bei genauerer Betrachtung sind es Musterstücke einer schulischen Aufgabe, die über die Präsentation hinaus keine Funktion haben werden. Nur wenige einzelne Objekte haben die Chance auf eine weitere Verwendung[4]. Ich werde nun mithilfe der transaktionalen Lerntheorie und der „Practical Epistemology Analysis" (PEA) aus Skandinavien den Gestaltungsprozess einer Schülerin, die ein Kissen mit einem Schachbrettmuster herstellen möchte, genauer beleuchten. Am Beispiel zeigt sich, dass im konkreten Vollzug der Praxis neben den Stoffen und der Aufgabe weitere Elemente wirksam werden.

---

[4] Zwei implizit vorherrschende Wissensordnungen bestimmen die Abfolge von Entscheidungen der Schüler:innen im Herstellungsprozess. Einerseits die Erfüllung der schulischen Aufgabe und damit verbunden das Erlernen und Umsetzen von textilen Techniken, andererseits der Anspruch der Produktion eines individuellen Produktes. Damit sind in der Werkstatt ‚Drei Stoffe' aufgabenerfüllende Schüler:innen und eine anleitende, erfahrene Lehrerin die vorherrschende Subjektkultur. Dementsprechend bereitet sich die Lehrkraft auch immer intensiv auf die Projekte vor, während sie ihr selbst noch unbekannte Arbeitstechnik vorher intensiv ausprobiert. Indem sie selbst Fehler macht und erkennt, möchte sie die Schüler:innen vor Frustration schützen und kann gleichzeitig ihre Expert:innenposition stärken.

12.3 Zwiegespräch mit der skandinavischen Forschung

> Consider someone holding a hammer, and then think about questions of competence and skill. Where does competence lie: does it reside in the human or in the non-human, or in the relation between the two? The notion of a human-non-human hybrid implies that the hammer alone is not enough alone, and that a person without such a device will find it hard to hit the nail hard on the head.
>
> (Shove 2014: 34)

Die Praxistheoretikerin Elizabeth Shove fragt, wo die Kompetenz liegt: in den Menschen oder in den Dingen oder in der Beziehung zwischen ihnen? Die Antwort, die sie formuliert, ist, dass keiner von beiden alleine dazu fähig wäre, die Aufgabe umzusetzen. So erfüllt eine Nähmaschine auch nur ihre Aufgabe im Zusammenspiel mit einem Menschen, der sie bedient oder programmiert. In einer schulischen Vermittlungssituation geht es aber nicht nur um ein „human-non-human-hybrid", wie es Shove nennt, sondern um ein Zusammentreffen von mehreren Menschen und mehreren Artefakten in einem Raum. Die Fähigkeit, einen Nagel einzuschlagen oder eine Nähmaschine zu bedienen, muss in diesem Zusammentreffen mindestens von einer Person meist erst erlernt werden. Dafür gibt es verschiedene Wege: über Anleitungen, über Abgucken, über Nachdenken oder Ausprobieren. Mit einer ‚Mikroanalyse' möchte ich dem Prozess des Lernens und dem Zusammenspiel zwischen nicht-menschlichen und menschlichen Beteiligten auf die Spur kommen. Hierfür schienen mir methodische Ansätze aus der skandinavischen Didaktikforschung vielversprechend.

Annäherung an die skandinavische PEA und das transaktionale Lernen

In Skandinavien wird das Schulfach ‚Slöjd' (engl.: sloyd, crafting), das handwerkliches Arbeiten mit textilen und anderen Werkstoffen vermittelt, verpflichtend unterrichtet (in Schweden in den Klassen 3–9). Daher gibt es dort – ähnlich wie in der Schweiz und Österreich – aufschlussreiche empirische Forschungsarbeiten zum Fach. Ziel dieses Abschnitts ist es, die Impulse aus der skandinavischen Forschung aufzugreifen und auf den deutschsprachigen Kontext und meine (auto-)ethnografischen Daten zu beziehen. Insbesondere habe ich mich mit den Arbeiten der schwedischen Wissenschaftlerin Hanna Hofverberg beschäftigt. Sie ist eine der wenigen Forschenden, die explizit das Arbeiten mit textilen Artefakten im Kontext BNE bzw. der internationalen ESE (Environmental and Sustainable Education) untersucht[5]. Sie beschreibt in ihrer Dissertation in vier Artikeln

---

[5] Auch wenn das Fach 'Slöjd' in Schweden anders strukturiert und unterrichtet wird als in Deutschland, so bleibt zum einen die Gemeinsamkeit, dass die handwerkliche und ästhetisch

(Hofverberg 2019) die Lernprozesse während des handwerklichen/gestalterischen Arbeitens mit *crafting materials* und die damit verbundene Bedeutung der Entdeckungen der Schüler:innen im Umgang mit Materialität. Sie entwickelt ihren Forschungsansatz auf der Grundlage des ‚Transactionalism' (eigene Übersetzung: Transaktionalismus) und der in Skandinavien verbreiteten ‚Practical Epistemology Analysis' (PEA). In ihren Texten bezieht sich Hanna Hofverberg (2019) in erster Linie auf Projekte einer 8. Klasse im Fach ‚Slöjd' in Schweden. Sie untersucht gemeinsam mit Kolleg:innen ein Remake-Projekt[6] (Hofverberg 2020; Hofverberg/Maivorsdotter 2018) sowie ein Stickprojekt (Hofverberg/Kronlid 2018). Dabei stützt sie ihre Untersuchung auf die Analyse von Videoaufnahmen der Lerngruppe(n) und bezieht sich hierfür auf John Deweys und Arthur Bentleys Konzept der „transaction" (Dewey/Bentley 1949). In ihrem Aufsatz mit Maivorsdotter (2018) „Recycling, crafting and learning – an empirical analysis of how students learn with garments and textile refuse in a school remake project" verbindet sie die Idee der Transaktion mit den Überlegungen Jane Bennetts zum „New Materialism". Darauf aufbauend beschäftigt sie sich 2020 und 2022 in weiteren Texten mit dem Anthropologen Tim Ingold und seiner Arbeit zum handwerklichen Tun – „Making" (Ingold 2013). Sie beschreibt die Mensch-Material-Beziehung mithilfe von Tim Ingolds Annahme des handwerklichen Arbeitens als eine Praxis der Korrespondenz (practice of correspondence) (Hofverberg 2020: 1284). Auch dieses Vorgehen scheint interessant, um das, was sich zwischen Menschen und nicht-menschlichen Beteiligten in textilen Vermittlungssituationen abspielt, zu beschreiben. Die Vorgehensweise der Texte half mir bereits während meiner Feldforschung in der Schule, Momente der „Korrespondenz" zwischen Produzierenden (Schüler:innen sowie Lehrenden) und Materialien wahrzunehmen.

> What then becomes visible in the analyses is that what students learn as they encounter the material is dependent on how the human-material relation (correspondence) develops in the crafting process and on the purposes that emerge in the activity.
>
> (Hofverberg 2020: 1291)

Auseinandersetzung mit den Dingen des Alltags im Fokus steht und zum anderen, dass sich die allgemeinen curricularen Vorgaben auf die nachhaltige Entwicklung beziehen.

[6] In dem Projekt bekommen die Schüler:innen die Aufgabe aus einem aussortierten Textil ein neues Produkt zu fertigen. Im Deutschen würde solch ein Projekt zumeist als Upcycling-Projekt bezeichnet werden. Die Schüler:innen in dem Projekt sollten gebrauchte Textilien umarbeiten und hierfür die Nähmaschine nutzen. Sie bekommen jedoch keine spezifische Anleitung, sie sollen das Produkt und den Herstellungsprozess selbst entwickeln. Es waren 15 Lernende (20 Stunden über 10 Wochen, 80 min pro Woche).

‚Crafting' wird in Hofverbergs Analysen als ein Prozess des Antwortens auf die Materialität der Welt betrachtet, als eine körperliche Aktivität, die mit allen Sinnen in einer Transaktion antwortet. Es geht darum, ein ‚Remake Project' als ‚Transactional Activity' zu beschreiben, um die Komplexität des Lernprozesses sichtbar zu machen. Der Begriff der Transaktion verortet das Lernen weder ausschließlich im Individuum noch in der Umwelt, sondern das Lernen entsteht dynamisch zwischen den beteiligten Elementen. Grundlegend für das analytische Vorgehen ist eine transaktionale Lerntheorie mit dem Gedanken der Transaktion oder der transaktionalen Aktivität auf der Basis der Arbeiten des Philosophen John Dewey (1859–1952). Transaktion wird der Prozess genannt, in welchem Menschen und ihre Umwelt voneinander beeinflusst werden. John Dewey verwendet in seinen Arbeiten zunächst den Begriff Interaktion, führt dann aber den Begriff Transaktion ein, um die gemeinsame Präsenz von Entitäten in einer Aktion zu beschreiben (Hofverberg 2022: 138). Fokus der Analyse einer transaktionalen Aktivität liegt auf dem co-konstruktiven Charakter von Aktivitäten. Der Sinn wird von nicht-menschlichen und menschlichen Beteiligten gemeinsam hergestellt. Die Idee der Transaktion sieht das, was wir wissen, nicht getrennt von dem, wie wir es erlernen, sondern zusammen. Aktivitäten werden von Dewey und Bentley 1949 als Prozess der Gesamtsituation und aller darin enthaltenen Elemente der „Organismus-Umwelt" beschrieben:

> Our position is simply that since man as an organism has evolved among other organisms in an evolution called "natural," we are willing under hypothesis to treat all of his behavings, including his most advanced knowings, as activities not of himself alone, nor even as primarily his, but as processes of the full situation of organism-environment; and to take this full situation as one which is before us within the knowings, as well as being the situation in which the knowings themselves arise.
>
> (Dewey/Bentley 1949: 131)

Damit ist der Ansatz einer transaktionalen Lerntheorie (u. a. Öhman/Östmann 2023) mit den gemeinsamen Annahmen aus dem amerikanischen Pragmatismus zur Situationsanalyse und zu den Praxistheorien kongruent. Sie haben eine ganzheitliche, raum-zeitliche Perspektive. Aber während die Situationsanalyse die Komplexität und Gesamtheit einer Situation in den Blick nimmt, fokussiert die transaktionale Lerntheorie auf eine Handlung und den konkreten Verlauf eines Lernprozesses. Sie sucht nach den Akteurseigenschaften der Dinge im Lernprozess und weiterer Elemente. Diese Perspektive auf Lernen stellt für mich ein Argument und auch eine Möglichkeit dar, um Vermittler:innen für eine Reflexion ihrer eigenen Involviertheit ins Geschehen und für die Involviertheit der Dinge zu sensibilisieren.

Das analytische Vorgehen: Transaktionen im Prozess

In der skandinavischen Literatur begegnete mir die von Hanna Hofverberg angewandte „Practical Epistemology Analysis" (PEA) wiederholt, und ich begann zu recherchieren. 2012 erläutert der schwedische Didaktiker Per-Olof Wickman in seinem Artikel „Using pragmatism to develop didactics in Sweden" in der deutschen Zeitschrift für Erziehungswissenschaften die Entwicklung des Ansatzes in Skandinavien (Wickman 2012a). Er beschreibt den Pragmatismus als eine Basis für die Didaktiken in Schweden, woraus sich auch die empirischen Untersuchungsmethoden, unter anderem die PEA (Maivorsdotter und Wickman 2011; Wickman 2012b, 2012a) entwickelt haben. Sein Denken ist dabei ein Denken, das die Fachdidaktiken als miteinander verbunden betrachtet: „however, subject-specific didactics of different disciplines should not be seen as disconnected, but as sharing a common interest in the teaching and learning of various kinds of content. Theories need to be developed that help teachers cope with students' learning of content and that, at the same time, can be generalised beyond a specific content" (Wickman 2012: 485). Wickman bezieht sich auf die Erkenntnistheorie des amerikanischen Neopragmatisten Richard Rorty (1931–2007), die Objektivität von Wissen in Frage stellt. Wissen werde dabei nicht als etwas angesehen, das die Realität richtig bzw. korrekt darstellt, sondern er sieht Wissen als die Aneignung von „habits of action" an, um mit der Realität umzugehen (Wickman 2012: 486). Wissen aufzubauen bedeutet somit, zu lernen, Handlungsmuster in Verbindung zu „situated consequences" erfolgreich anpassen zu können. Wickman verwendet den Begriff „situated", um darauf hinzuweisen, dass eine Aktion nicht von einer Person alleine und isoliert beurteilt wird, sondern dass sie Teil einer Situation[7] ist, in der – ähnlich wie in der Situationsanalyse und Praxistheorie – bereits etablierte soziale Praktiken und Elemente vorliegen.

In ihrer Studie zu einem Remake-Projekt in Schweden fragen die Autor:innen (Hofverberg/Maivorsdotter 2018) aufbauend auf den Annahmen der skandinavischen Didaktikforschung zur PEA, wie Schüler:innen in Vermittlungssituationen mit Recyclingmaterialien lernen und wie sich die Teilhabe der Lernenden in der Praxis vollzieht. In der Anwendung der PEA geht es darum, den Lernprozess mit einem Fokus auf die ästhetischen Erfahrungen und den Prozess der Bedeutungskonstruktion bzw. der Sinnbildung zu analysieren. „Unter Sinnbildung wird hier ein Lernprozess verstanden, der zu einer Erweiterung von Handlungsmöglichkeiten beiträgt" (Klaar/Öhman 2012: 440). Mit der Analysemethode wird eine

[7] Ich werde im folgenden Textabschnitt auf die Differenzierung zwischen meinen Situationsbegriffen verzichten und den Begriff Situation im Sinne der „Transactional Learning Theory" verwenden. Er ist mit dem meiner empirischen Situation zu vergleichen.

Möglichkeit gesucht, zu erfahren, welche Elemente der Erfahrung die Lernenden nutzen und was diese Erfahrungen für den Fortgang der Aktivitäten bedeuten. Es soll untersucht werden, welche Richtung das Lernen einschlägt, wenn Situationen der Transaktion (transaction) eintreten. Die Autor:innen Van Poeck und Östman (2021) führen die PEA als eine Möglichkeit ein, die „Black Box" des Lernens im Umgang mit den Herausforderungen nachhaltiger Entwicklung zu untersuchen. Sie beschreiben das Lernen nach der „Transactional Learning Theory" als einen kontinuierlichen Prozess des Handelns und des Erlebens der Konsequenzen dieses Handelns (158). Aus der Perspektive des Transaktionalen Lernens ist das Lernen ein ständiger Prozess, in dem sich sowohl die Individuen als auch ihre soziale und materielle Umwelt verändern. Die Beteiligten reagieren in den Begegnungen (encounters) auf Veränderungen in ihrer Umgebung, diese Reaktion führt wiederum zu Veränderungen der Umgebung. Alle Beteiligten einer Aktion sind von diesem (Transformations-)Prozess betroffen. Der mit dem Lernen verbundene Wandel wird beim transaktionalen Lernen „reziprok", „simultan" sowie „sequentiell" betrachtet (Van Poeck/Östman 2021: 158). In den Begegnungen mit der Umwelt entstehen Lernresultate. Sie sind nicht statisch und sie sind nicht etwas, das sicher vorbestimmt werden kann. Sie sind einem stetigen Lern- und damit Wandlungsprozess von aufeinanderfolgenden Aktionen unterworfen. Lernen wird durch eine problematische Situation veranlasst, in der das bisherige gewohnte Vorgehen nicht funktioniert. Durch das Lösen eines Problems werden die Gewohnheiten und Fähigkeiten erweitert (Van Poeck/Östman 2021: 158).[8]

In diesen Problemlösungs- und Lernprozess sind die Dinge und Menschen aus der Umgebung unterschiedlich eingebunden. Eine Analyse des dynamischen Prozesses soll es beispielsweise ermöglichen, zu beschreiben, warum einzelne menschliche und nicht-menschliche Anwesende aus der sozialen und materiellen Umwelt wahrgenommen werden und relevant sind, während andere ausgeblendet werden (Van Poeck/Östman 2021: 159). Die Frage ist also, was ist entscheidend im Prozess der Bedeutungsproduktion? Sowohl Van Poeck und Östman (2021), Hofverberg und Maivorsdotter (2018) als auch Wickman (2012) beschreiben nun die Practical Epistemology Analysis (PEA) als einen geeigneten Ansatz,

[8] Ähnlich ist die Beschäftigung der Praxistheorie mit dem Erlernen, bzw. mit dem Wandel von Praktiken zu verstehen: „For practice theory, then, the 'breaking' and 'shifting' of structures must take place in everyday crises of routines, in constellations of interpretative interdeterminacy and of the inadequacy of knowledge with which the agent, carrying out a practice, is confronted in the face of a 'situation'" (Reckwitz 2002: 255). Weshalb sich die Perspektive des transaktionalen Lernens gut mit ihr verbinden lässt und in diese Arbeit einfügt.

diesen Prozess konkreter zu untersuchen. Es geht darum, zu erfahren, wie Menschen Bedeutung konstruieren, wenn sie in eine ungewohnte Situation geraten. In einer neuen oder schwierigen Situation entsteht zunächst eine Lücke zum Ziel oder Zweck der Situation. Diese Lücke muss von den Beteiligten gefüllt werden (Abb. 12.2).

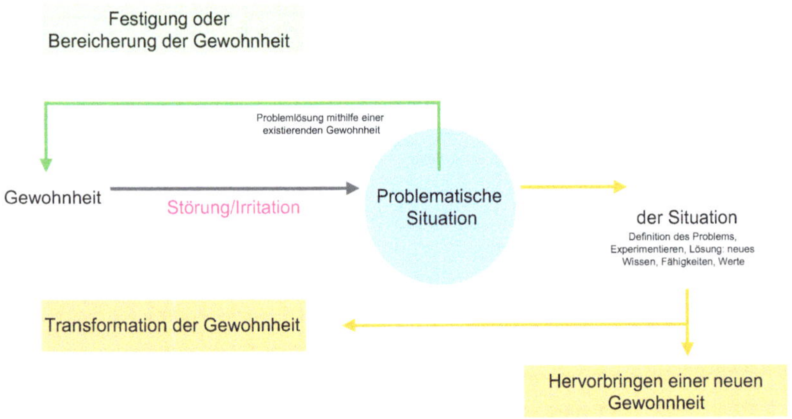

Abbildung 12.2 Transactional Learning Theory. (Grafik angelehnt an (Van Poeck/Östman 2021:158))

Zentral für die PEA nach Wickmann (2012) sind ästhetische Urteile. Menschen treffen diese, wenn sie das Gefühl haben, ein Vorhaben nähert sich dem Ende. Sie dienen in der PEA dazu, das Material zu analysieren und Ereignisse (events)[9] der Transaktion zu identifizieren. Die PEA soll es ermöglichen, genau zu untersuchen, wie Sprache, Aktion und Erfahrungen Lücken (gaps) mit Relationen (relations) füllen und einen Fortgang einer Aktivität zulassen (Wickman 2012: 496).

Ausgangspunkt der PEA ist laut Wickmann (2012) der Zweck (purpose) einer pädagogischen Praxis. Es werden die Begegnungen (encounters) in der Praxis identifiziert und welche Konsequenzen diese für die Lernenden haben. Die Analyse macht die Beziehungen bzw. Relationen (relations) deutlich, die die

[9] Ich werde im Folgenden sowohl die englischen Originalbegriffe in Klammern als auch meine eigenen deutschen Übersetzungen verwenden.

Beteiligten zu dem, was feststeht (stands fast[10]) konstruieren, um Lücken (gaps) zu füllen. Eine Begegnung ist das, was in einer bestimmten Situation erkannt oder erfahren wird. Das, was feststeht, sind die Annahmen und Dinge, die von den Beteiligten nicht in Frage gestellt werden. Das Feststehende wird von den am Lernprozess beteiligten Akteur:innen genutzt, um Relationen zu entwickeln und damit Lücken zu füllen, sodass eine Aktivität fortgesetzt werden kann. Lücken werden oftmals umgehend geschlossen. Aber teilweise sind sie auch so groß, dass sie zu einem Zögern führen (Van Poeck/Östman 2021: 160). Die Lernenden fragen, suchen Hilfe oder führen Untersuchungen durch. Es handelt sich um „lingering gaps", verbleibende Lücken. Sie haben zur Folge, dass ein Prozess stoppt oder eine neue Richtung bekommt (Abb. 12.3). Bei der Analyse genau solcher Lücken geht es darum, zu beschreiben, wie eine bruchstückhafte Bedeutungsveränderung zu einem Lernprozess beitragen kann (Wickman 2012: 494).

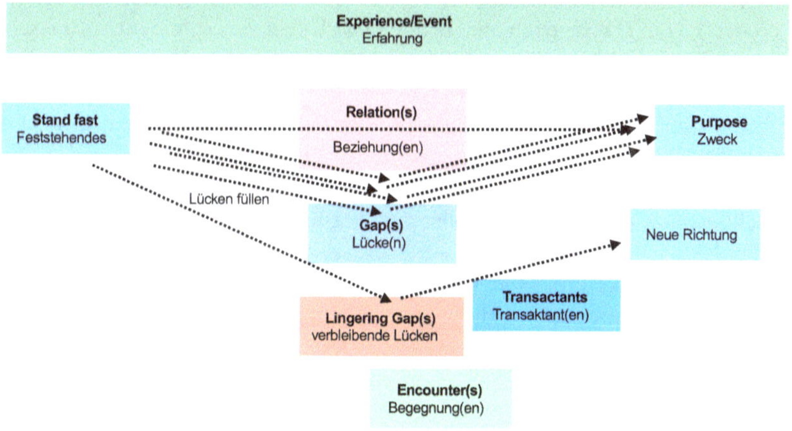

Abbildung 12.3 Elemente der Practical Epistemology Analysis (PEA). (Eigene Grafik)

[10] Der Begriff bezieht sich auf Wittgensteins Sprachspiele. Bedeutung ist von sozial geteilten Regeln abhängig und es gibt Begriffe, die in einer Situation nicht hinterfragt werden (Wickman/Östman 2002). „Was feststeht, tut dies nicht, weil es an sich offenbar oder einleuchtend ist, sondern es wird von dem, was darum herumliegt, festgehalten" (Wittgenstein (1969) 2020: § 144).

Hofverberg und Maivorsdotter (2018) gehen in ihrer Analyse, angelehnt an dieses Vorgehen, in fünf Schritten zunächst auf den Zweck (purpose) einer Aktivität, dann auf die Lücken (gaps), im dritten Schritt auf die Relationen (relations), im vierten Schritt auf die Begegnungen (encounters) und zuletzt auf die Beteiligten, „transactants", ein. Das Konzept der „transactants" entwickeln sie aufbauend auf Bruno Latour und Jane Bennet (776). 2022 vertieft Hanna Hofverberg diesen Ansatz. Bezugnehmend auf Bennet beschreibt Hofverberg einen Aktanten als eine Einheit oder einen Prozess, der oder die mit anderen im Austausch steht und einen Effekt auf eine größere Assemblage hat. Um das zu betonen, was eine Aktivität besonders beeinflusst, kombiniert Hofverberg den Begriff Aktant mit der Vorsilbe „trans" der Transaktion. Ein „Transaktant" (transactant) ist damit eine Einheit, die eine transaktionale Aktivität in einer besonderen Weise beeinflusst und ihr möglicherweise eine neue Richtung gibt (Hofverberg 2022: 140).

Als Ergebnis ihrer fünfschrittigen Analyse beschreiben Hofverberg und Maivorsdotter anhand von drei Fallbeispielen drei Kategorien von Relationen (relations): Transagieren mit der Idee eines Produkts (transacting with the idea of a product) (1), Transagieren mit den Eigenschaften eines Materials (transacting with a material's capabilities) (2) sowie Transagieren mit Remake-Techniken (transacting with remake techniques) (3).

Somit kann das, was die jeweiligen Lücken füllt, die Fähigkeit sein, eine Idee zu entwickeln und den Arbeitsprozess für ein Produkt zu beschreiben (1), das Wissen über die Eigenschaften eines Materials und wie es als ein spezifisches Produkt genutzt werden kann (2) oder das spezifische Wissen dazu, wie das Ziel des Produkts technisch umgesetzt werden kann (3). Durch die Anwendung der PEA auf ein Remake-Projekt im Fach ‚Slöjd' und damit ein handwerkliches Fach, scheint in allen Fallbeispielen die normative Setzung zu bestehen, dass ein verwendbares Produkt entstehen soll. Damit werden für die Analyse der Transaktion durch die beiden Wissenschaftler:innen auch nur die Elemente zu anerkennbaren Transaktanten, die zum Fortschreiten der handwerklichen Auseinandersetzung und zu einem Lernen im Sinne des textilen Arbeitens beitragen. Die Autor:innen identifizieren verschiedene entscheidende Elemente im Lernprozess, wie das Maß eines Stoffes oder die Ideen der menschlichen Akteur:innen als Transaktanten (transactants).

Was mich insbesondere an der Studie interessierte, war die Feststellung, dass in einem Fallbeispiel nicht das Material selbst der Transaktant in der Aktivität war, sondern das Wissen der Lehrkraft zum Material (Hofverberg/Maivorsdotter 2018: 787), und dass die Ideen und die vorgestellten Bilder zum Produkt sowohl der Lernenden als auch der Lehrenden eine entscheidende Rolle im Prozess hatten. „By examining the transactant involved in the event, we can see how the teacher's knowledge about the characteristics of fleece participates in the transaction" (Hofverberg/Maivorsdotter 2018: 784). Mich beschäftigte die Frage, inwiefern ich Ähnliches in meinem Material beschreiben kann und wie diese Beobachtung es ermöglicht, den Umgang bzw. den Lernprozess mit der textilen Umwelt bewusster zu gestalten.

12.4 Erprobung der Practical Epistemology Analysis (PEA)

Die PEA möchte ich auf eine Szene aus meinen ethnografischen Aufzeichnungen übertragen. Was passiert zwischen den Lernenden und den Dingen? Die detailreiche, analytische Perspektive Hanna Hofverbergs hat mich fasziniert. Gleichzeitig irritierte mich das normative Verständnis von Produktion und von dem Erlernen nachhaltiger Handlungsweisen. In zwei weiteren Artikeln der environmental and sustainability education (ESE) research, auf die ich später eingehen werde, beschreibt sie, wie die Lernenden und das Material miteinander „korrespondieren", miteinander kommunizieren (Hofverberg 2020). Doch während sie mit dem Material aus der Videoanalyse vor allem die Relationen bzw. die „Korrespondenz" zwischen Material und Lernenden und teilweise Lehrenden über eine Mikroperspektive einer konkreten Handlung untersucht, interessiert mich als Ethnografin und teilnehmende Beobachterin vielleicht mehr das größere Ganze, welches das Geschehen beeinflusst. Das Material, die Nähmaschinen, der Raum, die Mitschüler:innen, die Verwandten und all das, was darüber hinaus Teil einer sozialen Praxis ist, ohne dass es expliziert wird (Kapitel 6). Lässt sich in den Aktivitäten mehr beobachten als die Vermittlung von Praktiken des nachhaltigen Konsums? Wer oder was ist beteiligt im Prozess?

Unterschied

In einer ethnografischen Forschung ohne Videografie habe ich andere Voraussetzungen als die schwedischen Wissenschaftler:innen, die distanziert über ein Video in die fokussierte Analyse einsteigen. Sie stellen ihr Verfahren so dar, als ob das kleinschrittige Vorgehen der PEA ein objektives Bild zulässt. In der Ergebnisdarstellung präsentieren die Autor:innen die Kategorien daher auch nicht als ihr Ergebnis, sondern als das Ergebnis der PEA. „The PEA analysis identified three categories of relations" (Hofverberg/Maivorsdotter 2018: 780). Es wird der

Anschein erweckt, als ob kaum eine andere Deutung der Situation möglich gewesen wäre[11]. Dies entspricht nicht meinem Verständnis von Forschung. Dennoch reizt es mich, das Vorgehen der PEA anhand meiner Daten nachzuvollziehen. Letztendlich muss ich mich aber auch als Teil der untersuchten Transaktionen berücksichtigen. Zudem sind meine Daten durch meine Perspektive als Einzelperson begrenzt. Ich habe keine Tonaufnahmen oder gar Videoaufnahmen, wie die schwedischen Forscher:innen. In Teilen kann ich Fotos für die Analyse nutzen, die Grundlage sind jedoch meine (auto-)ethnografischen Notizen. Texte gefiltert durch meine Wahrnehmung und meine Position einerseits als Forschende andererseits als außerschulische Vermittlerin. Die Analyse stellt somit für mich keine Rekonstruktion dar und keine Beschreibung eines „So war es", sondern eine Form der Interpretation einer empirischen Situation. In der Beschreibung und Analyse der Situation können Leser:innen vielleicht „Momente" aus eigenen Erfahrungen wiederentdecken mit der Herangehensweise ein Werkzeug bekommen, um Vermittlungssituationen prozessorientiert sowie zeitlich und räumlich situiert zu betrachten.

In Hofverbergs und Maivorsdotters Schulforschung war es die Aufgabe, aus aussortierten Dingen neue Produkte zu erstellen. Ein eher klassisches Remake- bzw. Upcycling-Projekt. In meinem Fall ist die schulische Aufgabe ein Mix zwischen der Weiterverwendung sowie dem Erlernen textiler Techniken. Der Fokus der Lehrerin liegt von vornherein nicht auf dem Thema ‚Upcycling', denn sie möchte in erster Linie, dass die Schüler:innen ihre erlernten handwerklichen Fähigkeiten anwenden. Zusätzlich stellt sie über die ausgewählten, teilweise wiederverwendeten Materialien und durch einen „afrikanischen" Stoff mit dem Motiv „eines blutenden Baums" einen Bezug zur BNE her. Die Aufgabenstellung ist, im Gegensatz zu dem Remake-Projekt, das Hofverberg und Maivorsdotter untersuchen, detailliert und kleinschrittig.

Beschreibende Analyse

Ich identifizierte eine bzw. zwei Sequenzen in meinen ethnografischen Notizen, die für die Analyse im Sinne des ‚Transactionalism' interessant sein könnten: ‚Das Mädchen mit dem Schachbrettmuster' (Nadja) und ‚Das Mädchen mit dem

[11] "The data was analysed by the paper's two authors, first separately and then together, where all the four steps were considered. The identified relations were then categorised. The identified categories included most of the selected relations. The few relations that were excluded were either too small in number, too linguistically vague, or too difficult to interpret in relation to the aim of the study. In this process, the credibility of the analysis was established by what Lincoln and Guba (1985) refer to as peer debriefing, which means minimising any bias from one single researcher (Kvale 1995)" (Hofverberg/Maivorsdotter, 2018: 779).

BH' (Luise). Innerhalb der Sequenzen habe ich einzelne Erfahrungen (experience) oder Ereignisse (events) definiert (Hofverberg/Maivorsdotter 2018: 779). Diese haben ihren offensichtlichen Anfang in dem Moment, in dem eine Aktivität ins Stocken gerät. Die Mitte und das Ende eines ‚events' führen zu einer Vollendung bzw. zu einer Fortsetzung der Aktivität. Ich beginne mit dem Mädchen mit dem ‚Schachbrettmuster' und wähle ein Ereignis aus, an dem die Schülerin stark ins Zweifeln kommt und sich mehrmals bei der Lehrkraft zum weiteren Verlauf absichern möchte.

Abbildung 12.4 Skizze ‚Kissenbezug'

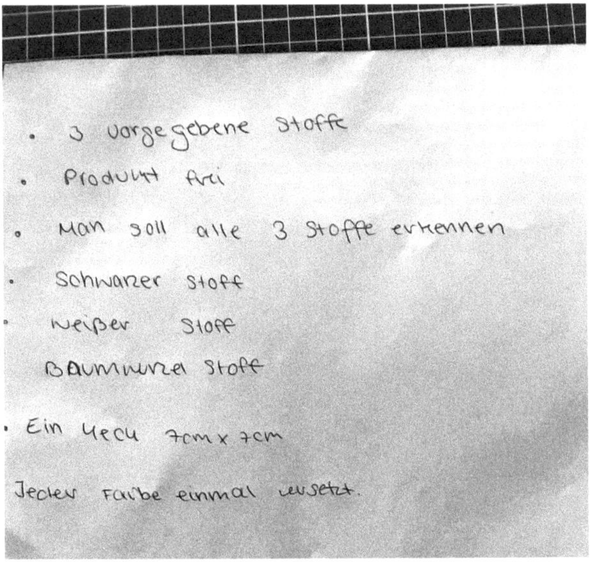

Abbildung 12.5 Beschreibung der Aufgabe durch die Schülerin

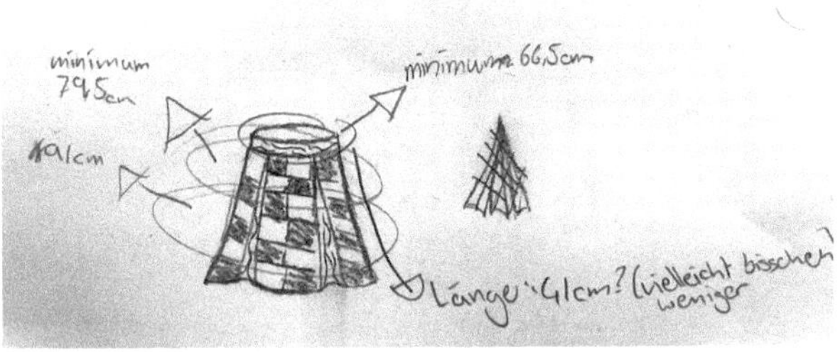

Abbildung 12.6 Skizze Rock mit Schachbrettmuster

Vor diesem Geschehen lag bereits eine andere ‚Kategorie' des Transagierens im Sinne von Hofverberg und Maiversdotter – das Transagieren *mit der Idee eines Produkts*. Die vorangehende Aktivität und die Kommunikation über die Idee zum Produkt materialisieren sich in den Dokumenten der Schülerin. Nadja hat ein Kissen vorgezeichnet, das ein Schachbrettmuster haben soll. Woher die Idee des Schachbrettmusters kommt, finde ich erst zu einem späteren Zeitpunkt heraus.

Im Gegensatz zu der Skizze eines Rocks einer anderen Schülerin (Abb. 12.6) – ebenfalls mit einem Schachbrettmuster – ist das Bild zweidimensional. Es ist nicht erkennbar, wie die Rückseite aussehen soll. Die Zeichnung erinnert an eine Art Schnittmuster, aber die Nahtzugabe ist nicht erkennbar. Die schwarzen und weißen Felder sind schraffiert (schwarz) bzw. nicht schraffiert (weiß) und die Stoffstücke mit dem Baummuster sind durch blaue Linien visualisiert. Sie hat nicht nur eine Skizze angefertigt (Abb. 12.4), sondern auch die wichtigsten Punkte der Aufgabe festgehalten (Abb. 12.5). Sie hat bereits Quadrate ausgemessen (etwa 7 × 7 cm) und mit Blau auf den weißen Stoff gezeichnet. Beim ersten Termin beginnt sie, mit einem Geodreieck und dem Stoff-Rollschneider den weißen Stoff in viele kleine Vierecke zu zerschneiden. An dem Termin, an dem ich mit der Analyse der Notizen einsetzen möchte, sitzt sie an ihrem Platz mit den vielen einzelnen geschnittenen weißen Ecken auf dem Tisch.

Der *Zweck (purpose)* der Aktion ist von Anfang an unklar. Für die Lehrkraft ist es das Erstellen eines textilen Produkts. Für die Schülerin ist es zwar zum Teil das Erstellen eines Produkts, aber gleichzeitig auch das Erfüllen einer schulischen Aufgabe, die schriftlich auf dem Papier (Abb. 12.5) hinterlegt ist. Die Schülerin soll das Produkt aus drei Stoffen herstellen, dabei soll das Motiv des einen Stoffes noch erkennbar bleiben. Die Skizze als Zwischenschritt war von der Lehrerin vorgesehen. Die *Lücke (gap)* ist die Leerstelle zwischen den drei Stoffstücken und dem fertigen Produkt, das in der Vitrine ausgestellt werden wird. Mit der Skizze stellt die Schülerin eine *Verbindung (relation)* her, mit der die Lücke visuell überbrückt werden kann. Sie beinhaltet eine Vielzahl von ästhetischen Entscheidungen, wie die Größe und die Anordnung der einzelnen Teile. Die imaginierte Funktion ‚Kissen' ist zur Sicherheit über das Motiv geschrieben – ohne diese könnte es sich auch um eine Tasche oder ein Wandbild handeln. Diese Form des transaktionalen Handelns, das eine Verbindung herstellt zwischen den Ausgangsmaterialien und dem finalen Produkt, erscheint an dieser Stelle positiv und reibungslos. Sie hat dazu geführt, dass Nadja bereits begonnen hat, den weißen Stoff zu zerschneiden. Das skizzierte Produkt, ein Kissen, wird im weiteren Verlauf nicht mehr in Frage gestellt, jedoch die Technik und die weitere ästhetische Gestaltung. Es erscheint eine verbleibende *Lücke (lingering gap)*. Die folgende Situation ereignet sich bei meinem zweiten Besuch in der Lerngruppe. Während einige Schüler:innen die Lücke zwischen Idee und Produkt an diesem Tag leicht überwinden und hochmotiviert zu arbeiten beginnen, gerät Nadja immer wieder ins Stocken. Ich sitze viel bei Nadja und ihrer Freundin in der Ecke, sodass der Verlauf gut dokumentiert ist.

Die zentrale, zu analysierende Situation erstreckt sich über einen längeren Zeitraum. Sie beginnt mit einem Zögern der Schülerin und endet mit dem

Entschluss zum Weiterarbeiten, die Aktivität wird durch eine Entscheidung vorangetrieben.

> (...) Nadja sitzt grübelnd und eher unglücklich vor ihren Stoffen. Sie hat beim letzten Mal den weißen Stoff komplett in *kleine Quadrate*[12] zerschnitten. Alle mehr oder weniger gleichgroß. Für mein Gefühl recht klein. Ich selbst fühle ein Unwohlsein bei dem Gedanken daran, diese vielen kleinen und auch recht unregelmäßigen Teile zu einem *Schachbrettmuster* zusammen zu nähen.
>
> Die Schülerin wartet, denn sie möchte sich bei der Lehrerin absichern, bevor sie den *Baumstoff* zerschneidet. Sie ist unsicher, ob sie dann *die Aufgabe* noch richtig erfüllt, denn sie würde den *Baum mit dem roten Fleck* zerschneiden, das Thema laut der Lehrkraft
>
> ‚Den *Baum sieht man nicht*, wenn das *versetzt* ist,' so Nadja.
>
> Lehrkraft: Wenn man das versetzt, sieht man doch noch den Baum.
>
> Nadja: Trotzdem kann ich ja den *Baum nicht ganz* lassen.
>
> Die Lehrerin nimmt den *Baumstoff* und legt *versetzt* die *weißen Stücke* drauf. Sie weist auch nochmal daraufhin, dass die Schülerin die *Teile* auch *aufnähen* kann und nicht unbedingt als *Patchwork* machen muss.
>
> Die Schülerin sagt aber: ich möchte *weiß/schwarz* (die ursprüngliche Idee war eine Seite weiß/schwarz als Schachbrett und auf die Rückseite der Baum)
>
> Die Lehrkraft antwortet: ja, das habe ich verstanden.
>
> Nadja: Meine Idee wäre, dass das nur hier wäre (nur oben und unten der *Baum unzerschnitten*) wie in dem Video.
>
> Nadja: Ich habe ja gleich nur noch *Kästchen*.
>
> Lehrerin: So wie ich das bei der *Hose* gemacht habe.
>
> Schülerin und Lehrerin tauschen sich über mögliche Ergebnisse aus.
>
> Die Lehrerin versucht, ihre Ideen durch das *Legen der Stoffstücke* zu visualisieren. Dennoch habe ich das Gefühl, dass die Verständigung über die *unterschiedlichen Vorstellungen* nicht ganz einfach ist. Ich bin mir in dem Moment auch nicht ganz sicher, warum die Schülerin genau unglücklich ist. Ist es, weil sie nicht weiß, was aus der Perspektive der Lehrerin richtig und falsch ist?
>
> Lehrkraft: Was ist, wenn du das doppelt so groß machst, dann würde man den *Baum* ja erkennen, oder das Stück lassen (sie zeigt auf die *Hälfte mit dem Baum* und faltet und legt das Stoffstück unterschiedlich). Wenn du das schneidest, kann man das *nicht mehr erkennen*, daher lieber nur erst hier.
>
> (Ausschnitte aus Feldnotizen GSH: 2 ff.)

---

[12] Elemente, die aus meiner Sicht für den Verlauf von Bedeutung sind oder von den menschlichen Beteiligten relevant gemacht werden, sind kursiv markiert.

In dem Gespräch wird auch darüber gesprochen, dass es durch die *Nahtzugaben* schwerer erkennbar sein wird. Aber so genau sind meine Aufzeichnungen leider nicht.

Zum *Transagieren mit der Idee eines Produkts* kommen nun zwei weitere Elemente ins Spiel: Einerseits die Transaktion mit der technischen Umsetzung (*transacting with remake techniques*) und andererseits die Auseinandersetzung mit der ausdifferenzierten Aufgabenstellung – beides Ideen, die von der Lehrerin eingeführt wurden. Die Auseinandersetzung mit der Aufgabenstellung wird bei Hofverberg und Maiversdotter nicht als weitere Kategorie der Relationen benannt. Die Bedeutung der Aufgabenstellung bzw. der Anleitung der Lehrkraft wird aber auch in der Beschreibung der Fallbeispiele der schwedischen Lerngruppe deutlich, indem die Autor:innen die Ideen der Lehrkraft als Transaktanten in den Prozess benennen. Ich halte die Auseinandersetzung der Schülerin mit der Aufgabenstellung für ebenso bedeutsam wie das Transagieren mit der Idee des Produkts und der Technik, daher würde ich sie gern als vierte Kategorie einführen.

In ihrem Artikel „Transactant in Action – Examples from a Craft Remake School Project“ (2022) geht Hofverberg explizit auf die Frage der Transaktanten ein und bezeichnet ihr Vorgehen als „transactant analysis“ (Hofverberg 2022: 146). Sie bezieht sich in diesem Text nicht auf die PEA, sondern auf Tim Ingold, Bruno Latour und Jane Bennet. In diesem Text geht es explizit darum, das Verständnis des Lernens zu erweitern. Sie kritisiert einen ergebnisorientierten Unterricht, der die Materialien und Werkzeuge nur als Hilfsmittel sieht, aber nicht als entscheidende Beteiligte im Lernprozess. Das, was in einer transaktionalen Aktivität anerkannt wird, hat einen großen Einfluss darauf, was als Wissen anerkannt wird (Hofverberg 2022: 147). Sie stellt auch fest, dass einzelne Schüler:innen „transactionally integrated“ sind, also vollkommen involviert sind, aber dass keine genauen Aussagen dazu getroffen werden können, was genau gelernt wird.

> […] in a remake project, students are expected to learn about sustainability through the act of remaking. Students might also use technology such as an iPad to sketch a design or use a sewing machine to accomplish their design. In these examples, the recycled materials and the technology are there to fulfil an already-envisioned end. However, what often happens is that the material and the technology get easily overlooked, as they are simply there to fulfil an already-imagined pedagogical aim. Second, the material or technology will most certainly produce other effects and do other things apart from what is envisioned. The problem – and thus why this is important to acknowledge – is that, if we only pay empirical attention to the envisioned presupposed aim, we limit our understanding of what it means to learn.
>
> (Hofverberg 2022: 141)

Sie zeigt anhand von drei Fallbeispielen, wie die Schüler:innen die Aufgabe unterschiedlich handhaben, wie sich der transaktionale Lernprozess entwickelt und welche Elemente entscheidend sind:

> for Paul, it was the huge fabric, for Anna, it was to make a more complicated product, and for Martin, it was rather the lack of transactants. As such, they „crafted" different meaning from the activity. The reason why I use „crafted" here is to point out how the meaning from the activity not only emerged as verbal or abstract visions but also as embodied and materialized relations.
>
> (Hofverberg 2022: 146)

Eines der Beispiele, Martin, weist Ähnlichkeiten mit meinem Fallbeispiel auf, da für den Schüler vor allem die Aufgabenstellung durch die Lehrkraft leitend ist. Hofverberg (2022: 145) argumentiert in Martins Fall, dass es keinen Transaktanten gibt, da es keinen menschlichen oder nicht-menschlichen Akteur gibt, der eine reziproke Beziehung zwischen dem Lernenden, Martin, und dem zu erstellenden Produkt herstellt. Der Schüler wählt Fleece, um einen Topflappen zu nähen. Als die Lehrkraft darauf hinweist, dass sich Fleece nicht eignet, da es schmilzt, möchte der Lernende zunächst trotzdem mit dem Fleece arbeiten, denn es ist ihm egal, ob der Topflappen später funktioniert. Die Lehrkraft lässt den Lernenden aber ein neues Material aussuchen, mit der Begründung, dass Martin lernen solle, welches Material welche Eigenschaften hat. Widerwillig wählt der Lernende ein neues Material und lässt sich vor dem Arbeiten von der Lehrkraft bestätigen, dass sich dieses Material für einen Topflappen eignet. Hofverberg argumentiert nun, es entstehe keine wechselseitige Beziehung zwischen dem Lernenden und einem anderen menschlichen oder nicht-menschlichen Akteur, da er einfach nur das macht, was die Lehrkraft sagt (Hofverberg 2022: 145). Aber findet wirklich keine transaktionale Handlung statt? Sicherlich findet kein transaktionales Lernen in der Auseinandersetzung mit dem Material im Sinne der Lehrkraft oder der Forschenden Hanna Hofverberg statt. Aber der Schüler verfolgt weiter den Produktionsprozess und erfüllt damit erfolgreich seine Aufgabe und damit seinen Job als Schüler. Entscheidend für seine Handlung ist die Beziehung zur Lehrkraft und zur Aufgabe der Lehrkraft, die ich hier durchaus als Transaktanten bezeichnen würde. Der Schüler erprobt im Verlauf, wie und in welcher Weise er den „Job" noch ausreichend erfüllt, indem er zunächst die Aufgabe „falsch" umsetzt. Er passt sich aber nach dem Gespräch mit der Lehrkraft an die Anforderungen an und erfüllt die Aufgabe, wie sie von der Lehrkraft gefordert ist. Durch die Fokussierung im schwedischen Fallbeispiel auf eine kurze Episode, ist die Priorität der schulischen Aufgabe und die transaktionale Auseinandersetzung mit dieser sehr deutlich. Sie wird aber von der Autor:in nicht als transaktionale Beziehung eingeordnet, sondern als Verweigerung des Schülers, sich mit dem Material und dem Produkt auseinanderzusetzen. „I believe the activity lacks a transactant due to Martin's action or lack of action" (Hofverberg 2022: 145).[13] Ich würde ihr widersprechen und die Lehrkraft – bzw. die von ihr formulierte Aufgabe – im schulischen Geschehen als entscheidende Transaktanten benennen. Die Aufgabe kann die Transaktion mit dem Material befördern, aber sie kann in einem schulischen Setting auch entgegengesetzt wirken. Vor allem dann, wenn Schüler:innen die adressierte Subjektform der interessierten, lernenden Schüler:innen nicht einnehmen, sondern aufgabenerfüllende Subjekte werden.

Im Weiteren habe ich mir für die Analyse meines Beispiels Maps, angelehnt an die Situationsanalyse (Clarke et al. 2018: 127 ff.), erstellt. Zunächst habe ich eine Messy Situational Map erstellt (siehe Anhang 4 im elektronischen Zusatzmaterial). Eine Map, in der ich Nadja und das entstehende Baumkissen ins Zentrum der transaktionalen Aktion gestellt und mehr oder weniger ungeordnet die beteiligten Elemente gesammelt habe. Im Anschluss daran habe ich mit der Perspektive der skandinavischen Analyse versucht, eine Relational Map zu erstellen, die die Beteiligten im Prozess und in den entstehenden transaktionalen Beziehungen darstellt (Abbildung 12.7). In meinem Beispiel entsteht ein Wechselspiel aus verschiedenen transaktionalen Beziehungen. Die schulische Aufgabe überlagert sich mit der individuellen Auseinandersetzung im Gestaltungsprozess. Die Aufgabe materialisiert sich im Prozess, beispielsweise in der Verschriftlichung der Lehrkraft (es gibt ein Aufgabenblatt), in der Verschriftlichung durch die Schülerin und durch den Stoffdruck mit dem „blutenden Baum". Insgesamt muss ich in meiner ethnografischen Sequenz feststellen, dass es sich um eine deutlich komplexere transaktionale Aktivität handelt, weshalb es an dieser Stelle sinnvoller ist von verschiedenen Dimensionen als von Kategorien zu sprechen. Im Entscheidungsprozess der Schülerinnen spielen sowohl die ästhetischen Eigenschaften in Form des „blutenden Baums" (*transacting with of material's capabilities*), also auch die Technik (*transacting with remake techniques*) eine Rolle, die sich miteinander abwägt. Hinzu kommt die Aufgabenstellung.

[13] In diesem Artikel schreibt sie, im Gegensatz zu ihrem Aufsatz mit Maivorsdotter, in der Ich-Person und von ihrer Einschätzung: Sie bringt hier deutlich mehr ihre eigene Positioniertheit ein, indem sie betont, „I assume", als sie das Schimpfen des Schülers, als Unlust, einen Topflappen herzustellen, deutet. Diese Form des Schreibens lässt weitere Deutungsweisen durch die Leser:innen zu.

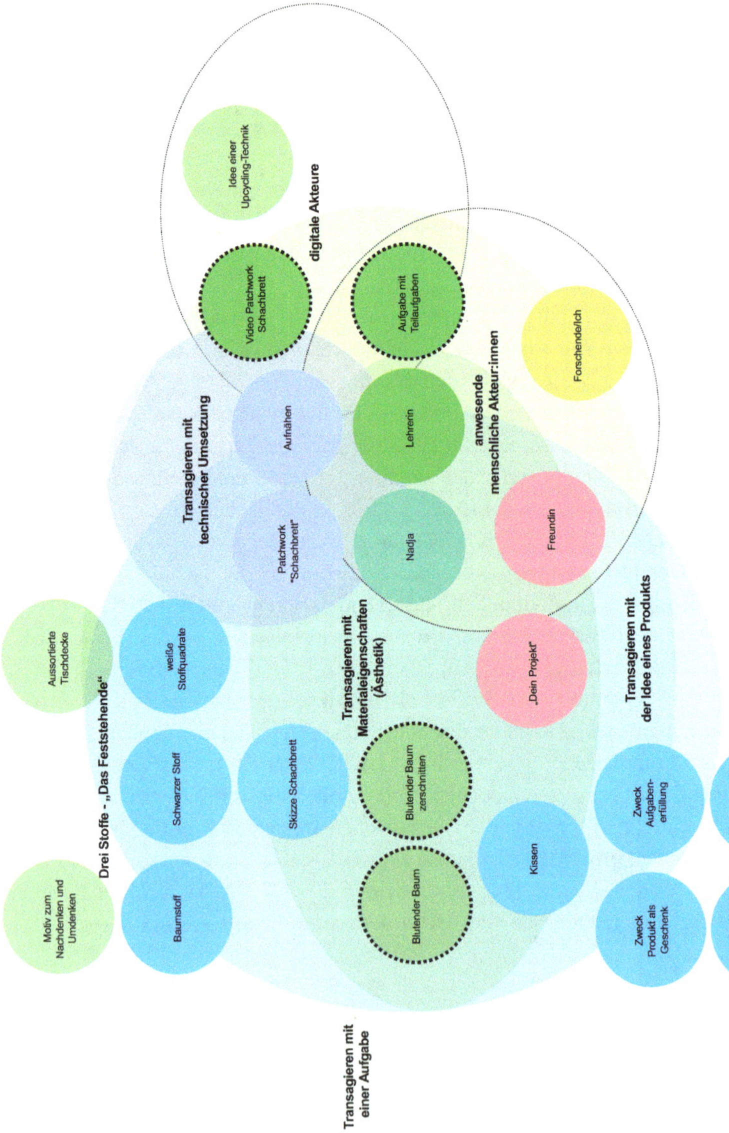

Abbildung 12.7 Relational Map ‚Schachbrett‘

Das Transagieren *mit der technischen Umsetzung* beginnt bereits bei der Skizze. Der Zweck (purpose) ist es, ein Schachbrettmuster aus den drei Stoffen zu erstellen. Im weiteren Verlauf erfahre ich, dass die Idee aus einem Video aus dem Internet entstammt, das die Lehrerin zu Beginn gezeigt hat. Das Vorgehen im Video stellt für die Schülerin eine Beziehung (relation) zum finalen Produkt her. Hier entsteht jedoch ein Konflikt zur *Aufgabenstellung* der Lehrkraft, die bei Nadja scheinbar dominanter ist als die Idee zur Umsetzung der Arbeitstechnik und der damit verbundenen Ästhetik. Zweck dieser dritten Ebene der transaktionalen Handlung ist, die Sichtbarkeit des Baummotivs zu erhalten. Die Lücke, die auf der Skizze der Schülerin sehr deutlich wird, wird nun versucht, durch verschiedene Möglichkeiten (relations) zu schließen. Nadja eröffnet das Gespräch mit der Annahme, der Baum wäre nicht mehr sichtbar, wenn sie die Stoffstücke zerschneidet. Für sie ist keine Relation zwischen Technik und Aufgabenstellung herstellbar. Eine der beiden Transaktionen würde aus ihrer Sicht scheitern. Sie formuliert folgende negative Relation (relation 1) bezogen auf die Technik: „den Baum sieht man nicht, wenn das versetzt ist".

Die Lehrerin hingegen sieht zunächst keinen Konflikt: „Wenn man das versetzt, sieht man doch noch den Baum". Der (zerschnittene) Baum ist ein entscheidender Transaktant in dieser Situation. Die Lehrerin entwickelt in Aktion mit den Einzelteilen, die sie auf den Stoff legt, eine neue Lösungsmöglichkeit (relation 2) für die Erfüllung des Zwecks. Die Schülerin müsse kein Patchwork erstellen, sondern kann die Teile aufnähen. Was zu diesem Zeitpunkt nicht explizit gesagt wird, aber durch das Auflegen deutlich und später auch thematisiert wird, ist die Nahtzugabe[14]. Der Lehrerin ist der Verlust des Motivs durch die Zugabe von vornherein klar, der Schülerin scheint dies erst durch den Arbeitsprozess und die Auseinandersetzung mit der Technik bewusst zu werden.

Doch Nadja ist nicht überzeugt. Sie schildert zunächst noch mal ihre Idee vom Beginn (relation 1), die aber mit der Aufgabe in Konflikt steht. Die Schülerin formuliert eine negative Verbindung. „Gleich habe ich ja nur noch Kästchen". Hier zeigt sich ein Gefühl, eine Befürchtung, die ich auch schon vorher in meinen ethnografischen Notizen selbst beschrieben habe. Es ist die Unsicherheit, ob das Zerschneiden nicht eher zu einem Scheitern des Projekts als zu einer Vollendung

[14] Für die Herstellung des Patchworks müssen Ränder eingeplant werden. Die Nahtzugabe ist die Breite des Abstands zwischen der Naht und der Stoffkante. Die Nahtzugabe ist später nicht sichtbar und verschwindet im genähten Artefakt, sie muss aber in der Planung berücksichtigt werden. Bei einem Motiv gehen mit der Nahtzugabe Bildanteile verloren.

führt. Die Lehrerin bringt einerseits ihre Erfahrung und andererseits einen weiteren Transaktanten[15] mit ins Spiel „so wie ich das mit der Hose gemacht habe". Es ist eine weitere dingliche Darstellung der Patchworktechnik, ein materieller Beleg zusätzlich zu dem digitalen Video, wie die Patchworktechnik funktioniert.

Die Lehrerin arbeitet mit den Stoffteilen und entwickelt verschiedene Möglichkeiten, um die Lücken (gap) einerseits zur Umsetzung der Technik und andererseits zur Erfüllung der Aufgabe zu schließen. Jonas Risberg und Joacim Andersson (2022) beschreiben diesen gemeinsamen Prozess des Arbeitens von Schüler:innen und Lehrkräften mit dem Material als ein „Sensing together". Die spezifischen gefühlten Verbindungen zwischen Material, Werkzeug und Körper eröffnen die Grundlage für einen gemeinsam geteilten Sinn (Risberg/Andersson 2022: 150) zwischen Lehrenden und Lernenden. Es findet eine transaktionale Aktivität zwischen Schülerin, Lehrkraft und Materialien statt. Aber an dieser Stelle bleibt der Ausgang noch offen. Die Vorstellungen (relation 1 und relation 2) der Schülerin und der Lehrerin weichen deutlich voneinander ab. Das, was die Lehrerin haptisch und optisch erfahrbar mit den Stoffen gelegt hat, entspricht nicht der Idee der Schülerin. Ihre Variante hingegen ist für sie noch nicht erfahrbar, solange sie noch nicht die „vielen kleinen Kästchen" geschnitten hat.

Die Lehrerin wendet sich ab und überlässt der Schülerin die weitere Lösungsfindung. Hier gibt es einen deutlichen Unterschied zum Vorgehen der Lehrperson in den skandinavischen Beispielen. Die Slöjd-Lehrkraft gibt zumeist klare technische Anweisungen, um die „gap" zwischen Zweck und Ausgangsmaterial weiter zu füllen. Für Nadja bleibt hingegen alles offen, sogar die Interpretation der Aufgabenstellung bleibt weiterhin unklar: Wie viel vom Motiv des „blutenden Baums" muss erhalten bleiben, um die Aufgabe zu erfüllen? Die Schülerin hat scheinbar eine klare Position hierzu, der Baum muss erkennbar sein, die Lehrerin lässt es dagegen (inzwischen) offen. In der Situation ist noch keine Veränderung hin zur Umsetzung des Zwecks eingetreten.

> Die Schülerin N. ist immer noch unzufrieden. Ihr Freundin sagt (und ich nicke nicht nur innerlich, sondern vermutlich auch sichtbar): „Weißt du was, mach das einfach, wie du denkst. Das ist dein Projekt. Man kann es [den Baum] ja erkennen, halt nicht in einem Bild. Wir dürfen halt nichts verstecken."
>
> (Feldnotizen GSH: 3)

[15] An dieser Stelle bemerke ich wieder eine Unstimmigkeit mit dem Begriff. Nach Hofverberg ist nicht jede beteiligte Entität ein Transaktant, sondern nur diejenigen die im Prozess einen Unterschied machen (Hofverberg 2022). Doch wer entscheidet, welche Entität einen Unterschied macht? In diesem Fall die Forschenden. An diesem Punkt macht die Situationsanalyse vielleicht mehr Sinn. Sie untersucht alle Beteiligten auf einer Ebene.

Eine bzw. zwei weitere, bisher stumme Akteur:innen kommen ins Spiel: Die Freundin des Mädchens und ich. Die Freundin eröffnet eine neue Verbindung (relation 3), „mach das einfach, wie du denkst". Sie stellt damit die Idee der Schülerin, sowohl das Produkt als auch die technische Umsetzung in den Vordergrund. Die Aufgabe der Lehrerin wird in den Hintergrund gestellt und zugunsten der Schülerin neu interpretiert. Die Schülerin scheint sich ohne klare Vorgabe weiterhin unsicher zu fühlen. Es dauert noch eine Zeit, dann versucht sie wieder, die Lehrerin anzusprechen, doch diese reagiert nicht. Sie muss alleine eine neue Relation herstellen. Es scheint so, als ob sie sich zunächst einen Zwischenschritt vornimmt, um die ‚lingering gap' zu füllen. Zunächst muss der Status „der vielen kleinen Kästchen" erreicht werden. Was für sie erstmal feststeht, ist, dass auch der schwarze Stoff zerschnitten wird. Um das Ziel zu erreichen, wird ein Zwischenziel, das Zerschneiden des Stoffes, definiert. Der Aktant „Stoff" muss zunächst transformiert werden, um in seiner neuen Form vielleicht bessere Hinweise zum Prozess zu geben. Die Relation einer neuen Technik (relation 2), die die Lehrerin eröffnet, war in diesem Fall jedenfalls nicht entscheidend, denn die Schülerin bleibt bei ihrer technischen Umsetzung.

> Mädchen Schachbrett: „Ich habe keine Lust mehr, bin jetzt (?)sauer(?)." Dann möchte sie damit beginnen, den schwarzen Stoff in Quadrate zu zerschneiden. (…)
>
> Die Schlechtgelaunte steht auf und geht den schwarzen Stoff bügeln. Wie in der GSF gibt es hier eine Bügelstation, die von allen frei genutzt werden kann.
>
> (Feldnotizen GSH: 3)

Das Bügeln ermöglicht es ihr, die schwierige Situation auch räumlich zumindest vorübergehend zu verlassen. Sie nutzt die Möglichkeiten im Raum für das Vorankommen oder auch Entkommen aus der schwierigen Situation. Die Aktivität konnte nach langem Zögern fortgesetzt werden. Was in diesem Prozess den entscheidenden Ausschlag gegeben hat, ist nicht so einfach zu sagen, wie in den Beispielen des skandinavischen Textes. Ist es das Legen und Falten der Stoffe mit der Lehrerin? Ist es der Einwurf der Freundin, zum Mut zur Umsetzung des eigenen Projekts? Wenn ich das finale Ergebnis betrachte, würde ich beide als entscheidende „Transaktanten" im Prozess benennen. Aber die Schülerin selbst würde es eventuell ganz anders beschreiben. An dieser Stelle könnte ich jetzt mit der PEA, die sich zumeist nur auf ein Ereignis bezieht, stoppen. Aber im Sinne meiner ethnografischen Forschung kann ich nicht anders, als die Geschichte bis zum Ende zu erzählen und damit vielleicht auch noch den einen oder anderen Faden zur vorangegangenen Situation zu ziehen.

So ganz gefüllt ist die ‚lingering gap' bis zur Vollendung der Aktivität auch an dieser Stelle noch nicht, wie meine Aufzeichnungen zeigen:

> Bei dem Mädchen mit den schwarzen Teilen wird wieder diskutiert. Die Lehrerin sagt wieder, es geht auch drauflegen.
>
> (Feldnotizen GSH: 4).

Die Lehrerin bringt wiederholt ihre Idee der technischen Umsetzung, die Quadrate aufzunähen, ins Spiel. Die Schülerin aber bleibt konsequent bei ihrem zu Beginn entwickelten Entwurf. Später spreche ich nochmal mit ihr und für mich löst sich nun auch erst das Rätsel, woher die Idee des Schachbrettmusters kommt.

> (...) Sie möchte das Schachbrettmuster wie in einem Video machen. Die Lehrerin hat das gezeigt und sie hat es jetzt einfach probiert.
>
> (Feldnotizen GSH: 4)

Das Video ist für die Aktivität der Schülerin ein Aspekt, der von Anfang an einen Unterschied macht. Mit dem Wort „einfach" signalisiert sie, dass sie vielleicht nicht alles von Anfang bis Ende durchgeplant hat, sondern dass sie das eben „einfach" mal macht. Schritt für Schritt, ohne eine vollständige Planung bis zum Ende. Sie lässt sich damit auf eine beobachtende Auseinandersetzung mit dem Material ein.

In der folgenden Sitzung findet sie eine Lösung. Die Rückseite wird, wie geplant, in einem Schachbrettmuster mit Baum umgesetzt und auf die Vorderseite kommt der Baum in einen Bereich als Gesamtmotiv. Der weitere Verlauf des Projekts ist auch bei den nächsten Terminen nicht problemlos. Nadja muss Teile wieder auftrennen und ihr ästhetisches Urteil, als bereits eine Hälfte fertig ist (Abbildung 12.8), ist hart:

> Ihre Aussage war: das gefällt mir nicht, meiner Mutter wird es nicht gefallen und meiner Oma wahrscheinlich auch nicht.
>
> (Feldnotizen GSH: 15)

Abbildung 12.8 Schachbrett-Kissen

Das Vorhaben scheint kurz vor dem Scheitern. An dieser Stelle kommen interessanterweise aber auch noch weitere Akteur:innen ins Spiel: Verwandte, die ein vermeintlich negatives Urteil über das Projekt fällen werden. Verwandte, die im gesamten Unterrichtsverlauf von verschiedenen Beteiligten immer mal wieder als potentielle Empfänger der Projekte genannt werden. Mit ihrer Äußerung wendet sich die Schülerin gegen die Idee der weiteren Nutzung des Produkts. Das Abarbeiten der Aufgabe rückt weiter in den Vordergrund und das Produkt hat keine positive, individuelle Bedeutung mehr für sie. Es entsteht keine bzw. nur eine schwache transaktionale Beziehung zwischen ihr und dem sich entwickelnden Produkt.

> Das Mädchen mit dem Schachbrett sieht demotiviert aus. Sie hat etwas falsch zusammengenäht und noch dazu hat die Nähmaschine Probleme gemacht. Die Lehrerin hilft ihr später beim Auftrennen. Sie sagt mir später, dass die Schülerin [...] eigentlich nicht kommen wollte, aber manchmal sei es ja gut, trotzdem etwas zu machen. Sie wollte eigentlich auch lieber häkeln.
>
> (Feldnotizen GSH: 18)

Am Ende hat auch Nadja ein fertiges Kissen für die Vitrine. Entscheidende Akteurin scheint hierbei die Lehrerin gewesen zu sein, die Nadja aufgefordert hat, weiter zu arbeiten, und die teilweise sogar Arbeiten, wie das Auftrennen, für sie übernommen hat. Ob die Schülerin jemals wirklich mit dem Ergebnis zufrieden war und wer das Kissen letztendlich bekommen hat, habe ich leider nicht erfahren. In dem Verlauf spielen vor allem zwei Dinge eine Rolle: die Umsetzung der Aufgabe und das Erproben einer von der Lehrerin gezeigten Technik. Dabei kann sich die Schülerin nicht mehr von der Technik lösen und gerät in einen Konflikt. Die Lehrkraft, die die Deutungsmacht über die Aufgabe und den Prozess hat, sieht diesen Konflikt nicht und bringt immer wieder andere Lösungsvorschläge, die nicht den Vorstellungen der Schülerin entsprechen, wie die Aufgabe zu lösen ist.

Transagieren mit der schulischen Aufgabe

Die Analyse zu Nadja und dem ‚Schachbrett' macht deutlich, dass es für Lernende eine Herausforderung darstellen kann, die Lücke zwischen dem Zweck einer Aktivität und dem Ausgangsmaterial zu schließen. Der begleitenden Lehrkraft fällt es aufgrund der Erfahrungen leichter, neue Relationen und Referenzen auf mögliche Aktanten zu entwickeln. Sie ist v. a. gegen Ende die entscheidende Akteurin, die das Vorhaben vorantreibt (1).

Diese Form der Betrachtung in der Mikroperspektive zeigt auch, dass sich gerade in einem schulischen Kontext verschiedene Zwecke einer Aktivität überlagern können (2). Das ergibt sich sowohl in meinem Material als auch in dem Material von Hanna Hofverberg. Für die Schülerinnen steht oftmals die Erfüllung der Aufgabe im Vordergrund, weniger das eigene Lernen, die Funktion oder der Nutzen am Ende. Eine inhaltliche Auseinandersetzung mit dem Baummotiv, die von der Lehrkraft forciert wird, findet nicht statt. Sie wird ausgelagert in die Frage, inwieweit man den Baum verbergen oder zerschneiden kann – also auf eine technische Frage. Der Schüler Martin der schwedischen Lerngruppe sagt offen heraus, dass er den Topflappen sowieso nicht als Topflappen nutzen wird, weshalb ihm die Materialauswahl auch nicht weiter interessiert (Hofverberg/Maivorsdotter 2018, Hofverberg 2022: 145). Dies führt dazu, dass zwar Techniken erlernt werden, dass aber ein Lernen im Sinne der BNE, egal in welcher Form sie interpretiert wird, unwahrscheinlich ist. Das Erlernte wird mit großer Wahrscheinlichkeit keine Anwendung im Alltag finden, denn es wurde lediglich zum Zweck der Aufgabenerfüllung erlernt und umgesetzt. Die Aufgabe überlagert, wie bei Nadja nahezu jede andere Form der möglichen transaktionalen Aktivitäten mit den Materialien (3). Die Sichtbarkeit des „blutenden Baumes" war entscheidendes und auch hemmendes Element im Verlauf. Der gelenkte Lernprozess, der einfach die Anweisungen der Lehrkraft umsetzt, gibt keinen Hinweis darauf, ob die Schülerinnen zukünftig die erlernten Praktiken im Sinne einer instruktiven BNE auch im Alltag umsetzen werden. Gleichzeitig eröffnet diese Form des Lernprozesses auch nicht die Möglichkeit, Kompetenzen im Sinne der BNE zu entwickeln oder gar einen emanzipatorischen Anspruch (Kapitel 5) zu haben, der es den Schüler:innen ermöglicht, an gesellschaftlichen Prozessen teilzuhaben oder mitzugestalten. Oder vielleicht doch?

An einer Stelle wird deutlich, dass der durch eine konkrete Aufgabenstellung angeleitete Gestaltungsprozess vielleicht doch einen emanzipatorischen Charakter haben kann, wenn sich die Lehrkraft zurückzieht (4). Als die Lehrkraft nach dem ersten Gespräch ohne Entscheidung die Lernende verlässt, wird die Schülerin auf sich selbst, das Material und das Umfeld zurückgeworfen. Sie ist an dieser Stelle gezwungen, Vor- und Nachteile abzuwägen sowie die Unsicherheit des Ausgangs auszuhalten. Dies sind durchaus Kompetenzen, die wiederholt im Kontext BNE genannt werden. Ihre Freundin weist sie darauf hin, dass es IHR Projekt ist und formuliert damit einen emanzipatorischen Anspruch, der die Aufgabenstellung der Lehrkraft hintenanstellt. Zwar ist nicht eindeutig nachvollziehbar, welches Element der Impuls zum Weiterarbeiten war, aber gleichzeitig wird hier deutlich, dass ein Rückzug der Lehrkraft und ihrer Fürsorge nicht zwingend zu Frustration und Stillstand führen muss, sondern auch zu individuellen Entscheidungen führen kann. Dies passt zu einer Annahme, die ich zeitgleich mit der Analyse bei Gert Biesta las:

> Education is a form of intentional action, that is, something educators do deliberatly, albeit that for me this includes the perhaps slightly odd but educationally important category of intentional non-action. After all, sometimes the best thing to do as educators in a particular situation is precisely not to act, not to intervene, not to say anything, not to rub it in, but to bite our lip, because 'rubbing it in' may have the opposite effect of what we hope to achieve.
>
> (Biesta 2022: 4)

Zentrale Transaktanten, im positiven wie im negativen Sinne, sind der „blutende Baum“ sowie die Patchworktechnik aus dem Video. In der Transaktion mit dem Baum findet jedoch keinerlei Auseinandersetzung im Kontext einer nachhaltigen Entwicklung oder zum Überdenken eines Mensch-Umweltverhältnisses, wie von der Lehrkraft angedacht, statt. Der Baum symbolisiert in diesem Moment die ‚Erfüllung der Aufgabe'. Das Erlernen der Patchworktechnik kann als Element einer BNE im instrumentellen Sinne, die die Aneignung nachhaltiger textiler Praktiken forciert, gelesen werden. Beides sind Impulse, die von der Lehrkraft ausgehen und mit bestimmten Erwartungen an die Lernenden verbunden sind. Doch das Ergebnis der Analyse lässt daran zweifeln, dass ein Lernen, das die Erwartungen der Lehrkraft erfüllt, stattgefunden hat. Da aber Lernen sowieso aus pragmatistischer Sicht im Verlauf und Ausgang eher unbestimmt ist, ist das Ergebnis nicht unbedingt überraschend. Was sich aber darüber hinaus in der Beobachtung andeutet, ist ein von der Lehrkraft weniger forcierter Lernzuwachs im Sinne eines eigenständigen Entscheidens und einer minimalen Form von Selbstermächtigung, als die Schüler:in beginnt, ‚einfach' zu machen und damit die strenge Befolgung der Aufgabe hintenanstellt. Doch wird dies nicht als ein Lernen von den Beteiligten wahrgenommen. Da es nicht besprochen wird, da es nicht explizit Teil der Aufgabe ist, scheint das Bewältigen von Entscheidungsprozessen nicht viel Anerkennung zu bekommen. Das, was Anerkennung durch die Lehrkraft und die anderen Schüler:innen bekommt, ist die technische Umsetzung eines verwendbaren Produkts. "Therefore, what is acknowledged in a transactional activity has a great impact on what is considered as valuable knowledge" (Hofverberg 2022: 147). Im Sinne einer kompetenzorientierten BNE und eines emanzipatorischen Zugangs wäre daher aber gerade das Anerkennen dieses Umgangs mit Unsicherheiten und Entscheidungsprozessen relevant.

Reflexion der Methodologie

Mein Anwendungsversuch der PEA zeigt, dass nur in einer kleinen, begrenzten Beschreibung einer Situation bereits eine Reihe von Beteiligten auftauchen, teils wieder verschwinden und teils vielleicht auch erst zu einem späteren Zeitpunkt wieder aktiv einwirken. Daher ist der Erkenntnisgewinn aus einzelnen, kurzen Ereignissen, wie sie Hofverberg und Maivorsdotter auswählen, begrenzt, wenn nicht sogar verzerrt. In der Videoanalyse der Autor:innen wird versucht, Distanz und Objektivität herzustellen. Gerade durch die Kombination der PEA mit meinen ethnografischen Protokollen, die auch die Wahrnehmung von Gefühlen und Reflexionen enthalten, wurde mir deutlich, dass die affektive Ebene in der PEA, wie ich sie bei Hofverberg und Maivorsdotter vorgefunden habe, kaum Berücksichtigung findet. Diese scheinen mir aber mit Blick auf die politisch formulierten Ziele der BNE relevant. Die Autor:innen selbst weisen auch darauf hin, dass ihre Analyse auch für die Aspekte der Machtrelationen und der Differenzkategorien unzureichend ist.

Dennoch eignet sich die PEA, um den Blick zu schärfen und einzelne Situationen aus möglichst vielen Perspektiven zu betrachten. Im Analyse- und Schreibprozess ist die untersuchte Situation für mich immer reichhaltiger geworden, aber durch die Vielzahl der auftauchenden Beteiligten auch mit mehr Fragezeichen versehen. In einem weiteren Fall der Schülerin Luise, scheint die

PEA nicht zu funktionieren. Im ethnografischen Arbeiten mit Notizen und Fotoaufnahmen werden in ihrem scheinbar reibungslosen Arbeitsprozess nahezu keine Gaps erkennbar. Was aber in ihrem Fall deutlich wird, ist eine intensive Auseinandersetzung zwischen Mensch und Material. Für diesen Fall möchte ich mich mit einer weiteren konzeptionellen Herangehensweise aus der skandinavischen Literatur auseinandersetzen: mit der Korrespondenz zwischen Menschen und Dingen, die im handwerklichen Tun entsteht (Hanna Hofverberg 2020). Ausgehend von Hanna Hofverberg habe ich mich mit Tim Ingold beschäftigt und wende seinen Gedanken der „Korrespondenz" auf das Fallbeispiel Luise an.

12.5 Tim Ingold und der Gedanke der Korrespondenz

In ihrem Text „Entangled threads and crafted meanings – students' learning for sustainability in remake activities" (2020) arbeitet Hanna Hofverberg nicht mit der PEA und auch nicht mit dem Begriff der Transaktanten. In diesem Text untersucht die Autorin vor allem die Mensch-Material-Beziehung. Sie arbeiten Geschichten (stories) heraus, die zwischen den Ideen der Schüler:innen und der Materialität des Herstellungsprozesses entstehen. Die ‚stories' setzten sich mit der *Beschaffenheit/Textur* des Materials sowie mit *Form* und *Konstruktion* des Materials auseinander. Die Auseinandersetzungen der Lernenden ermöglichen und begrenzen die Möglichkeiten des „remake projects".

Um untersuchen zu können, welche Prozesse genau zwischen Lernenden und Material stattfinden, bezieht sie sich auf Tim Ingolds „Theory of making" (Hofverberg 2020: 1282). Welche Funktion hat das Material für die Lernenden? Welche Geschichten (stories) von Mensch-Material-Beziehungen werden kreiert? Ich würde an die vorhergehende Analyse anschließend die Frage stellen, wann agieren Mensch und Material und wann stehen andere Beteiligte der Situation im Vordergrund? Was mich interessiert, ist der Prozess und die Untersuchung der Mensch-Material-Beziehung, verbunden mit der Beobachtung der Verflechtung zwischen verschiedenen Menschen und Materialien.

Hofverberg startet mit einer Definition des Begriffs „crafting" als das Verwandeln von Materialien in neue Formen von Materialien. Hier ist noch keine Vorbestimmung für eine Funktion erkennbar, somit wäre es eher äquivalent zum deutschen Wort „Gestalten" zu sehen.

Die klassische Vorstellung des handwerklichen Tuns setzt, nach Tim Ingold, voraus, dass die „craft activity" mit einer Idee dazu startet, was hergestellt werden soll, und dass diese dann umgesetzt wird. Es wird eine Form erdacht/entwickelt (Ingold 2013: 20). Nach Ingold ist dies aber kein linearer Prozess, sondern das Herstellen findet in einer Korrespondenz zwischen Material und Mensch statt. Hanna Hofverberg und ich folgen der Annahme Ingolds: Menschen agieren nicht „über" der Welt, sondern sie agieren in einem „Prozess des Wachsens/Entstehens". Er begreift den „machenden/herstellenden" Menschen als einen Teilnehmenden zwischen einer Welt von aktiven Materialien (Ingold 2013: 21). Die aktiven Materialien sind die Dinge, mit denen der Mensch arbeiten muss. Im Arbeitsprozess verbindet sich der Mensch mit diesen Dingen in einer Annahme, was entstehen könnte. Er nennt diesen Prozess „practice of correspondence". Ingold wendet sich in einem anderen Text explizit gegen das ‚Modewort' Assemblage:

> Eben weil diese Teile in Sympathie verbunden sind – durch interne Differenzierung statt externer Ablagerung –, bin ich nicht gewillt, das aus ihnen zusammengesetzte Ganze mit dem aktuellen Modewort ‚Assemblage' zu bezeichnen. [...] Dieses Ganze ist eine Korrespondenz, keine Assemblage, deren Elemente nicht zusammengefügt (joined ‚up'), sondern miteinander verbunden (joined ‚with') sind.
>
> (Ingold 2015: 89)

Die Korrespondenz sieht Ingold im Kontrast zur Interaktion, bei der zwei abgeschlossene Parteien sich über eine Art Brückenoperation miteinander verbinden. „To correspond with the world, Ingold argues „is not to describe it, or to represent it, but to answer to it" (Hofverberg 2020: 1283). Es geht darum, im Prozess auf die Anregung des Materials zu reagieren. Es ist zentral, die Eigenschaften und Aktionen des Materials wahrzunehmen und nicht, technisch angeleitet, das passend zu machen, was nicht passt. Wenn ich das auf das Schachbrettmädchen übertrage, gab es etwas, das in ihr eine Idee, einen Prozess anregte. Einige Zeit arbeitete sie ohne Probleme und schnitt Ecken. Das Schwarz/Weiß des Schachbrettmusters, das Material und auch die Anregung der Lehrerin hatten diesen Prozess veranlasst, doch irgendwann wird die Korrespondenz gestört. Was stört? Es wird über das Material, das Motiv gesprochen, oberstes Ziel ist der „Erhalt" des Baumes. Ich würde die Aufgabe der Lehrerin als Störfaktor der Korrespondenz beschreiben. Denn mit der Idee des Schachbrettmusters hat sich die Schülerin, von außen betrachtet, durchaus auf die Ästhetik des schwarzen und weißen Materials eingelassen. Die Unsicherheit, bezogen auf den Erhalt des Motivs des „blutenden Baums", führt zu einer Interaktion. Ich würde es als sachliche Abwägung beschreiben.[16]

[16] Hier fügt sich auch eine Beobachtung ein, die sich zu Beginn der Unterrichtssequenz bei vielen Schüler:innen wiederholte: Bevor sie mit der Umsetzung der Aufgabe starteten, haben sie die von der Lehrerin zurechtgeschnittenen Stoffstücke zu geraden Vierecken geschnitten.

Nach Hofverberg erfolgt Lernen aus der Perspektive des „crafting" dann, wenn wir auf die Welt antworten und mit dem Material auf eine neue Art zusammenwirken. In ihrem Artikel geht sie nicht davon aus, dass die Lernenden mit passiven Materialien arbeiten, sondern dass sie eben in diese „practice der correspondence" eintreten (Hofverberg 2020: 1283). Aus ihrer Sicht lernen die Lernenden, auf das Material zu antworten und daher sind die Materialien und die Werkzeuge nicht losgelöst vom Arbeitsprozess. Laut Ingold handelt es sich um ein vollständiges System von Kräften und Verbindungen, das sich durch die intime Verbindung der Werkzeuge, der Arbeitsstücke und des eigenen Körpers zusammensetzt (Ingold 2015: 56). Das System und die Kräfte werden als eine Aktivität beschrieben. Ein Material oder ein Werkzeug hat keine intrinsischen Eigenschaften, aber ein Ding als Werkzeug zu beschreiben, setzt es in ein Verhältnis zu anderen Dingen in einem Feld der Aktivität, in welchem es einen bestimmten Effekt erreichen kann.

Im weiteren Teil nimmt Hanna Hofverberg Bezug auf den Umsetzungsprozess und hier beschreibt sie den Widerstand, der über das Material aufkommen kann. Der Widerstand kommt aus den Verwicklungen des Materials im Gestaltungsprozess, dabei können die Absichten der Individuen durch die Eigenschaften des Materials blockiert werden (2020: 1287).

Luise und die Schaufensterpuppe

Hier kommt Luise ins Spiel, eine andere Schülerin der Werkstatt ‚Drei Stoffe', die – zumindest von außen betrachtet – in einem Prozess der Korrespondenz war: Ich nenne sie in meinen Notizen oft ‚das Mädchen mit der Schaufensterpuppe'. Sie nutzt die zur Verfügung gestellten Stoffe, aber auch eine Schaufensterpuppe, Plastikfolie und Klebebänder. Die Objekte wurden zu Werkzeugen und damit in ein anderes Verhältnis zu den Dingen gesetzt.

Die Korrespondenz ist ein Prozess des „meaning makings". Ingold verwendet das Konzept der „stories" (Geschichten). Als Werkzeug bezeichnet, sind Dinge nach Tim Ingold ihre Geschichten (2013: 56). Diese Geschichten sollten verstanden werden als etwas, das eine Kontinuität schafft zwischen vergangenen Praktiken, aktuellen Praktiken und dem Zweck oder der Aufgabe, bezogen auf das erwartete Ergebnis. Damit Praktiker:innen ein Werkzeug entsprechend anwenden können, müssen die Dinge mit einer Geschichte verbunden werden, eine Bedeutung erhalten. Sie werden nicht einfach aus dem Stegreif erfunden (ohne Bezug auf die Geschichte). Sie offenbaren sich Praktiker:innen stattdessen, wenn sie mit

---

Es ist vielleicht eine Form der Annäherung an das Material. Einerseits eine Form von Kennenlernen und andererseits eine Form des Sich-„fügig" Machens. Die unsauberen Spuren des Zuschnitts durch die Lehrerin werden entfernt, die Eigenwilligkeit des Stoffes auch.

einer aktuellen Aufgabe konfrontiert werden, in die zuvor bekannte Hilfsmittel eingebunden werden. Sie werden schließlich wahrgenommen als die Hilfsmittel, die sich eignen.

Luise, das Mädchen mit der Schaufensterpuppe, scheint von Anfang an eine klare Idee zum Vorgehen – wenn auch nicht zum finalen Objekt – zu haben. Aber auch sie hat Skizzen angefertigt. Für sie ist in der Auseinandersetzung mit den drei Stoffen, der Aufgabe und einem Video aus dem Internet eine Geschichte entstanden. Sie hat sich schnell eine von zwei Figurinen im Arbeitsraum gesichert und arbeitet mit dieser alleine in einer Ecke. Sie beginnt, den Brustkorb der Figur mit Klebeband zu umwickeln.

> Hinten umwickelt ein Mädchen eine Schneiderpuppe mit Zeitungspapier, bzw. Klebeband. Ich spreche später auch mit ihr. Sie sagt, sie hat das auf YouTube gesehen, dass eine Puppe mit Frischhaltefolie eingewickelt wurde und dann haben sie das einfach aufgeschnitten. (…) Die Puppe sieht nicht so aus, als ob sie den Proportionen der Mädchen im Raum entspricht. Und eigentlich ist die Schneiderpuppe auch eher eine weibliche Schaufensterpuppe mit sehr dünnen Standardmaßen.
>
> (Forschungstagebuch: 381)

Die Schüler:in hat sich selbstständig eine Entwurfs- und Designstrategie angeeignet und sieht in der Aufgabenstellung der Lehrkraft eine Möglichkeit, diese Entwurfsstrategie anzuwenden. Sie wird an allen Werkstattterminen intensiv arbeiten und sich mit Material und Form auseinandersetzen. Die Auseinandersetzung findet stumm statt, überwiegend ohne Austausch mit anderen oder der Lehrkraft. Die Schülerin steht die meiste Zeit und setzt sich aktiv mit der Figur und ihrem Material auseinander. Von Zeit zu Zeit geht sie zum Werkzeugtisch oder zu den Nähmaschinen. An der Nähmaschine setzt sie sich. Als sich die zweite Sitzung, an der ich teilnehme, dem Ende zuneigt, notiere ich Folgendes:

> Das BH-Mädchen hat zwei BH-Formen aus Stoff fertig. Mit Abnähern hat sie die ausgeschnittene Pappform nachempfunden. Sie zeigt sie mir kurz. ‚Jetzt habe ich auch keinen Bock mehr!‘ Es scheint so, dass nach dem Vollenden einzelner Arbeitsschritte eine Art Ratlosigkeit entsteht, die sicherlich auch mit der begrenzten Zeit verbunden ist. Was lohnt sich noch anzufangen? Sie sagt weiter: ‚Jetzt muss hier noch was zum Zusammenknoten hin.‘
>
> (Feldnotizen GSH: 5)

Sie hat bereits einen Plan, eine ‚story' für die nächste Stunde im Kopf, setzt diesen dann auch um und stellt ihr Oberteil in der dritten Stunde fertig. Im Prozess stößt sie auf Hürden. Das Material will nicht so, wie sie es will, aber sie sucht direkt am Objekt Lösungen und probiert aus, bis sie letztendlich zufrieden ist. In einem Text mit David Kronlid differenziert Hofverberg in der Beobachtung des Stickprozesses von Schüler:innen zwischen „attuning correspondence", „troubling correspondence" und „tracing correspondence" (Hofverberg/Kronlid 2018: 963). Diese verschiedenen Formen der Korrespondenz ließen sich auf Luise vermutlich anwenden, wozu meine Aufzeichnungen aber unzureichend sind. Das Gelingen der Mensch-Material-Korrespondenz ist nach den Autor:innen davon abhängig, zu welchem Grad jeder Beteiligte auf den anderen hört. Die Autor:innen stellen die Frage, welches Mensch-Ding Verhältnis sie beobachten konnten. Sie entwickeln eine Alternative bzw. eine Ergänzung zu einem instrumentellen Verständnis der Materialien im Unterricht und beziehen sich zunächst auf Estrid Sørensen und ihre Arbeit „The materiality of learning" (2009). Mit einem instrumentellen Verständnis ist ein Verständnis der Materialien gemeint, das die Bedeutungen und den funktionalen Wert der Dinge auf das reduziert, was wir von ihnen möchten, was erreicht werden soll (Hofverberg/Kronlid 2018: 963). Wie in den letzten Kapiteln gezeigt, bleibt in textilen Vermittlungssituationen die Bedeutung und der funktionale Wert häufig auf den didaktischen Zweck reduziert. Hofverberg und Kronlid beschreiben, ausgehend von Sørensen, eine Alternative, die ich in Teilen auch in meinen Beobachtungen wiederfinde: Die Dinge können zu einem unerwarteten Lernen beitragen. Wenn Menschen die Geschichten bzw. das Eigenleben der Dinge wahrnehmen und anerkennen, können Mensch-Material-Kollaborationen entstehen. Dabei schließen ein instrumentelles Verständnis des Lernens und pädagogische Ziele nicht aus, dass im Umgang mit den Dingen unerwartete Effekte und Wendungen für den Lernprozess entstehen (Hofverberg/Kronlid 2018: 963).

Im Falle der *‚attuning correspondence'* (Korrespondenz der Abstimmung) findet ein gegenseitiger Abstimmungsprozess zwischen Mensch und Material statt. Der Mensch nutzt die Eigenschaften des Materials und das Material fügt sich in das Arbeiten ein. Beim Versuch des Einfädelns eines Fadens (einem pädagogischen Ziel) sehen die Autor:innen in der Beobachtung eines Schülers beispielsweise ein unerwartetes Lernen in dem Moment der sinnlichen Erfahrung, wie der Faden zusammen mit dem Lernenden agiert, der das Einfädeln ermöglicht. Mit der Perspektive der Praxis der Korrespondenz sind es die spezifischen Kräfte (forces) des Fadens, die im Lernprozess beteiligt sind und mit denen der Lernende umgeht. Hofverberg und Kronlid bezeichnen diesen Zustand nach Tim Ingold als ein ‚skilled system'. Die Autor:innen möchten somit also nicht ein instrumentelles Verständnis des Lernens in Frage stellen, sondern die Beteiligung des Materials im Lernprozess als wechselseitigen Abstimmungsprozess betrachten.

In einer ‚*troubling correspondence*' (problematische Korrespondenz) sind die Lernenden durch den Widerstand des Materials herausgefordert, dem Material Aufmerksamkeit zu schenken. Die Autor:innen führen als Beispiel für die ‚*troubling correspondence*' das Einfädeln eines Fadens an (Hofverberg/Kronlid 2018: 961), das nicht reibungslos gelingt. Sie beschreiben diese als eine Aktivität, in der sich zwei Kräfte gegenüberstehen, der Mensch und das Material, die noch nicht ineinandergreifen. Das Verständnis von zwei Beteiligten im Lernprozess bildet eine Alternative zu einem instrumentellen Verständnis des Umgangs mit dem Material, das das Problem bei den Lernenden verorten würde, die noch nicht gelernt haben, den Faden zu beherrschen. Aus der Perspektive einer Korrespondenz können weder die Lernenden noch der Faden allein die Situation bewältigen. Es spielen neben den Fähigkeiten der Lernenden auch die Auswahl und Qualität des Fadens eine entscheidende Rolle. Wenn die Beziehungen zwischen den beteiligten Menschen und Dingen nicht betrachtet werden, kann nach Hofverberg und Kronlid nicht untersucht werden, wie materielle Kräfte zu Problemen in einem Lernprozess beitragen (Hofverberg/Kronlid 2018: 963).

Die dritte Form der Korrespondenz, die ‚*tracing correspondence*' (suchende Korrespondenz), findet statt, wenn die Lernenden sich in einem forschenden Prozess mit dem Material auseinandersetzen. Sie beobachten beispielsweise die Bewegungen des Materials, wie das Zusammenziehen eines Fadens unter Spannung, um daraufhin damit zu arbeiten (Hofverberg/Kronlid 2018: 962). Im Fall von Luise vermute ich an vielen Stellen eine ‚*tracing correspondence*' mit dem Material und der Schaufensterpuppe und den Möglichkeiten im Raum. Ich habe jedoch keine detaillierten Beobachtungen ihres Arbeitsprozesses, die denen zum Einfädeln eines Fadens in den schwedischen Texten ähneln. Zu Beginn berichtete Luise mir, dass sie den Gestaltungsprozess angelehnt an ein YouTube Video mit Frischhaltefolie umsetzen möchte. Da es aber keine Frischhaltefolie gab, ließ sie sich auf die Gegebenheiten im Raum ein und suchte sich alternative Materialien:

Zeitungspapier und Klebeband (Malerkrepp). In Korrespondenz mit diesen beiden Materialien und der Schaufensterpuppe entwickelt sie eine Form. Sie klebt und zeichnet. Währenddessen hat sie ihr iPad mit dem Video vor sich stehen und die Skizzen liegen am Arbeitsplatz. Sie hat sich einen individuellen Raum geschaffen, der nur selten von anderen (Lehrkraft oder Schüler:innen) betreten wird, und konzentriert sich auf das Arbeiten mit der Puppe. Die plastische Form wird zu ihrem Gegenüber, mit dem sie in Korrespondenz tritt. Sie erscheinen als ein „skilled system". Gaps tauchen nur selten auf bzw. sind von außen nicht wahrnehmbar. Am dritten Arbeitstag fällt jedoch auf, dass sie, um die schulische Aufgabe zu erfüllen, noch den schwarzen Stoff integrieren muss. Bis zu diesem Zeitpunkt spielte die schulische Aufgabe keine entscheidende Rolle in ihrer Aktivität. Sie war, anders als bei Nadja, nicht als Transaktant zu erkennen. Bei Luise waren das Video und die Puppe entscheidende Transaktanten im Prozess. Also die Auseinandersetzung mit einer Technik der Gestaltung sowie mit der Plastizität eines textilen Produkts. Die schulische Aufgabe stört den Gestaltungsprozess jedoch nicht weiter, sondern wirkt, wenn prozessfördernd bzw. begleitend.

Nun entsteht durch die Aufgabe für einen Moment ein Zögern, eine Lücke. „Sie nimmt den Stoff und beginnt, ihn an die Puppe mit dem Oberteil anzulegen. ‚Ich hab ne Idee. Ich muss mal überlegen.' Pause, wieder Stoff anhalten, wieder weiter" (Handnotizen, grünes Heft: 52).

Die Integration der Aufgabe fällt der Schülerin zu diesem Zeitpunkt nicht schwer. Sie begibt sich in eine suchende Korrespondenz mit den Dingen. In dieser Auseinandersetzung wird der schwarze Stoff zu einem Träger, der sich wie selbstverständlich um den Hals der Puppe legt und in das Endprodukt einfügt. Er scheint sich fast intuitiv aus der plastischen Form der Puppe, der Funktion des Oberteils und der Eigenschaft des Materials ergeben zu haben, sodass hier vermutlich auch von einer „attuning correspondence" zwischen drei Beteiligten gesprochen werden kann. Später notiere ich mir nur wieder: „Arbeitet an der Puppe weiter, schneidet Fäden" (Handnotizen, grünes Heft: 53). Wobei die Funktion des Produkts vermutlich auch ohne den Träger gegeben gewesen wäre. Wie auch bei dem in Kapitel 10 gezeigten Rock, ist es eher unwahrscheinlich, dass das Oberteil getragen wird. Es ist ein Artefakt, das aber exklusiv (im Gegensatz zu anderen Artefakten) auch für die abschließende Präsentation weiterhin auf der Schaufensterpuppe (Abb. 12.9) verbleiben kann.

Abbildung 12.9 Präsentation des neuen Oberteils auf der Schaufensterpuppe in der Vitrine

Mehr als Mensch und Material

Bei meinem Versuch, die PEA durchzuführen, bin ich an vielen Stellen ins Grübeln gekommen. Was bringt mir und den Leser:innen diese detailreiche Beschreibung bezogen auf meinen Forschungsgegenstand? Verwirren die Begriffe nicht mehr, als dass sie Klarheit schaffen? Welche Begriffe und Kategorien sind wirklich hilfreich? Auch zu Luise und der Schaufensterpuppe ist eine Relational-Map entstanden. Die analytische Arbeitsweise der PEA hat sich sinnvoll mit der Mappingstrategie verbunden. Aus den einzelnen Akteur:innen und Arbeitsschritten entstand mit dem Gedanken der Korrespondenz etwas Ganzheitliches, das die verschiedenen Elemente ineinandergreifen lässt (Abb. 12.10).

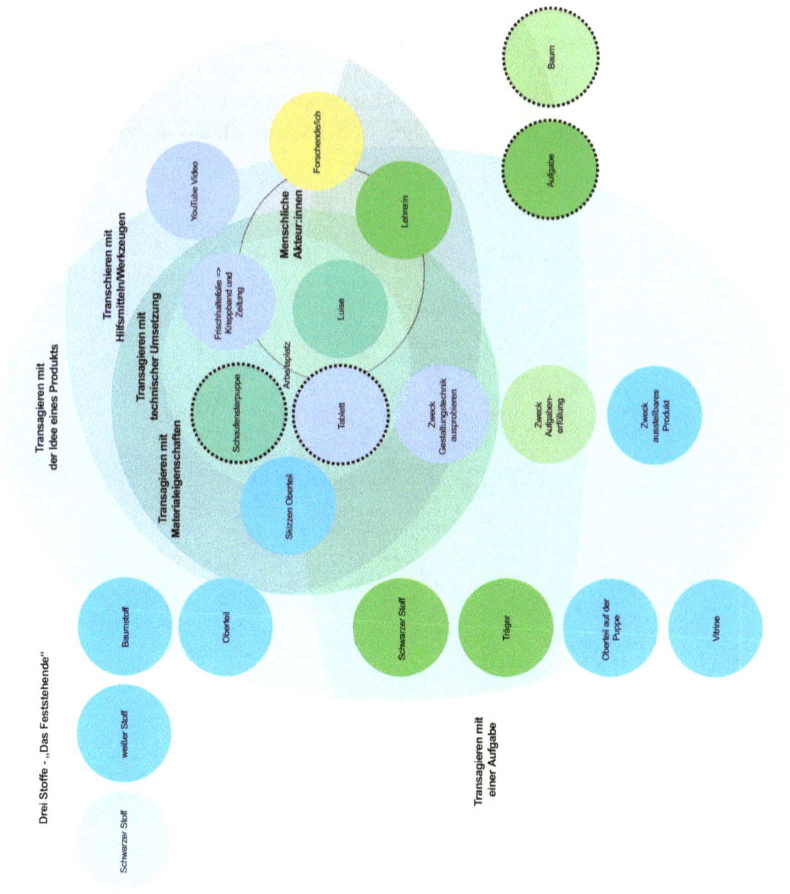

Abbildung 12.10 Relational Map ‚Schaufensterpuppe'

Die Grafiken machen deutlich, dass es eine ganze Reihe möglicher Transaktanten gibt. Maivorsdotter und Hofverberg (2018) beschreiben drei Möglichkeiten, mit Aspekten des Produktionsprozesses zu transagieren. Ich möchte noch mindestens zwei weitere Formen einführen. Diese Formen des Transagierens liegen für mich quer zu den möglichen Formen des Transagierens mit dem Produkt, seinen Eigenschaften und den technischen Produktionsprozessen. Ich möchte von verschiedenen Dimensionen der Transaktion sprechen, die in dem Aufeinandertreffen des textilen Arbeitsprozesses auf eine schulische Aufgabenstellung entstehen. So sind zum einen die Dimensionen des Transagierens mit der Aufgabe in einer schulischen Situation und zum anderen das Transagieren mit zur Verfügung stehenden Hilfsmitteln in der räumlichen schulischen Situation hinzuzufügen (Abb. 12.11).

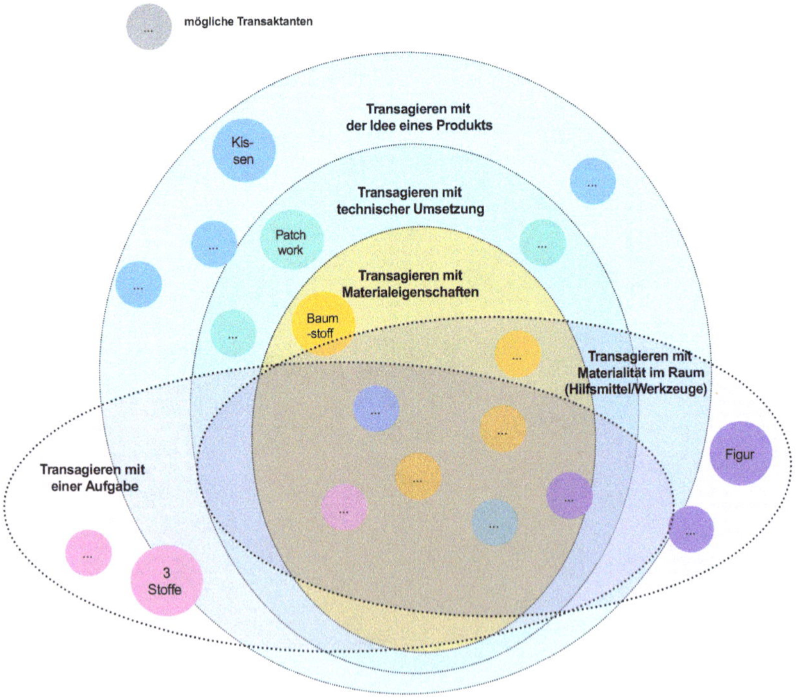

Abbildung 12.11 Transaktanten in einer textilen Vermittlungssituation

Wie bereits von Hofverberg und Maivorsdotter dargestellt, lassen sich drei Kategorien von Relationen (relations) auch in meinem Material beschreiben: Das Transagieren mit der Idee eines Produkts (transacting with the idea of a product), das Transagieren mit den Eigenschaften eines Materials (transacting with a material's capabilities) sowie das Transagieren mit Remake-Techniken (transacting with remake techniques). Letztere fasse ich als textile Techniken, da ich mich nicht auf ein klassisches Remake-Projekt beziehe. Hanna Hofverberg (2022) möchte zeigen, in was Lernende involviert sind/womit sie beschäftigt sind, wenn sie das Umarbeiten von Kleidungsstücken erlernen (Hofverberg 2022: 148). Dabei thematisiert sie selbst eine mögliche Kritik an ihrem Vorgehen. Während der Aktivität des Lernens passiert mehr und wirkt mehr ein, als die von ihr beschriebenen Relationen und Transaktanten:

> One could argue that a lot more was going on in these learning activities, and this is most certainly true. But the point of zooming in on the learning activity is not to capture everything but rather to acknowledge what has a major effect on the direction of learning and what draws the future into the present. This is valuable to articulate from at least two pedagogical viewpoints. First, it makes it possible to critically discuss the outcome with the envisioned pedagogical goal. Second, by focusing on what is included and given attention in the activity, it is possible to acknowledge what meaning is made but perhaps not explicitly acknowledged during the activity or else given little attention.
>
> (Hofverberg 2022: 147)

Einerseits kann ich ihr hier zustimmen, aber gleichzeitig sollte nicht nur das fachliche Lernen in der Analyse stärker berücksichtigt werden, sondern auch das stetige Lernen und Werden als Schüler:innen. Es ist auch mit wechselseitigen Erwartungen an die Position – an das Subjekt – der Lernenden verbunden. Dabei geht es um Erwartungen sowohl der Lernenden selbst als auch der Lehrenden. Gerade die Einführung der BNE, verbunden mit partizipativen und emanzipatorischen Ansprüchen, stellt das Lernen ‚Schüler:in zu sein' vielleicht vor neue Herausforderungen, die in die Analyse integriert werden könnten. Auch Hofverberg stellt fest, dass der Rahmen der Aufgabe in das Lernen eingebunden sein kann.

> When studying these coordinating actions, it becomes clear that the students learn to follow and answer the material in transaction. As shown, the products may turn out to be too difficult to make within the framework of the task-factors such as grades may be involved or the characteristics of the fabric may hinder the activity.
>
> (Hofverberg 2022: 148)

Ich möchte das noch deutlicher formulieren: In einer schulischen Vermittlungssituation – zumindest in einem großen Teil der aktuell in Deutschland zu findenden Schulen – können die Aufgabe bzw. die Rahmenbedingungen der schulischen Aufgabe (*Transagieren mit einer Aufgabe*) als Transaktant(en) nicht in einer Analyse einer materiellen Auseinandersetzung weggelassen werden. Dabei kann die Aufgabe einen störenden bzw. hemmenden Effekt aber auch einen fördernden Einfluss auf das Geschehen haben. Gleichzeitig konnte das Beispiel der Schülerin Luise deutlich machen, dass eine Korrespondenz zwischen Menschen und Material in schulischen Aktivitäten stattfinden kann. Demzufolge könnte weiter untersucht werden, welche Rahmenbedingungen in Schule es überhaupt möglich machen, dass möglichst viele Schüler:innen „learn to follow and answer the material in transaction" (Hofverberg 2022: 148), ohne von der schulischen Aufgabe zu sehr irritiert zu werden. Hofverberg schreibt bereits, dass die Lehrpersonen einen großen Einfluss darauf haben, ob eine Korrespondenz möglich ist (Hofverberg 2020: 1291) und stellt fest: „If teachers want to educate for, in and about sustainability, I would argue that a key question is how humans learn to correspond to materials in sociomaterial activities" (Hofverberg 2020: 1291). Ich würde darüber hinaus gehen, dass es nicht nur die Lehrpersonen alleine sind, sondern die gesamte schulische Situation, eingebettet in das Verständnis vom Subjekt ‚Schüler:in', das sich wechselseitig in der Transaktion mit der Aufgabe zeigt. Wie sich die Lernenden selbst als Subjekte in einer Aktion in der wechselseitigen sozialen Praxis in einem spezifischen materiellen Arrangement wahrnehmen, beeinflusst die Möglichkeiten, sich mit der materiellen Umgebung auseinanderzusetzen, und die Wahrscheinlichkeit, ob und wie eine Korrespondenz zwischen Lernenden und materieller Umwelt entsteht.

Neben dem Einfluss der Aufgabe zeigt das Beispiel von Luise deutlich, wie auch der Raum und die zur Verfügung gestellten Hilfsmittel zum Verlauf des Lernprozesses beitragen. Auch Nadja nutzt beispielsweise das Bügeleisen, um ihren Lernprozess zu bewältigen, daher würde ich das *Transagieren mit den Werkzeugen* bzw. den räumlichen Möglichkeiten als weitere Ebene einführen. Aus diesem Grund stellt die Forschung zur räumlichen Gestaltung von Lernorten einen wichtigen Bereich zur weiteren Untersuchung von Lernprozessen mit Textilien dar. Universitäre Räume, zum Beispiel in Form von Lehr-Lern-Laboren oder ästhetischen Werkstätten, können hierfür gute Experimentierräume sein.

12.6 Zwischenfazit: Materialität und Situiertheit reflektieren

Anhand der Werkstatt ‚Drei Stoffe' habe ich das Aufeinandertreffen einer schulischen Aufgabe im Fach Textil mit einem wachsenden BNE-Anspruch in einer Schule untersucht. Zunächst wird deutlich, dass das Verständnis der Lehrkraft im Feld der BNE noch unspezifisch ist und dass das von ihr formulierte Projekt die von ihr angedachten Ziele nicht erfüllt. Es gibt Annahmen der Lehrkraft, die sich in der Lehr-Lernsituation fortwährend reproduzieren, wie die Nützlichkeit des herzustellenden Produkts oder das gruselige Baummotiv. Gleichzeitig gibt es Annahmen, die sich nicht durchsetzen: Wie das Symbol des blutenden Baumes als Umweltzerstörung oder eine Auseinandersetzung der Schüler:innen mit ‚Afrika' über das Motiv. Dabei wird von allen Beteiligten unter Bezugnahme auf Freunde und Verwandte der Schein der Nutzbarkeit der Artefakte aufrechterhalten. Die Nützlichkeit der produzierten Dinge ist bereits in das Fach Textil eingeschrieben (Kapitel 10), wird aber durch den Anspruch der BNE noch verstärkt.

Im Dialog mit der skandinavischen Didaktik zum Schulfach ‚Slöjd' habe ich mich der PEA (Practical Epistemology Analysis) und den transaktionalen Lerntheorien angenähert. Sie half mir, einflussreiche Elemente im Prozess zu erkennen und die Akteurseigenschaften der Dinge wahrzunehmen und zu beschreiben.

Eine textile Vermittlungsaktion kann als ein transaktionaler Prozess beschrieben werden, in dem verschiedene Elemente mit den Lernenden transagieren. Hanna Hofverberg bezeichnet Elemente, die einen entscheidenden Einfluss auf den Lernprozess haben, als Transaktanten. Hierauf aufbauend können fünf verschiedene Dimensionen des Transagierens beschrieben werden: Im Rahmen des handwerklichen Produzierens kann ein Transagieren mit der Idee des Produkts (1), mit den Eigenschaften eines Materials (2) oder mit der textilen Technik (3) stattfinden. Für die Analyse oder Reflexion einer schulischen Vermittlungsaktion sind in meiner Beobachtung zwei weitere Ebenen des Transagierens bedeutsam: Die Auseinandersetzung mit einer schulischen Aufgabe (4), die so relevant sein kann, dass sie zum prozesssteuernden Transaktanten wird und das Transagieren mit den räumlichen Möglichkeiten (5) bzw. mit spezifischen, zur Verfügung stehenden Werkzeugen. Die teilnehmende Beobachtung der Ethnografie und eine Analyse, angelehnt an die PEA und/oder auch an das Konzept der „practice of correspondence" kann Lehrpersonen und vor allem angehende Lehrkräfte, beispielsweise im Rahmen des forschenden Lernens, für die Bedeutsamkeit der Dinge und das komplexe Zusammenspiel in Vermittlungssituationen sensibilisieren. Sie stellen für mich ein Argument und auch eine Möglichkeit dar, um

Vermittler:innen für eine Reflexion ihrer eigenen Involviertheit ins Geschehen und für die Involviertheit der Dinge zu sensibilisieren.

Ob es nun als eine ‚Assemblage‘, eine ‚Korrespondenz‘ oder vielleicht auch ein ‚materielles Arrangement‘ betrachtet wird, die Mikroperspektive auf die textile Vermittlungspraxis macht deutlich, dass ein textiler Lernprozess meist auch ein Gestaltungs- und Aushandlungsprozess ist, an dem verschiedene Elemente wechselseitig beteiligt sind. Diese können bewusst wahrgenommen und in die Gestaltung von Lehr- und Lernsituationen einbezogen werden.

Ich komme auf die Gedanken von Nina Odegard (2012) zu Beginn dieses Kapitels zurück, dass die Erwartungen der Erwachsenen den Auseinandersetzungsprozess von Kindern mit aussortierten Materialien bestimmen. Anhand meiner Beispiele wurde deutlich, dass es in textilen Vermittlungssituationen an der weiterführenden Schule nicht nur die Erwartungen der Erwachsenen bzw. der Lehrpersonen sind, sondern die impliziten Wissensordnungen, die durch die schulische Situation bestimmt sind. Es sind sowohl die Erwartungen der Lehrenden als auch der Lernenden an die Erledigung einer Aufgabe sowie an das Ergebnis eines nützlichen Produkts, die den Vollzug der sozialen Praxis in der textilen Vermittlung bestimmen.

Wenn Odegard beschreibt, dass aus dem Abfallmaterial eine counter-power (Gegenkraft) im Arbeitsprozess der Kinder entstehen kann, wie sieht das dann in dem beobachteten Setting der weiterführenden Schule aus? Bei Luise könnte man von einer Art counter-power sprechen. Sie findet sich zum einen in der Wirkmacht des Videos, das ihr eine andere Form der Gestaltung gezeigt hat, und zum anderen in der Form der Puppe, die für die Schüler:in zu einem Gegenüber im Gestaltungsprozess wird. Aber auch der ‚afrikanische‘ Stoff scheint bei ihr eine Art Gegenkraft oder Eigendynamik zu entwickeln: Sie nimmt nicht den Baum als hinderliches Motiv, sondern sie nimmt die Eigenschaften des Motivs im Detail wahr. Sie zerlegt den Baum in die Strukturen der Wurzeln und die Jahresringe der Baumscheiben und integriert diese in ihr Projekt. Dies ist möglich, weil sie die Aktivität von Anfang an zu ihrem Projekt macht. Und die Erwartungen, die durch die Lehrerin und die Aufgabe an sie gestellt werden, werden nicht die alleinigen, entscheidenden Transaktanten im Prozess. Die counter-power der verwendeten Hilfsmittel und Dinge scheint sich in dem Moment zu entfalten, wenn die Lernenden zu Gestalter:innen ihres Projekts werden und die Position als Aufgaben erfüllende Schüler:innen zweitrangig wird. In dem Moment entsteht die Voraussetzung, dass eine Korrespondenz zwischen Menschen und Material entstehen kann.

Open Access Dieses Kapitel wird unter der Creative Commons Namensnennung 4.0 International Lizenz (http://creativecommons.org/licenses/by/4.0/deed.de) veröffentlicht, welche die Nutzung, Vervielfältigung, Bearbeitung, Verbreitung und Wiedergabe in jeglichem Medium und Format erlaubt, sofern Sie den/die ursprünglichen Autor(en) und die Quelle ordnungsgemäß nennen, einen Link zur Creative Commons Lizenz beifügen und angeben, ob Änderungen vorgenommen wurden.

Die in diesem Kapitel enthaltenen Bilder und sonstiges Drittmaterial unterliegen ebenfalls der genannten Creative Commons Lizenz, sofern sich aus der Abbildungslegende nichts anderes ergibt. Sofern das betreffende Material nicht unter der genannten Creative Commons Lizenz steht und die betreffende Handlung nicht nach gesetzlichen Vorschriften erlaubt ist, ist für die oben aufgeführten Weiterverwendungen des Materials die Einwilligung des jeweiligen Rechteinhabers einzuholen.

13 Forschungsnotiz: Fragen an einen Baum

In den Werkstätten und Projekten, die ich besuche, kommen die Geschichten der Dinge meist beiläufig zur Sprache. Zum Beispiel im Projektunterricht in der Grundschule spielen in kurzen Gesprächen die persönlichen Geschichten der Kinder zu mitgebrachten Kleidungsstücken ebenso eine Rolle wie die der Lehrkräfte. Kleidungsstücke, die mit Emotionen verbunden sind, werden länger aufbewahrt, obwohl in Frage steht, ob sie wirklich gebraucht werden. Alte Hemden, geerbt von Vater, Mutter, Geschwistern oder von guten, alten Freunden, lagern in den Kleiderschränken. Meistens sind es die Lehrkräfte, die die Materialien sammeln und gerade deshalb können sie auch Geschichten mit den Materialien verbinden. Welche Geschichten stecken hinter den Dingen? Was und wie können die Geschichten hinter den Dingen Teil der Vermittlungssituationen werden?

In der Druckwerkstatt ‚Drei Stoffe' habe ich die Dinge lange ‚unbefragt' gelassen. Die Schüler:innen hatten drei Stoffstücke[1] von der Lehrkraft bekommen und mit diesen Stoffen mussten sie arbeiten. Ich war zwar irritiert von der durchweg ‚negativen' Interpretation des Motivs eines ‚blutenden Baums' auf dem Material und dem stereotypen ‚Afrika'-Bild, aber ich nahm die empirische Situation zunächst einfach hin und habe sie nicht hinterfragt. Erst bei der weiteren Analyse der Materialien (Kapitel 12) habe ich begonnen, mich mit den verwendeten Stoffen intensiver auseinanderzusetzen.

[1] Ein schwarzer Futterstoff, eine weiße Tischdecke und ein bedruckter Baumwollstoff mit der Abbildung eines Baumstumpfs und dichtem Wurzelwerk.

© Der/die Autor(en) 2026

S. Jessen, *Textile Bildung in Schulkulturen der Nachhaltigkeit*, Schule und Gesellschaft 73, https://doi.org/10.1007/978-3-658-51463-1_13

Nach einem Treffen in einer Forschungswerkstatt der Universität, in der ich das Fallbeispiel Nadja der ‚Drei Stoffe' zur gemeinsamen Interpretation einbrachte, wurde ich durch Nachfragen nochmal auf das Symbol des ‚blutenden Baumes' aufmerksam gemacht. Ich hatte, wie die Lernenden, die Aufgabe und die Materialzuteilung der Lehrerin nicht weiter hinterfragt. Ich hatte mir zwar Gedanken über die Interpretation des Motivs gemacht, aber nicht über den Stoff selbst – weder die Qualität noch die Art der Herstellung hatten mich interessiert. Aber während einer kurzen Recherche bekam dieser Baum(-woll)stoff immer mehr Verbindungen zu unbekannten Menschen in der ganzen Welt: Niederlande, Ghana, Birmingham, Händler:innen, Museen, Besucher:innen, Kurator:innen.

Ich fragte Kolleg:innen, die sich besser auskennen, recherchierte im Internet und kam dem Stoff und seiner globalisierten Geschichte etwas auf die Spur. Es handelt sich vermutlich um ein Waxprint Imitat. Waxprints kommen ursprünglich aus Holland und haben eine lange globalisierte Geschichte. Meine Kollegin zeigte mir Waxprints aus Westafrika aus der Stoffsammlung des Instituts. Es handelte sich um politische Stoffe mit einem ähnlichen Druck, aber in einer anderen Qualität als die Stoffe in der Schulwerkstatt.

Von der Lehrkraft hatte ich die Information, dass sie den Stoff bei Ebay Kleinanzeigen bekommen hatte. Ich machte mich im Internet auf die Suche nach vergleichbaren Stoffen. Bei www.etsy.com fand ich ähnliche Stoffe – meist betitelt mit Wachsstoff, Waxprint oder ‚Wax Print' aus Ghana bzw. Westafrika oder ‚Dutch Wax Print'. Ich fand zahlreiche Shops und Artikel zum Wax Print, aber noch nicht das gleiche Motiv, also den ‚blutenden Baumstamm'. Erst mit der Google-Bildsuche wurde ich fündig. Ich fand eine Ausstellung ‚AFRICANPRINT FASHION NOW!', die zwischen 2017 und 2018 in drei Museen in den USA zu sehen war (Gott et al. 2017: 2). In einem Artikel zur Ausstellung sah ich eine Abbildung mit einem ähnlichen Baummotiv, wie dem in der Schulwerkstatt – in Grün von der Firma Phoenix Hitarget. „A cloth trader displays Phoenix Hitarget, the most widely accepted Chinesemanufactured Africanprint brand, in classic and new designs" (Gott et al. 2017: 2).

In diesem Artikel erfuhr ich viel über die Geschichte der Wachsdruckstoffe und ihre vielfältigen Bedeutungen. Ihre Spuren lassen sich bis zu Baumwollstoffen mit Blockdrucken im späten vierten Jahrhundert in Indien zurückverfolgen. Etwa im 11. Jahrhundert entstanden hierdurch auf Java die ersten Wachsdruckverfahren (Batik) (Gott et al. 2017: 43). Die Firma Vlisco aus den Niederlanden begann im frühen 19. Jahrhundert Imitationen der Stoffdrucke aus Java maschinell herzustellen. Da der Verkauf in Java und Indonesien nicht so erfolgreich war, produzierte die Firma die Stoffe überwiegend für den Handel mit Zentral- und Westafrika. Hier wurden sie schnell beliebt und bekamen ihren Namen als ‚Afrikanische Drucke'. Es wurden vielfältige Motive nachgefragt und niederländische, britische und schweizer Firmen produzierten die Stoffe, orientiert an der wechselnden Nachfrage und dem Geschmack der ‚afrikanischen' Konsument:innen, und für die verschiedenen regionalen Märkte (Gott et al. 2017: 44).

> In addition to drawing inspiration from Indonesian batiks and Indian calicoes, their designers copied local African textiles, depicted culturally meaningful objects and symbols, and produced prints commemorating historical events and political leaders.
>
> (Gott et al. 2017: 44)

Die Stoffe sind eng mit der Kolonialgeschichte und Globalisierungsprozessen verbunden. Gleichzeitig verweisen die Drucke auf historische Entwicklungen in Afrika und sind ein Ausdruck von „national and Pan-African pride and identity" (Gott et al. 2017: 44) geworden. Mit der Unabhängigkeit der afrikanischen Staaten etablierten diese auch eigene Firmen und stellten Stoffe mit dem Wax Print-Verfahren her. Inzwischen gibt es eine Vielzahl von Kopien der ‚Afrikanischen Stoffe' die v. a. in China mit günstigeren Verfahren hergestellt und preiswert importiert werden. Die sogenannten ‚Fancy Stoffe' kopieren die Motive der hochwertigen Fabrikate. Dabei gibt es auch auf dem asiatischen Markt Qualitätsunterschiede. Beispielsweise die Firma Hitarget produziert hochwertige und dennoch günstige Stoffe in China, die in Westafrika beliebt sind (Mo 2014). Es gibt aber auch Fälschungen der beliebten Marken und Motive, die an leichten Namensvariationen an den Stoffrändern zu erkennen sind. Auf den Seiten der Händler wird darauf hingewiesen, dass Stofffälschungen oft an einer schlechteren Qualität und einem leicht abgeänderten Namen zu erkennen sind. Ich habe leider keine Stoffprobe aus dem Unterricht mitgenommen, aber ich hatte Bilder. Ich begann, in einer detektivischen Recherche, kleine Ausschnitte zu suchen, die den Print auf dem Stoffrand zeigen (Abb. 13.1).

Abbildung 13.1 Ausschnitte Randaufdrucks auf dem des ‚afrikanischen' Stoff

Der Rand ist mit einem unklaren Logo und dem Namen ‚HISTARGET' beschriftet. Der falsch geschriebene Markenname ‚HiStarget' ist ein Hinweis darauf, dass der vermeintlich ‚afrikanische' Stoff vermutlich eine chinesische Kopie eines hochwertigen chinesischen Stoffes der Firma ‚Hitarget' für den afrikanischen Markt ist.

Bei der Bildersuche fand ich auch Stoffe, die dem aus der Schulwerkstatt sehr ähnelten. Zunächst bei einem japanischen Händler im Sale und im Anschluss in einer Ausstellung in Birmingham. Ich entdeckte den Stoff in einer Fotogalerie zu einer Ausstellung aus dem Jahr 2012 in Birmingham *(Birmingham Museum and Art Gallery 2012)*. Eine Besucherin hat das ausgestellte Stoffstück fotografiert und ins Internet gestellt (Abb. 13.2).

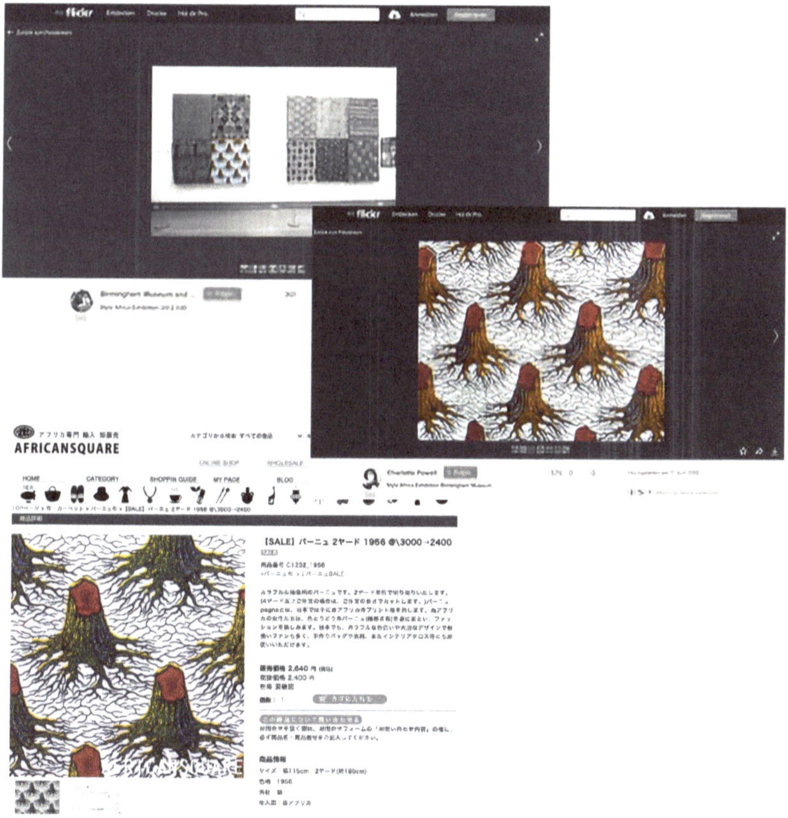

Abbildung 13.2 Screenshots der Recherche nach dem ‚Baumstoff:‘ in einer Ausstellung (Birmingham Museum and Art Gallery 2012), bei einem japanischen Händler (African Square o. J.) und in Nahaufnahme aus der Ausstellung (Powell 2012)

Leider konnte ich bei der Recherche keine konkreten Informationen zur Bedeutung des Baummotivs finden. In den Texten über die Ausstellungen gab es lediglich den Hinweis, dass die Stoffe etwas zum Status oder zur religiösen und politischen Zugehörigkeit(en) der Träger:innen aussagen können.

Da gleichzeitig zu meiner Bearbeitung der Werkstatt ‚Drei Stoffe‘, die Diskussionen zur künstlichen Intelligenz in Unterricht und Lehre immer präsenter wurden, probierte ich es an diesem Beispiel aus. Selbst Chat GPT hatte mehr zu meinem Baummotiv zu sagen, als ‚Umweltzerstörung‘.

Ich fragte: „Welche Bedeutung hat ein Baumstumpf mit langen Wurzeln in Ghana?"

ChatGPT:

„In Ghana und vielen anderen afrikanischen Kulturen haben Bäume eine tiefgreifende symbolische Bedeutung und werden oft mit verschiedenen Aspekten des Lebens und der Spiritualität in Verbindung gebracht. Ein Baumstumpf mit langen Wurzeln könnte verschiedene Bedeutungen haben, abhängig von der spezifischen kulturellen, religiösen oder spirituellen Kontext.

Einige mögliche Interpretationen könnten sein:

Verbundenheit mit den Vorfahren: In einigen afrikanischen Traditionen wird angenommen, dass Bäume eine Verbindung zu den Vorfahren herstellen können. Ein Baumstumpf mit langen Wurzeln könnte darauf hinweisen, dass die Verbindung zu den Vorfahren tief verwurzelt ist und weit in die Vergangenheit reicht.

Stärke und Beständigkeit: Die langen Wurzeln eines Baumstumpfes könnten auch Stärke und Beständigkeit symbolisieren. Trotz des Fällens des Baumes bleiben die Wurzeln intakt und können als Symbol für die Widerstandsfähigkeit und Überlebensfähigkeit interpretiert werden.

Heilung und Regeneration: In einigen Kulturen stehen Bäume für Heilung und Regeneration. Ein Baumstumpf mit langen Wurzeln könnte darauf hinweisen, dass trotz des sichtbaren Endes des Baumes das Potenzial für neues Leben und Wachstum durch seine Wurzeln weiterhin vorhanden ist.

Spirituelle Bedeutung: In traditionellen afrikanischen Religionen und spirituellen Praktiken spielen Bäume oft eine zentrale Rolle. Ein Baumstumpf mit langen Wurzeln könnte in diesem Kontext als Verbindung zwischen der materiellen Welt und der spirituellen Welt interpretiert werden, wobei die Wurzeln als Kanal für spirituelle Energie dienen.

Es ist wichtig anzumerken, dass die Bedeutung eines Baumstumpfes mit langen Wurzeln in Ghana stark von der jeweiligen kulturellen, religiösen und spirituellen Überzeugungen abhängt und daher von Gemeinschaft zu Gemeinschaft variieren kann. Es wäre sinnvoll, mit Einheimischen oder Experten vor Ort zu sprechen, um eine genauere und umfassendere Perspektive zu erhalten."

(ChatGPT, Prompt 1, 03.09.2024)

Natürlich kann es bei Chat GPT auch zu Fehlinformationen kommen, aber dennoch öffneten sich mit wenigen Suchanfragen im Internet und eben auch bei Chat GPT eine große weite Welt an Vernetzungen und weiteren Rechercheideen. Was wäre, wenn die Schüler:innen recherchiert hätten? Wäre das denkbar gewesen? In diesem Moment nur schwer für mich vorstellbar, denn der Textilraum schien in der aktuellen sozialen Praxis auch eine Art Ruheraum, ein Rückzugsraum, in dem nicht über Inhalte gesprochen oder viel gedacht werden musste. Wer nicht am Projekt arbeiten wollte, hat gehäkelt und Gespräche waren privat oder beschäftigten sich mit Optik, Funktion und Herstellungstechnik eines Produkts.

Der Stoff und die Fragen an die Dinge ließen mich nicht los, sodass auch diese Forschungsnotiz entstanden ist. Die Fragen an den Baum ließen weitere Fragen, aber auch spannende Verbindungen entstehen. Zeitweise verlor ich mich in YouTube Videos zu erfolgreichen Designer:innen, die mit den Waxprintstoffen arbeiten (Localish 2021), oder Filme zur Geschichte der Wax Prints, in der Akteur:innen die Frage stellten, ob der Stoff als ‚afrikanischer' Stoff verwendet werden kann (DW The 77 Percent 2021). Die Recherchen zu den Stoffen bleiben bei mir ‚offene', ‚unfertige' Geschichten, die sich für eine Fortsetzung vielleicht im Rahmen eines Seminars zum forschenden Lernen mit Studierenden eignen.

Die Beschreibung ist Teil meines eigenen Lernprozesses im autoethnografischen Durchwandern der Erfahrungswelten. Ich war im Moment der Beobachtung noch neu im Bereich Textil und begann erst nach und nach die komplexe Welt des Textilen durch die Arbeit am Institut, Netzwerke und Tagungen kennenzulernen. Die vorherrschende soziale Praxis im Textilraum verbunden mit dem Fokus auf die Produktion und die Anwendung textiler Techniken, hat auch aus mir eine Mitproduzentin gemacht. Zu den legitimen Praktiken im Raum gehörte nicht das Nachfragen, sondern das Gestalten und Produzieren. Hierzu wurde ich durchaus zur Unterstützung hinzugeholt. Hätte ich mich als Kulturwissenschaftlerin verstanden, hätte ich vielleicht schon früher die Fragen an den Stoff stellen können. Aber als Beobachterin eines ‚klassischen' Textilunterrichts nahm ich die Position einer ‚Expertin' für textiles Arbeiten ein und wurde auch als diese von der Lehrkraft adressiert. Da ein Textilunterricht mit kulturwissenschaftlichem Hintergrund nicht Teil der Sinn- und Bedeutungskonstruktion für die ‚Situation Textilunterricht' der Lerngruppe gehörte, konnte ein mehrperspektivisches Arbeiten mit dem Stoff auch nur schwer erfolgen.

Wenn textile Dinge nicht nur als Material und Produkt verstanden, sondern nach ihrer Bedeutung und Geschichte befragt werden, können sie neue Erfahrungsräume öffnen. Hierzu hat die Textildidaktik mit der ästhetischen Forschung (Kämpf-Jansen/Czaplinski 2007) oder dem biografischen Lernen (Kolhoff-Kahl 2016) bereits Modelle entwickelt und in ihrer Anwendung und Weiterentwicklung steckt auch eine Chance für die BNE (Götsch 2023).

Open Access Dieses Kapitel wird unter der Creative Commons Namensnennung 4.0 International Lizenz (http://creativecommons.org/licenses/by/4.0/deed.de) veröffentlicht, welche die Nutzung, Vervielfältigung, Bearbeitung, Verbreitung und Wiedergabe in jeglichem Medium und Format erlaubt, sofern Sie den/die ursprünglichen Autor(en) und die Quelle ordnungsgemäß nennen, einen Link zur Creative Commons Lizenz beifügen und angeben, ob Änderungen vorgenommen wurden.

Die in diesem Kapitel enthaltenen Bilder und sonstiges Drittmaterial unterliegen ebenfalls der genannten Creative Commons Lizenz, sofern sich aus der Abbildungslegende nichts anderes ergibt. Sofern das betreffende Material nicht unter der genannten Creative Commons Lizenz steht und die betreffende Handlung nicht nach gesetzlichen Vorschriften erlaubt ist, ist für die oben aufgeführten Weiterverwendungen des Materials die Einwilligung des jeweiligen Rechteinhabers einzuholen.

14 Diskussion: Textilien, Bildung, Nachhaltigkeit

T-Shirt-Druck, Sockenmonster und Turnbeutel – In dieser Arbeit ging es darum, sich den Artefakten und Subjekten der textilen Vermittlungspraxis in Schul- und Lernkulturen der Nachhaltigkeit anzunähern. Vor dem Hintergrund der Situationsanalyse gehe ich dabei von einer *gesellschaftlichen Situation*[1] aus, in der es in unterschiedlichen Räumen, zu unterschiedlichen Zeiten und in unterschiedlichen Medien und Dokumenten zu einem Aufeinandertreffen von textiler Vermittlungspraxis und Bildung für nachhaltige Entwicklung kommt. Meine Annahme ist dabei, dass dieses Aufeinandertreffen aufgrund der aktuellen Verfasstheit der Gesellschaft als eine Gesellschaft der Nachhaltigkeit (Neckel et al. 2018) bzw. Nicht-Nachhaltigkeit (Blühdorn et al. 2020) geschieht, also in einer Gesellschaft, in der an verschiedenen Stellen deutlich wird, dass sie den Wunsch hat, sich ‚nachhaltig' zu entwickeln.

Die Annäherung fand im Verlauf eines autoethnografischen Forschungs- und Schreibprozesses statt, in dem ich verschiedene Materialsorten miteinander verschränkt habe, um die Komplexität des Phänomens darzustellen. Im autoethnografischen Forschungsprozess habe ich mich von meiner Ausgangsfrage nach den ‚Synergien' oder ‚Potenzialen' zwischen Textilem Lernen und BNE entfernt und eine deskriptiv-analytische Perspektive eingenommen. Aus dieser Perspektive

[1] Der Begriff der „Situation" der Situationsanalyse ist dabei mit dem Begriff des „Feldes" der Ethnografie zu vergleichen.

© Der/die Autor(en) 2026

S. Jessen, *Textile Bildung in Schulkulturen der Nachhaltigkeit*, Schule und Gesellschaft 73, https://doi.org/10.1007/978-3-658-51463-1_14

stellte ich mir die Frage, welche sozialen Praktiken sich in der textilen Vermittlungspraxis überlagern und inwiefern sie sich verstärken oder stören. Autoethnografische Erfahrungen, ethnografische Beschreibungen, Gesprächstranskripte, textile Artefakte und andere Dokumente trugen zu einem mehrdimensionalen Bild bei. Das Bild zeigt, dass textilpraktische Vorhaben, die explizit als BNE benannt werden, bislang einen starken Fokus auf Themen und Praktiken des nachhaltigen Konsums haben (Kapitel 7). Diese führen zu einer Individualisierung und Entpolitisierung gesellschaftlicher Probleme der ökologischen und sozialen Gerechtigkeit und können zur Stabilisierung nicht-nachhaltiger Strukturen und zur Reproduktion von Ungleichheit beitragen (Kapitel 11).

Die wissenschaftliche Auseinandersetzung liegt an einer Schnittstelle zwischen bildungswissenschaftlichen bzw. schulpädagogischen und fachdidaktischen Perspektiven sowie den Kulturwissenschaften mit dem Schwerpunkt der Materiellen Kultur. Um das, was in der sozialen Praxis der Situation verhandelt wird, zu untersuchen, habe ich mich auf praxistheoretische Annahmen gestützt und die Mappingstrategien der Situationsanalyse (Clarke et al. 2018) mit dem Quadrat der Kulturanalyse (Reckwitz 2016) kombiniert. Diese ermöglichte mir eine ‚Abfrage' konkreter empirischer Situationen nach Artefakten, sozialen Praktiken, Diskursen und Subjektformen. Hieraus habe ich die Praxis-/Diskursformationen abgeleitet, die ich mehrfach in den empirischen Situationen wahrgenommen habe und die in meiner vermittelnden Praxis und in den von mir beobachteten empirischen Situationen wirksam waren.

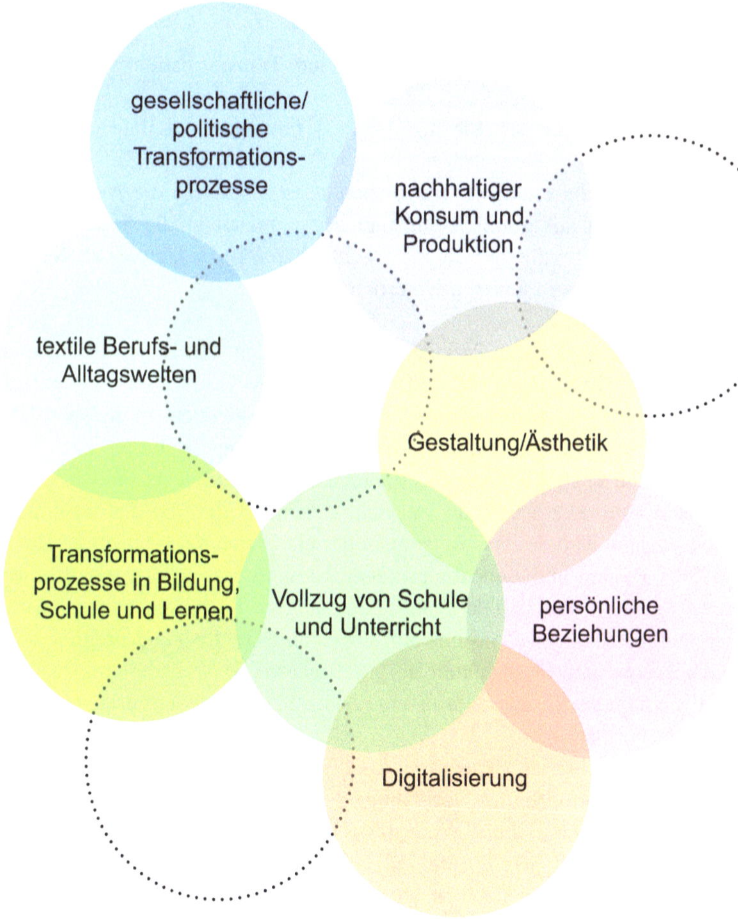

Abbildung 14.1 Acht Praxis-/Diskursformationen in der Textilvermittlung

Dabei handelt es sich um (Abb. 14.1):

- Praxis-/Diskursformationen, die sich auf gesellschaftliche und politische Transformationsprozesse bzw. den politisch formulierten Wunsch nach diesen beziehen,
- Praxis-/Diskursformationen des ‚nachhaltigen' Konsums und einer ‚nachhaltigen' Textilindustrie,
- Praxis-/Diskursformationen aus der textilen Berufs- und Alltagswelt,

- Praxis-/Diskursformationen, die der Aufrechterhaltung der schulischen Ordnung dienen,
- Praxis-/Diskursformationen, die sich auf eine Transformation von Schule, Lernen und Bildung beziehen,
- Praxis-/Diskursformationen, die mit der fortschreitenden Digitalisierung Teil der Situation werden,
- und nicht zuletzt die Praktiken und Beziehungen, die durch die Akteur:innen als soziale Wesen aus ihrem Alltag und ihrer Freizeit in die Situation hineinwirken und im Textilunterricht offensichtlicher Teil des Unterrichts werden können als vielleicht in anderen Unterrichtssituationen.

Der Blick auf die sozialen Praktiken zwischen den beteiligten Elementen der empirischen Situationen war hilfreich, um den Fokus von den einzelnen Akteur:innengruppen der Lernenden und der Lehrenden zu nehmen und beispielsweise die Artefakte und das materielle Arrangement und mit ihnen verbundene gesellschaftliche Wissensordnungen einzubeziehen. Finden textile Praktiken innerhalb oder außerhalb von Schule statt, ist das von der vermittelnden Person geplante Unterrichtsarrangement nur ein Element der Situation. Hinzu kommen Erfahrungen und Bedeutungskonstruktionen, die weitere Akteur:innen und Artefakte mit in die soziale Praxis hineintragen. Es treffen beispielsweise Praktiken des nachhaltigen Konsums auf eine schulische Leistungsordnung oder Vorstellungen von textilen Produkten auf gesellschaftliche Veränderungsprozesse. In diesem relationalen Gefüge gibt es eine Vielzahl von Interferenzen zwischen verschiedenen Formationen.

Anhand ethnografischer Sequenzen lässt sich das Aufeinandertreffen von Praxis-/Diskursformationen des nachhaltigen Konsums, textiler Praktiken und schulischer Praktiken mit ihren Widersprüchen und Überlagerungen konkreter beschreiben. In Kapitel 10, 11 und 12 begegnen den Leser:innen in ethnografischen Sequenzen die Akteur:innen der Situation. Lehrer:innen und Pädagog:innen, die in ihrem Alltag versuchen, BNE-Projekte umzusetzen, sowie Schüler:innen, die textile Artefakte herstellen und dabei von Zeit zu Zeit in eine intensive Korrespondenz mit dem Material gelangen. Im Folgenden werde ich die wichtigsten Ergebnisse bezogen auf die Textile Bildung und die Bildung für nachhaltige Entwicklung diskutieren.

14.1 Textile Vermittlungspraxis in Schulkulturen der Nachhaltigkeit

Nähen, Reparieren, Drucken oder Häkeln – Textile Vermittlungspraxis vollzieht sich in einer Gesellschaft der Nachhaltigkeit in verschiedenen sozialen Feldern, wie der schulischen Bildung, der beruflichen Bildung, an außerschulischen Lernorten, aber auch in der Freizeit und in politisch engagierten Gruppen. Da Textilien nicht aus unserem Alltag wegzudenken sind, kann die Auseinandersetzung mit ihnen einen essentiellen Beitrag in verschiedenen Bildungssettings leisten. Während das alte Schulfach ‚Textil' marginalisiert ist, ziehen textile Themen mit der BNE in andere Schulfächer ein: Geografie, Kunst, Wirtschaft oder auch Religion beschäftigen sich vermehrt mit textilen Themen und dem nachhaltigen Konsum und der Produktion von textilen Dingen. Die textile Kette wird besprochen oder Upcycling-Projekte werden durchgeführt. Auch außerschulische Lernorte bieten Programme zum nachhaltigen Konsum von Kleidung an. Die sozialen Felder sind durchlässig und es findet über verschiedene Medien, Tagungen und Kooperationen ein Austausch, beispielsweise zwischen schulischer textiler Vermittlung und beruflicher textiler Bildung, statt.

Im ethnografischen Forschungsprozess habe ich angelehnt an die multi-sited ethnography (Marcus 1995) verschiedene Orte besucht, an denen textilpraktisch gearbeitet wird und in die der politische Auftrag BNE umzusetzen hineinwirkt. Ich habe mich in der Analyse auf das Geschehen in der schulischen Bildung in den Jahrgangsstufen eins bis neun bezogen. Schulentwicklung durch BNE, wie sie beispielsweise die Kultusministerkonferenz (Kultusministerkonferenz 2024) empfiehlt, ist dabei nur einer von vielen Transformationsprozessen im sozialen Gefüge Schule. Akteur:innen der BNE versuchen an vielen Stellen andere Transformationsprozesse in sich aufzunehmen, wie beispielsweise Inklusion, Individualisierung von Unterricht oder auch Ganztagsunterricht. Dabei können die Begriffe von Bildung und Lernen der Akteur:innen, beispielsweise der unterschiedlichen Fachdidaktiken, der allgemeinen Pädagogik oder der außerschulischen Lernorte, weit auseinanderliegen oder sich ähneln. In einem Aufeinandertreffen im Querschnittsthema BNE kann es zu Störungen oder zu Verstärkungen kommen. Prange stellt fest, „dass sich die Bereichspädagogiken je ihren eigenen Begriff von Erziehung, Lernen und Bildung zurechtlegen, so dass die in der Allgemeinen Pädagogik verfolgten Fragestellungen eher als Störung oder gar als „Disziplinchirurgie", nicht aber als Grundlegung oder als maßgebende Orientierung wahrgenommen werden" (Prange 2019: 15). Sowohl für die Textildidaktik als auch für die BNE lässt sich feststellen, dass sie mehrere parallele Begriffe von Erziehung, Bildung und Lernen haben, die raum-zeitlich übergreifend in Situationen hineinwirken. Auch ein Monitoring zur nationalen Entwicklung der BNE in Deutschland 2019 verwies auf eine Diffusion der BNE und eine fortschreitende Implementation, die aber in den Bundesländern und Bildungsbereichen unterschiedlich verläuft und mit variierenden Interpretationen verbunden ist (Singer-Brodowski et al. 2019: 107). Für den Bereich Textil ist die Interpretation der BNE häufig mit einem Fokus auf die Bildung von Verbraucher:innen verbunden, die oftmals einer Idee von Erziehung zu ‚aufgeklärten' Verbraucher:innen nahe steht (Kapitel 7).

Ich besuchte Museen, Hochschulen, Schulen, außerschulische Lernorte. Ich traf Lernende, verschiedene Lehrkräfte und Expert:innen für die Bereiche Mode und Textil. An den besuchten Orten konnte ich beobachten,

- wie Sinn- und Bedeutungskonstruktionen, die mit einer BNE in Verbindung stehen, in die textile Praxis des regulären Textilunterrichts (1) hineinwirken,
- wie schulische Pilotvorhaben (2), wie das Lernformat FREI DAY oder ein BNE-Projekttag zu textilen Themen entwickelt werden, und
- wie textile Praktiken in BNE-Angeboten an außerschulischen Lernorten (3) umgesetzt werden.

Die Orte wurden in unterschiedlichen Textabschnitten dieser Studie relational zum Zusammentreffen der Praxis-/Diskursformationen behandelt, weshalb ich hier abschließend die Gemeinsamkeiten bzw. Auffälligkeiten der jeweiligen Lernformate zusammenführen möchte.

Den *regulären Unterricht* (1) besuchte ich an einer Gesamtschule (GSF) im Rahmen der Werkstatt ‚Müll:cycling' mit Schüler:innen der Jahrgangsstufe fünf bis sieben und in einer weiteren Gesamtschule (GSH) im Wahlpflichtfach ‚Textil' (Werkstatt ‚Drei Stoffe') eines achten Jahrgangs. Hier zeigten sich die Artefakte überwiegend als Konsumprodukte und die Schüler:innen wurden zu Produzierenden bzw. zu angehenden Handwerker:innen. Dabei stand das Erlernen eines ressourcensparenden Gestaltungs- bzw. Produktionsprozesses in einem Spannungsverhältnis zur Fertigstellung eines nutzbaren Gegenstands, der zugleich Gegenstand der zu bewertenden Leistung wird. Die Lerngruppen versuchten, auf unterschiedliche Weise diesen Widerspruch aufzulösen. Während in der Werkstatt ‚Müll:cycling' die Lehrkraft die Dinge im Raum so strukturiert hat, dass sie möglichst viel Anleitung und Kontrolle an die Dinge übertragen konnte (Kapitel 9) und gleichzeitig als Person an vielen Stellen regulierend in den Arbeitsprozess eingreifen konnte, waren in der Lernwerkstatt ‚Drei Stoffe' die Arbeitsplätze unstrukturierter und es wurde individueller gearbeitet. Die Produkte wurden vielfältiger, aber damit auch die ‚Fehlerquellen'. Obwohl hierdurch nicht immer verwendbare Produkte entstanden, wurde fast durchgängig eine Illusion der Nutzbarkeit der Dinge aufrechterhalten (Kapitel 10). Die Nicht-Funktionalität der Dinge wurde nicht thematisiert bzw. abgetan und ignoriert. Sie war ‚unsagbar' bzw. nicht diskutierbar in der Situation.

Als *BNE-Pilotvorhaben* (2) besuchte ich die Erprobung des FREI DAYs in einem neunten Jahrgang einer Gesamtschule (GSF) sowie den wöchentlichen Projekttag eines ersten Jahrgangs einer Grundschule (GI). In beiden Projekten zeigten sich ähnliche soziale Ordnungen wie im regulären Unterricht. Zusätzlich ließen sich soziale Praktiken herausarbeiten, die zu einer unbemerkten Reproduktion von Ungleichheit beitragen können. Während in der Grundschule die mitgebrachten Kleidungsstücke zu Repräsentationen der defizitären Hintergründe der Kinder aus einem ‚armen' Stadtteil wurden, zeigten sich im FREI DAY diejenigen als engagierte Subjekte, die die individuellen ‚Ressourcen' hierfür mitbrachten. Anhand weiterer Beispiele deutet sich an, dass in einem unreflektierten Vollzug von Praktiken der Textilproduktion die Lernenden zu aufstrebenden Jungunternehmer:innen subjektiviert werden, die hilfsbedürftige ‚Andere' philanthropisch unterstützen. Dies birgt die Gefahr, dass soziale Ungleichheit als nicht veränderbar wahrgenommen und stereotype Macht- und Herrschaftskonstellationen reproduziert werden, anstatt sie zu diskutieren oder vielleicht neu auszuhandeln.

Die textilen Vermittlungspraktiken, die ich in der institutionalisierten Bildung beobachten konnte, trugen überwiegend zu einer Individualisierung und Entpolitisierung der nachhaltigen Entwicklung bei. Einerseits fehlte es in den empirischen Situationen oftmals an Zeit und Ressourcen, um Schule anders zu denken. Gleichzeitig sind die Praktiken des nachhaltigen Konsums in digitalen Medien und Büchern omnipräsent und werden als ein unhinterfragt positiver Beitrag zu einer nachhaltigen Gesellschaft gesehen und damit in der Vermittlung umgesetzt. Bereits in Unterrichtsmaterialien und akademischen Veröffentlichungen gibt es eine starke Tendenz, das Arbeiten mit Textilien und Kleidung auf die Praktiken und Diskurse des nachhaltigen Konsums und einer nachhaltigen Textilindustrie zu reduzieren (Kapitel 7). Johanna Weselek (2022) beschreibt als Ergebnis einer Interviewstudie mit Lehrkräften eine Orientierung an einem nachhaltigen Konsum und den Fokus auf individuelle Verantwortung als Lösung für die Herausforderungen der nachhaltigen Entwicklung und macht hieran einen Bestand „hegemonialer Deutungsmuster des gesellschaftlichen Diskurses zu[r] Nachhaltigkeit" (Weselek 2022: 400) im schulischen Kontext fest. Diese Deutungsmuster zeigen sich auch in der sozialen Praxis zwischen Lehrenden, Lernenden und textilen materiellen Arrangements in nahezu allen von mir besuchten Orten. Mit einfachen Handlungsoptionen werden Dilemmata ausgeblendet und es besteht die Gefahr, dass ein zentrales Ziel der BNE, das Verständnis von Komplexität oder Beteiligung an gesellschaftlichen Diskussionen, aus dem Blickfeld gerät (Weselek/Wohnig 2020: 87).

Es deutet sich ein unkontroverser Aktivismus an, der vor allem diejenigen zu anerkannten Subjekten macht, die sich erfolgreich engagieren, indem sie etwas nachhaltig produzieren. Die unkontroverse Übernahme von etablierten Praktiken des Produzierens und Helfens sowie der 17 internationalen Nachhaltigkeitsziele können zu drei Dynamiken beitragen:

- Vermeiden eines politischen Diskurses
- unsichtbar Machen von Machtstrukturen und Herrschaftsverhältnissen
- implizite Übernahme von Werten.

Diese Dynamiken können dazu führen, die „Nicht-Nachhaltigkeit politischer Entscheidungen zu verschleiern" (Budde/Blasse 2023: 7). Schulkultur und überkommene Hierarchien sowie die gesellschaftlich vorherrschende Leistungsordnung, verbunden mit einer normativ aufgeladenen Adressierung, begrenzen die Möglichkeiten der politisch angestrebten Selbstermächtigung oder Emanzipation. Nicht nur einzelne Lernformate sondern die soziale Praxis und die Subjektverhältnisse müssten sich verändern und das ist nicht problem- und reibungslos (Kapitel 11).

An den *außerschulischen Lernorten* (3), die ich bereits aus meinem Berufsfeld kannte und die ich im Laufe der Forschung besuchte, sind produzierende Workshops, vergleichbar zu den schulischen Werkstätten, ein verbreitetes Angebot. An vielen Lernorten werden außerdem inhaltliche Angebote für Schulklassen, beispielsweise zum Themenfeld Textilproduktion und -konsum, entwickelt und angeboten. Ein von mir besuchtes Angebot stellte in Form eines Stationenlernens Aufgaben bereit, die von den Lernenden abgearbeitet werden sollten, um mehr über die Probleme entlang der textilen Kette zu erfahren. An den Stationen fanden verschiedene kurze textilpraktische Übungen statt, in denen textile Lernartefakte entstanden oder verwendet wurden. Diese Übungen beschreibe ich als materialisierte bzw. verkörperlichte Botschaften. Die Lernenden sollen am eigenen Körper beispielsweise textile Herstellungsprozesse nachvollziehen. Diese körperlichen Praktiken können, je nach sozio-materiellen Arrangement, stark moralisierend und aufgeladen sein und Betroffenheit erzeugen, um junge Menschen zu verantwortungsvollen Konsument:innen zu machen. Sie sollen subjektivierend wirken, wobei sich nicht vorhersagen lässt, wie diese von den Lernenden subjektiviert werden. Gewaltvolle Situationen und Mitleid können in ein ambivalentes Verhältnis zu Spaß an einer körperlichen, textilpraktischen oder sportlichen Aktivität und Leistung treten. Dies bedarf einerseits einer ethischen Reflexion und gleichzeitig ist didaktisch zu hinterfragen, ob das zu Erlernende mit diesem Vorgehen erreicht werden kann oder ob es nicht eher zu Abwehr führt. Mit dem Abarbeiten von Aufgaben wird zudem an einem außerschulischen Lernort eine schulische Leistungsordnung reproduziert, anstatt vielleicht den Raum für Diskussion und Auseinandersetzung im Sinne einer emanzipativen BNE zu öffnen.

Im Forschungsprozess waren die Schulprojekte für mich als außerschulische Vermittlerin das ‚Andere', das ‚Neue' und haben mich daher in der Auseinandersetzung am meisten fasziniert. Ich habe zwar nur einen kleinen Einblick erhalten, bin aber dennoch einer sozialen Praxis mit ihren Praxis-/Diskursformationen, Artefakten und Subjekten begegnet, wie sie in Variationen vermutlich auch an anderen Schulen und Orten sichtbar wird. In der sozialen Arena, in der sich die textile Vermittlung und BNE begegnen, finden sich sicherlich noch viele weitere Projekte – sicherlich auch solche, die sich noch stärker an dem BNE-Ideal ‚Partizipation' orientieren oder Handlungsalternativen wie gemeinsame Reparaturwerkstätten entwickeln. Mein Sample ist im Prozess entstanden. Es war durch mein Umfeld, meine Kontakte und meine Forschungsinteressen bestimmt. Wenn ich neue Orte betreten habe, war nicht immer abzusehen, was mich erwartet. Aber ich habe mich im Rückblick auf meine Begegnungen im Feld gefragt: Wo sind die kollektiven Projekte? Wo sind die gemeinsamen Aushandlungsprozesse?[2] Bei fast allen Begegnungen stellten die Schüler:innen individuelle Artefakte her. Lediglich beim FREI DAY arbeiteten die Schüler:innen in Kleingruppen an einem Artefakt. Es gab kein Projekt, in dem eine ganze Lerngruppe in einen kollektiven Produktions- oder Aushandlungsprozess eintrat. Für weitere Forschung könnte es interessant sein, genau nach solchen kollektiven Projekten zu suchen, in denen ein Vorgehen gemeinsam ausgehandelt wird und nicht nur individuelle Produkte entstehen.

14.2 Textile Vermittlungspraxis reflektieren und weiterdenken

Die zu Beginn eingeführten Praxistheorien ermöglichen es Vermittlungssituationen als ‚sozio-materielle Arrangements' zu erfassen. Mit ihnen können sowohl Stabilität als auch Varianz beschrieben und pädagogische und didaktische Normen

[2] Der Beginn meiner ethnografischen Feldforschung fiel in die Zeit der Corona-Pandemie, weshalb an kollektive Vorhaben anfangs nur schwer zu denken war. Die Umsetzung des FREI DAY wäre durchaus in gemeinschaftlichen Projekten denkbar gewesen, wie sie auch zu anderen Themenkomplexen stattfanden.

deutlich werden (Breidenstein 2021: 937). Konkrete Elemente der (vermeintlichen) Stabilisierung des Textilunterrichts in den von mir beschriebenen ethnografischen Sequenzen sind die Herstellung von ‚nutzbaren' Produkten, die mit adäquaten Anleitungen, persönlicher Unterstützung sowie mit einer unterrichtlich inszenierten Gestaltung des Raums verbunden sind. Die Produkte und die damit erlernten Praktiken, wie das ‚Upcycling', bieten eine Handlungsoption in einer von Unsicherheiten und Komplexität geprägten und dadurch als bedrohlich empfundenen globalisierten Welt. Eine klare Aufgabenstellung, spezifische Raumpraktiken und Materialarrangements sowie die helfende Lehrkraft wirken dabei stabilisierend und sollten dazu beitragen, dass nutzbare Gegenstände entstehen. Diskussionen über Inhalte waren so meist nicht notwendig, wurden vielleicht auch vermieden.

Stabilität und Ungewissheit

Die anzufertigenden Artefakte stabilisieren nicht nur eine schulische Leistungsordnung, die Lernenden zu ‚Fähigkeitenbündeln' macht, sondern sie stabilisieren auch eine wirtschaftliche Ordnung des Produzierens und Konsumierens. Dabei werden dem textilpraktischen Arbeiten verschiedene didaktische Funktionen zugesprochen, wie die Schulung der Feinmotorik, das Produzieren zu lernen, eine berufliche Orientierung oder die richtigen Konsumentscheidungen zu treffen. Damit bewegt sich die textile Vermittlungspraxis mit der Produktion von nützlichen Artefakten und dem Hervorbringen von fähigen Schüler:innen in einem Bereich der Funktionalisierung von Bildung und es kann von einer instrumentellen BNE (Vare/Scott 2007) gesprochen werden. Werden die Praktiken und Artefakte in einer künstlerisch-ästhetischen Praxis verortet, entstehen andere Sinn- und Bedeutungskonstruktionen, die eine Auseinandersetzung mit ‚Sich' und der Welt ermöglichen. Während des Bedruckens von T-Shirts im Grundschulprojekt (Kapitel 11) wurden Aktivitäten sichtbar, in denen sich Druckprojekte zu freien Gestaltungsprozessen entwickelten und dabei eine individuelle Auseinandersetzung der Lernenden mit den textilen Objekten zugelassen wurde. Sowohl in der BNE als auch in der Textilen Bildung gibt es Ansätze, die stärker instruktiv arbeiten und solche, die eine Selbstermächtigung anstreben. Dabei ist es relevant, die Ungewissheit des pädagogischen Handelns auch in der textilen Vermittlungspraxis nicht als Bedrohung, sondern vielleicht auch als Bereicherung zu empfinden. Denn erst Irritationen oder – in der Sprache der PEA ‚lingering Gaps' – führen in der transaktionalen Lerntheorie (Kapitel 12) zu Momenten des Lernens.

Die Lehrkräfte äußerten in kurzen ethnografischen Gesprächen, in denen ich als Expert:in adressiert wurde, oft den Wunsch, Aussagen zu nachhaltigen oder nicht-nachhaltigen Produkten und Praktiken machen zu können. Sie fühlten sich selbst oftmals nicht in der Lage, Aussagen zu treffen, weshalb die Diskussion nicht Teil des Unterrichts wurde. In diesem Moment der Unsicherheit bestünde die Gefahr, die schulische Ordnung zu destabilisieren. Unterrichtsmaterialien und textile Produkte bieten geordnete Beschreibungen und eindeutige Handlungsoptionen. Dilemmata müssen somit in Verbindung mit der textilen Vermittlungspraxis weniger besprochen und auch nicht moderiert werden. Unsicherheiten werden durch gute Vorbereitung und Struktur vermieden.

Die Produktion der Dinge findet nach bestimmten Regeln statt, wie der Wahl eines passenden Fadens zu einem Stoff. Entspricht etwas nicht den textilen Konventionen, wird es in den meisten meiner Beobachtungen wieder aufgetrennt. Der Fehler wird rückgängig gemacht. Die fertiggestellten textilen Produkte werden zu einem Zeichen für Fleiß, Ordnung und Engagement, wie sie es auch schon in der Vergangenheit waren. Eine Idee des perfekten, nutzbaren Produkts ist im Aufeinandertreffen der Praxis-/Diskursformation des nachhaltigen Konsums und des textilen Produzierens gut zu vereinen.

Das nicht perfekte Produkt kann mit der Angst vor einem Statusverlust verbunden sein. Martina Hasenfratz (2018) beschreibt das anschaulich in einem Text zur Nachhaltigkeit der Dinge am Beispiel von Mobilitätsentscheidung: Sie stellt die Entscheidungen einen SUV zu fahren, als „Angst vor Statusverlust und Lebensveränderung" verschiedenen Praktiken der Nachhaltigkeit gegenüber, die diesem Perfektionismus als „Kultur der Improvisation" oder als „Ideal des Kaputten" gegenüberstehen (Hasenfratz 2018: 114). Unsicherheit oder Imperfektion sind auch für die Lehrkräfte während meiner Besuche mit einer Angst vor Statusverlust verbunden. Das Unvorhersehbare und Unbekannte wird vermieden. Die Lehrenden probieren die Techniken und Gestaltungsverfahren im Vorfeld aus, um Fehler bei der Herstellung eines nützlichen Produkts vorhersehen zu können und bei den Lernenden zu vermeiden. Dieses Vorgehen ist mit einer engen Betreuung und mit mehr Instruktion statt Emanzipation verbunden. In der Forschung wird der unsichere Ausgang des pädagogischen Handels auch mit den Begriffen „Kontingenz" oder „Ungewissheit" (Paseka et al. 2018: 1) beschrieben. Ich sehe einen weiteren Forschungsbedarf zum Umgang mit Ungewissheit in der textilen Vermittlungspraxis auf verschiedenen Ebenen: Ungewissheit gibt es nicht nur in Bezug auf die Herausforderungen der nachhaltigen Entwicklung, sondern auch auf den Ausgang des Produktionsprozesses und auf den Verlauf der pädagogischen Handlung. Wie *wird* mit der Ungewissheit im textilpraktischen Handeln umgegangen? Wie *kann* damit umgegangen werden? Was bedeutet das für die Professionalisierung von Lehrkräften, die mit Textil arbeiten werden/möchten? Wie können Ergebnisse aus anderen pädagogischen Feldern zur Ungewissheit auf das textile Arbeiten übertragen werden?

Die Kontingenz des Lernens als konstruktiv wahrzunehmen und Ungewissheit anzuerkennen, könnte ein erster Schritt sein, um BNE politischer zu denken oder Entscheiden und Urteilen gemeinsam zu erproben. „Entscheidend ist zunächst, den Lernenden die Gelegenheit zu geben, möglichst frei zu reflektieren und zu eigenen Gründen und Positionen zu kommen“ (Redecker 2020: 66). Mit einer präzisen Vorbereitung der Lehrkräfte auf mögliche Verläufe, Argumente und darzustellende Handlungsoptionen, wie dem Upcycling, sind Positionen und Gründe oftmals bereits im Raum, bevor die Schüler:innen die Chance haben, sie selbst zu entwickeln.

Bedarf ‚Upcycling‘

Sowohl meine digitale Umfrage als auch meine Sammlung von Artefakten und meine Begegnungen im Feld weisen darauf hin, dass das ‚Upcycling‘ als geeignetes didaktisches Konzept für die textile Vermittlungspraxis in der BNE angesehen wird. Textile Projekte zur Um- und Weiternutzung von Textilien, in der Alltagssprache als ‚Upcycling‘ oder auch als ‚Remake‘-Projekt bezeichnet, sind leicht umzusetzen und es finden sich zahlreiche Anleitungen und Tutorials in Büchern und im Internet. Diese Praxis entspricht dem Anspruch einer schulischen Aufgabe und lässt sich in der Schwierigkeit und Offenheit variieren. Es können nahezu identische Produkte nach genauer Anleitung (Werkstatt Müll:cycling) oder im Prozess aus dem Material heraus entwickelte Artefakte (z. B. das Oberteil der Schaufensterpuppe) entstehen. Die Fokussierung auf die Praxis der Um- und Weiternutzung birgt dabei die Gefahr, der Ergebnisorientierung und des Simulierens einer eindeutigen Lösung in den Vordergrund zu stellen. Mit einfachen DIY-Projekten kann die textile Vermittlungspraxis im Kontext BNE funktionalisierend und individualisierend wirken und zu einer Entpolitisierung der globalen Herausforderungen beitragen. Zugleich kann das Arbeiten mit mitgebrachten Textilien aus den Haushalten distinktiv wirken (Kapitel 11) und defizitäre Zuschreibungspraktiken reproduzieren. Dies sollte in einer Reflexion wahrgenommen und konzeptionell berücksichtigt werden. Beispielsweise könnten das kollektive Sammeln der Textilien oder die Auseinandersetzung mit textilen Fundstücken der Schule (Ministerium für Bildung,

Wissenschaft und Kultur des Landes Schleswig-Holstein 2022b: 33 f.)[3] Ausgangspunkt für gemeinsame Überlegungen zur Weiter- und Umnutzung von Textilien, eine Alternative zu Produkten nach den Anleitungen von zumeist weißen, weiblich gelesenen jungen Frauen, darstellen. Dabei können die Um- und Weiternutzungen und auch Reparaturverfahren nicht nur anleitend, instruktiv, sondern auch prozess- und ergebnisoffen gedacht werden, wenn eine ‚Kultur der Improvisation' und das nicht-perfekte Artefakt in der sozialen Praxis auch anerkennbar wird. Hier gilt es, Konzepte, beispielsweise in Lehr-Lern-Laboren, weiter zu erproben. Dabei könnten Fragen, die sich aktuell die Vermittelnden und Lehrenden oftmals alleine stellen, wie beispielsweise, ob Textilien nicht zu wertvoll sind, um sie in einem Lernprozess zu verschwenden, mit der Lerngruppe diskutiert werden, um ggf. gemeinsam verschiedene Möglichkeiten zur Weiter- und Umnutzung zu entwickeln.

Elemente im textilen Lernprozess

In Kapitel 12 erprobe ich das methodische Vorgehen der transaktionalen Lerntheorie und kann damit verschiedene Transaktanten im Prozess identifizieren – also entscheidende Beteiligte im Lernprozess im Umgang mit der textilen Materialität. Meine Analyse, angelehnt an die „Practical Epistemology Analysis" (Wickman 2012; Hofverberg/Maivorsdotter 2018), macht deutlich, dass in der textilen Vermittlungspraxis mehr passiert, als das Einüben von nachhaltigen Handlungsoptionen. Es wurden verschiedene Elemente nachvollziehbar, die in der Situation zusammenwirken. Ich konnte anhand von zwei Fallbeispielen fünf sich überlagernde Dimensionen der Transaktion beschreiben. Zunächst zeigen sich in den Beispielen drei Kategorien des Transagierens nach Hofverberg und Maivorsdotter (2018): Das Transagieren

- mit der Idee eines textilen Produkts,
- mit den Eigenschaften eines Materials und
- mit der textilen (Remake-)Technik.

Ich habe die Betrachtung der Analyse erweitert und mithilfe verschiedener Mappingstrategien weitere Formen des Transagierens dargestellt. Sie überlagern sich in der

[3] Auch dieser Vorschlag ist eher einem instrumentellen Ansatz der BNE zuordnen. Es ist bereits ein genaues Vorgehen, wie ein Interview mit dem Hausmeister oder ein Fundsachenkatalog vorgedacht, um den Unterrichtsverlauf zu stabilisieren und den jungen Menschen die Botschaft mit auf den Weg zu geben, dass sie sorgsamer mit ihren Dingen umgehen. Was wäre, wenn man einfach nur die Fundsachen in einer Lerngruppe sichtet und gemeinsam überlegt, wie man sich ausgehend von diesen beispielsweise sechs Wochen damit beschäftigen möchte?

Transaktion mit den zuvor beschriebenen Kategorien. Ich habe sie daher als Dimensionen der Transaktion beschrieben. In der transaktionalen Handlung zwischen den Schüler:innen und den entstehenden Artefakten habe ich:

- zum einen das Transagieren mit der schulischen Aufgabe und
- zum anderen das Transagieren mit der Materialität im Raum, wie zum Beispiel mit Hilfsmitteln, Maschinen oder Werkzeugen,

als entscheidende weitere Elemente im Lernprozess eingeordnet. Diese Mikroperspektive auf die textile Vermittlungspraxis macht deutlich, dass ein textiler Lernprozess auch ein intensiver Gestaltungs- und Aushandlungsprozess ist, an dem verschiedene Elemente wechselseitig beteiligt sind. Diese können bewusst wahrgenommen und in die Gestaltung von Lehr- und Lernsituationen im Kontext BNE und Textil einbezogen werden. Wenn es gelingt, dass die Lernenden in eine intensive Auseinandersetzung zwischen Mensch und Material gelangen, kann, mit den Worten Tim Ingolds (2013), von einer Korrespondenz und einem „skilled System" gesprochen werden.

Das erweiterte Modell der „Practical Epistemology Analysis" kann zur Beobachtung von schulischen Vermittlungsprozessen in der Professionalisierung von angehenden Lehrkräften genutzt werden und zur Reflexion der verschiedenen Dimensionen der Bedeutungskonstruktion im Verlauf eines Lern- und Gestaltungsprozesses beitragen. Womöglich lassen sich auch über die Analyse weiterer Beispiele in anderen sozio-kulturellen Arrangements ergänzende Dimensionen beschreiben. Im Betrachten der Mensch-Material-Beziehung im Lernprozess wurde auch deutlich, dass nicht nur eine in Tim Ingolds Konzept „Korrespondenz" zwischen Mensch und Material stattfindet, sondern dass eine Vielzahl anderer Akteur:innen, wie Familien, potenzielle Geschenke-Empfänger:innen und die Lehrkraft sowie die Urteile der Mitschüler:innen involviert sind. Dabei ist es für Vermittler.innen relevant, wahrzunehmen, inwiefern sie die Auseinandersetzung zwischen Material und Lernenden durch Rauminszenierung, Aufgabenstellung und Erwartungen steuern (Odgard 2012). Textile Lernräume erscheinen als besondere Lernräume, die für eine offene Auseinandersetzung mehr oder weniger förderlich sein können. Welche Lehr-Lern-Räume sind für die Auseinandersetzung mit den Dingen geeignet? Lehr-Lern-Labore oder Ästhetische Werkstätten erscheinen als geeignete Orte für weitere Forschungsvorhaben unter Berücksichtigung der forschenden Ansätze des transaktionalen Lernens.

Dabei ist es ein Ziel dieser Arbeit darzustellen, dass eben nicht nur Projekte, die explizit Ressourcenschutz oder nachhaltigen Konsum in den Vordergrund stellen, Beiträge zu einer BNE sein können, sondern auch diejenigen, die sich ergebnisoffen mit Gestaltungsprozessen auseinandersetzen. Projekte, die Reflexion ermöglichen, Dilemmata offenlegen und die durch Momente der Irritation Lernen im Sinne des transaktionalen Lernens ermöglichen, schaffen die Voraussetzung für eine Auseinandersetzung mit sozio-kultureller Materialität und mit der mit ihr verbundenen Welt.

14.3 BNE, Bildung und die materielle Kultur

In dieser Studie wird sichtbar, dass BNE im Alltag noch häufig auf Praktiken des nachhaltigen Konsums reduziert wird und dass diese Reduktion Probleme mit sich bringt. Eine Reflexion des Umgangs mit den Dingen, die alltäglich hergestellt, verwendet, verbraucht, weitergegeben und entsorgt werden, erscheint elementar für eine Auseinandersetzung mit den Möglichkeiten einer nachhaltigen Entwicklung oder einer Transformation der Gesellschaft. Textile Dinge und Produkte werden im Kontext BNE oftmals zu Impulsen für inhaltliches Lernen oder sie illustrieren eine inhaltliche Botschaft, die zu einer Objektivierung, Individualisierung und Entpolitisierung der Herausforderungen der nachhaltigen Entwicklung führen kann (Kapitel 5). Dabei können die Dinge im Unterricht zu Lernartefakten, Konsumprodukten oder gestalteten Objekten werden (Kapitel 10), die wiederum mit unterschiedlichen Aufforderungen und Subjektivierungsweisen verbunden sind. Wird das Lernen auf die Weitergabe von Informationen zu textilen Techniken, Rohstoffgewinnung oder ressourcenschonender Nutzung beschränkt, bleiben potentielle Momente des Lernens verschlossen.

Ingolfur Blühdorn beschreibt die Gleichzeitigkeit eines „nie dagewesenen Wissensstandes über – und öffentlichen Bewusstseins von – ökologische(n) und klimatische(n) Veränderungen, ihre(n) Ursachen und ihre(n) Auswirkungen" und eine „entschiedenen Verteidigung von Strukturen und Lebensweisen, die bekanntermaßen ökologisch und sozial zerstörerisch sind" (Blühdorn 2020: 66).

Im Kontext Schule schien es mir im Verlauf des Forschungsprozesses ähnlich: Einerseits sind viele Herausforderungen und Probleme bekannt, gleichzeitig tragen soziale Praktiken immer wieder dazu bei, vorhandene soziale Ordnungen zu stabilisieren. Gründe, die Blühdorn für diese Gleichzeitigkeit anführt, sind die Objektivierung durch Wissenschaftlichkeit und die Individualisierung von Problemen. Fragen der Nachhaltigkeit werden als wissenschaftliche, technologische, ökonomische oder administrative Fragen bearbeitet und normative Fragen vermieden (Blühdorn 2020: 93). Blühdorn weist darauf hin, dass Umweltprobleme „im

Kern immer die gesellschaftlich wahrgenommene und als inakzeptabel empfundene Verletzung bestimmter Normen und Erwartungen“ (Blühdorn 2020: 93) sind und dass nachhaltigkeitspolitische Zentralfragen nicht wissenschaftlich zu klären sind, sondern „eine Angelegenheit sozialer Normen und politischer Entscheidungen“ (Blühdorn 2020: 94) sind. Um die Auseinandersetzung mit sozialen Normen und gesellschaftlichen Voraussetzungen wahrnehmen und reflektieren zu können, erscheint eine kultur- und gesellschaftswissenschaftliche Perspektive hilfreich und notwendig. Kulturwissenschaftliche Auseinandersetzung und das Befragen der materiellen Kultur können dabei einen wertvollen Beitrag für die Weiterentwicklung der BNE sein. Nachhaltigkeit kann, ausgehend von den Dingen und ihren mehrdimensionalen Verknüpfungen, als nicht eindeutiges und vielleicht umstrittenes Konzept diskutiert werden. Denn erst, wenn soziale Normen und Wertvorstellungen, die mit spezifischen Praktiken und Artefakten verbunden sind, transparent sind, können diese auch ausgehandelt werden.

Die Dinge verweisen einerseits auf Herstellungsverfahren, Rohstoffe und damit verbundene Menschen, die auch weiterhin einen Platz im Unterricht haben sollten, aber sie verweisen auch auf vergangene Produktionsverfahren und Handelswege, wie das Beispiel des ‚blutenden Baums‘ aus der Werkstatt ‚Drei Stoffe‘ zeigt (Kapitel 13). Textile Dinge, aber auch Dinge wie ein Handy, ein Auto oder ein Haus, sind für Träger:innen oder Besitzer:innen ein Symbol für Lebensstil und immer mit einer Form der Destinktion verbunden. Auch dies gilt es zu reflektieren und gemeinsam zu besprechen. Die Didaktik der textilen Sachkultur und andere mehrperspektivische Ansätze aus der Textildidaktik zeigen Wege auf, wie die Dinge z. B. mit didaktischen Leitfragen (Köller 1997/2020: 35) untersucht werden können. Dabei geht es einerseits um textilpraktisches Umgehen mit den Artefakten und andererseits um eine weiterführende, forschende Auseinandersetzung mit den Gegenständen des Alltags.

Die materielle Kultur und das damit verbundene Forschungsfeld zeigt, wie man Dinge befragen kann und dadurch mit und von ihnen lernen kann (u. a. Mentges/Schack/Jenß 2005, Woodward 2016). Die Vermittler:innen und Didaktiker:innen des Unterrichtsfachs ‚Textil‘ haben parallel zu und zusammen mit anderen gestaltenden Schulfächern Konzepte entwickelt, die die Dinge und die Mensch-Material-Beziehung stärker in den Vordergrund rücken (z. B. Köller 1999, Becker 2007, Kämpf-Jansen 2012, Kämpf-Jansen/Czaplinsiki 2007, Götsch 2023, Mörgeli 2024, Eichelberger 2014: 35 ff.). Die ästhetische-gestalterische Auseinandersetzung bietet eine Chance das Themenfeld BNE mehrdimensional und das Nicht-Normative anerkennend zu bearbeiten. Sowohl für die BNE als auch für die textile Vermittlung stellt sich die Frage, welche Form der Bildung erreicht werden soll.

Der Bildungswissenschaftler Gerd Biesta (2022) begreift „educational questions“ als fundamental existentielle Fragen (90), als “Questions about our existence ‚in‘ and ‚with‘ the world, natural and social, and not just our existence with ourselves” (90 f.). Er beschreibt das Lernen als „Gestik“ (gesture) der Bedeutungskonstruktion und des Verstehens, das sich von den Lernenden auf die Welt bezieht und folgert im Umkehrschluss, dass es eine weitere „Gestik“ gibt, die sich in die andere Richtung von der Welt auf die Lernenden bezieht. Beide Richtungen sind relevant:

> While we may be familiar with the idea that people speak to us, address us, ask us questions, and even question us, the idea that the world „in general“ speaks to us and may be asking something from us, may sound a little less familiar, particularly when, as I have done, the world is not just the social world but also the natural world, that is, the world of animate and inanimate things.
>
> (Biesta 2022: 92)

Er entwickelt die ‚world-centered education‘ als etwas, das zwischen einer kind- bzw. lernendenorientierten Bildung und einer lehrplanorientierten Bildung liegt (Biesta 2022: 90). Indem er sich (auch) auf John Dewey und sein Verständnis von Lernen bezieht, macht er deutlich, dass Vermittlung beides benötigt. In seiner Idee ist die Welt nicht nur Objekt des Lernens, Verstehens und Untersuchens, sondern die Welt “exists in its own right and its own integrity” (Biesta 2022: 91). Das bedeutet, die Lernenden und damit auch die Vermittelnden, sollten eine Offenheit für die Fragen, die die Welt an sie stellt, entwickeln. Somit kann es in der Vermittlung der Textilen Bildung und der BNE nicht nur darum gehen, dass Welt von uns gestaltet oder bewertet wird, wie es die Begriffe der Gestaltungs- und/oder Handlungs- und Bewertungskompetenz (de Haan 2008a; Schreiber et al. 2016: 88) nahelegen, sondern es geht um die Fähigkeit, sich auf die Welt einzulassen. Gerd Biesta (2022) schlägt vor, dass Lehrende nicht das ‚Ich‘ adressieren, sondern dass sie den Blick der Lernenden auf die Welt richten, damit die Welt die Lernenden unterrichten kann (Biesta 2022: 92). Und hier scheint die textile Welt oder in der Erweiterung auch die materielle Kultur ein geeigneter Ausgangspunkt. Indem die Dinge nicht einfach genutzt werden, um zu (vermeintlich) sinnvollen Produkten zusammengefügt zu werden, können sie Fragen stellen. Die Dinge stellen Fragen an die Lernenden und die Lernenden stellen Fragen an die Dinge. Wenn wir die Dinge lassen, können sie uns etwas zeigen. Klara beschreibt es in Kapitel 10, über das Zerlegen einer alten Sporttasche. Das Zerlegen ist bei ihr zunächst funktional, aber gleichzeitig befragt sie das Ding nach seinen Eigenschaften und seinen Bestandteilen und teilt das Erfahrene mit den Lernenden. Sie nimmt das Ding nicht nur in seinen Bedeutungszuschreibungen als Tasche und im zweiten Schritt als aussortierte, möglicherweise nicht mehr funktionale Tasche wahr, sondern als ein Ding, das aus mehreren Dingen besteht. Gerd Biesta unterscheidet zwischen Aufmerksamkeit (attention) und Intention (intention) (Biesta 2022: 95). Aufmerksam sein hat dabei weniger damit zu tun, die Absicht zu verfolgen etwas wahrzunehmen – „attention without intention" (Biesta 2022: 95) –, sondern es bedeutet vielmehr die Offenheit zu haben, von etwas berührt, erreicht bzw. betroffen zu werden. Diese Offenheit kann durch die Gestaltung der Lehr-Lern-Arrangements unterstützt werden. Akteur:innen, die Bildung und Bildung für nachhaltige Entwicklung gestalten wollen, Menschen, die vermittelnd arbeiten wollen, sollten daher für sich klären, wie sie die Welt für die Lernenden (Biesta 2022: 92) repräsentieren möchten. Wie kann eine Offenheit und Aufmerksamkeit geschaffen werden, damit wir von und mit der (textilen) Welt lernen können?

14.4 Methodologische Reflexion

Ausgehend von der Situationsanalyse habe ich die Situation des Aufeinandertreffens von textiler Vermittlungspraxis und Bildung für nachhaltige Entwicklung als ein relationales Gefüge in seiner raum-zeitlichen Situiertheit (Clarke et al. 2018) beschrieben, das von verschiedenen Praxis-/Diskursformationen durchwoben wird (Kapitel 8). Die beschriebene Situation ist eine von mir definierte Situation, die ich aus meiner Position als BNE-Multiplikatorin und wissenschaftliche Mitarbeiterin in einem kulturwissenschaftlichen Fach wahrnehme und zum Problem bzw. zum beschreibenden Phänomen mache. Im Schreibprozess habe ich drei, sich ergänzende theoretische Konzepte angewendet, um das Phänomen analytisch zu beschreiben:

- die Situationsanalyse von Adele Clarke und ihren Kolleg:innen (Clarke et al. 2018),
- die Praxistheorie mit dem „Quadrat der Kulturanalyse" von Andreas Reckwitz (2016), ergänzt durch weitere praxistheoretische Ansätze der Bildungsforschung (u. a. Breidenstein 2021), sowie
- die transaktionale Lerntheorie aus der skandinavischen Fachdidaktik (Wickman 2012a; Hofverberg 2022).

Die Forschungsperspektiven beziehen sich – neben weiteren Gemeinsamkeiten – einerseits auf den amerikanischen Pragmatismus und damit auf eine raum-zeitlich übergreifende Definition der Situation nach John Dewey und zudem auf die

Akteurs-Netzwerk-Theorie von Bruno Latour. Diese beiden Elemente erscheinen mir für meinen Forschungsprozess, verbunden mit diskursanalytischen Annahmen und Reflexionen von Macht- und Herrschaftsverhältnissen, elementar, um textile Vermittlung in Schulkulturen der Nachhaltigkeit zu betrachten. Die Situationsanalyse und die Praxistheorie binden über die Akteurs-Netzwerk-Theorie den Gedanken des Zusammenwirkens nicht-menschlicher und menschlicher Elemente in einer Situation ein und stellen damit einen Bezug zur Materialität und Körperlichkeit her. Beide Konzepte beziehen sich zudem auf die Produktion und Aushandlungen von Diskursen in einer Situation und boten mir verschiedene analytische Werkzeuge an. Im Verlauf des Textes bin ich, ausgehend von der Komplexität der Gesamtsituation, immer weiter in die Mikroperspektive des transaktionalen Lernprozesses hineingezoomt, um das Phänomen der textilen Vermittlungspraxis in seinen unterschiedlichen Dimensionen zu beschreiben. Während die Praxistheorie es ermöglichte, Elemente zu beschreiben, die zu einer Stabilisierung der sozialen Praxis beitragen, lag die Stärke der Situationsanalyse darin, die Komplexität der Situation zu erfassen und Irritationen und das Unsagbare zu beleuchten. In Kombination mit der transaktionalen Lerntheorie konnte die Mappingstrategie der Situationsanalyse dazu beitragen, zahlreiche Elemente sichtbar zu machen, die im Voranschreiten eines Lern- und Gestaltungsprozesses involviert sind. Die transaktionale Lerntheorie machte beschreibbar, wie eine Unterbrechung von Routinen ein Lernen bestimmen kann. Sie zeigt, wie Irritationen und Unsicherheiten zum Lernen beitragen können.

Im Prozess habe ich eine Kombination dieser Analyse mit dem autoethnografischen Schreiben erprobt und im performativen Forschungsprozess eigene Verfahren des Analysierens und Schreibens entwickelt. Die Autoethnografie ist dabei ein narrativer Rahmen mit punktuellen Einschüben in Form von Forschungsnotizen für diese Studie geworden. Ich habe die Arbeit mit meiner eigenen Positioniertheit zur BNE begonnen und werde mit einer autoethnografischen Reflexion enden.

Open Access Dieses Kapitel wird unter der Creative Commons Namensnennung 4.0 International Lizenz (http://creativecommons.org/licenses/by/4.0/deed.de) veröffentlicht, welche die Nutzung, Vervielfältigung, Bearbeitung, Verbreitung und Wiedergabe in jeglichem Medium und Format erlaubt, sofern Sie den/die ursprünglichen Autor(en) und die Quelle ordnungsgemäß nennen, einen Link zur Creative Commons Lizenz beifügen und angeben, ob Änderungen vorgenommen wurden.

Die in diesem Kapitel enthaltenen Bilder und sonstiges Drittmaterial unterliegen ebenfalls der genannten Creative Commons Lizenz, sofern sich aus der Abbildungslegende nichts anderes ergibt. Sofern das betreffende Material nicht unter der genannten Creative Commons Lizenz steht und die betreffende Handlung nicht nach gesetzlichen Vorschriften erlaubt ist, ist für die oben aufgeführten Weiterverwendungen des Materials die Einwilligung des jeweiligen Rechteinhabers einzuholen.

15 Abschluss

> It matters what matters we use to think other matters with; it matters what stories we tell to tell other stories with; it matters what knots knot knots, what thoughts think thoughts, what descriptions describe descriptions, what ties tie ties. It matters what stories make worlds, what worlds make stories.
>
> (Haraway 2016: 12)

Nach der Abgabe der Dissertation endet der performative Schreibprozess und der performative Leseprozess beginnt. Leser:innen werden Elemente aus meinen Beschreibungen aufnehmen und andere ignorieren, diskutieren oder verlieren.

Im Laufe der Forschung wanderte ich von der außerschulischen Bildung in die staatlichen Institutionen, vom ‚Einfach-mal-machen' zum alles Be- und Umdenken, vom Allgemeinen ins Textile. Ich bin verschiedene Pfade durch die Erfahrungswelten der Universität, der schulischen Bildung und Forschung gegangen. Auf mehr als 500 Seiten Forschungstagebuch haben sich emotionale, körperliche und materielle Erfahrungen angesammelt. Neue Eindrücke aus der schulischen Beobachtung haben dabei alte Eindrücke aus meiner eigenen Arbeit verdrängt.

Zu Beginn suchte ich in meinen Arbeitstitel(n) noch nach „Potenzialen" und „Synergien" zwischen Textiler Bildung und BNE. Suchte ich vielleicht nach Harmonie und Versöhnung für mein Arbeitsfeld? Die beschreibenden und analytischen Perspektiven der qualitativen Forschung lenkten mein Vorgehen hin zu einer kritisch-analytischen Perspektive, die nach Brüchen, Widersprüchen und Störungen sucht. Es ging immer mehr darum, die Praxis ernst zu nehmen und Herausforderungen in routinierten sozialen Vermittlungspraktiken zu erkennen und Reflexionsmomente für Forschung und Vermittlung in der BNE anzuregen.

Es war immer ein gedankliches Wechselspiel zwischen verschiedenen Positionen, zwischen eigenen Praktiken der Vermittlung und beschreibender Forschung.

© Der/die Autor(en) 2026

S. Jessen, *Textile Bildung in Schulkulturen der Nachhaltigkeit*, Schule und Gesellschaft 73, https://doi.org/10.1007/978-3-658-51463-1_15

In meinen Forschungsnotizen finden sich Aushandlungsprozesse mit mir selbst und meinen Erfahrungen, aber im finalen Dissertationstext konnte ich die autoethnografische Reflexion bzw. Präsenz nicht stringent durchhalten. Ist es die Angst vor dem ‚Sich-Darstellen'? Ist es die Angst andere Akteur:innen ungefragt zu (be-)nennen? Ist es die Faszination von dem Neuen, dem ‚Anderen', das mir im Feld begegnet ist? Durch Brechungen, wie den Forschungsnotizen, kleine gedankliche Einschübe oder sprachliche nicht-akademische Irritationen, möchte ich Leser:innen die Person der schreibenden Forschenden als ‚bescheidene Zeugin' nach Donna Harawy (1997/2018) immer wieder in Erinnerung rufen. Es soll deutlich bleiben, dass es sich um eine mehrdimensionale Annäherung an ein Phänomen handelt, das diskutiert, ergänzt oder umgedeutet werden kann, aber gleichzeitig unsere Aufmerksamkeit braucht.

Zu Beginn dieser Studie habe ich meine persönliche Involviertheit in die gesellschaftlich kulturelle Entwicklung einer Gesellschaft der Nachhaltigkeit bzw. Nicht-Nachhaltigkeit beschrieben. Es ging um eine Reflexion, wie meine Positioniertheit in der Gesellschaft eng mit meinem Erleben der gesellschaftlichen Veränderungsprozesse in Bezug auf eine nachhaltige Entwicklung verbunden ist. Gleichzeitig hoffe ich, dass die Beschreibungen ähnliche Überlegungen bei den Lesenden anregen. An welchen Stellen, in welchen Momenten haben sie sich mit einer Gesellschaft der Nachhaltigkeit verbunden gefühlt, an welchen wurden sie ausgeschlossen? BNE wurde für lange Zeiträume zu meiner ‚beruflichen Identität' und ist es mit dieser Forschungsarbeit immer noch. In manchen Momenten meines Schreibens und Analysierens kam mir die Auseinandersetzung jedoch vor wie ein ‚Abgesang' auf die Ideale, die ich mit einer BNE verbinde oder verbunden habe. Zu irgendeinem Zeitpunkt habe ich beschlossen, dass BNE der Weg sein kann, Schule ein bisschen besser zu machen. Denn mit dem politischen Anspruch, BNE zu implementieren, sind Institutionen mehr oder weniger gefordert, sich damit auseinanderzusetzen, wie sie das Lehren und Lernen zukünftig organisieren und gestalten wollen. Dabei hilft keine Forschungsarbeit, solange die grundsätzlichen Bedarfe einer Bildungsinstitution nicht abgedeckt sind. Solange Schulen und außerschulische Lernorte nicht ausreichend räumliche und personelle Ressourcen haben, um beispielsweise gemeinsam zu planen oder konzeptionell zu arbeiten, wird es schwer sein, (Gedanken-)Räume zu öffnen und Reflexion zu ermöglichen.

Im Schreibprozess begegnete mir immer wieder eine Spannung zwischen meinem Wunsch ‚einfach nur' vermittelnd tätig zu sein und der Präzision der Wissenschaftlichkeit. Im Schreibprozess kam ich an Punkte, an denen ich weiter und tiefer recherchieren hätte können, um Theorien klarer und (vielleicht auch) nachvollziehbarer zu formulieren. Ich habe mich dafür entschieden, die ‚gestalt' der Situation (Clarke et al. 2018) in ihrer Elastizität und Komplexität collagenhaft zu beschreiben. Meine Praxisperspektive aus der BNE hat mir vor allem in Kapitel 8 geholfen, die soziale Arena der Gesamtsituation zu umreißen. An anderen Stellen diente sie mir dazu, Variationen wiederkehrender Praktiken in der außerschulischen und schulischen Bildung zu sehen und Unterschiede zu erkennen. Was mich in meiner Auseinandersetzung immer wieder beschäftigt: Wie können Akteur:innen in verschiedenen Bildungsinstitutionen mit politischen Forderungen der BNE umgehen? Wie können Irritationen, Widersprüche und das Nicht-Normative in der Bildung mehr Stellenwert bekommen? Wie können Studierende, Schüler:innen und auch meine Kinder mit und in der Welt lernen, ohne stetig belehrt zu werden? Aktuelle Studien zur BNE zeigen, dass die stetige Wiederholung von Harmonie und Versöhnung durch positive Handlungsoptionen zu einer Stabilisierung, verbunden mit einer Entpolitisierung, beitragen. Dadurch brauchen Vermittler:innen, nicht nur in der Kunstvermittlung, ein „differenztheoretisch informiertes Verständnis von Subjekten" (Mörsch/Sturm 2020: 8) und eine „Einsicht der Unmöglichkeit des abschließenden Verstehens" (Mörsch/Sturm 2020: 8). Auch in der BNE und in der Schule im Allgemeinen ist die Einsicht, dass Erkenntnis begrenzt ist, dass es eine vollkommene Bestimmtheit nicht gibt und dass Wissen irgendwo zwischen den Dingen liegt, dringend notwendig. Weniger Perfektion, weniger Vollendung und, damit angelehnt an die world centered education von Gert Biesta (2022), ein stetig fragendes sich Einlassen auf Welt.

Akteure:innen können und dürfen bei ihrer Arbeit nicht die „Verstrickungen von Macht- und Herrschaftsverhältnissen" aus den Augen verlieren (Mörsch/Sturm 2020: 8), in die sie selbst eingebunden sind. Ob es nun um postkoloniale Verflechtungen der globalen Textilproduktion oder die Reproduktion von Ungleichheit in der Schule geht, eine stetige Reflexion der eigenen Positioniertheit in der Gesellschaft und der damit verbundenen impliziten Annahmen ist gefordert. Es sollte möglich sein, das Unsagbare auch mal auszusprechen und damit neue Wege des Lernens einzuschlagen, anstatt auf alten Pfaden der schulischen Ordnung zu bleiben und womöglich überkommene Tugenden von Weiblichkeit, Fleiß und Sparsamkeit in neuen Kontexten wie dem einer Gesellschaft mit dem Wunsch nach mehr Nachhaltigkeit zu reproduzieren.

Für mich stellt sich die Frage, wie bleibe ich als Vermittlerin in dieser Spannung zwischen Präzision, Irritation und Reflexion in der Vermittlungspraxis handlungsfähig? Als ich den Text zur Bildung für nachhaltige Entwicklung (Kapitel 2: Forschungsnotiz) 2022 für einen Unterrichtsentwurf geschrieben habe, schien er für meine Mitautor:innen zu komplex, um ihn mit den Praktiken im Schulalltag zu verbinden. Wie würde ich heute, Anfang 2025, Grundschullehrkräften BNE erklären oder wie binde ich BNE in der universitären Lehre für das Schulfach ‚Textiles Gestalten' ein? Wie gehe ich mit meiner inneren BNE-Checkliste bzw. mit meinem Fragekatalog in Zukunft um?

[...gedanklich blättere ich zurück, öffne die digitale Datei, schreibe weiter ...]

Den Text, um BNE zu beschreiben, könnte ich anpassen, möchte ich reduzieren. Ich möchte stärker auf die Bedeutung des allgemeinen Verständnisses von Bildung und Lernen eingehen. Fragen der Mehrdimensionalität, der Partizipation und des Umgangs mit Unsicherheiten sind für mich nach wie vor relevant, wenn nicht sogar brisant. Der abschließende Fragenkatalog in der Beschreibung scheint weiterhin hilfreich für Lehrkräfte, die BNE-Vorhaben mit wenig Zeit und Ressourcen umsetzen müssen. Gleichzeitig sehe ich die Möglichkeit bzw. Notwendigkeit, diesen Fragekatalog gemeinsam mit Studierenden und/oder Lehrkräften im Austausch konkreter auf die textilen Vermittlungspraktiken in der Schule weiterzuentwickeln. Fragenkataloge jedoch bergen die Gefahr, dass sie gedankenlos angewendet und abgehakt werden. Daher ist das, was Vorrang haben sollte, das Erlernen von Praktiken der Reflexion und der Meta-Reflexion. Das autoethnografische Schreiben ist dabei eine Form, wie sie auch schon von Petra Neuhold (2021) für die Lehrkräftebildung vorgeschlagen wird. Gerade im Hinblick auf die normativen Anforderungen einer BNE erweist sich ein autoethnografischer Schreibprozess, der auch in Form kleiner autoethnografischer Übungen durchgeführt werden kann, als eine konstruktive Möglichkeit. Er ermöglicht es Vermittler:innen im Bereich BNE, sich reflexiv mit den eigenen Verstrickungen in die gesellschaftlichen Annahmen zur nachhaltigen Entwicklung auseinanderzusetzen. Das autoethnografische Schreiben kann sich dabei mit verschiedenen Elementen beschäftigen: mit eigenen Lernerfahrungen oder erlebten Lernräumen, mit eigenen materiellen Auseinandersetzungen oder mit Emotionen im pädagogischen Handeln und dem individuellen Umgang mit Ungewissheit und Unsicherheit.

Und damit schließe ich mit dem Entwurf eines Fragenkatalogs, der als Orientierung für eine mögliche (auto-)ethnografische Schreibreflexion dienen kann.

- Eigene Position(en) im BNE-Diskurs reflektieren: Wo positioniere ich mich? Woher habe ich mein Wissen? Wie begründe ich diese Position(en)?

- Wo sind eigene Unsicherheiten und Dilemmata? Sie können transparent gemacht werden, anstatt sie über einfache Lösungsangebote auszublenden und damit eine nicht vorhandene Eindeutigkeit herzustellen.
- Das Lernangebot intersektional reflektieren: Wo entstehen in der Lerngruppe Differenzlinien, beispielsweise bezogen auf Geschlecht, Herkunft, Körper oder Leistung? Wie kann vermieden werden, dass das Arbeiten mit Textilien diese Differenzlinien unbemerkt verstärkt? Wie kann das Nicht-Normative im Lernprozess als positives didaktisches Moment anerkannt werden?
- Reflexion der Inszenierung der Räume und der hieraus entstehenden pädagogischen Strukturen.
- Welche Emotionen und Gefühle entstehen in der Auseinandersetzung mit BNE und textilen Artefakten? Irritationen sind Teil des Lernprozesses und können zugelassen und besprochen werden.
- Reflexion der eigenen Organisation (und ihrer Hierarchien und Machtverhältnisse): Wie kann mit vorhandenen Machtstrukturen konstruktiv umgegangen werden?
- Wie ist es möglich, sich auf Unsicherheit und Kontingenz im Lernprozess einzulassen? Wie kann Bereitschaft entstehen, gemeinsam neue Erkenntnisse zu gewinnen und zu diskutieren?

Open Access Dieses Kapitel wird unter der Creative Commons Namensnennung 4.0 International Lizenz (http://creativecommons.org/licenses/by/4.0/deed.de) veröffentlicht, welche die Nutzung, Vervielfältigung, Bearbeitung, Verbreitung und Wiedergabe in jeglichem Medium und Format erlaubt, sofern Sie den/die ursprünglichen Autor(en) und die Quelle ordnungsgemäß nennen, einen Link zur Creative Commons Lizenz beifügen und angeben, ob Änderungen vorgenommen wurden.

Die in diesem Kapitel enthaltenen Bilder und sonstiges Drittmaterial unterliegen ebenfalls der genannten Creative Commons Lizenz, sofern sich aus der Abbildungslegende nichts anderes ergibt. Sofern das betreffende Material nicht unter der genannten Creative Commons Lizenz steht und die betreffende Handlung nicht nach gesetzlichen Vorschriften erlaubt ist, ist für die oben aufgeführten Weiterverwendungen des Materials die Einwilligung des jeweiligen Rechteinhabers einzuholen.

Literatur – und Quellenverzeichnis

Adams, Tony E./Ellis, Carolyn/Bochner, Arthur P./Ploder, Andrea/Stadlbauer, Johanna (2020): Autoethnografie. In: Mey, Günter/Mruck, Katja (Hrsg.): Handbuch Qualitative Forschung in der Psychologie. Wiesbaden: Springer, 471–491.

African Square Co. (o. J.). SALE: Panyo-Stoff 2 Yards Muster 1956. https://www.african-sq.co.jp/catalog/products/detail.php?product_id=23220 [Zugriff: 08.02.2025].

Alkemeyer, Thomas/Buschmann, Nikolaus/Hamborg, Steffen/Sulmowski, Jedrzej Adam (2021): Das Imaginäre der Praxis: Kollektive Subjektivierung im Kontext nachhaltiger Entwicklung. In: Gesellschaft unter Spannung. Verhandlungen des 40. Kongresses der Deutschen Gesellschaft für Soziologie.

Anderson, Leon (2006): Analytic Autoethnography. In: Journal of Contemporary Ethnography 35, 4: 373–395.

Armstrong, Cosette/LeHew, Melody (2014): Barriers and Mechanisms for the Integration of Sustainability in Textile and Apparel Education: Stories from the Front Line. In: Fashion Practice 6, 1: 59–85.

Arndt, Ann-Kathrin (2022): Situierte Aushandlung und Differenzkonstruktion – Zuwendung zur Komplexität unterrichtsbezogener Kooperation von Regelschullehrkräften und Sonderpädagog*innen in inklusiven Schulen. Dissertationsschrift. Hannover: Gottfried Wilhelm Leibniz Universität Hannover.

Autor:innengruppe AEDiL (2022): Öffnung der Blackbox Hochschullehre durch kollaborative Autoethnografie. In: Meyer, Daniel/Reuter, Julia/Berli, Oliver (Hrsg.): Science Studies. Bielefeld: Transcript Verlag.

Becker-Leifhold, Carolin/Hirscher, Anja-Lisa (2019): Fashion Libraries as a Means for Sustainability Education – An Exploratory Case Study of Adolescents' Consumer Culture. In: Journal of Education for Sustainable Development 13, 2: 129–151.

Becker, Christian (2005): Bildungsziel: Kompetente Alltagsakteure – Textile Sachkultur als Basis schulischer Kompetenzentwicklung. In: ...textil... Jg. 2005, 2: 7–16.

Becker, Christian (2007): Häkeln oder was Bildungspotenziale und -perspektiven des Textilunterrichts. In: Hellmich, Frank (Hrsg.): Perspektiven für das Lehren und Lernen in der Grundschule. Theorie und Praxis der Grundschule. Baltmannsweiler: Schneider Verlag Hohengehren, 199–218.

Bernardes, João Pedro/Ferreira, F./Marques, A. D./Nogueira, M. (2018): „Do as I say, not as I do" – A systematic literature review on the attitude–behaviour gap towards sustainable

© Der/die Herausgeber bzw. der/die Autor(en) 2026
S. Jessen, *Textile Bildung in Schulkulturen der Nachhaltigkeit*, Schule und Gesellschaft 73, https://doi.org/10.1007/978-3-658-51463-1

consumption of Generation Y. In: IOP Conference Series: Materials Science and Engineering 459, 1: 012089.

Biesta, Gert J. J. (2022): World-centred education: A view for the present. New York: Routledge.

Birmingham Museum and Art Gallery (2012): Style Africa Exhibition 2012. In: Flickr. https://www.flickr.com/photos/birminghammag/6922014232/ [Zugriff: 08.02.2025].

Blühdorn, Ingolfur (2020): Die Gesellschaft der Nicht-Nachhaltigkeit: Skizze einer umweltsoziologischen Gegenwartsdiagnose. In: Blühdorn, Ingolfur/Butzlaff, Felix/Deflorian, Michael/Hausknost, Daniel/Mock, Mirijam (Hrsg.): Nachhaltige Nicht-Nachhaltigkeit: Warum die ökologische Transformation der Gesellschaft nicht stattfindet. 2. Aufl. Bielefeld: Transcript Verlag, 65–142.

Blühdorn, Ingolfur/Butzlaff, Felix/Deflorian, Michael/Hausknost, Daniel/Mock, Mirijam (2020): Nachhaltige Nicht-Nachhaltigkeit: Warum die ökologische Transformation der Gesellschaft nicht stattfindet. 2. Aufl. Bielefeld: Transcript Verlag.

Blumer, Herbert (1954): What is Wrong with Social Theory? In: American Sociological Review 19, 1: 3–10.

BMUV-Bildungsservice (2020): Umwelt im Unterricht: Umweltfreundlich konsumieren (Schülerheft/SEK). In: Umwelt im Unterricht. https://www.umwelt-im-unterricht.de/medien/dateien/umweltfreundlich-konsumieren-schuelerheft-sek-archiv [Zugriff: 03.03.2025].

BNE-Portal (2023): Tipps für einen nachhaltigeren Umgang mit Mode. In: BNE-Portal – BNE-Portal Kampagne. https://www.bne-portal.de/bne/de/news/nachhaltigkeit-und-mode.html [Zugriff: 31.07.2024].

Bohl, Sigrid (2023): Es ist nicht egal, was du tust – Ein Projekt von Studierenden der KPH Wien/Krems zum Thema Nachhaltigkeit, 2022. In: BÖKWE – Fachblatt für Kunst und Gestaltung, Technik und Design und Organ des Bundesverbandes Österreichischer Kunst- und Werkpädagogik 3: 22–24.

Bollenhagen, Britta/Fischer, Hanna (2018): Kreative Projekte zum textilen Gestalten. 7/10: 7.–10. Klasse: Hintergrundwissen und praktische Anleitungen. Buxtehude: Persen.

Bonanati, Marina (2022): Schüler*innenpraktiken im Kontext unterrichtlicher Leistungskonstruktionen. In: Bennewitz, Hedda/de Boer, Heike/Thiersch, Sven (Hrsg.): Handbuch der Forschung zu Schülerinnen und Schülern. Münster: Waxmann, 283–291.

Bönisch-Brednich, Brigitte (2012): Autoethnografie. In: Zeitschrift für Volkskunde 108, 1: 47–63.

Bonz, Jochen (2019): Ethnografisches Feldforschen als Einbindung anderer und eigener Wahrnehmungen und Wahrnehmungsweisen in den Diskurs. In: Bricolage: Innsbrucker Zeitschrift für Europäische Ethnologie 10: 163–184.

Bonz, Jochen/Eisch-Angus, Katharina/Hamm, Marion/Sülzle, Almut (Hrsg.) (2017): Ethnografie und Deutung: Gruppensupervision als Methode reflexiven Forschens. Wiesbaden: Springer.

Bormann, Inka/Haan, Gerhard de (Hrsg.) (2008): Kompetenzen der Bildung für nachhaltige Entwicklung: Operationalisierung, Messung, Rahmenbedingungen, Befunde. Wiesbaden: VS Verlag für Sozialwissenschaften.

Both, Göde (2015): Praktiken kartografieren: Was bringt Clarkes Situational Analysis für Praxeografien? In: Schäfer, Franka/Daniel, Anna/Hillebrandt, Frank (Hrsg.): Methoden einer Soziologie der Praxis. Bielefeld: Transcript Verlag, 197–214.

Bourdieu, Pierre (1987/2023): Die feinen Unterschiede: Kritik der gesellschaftlichen Urteilskraft. 29. Aufl. Frankfurt am Main: Suhrkamp.

Bourdieu, Pierre/Delsaut, Yvette (1975): Die neuen Kleider der Bourgeoisie. In: Kursbuch 42: 172–182.

Bradbury, Sarah/Middlemiss, Lucie (2015): The role of learning in sustainable communities of practice. In: Local Environment 20, 7: 796–810.

Breidenstein, Georg (2006): Teilnahme am Unterricht: Ethnographische Studien zum Schülerjob. Wiesbaden: VS Verlag für Sozialwissenschaften.

Breidenstein, Georg (2021): Interferierende Praktiken. In: Zeitschrift für Erziehungswissenschaft 24, 4: 933–953.

Breidenstein, Georg/Dorow, Sabine/Menzel, Christin/Rademacher, Sandra (2017): Die Organisation individualisierten Unterrichts. In: Breidenstein, Georg/Rademacher, Sandra (Hrsg.): Individualisierung und Kontrolle: Empirische Studien zum geöffneten Unterricht in der Grundschule. Wiesbaden: Springer, 17–73.

Breidenstein, Georg/Hirschauer, Stefan/Kalthoff, Herbert/Nieswand, Boris (2020): Ethnografie: Die Praxis der Feldforschung. 3. Aufl. München: UVK Verlag.

Breidenstein, Georg/Rademacher, Sandra (Hrsg.) (2017): Individualisierung und Kontrolle: Empirische Studien zum geöffneten Unterricht in der Grundschule. Wiesbaden: Springer.

Breidenstein, Georg/Tyagunova, Tanya (2020): Praxeologische und didaktische Perspektiven auf schulischen Unterricht. In: Kotthoff, Helga/Heller, Vivien (Hrsg.): Ethnografien und Interaktionsanalysen im schulischen Feld – Diskursive Praktiken und Passungen interdisziplinär. Tübingen: Narr Francke Attempto Verlag, 197–219.

Brenne, Andreas/Kaiser, Michaela (2023): Die „böse Prinzessin“ – Künstlerische Prozesse im Zwischenraum von Improvisation und Inklusion. In: Wissensplattform Kulturelle Bildung online. https://www.kubi-online.de/artikel/boese-prinzessin-kuenstlerische-prozesse-zwischenraum-improvisation-inklusion [Zugriff: 08.01.2025].

Brock, Antje/de Haan, Gerhard/Etzkorn, Nadine/Singer-Brodowski, Mandy (Hrsg.) (2018): Wegmarken zur Transformation: nationales Monitoring von Bildung für nachhaltige Entwicklung in Deutschland. Opladen: Verlag Barbara Budrich.

Budde, Jürgen/Blasse, Nina (2023): Bildung für nachhaltige Entwicklung zwischen Programmatik und Praxis. In: ZEP – Zeitschrift für internationale Bildungsforschung und Entwicklungspädagogik 48, 2: 4–9.

Bund für Umwelt und Naturschutz Deutschland (BUND) (o. J.): Tausende Tonnen Mikroplastik durch Reifenabrieb: Von der Straße in unsere Lungen. In: Bund für Umwelt und Naturschutz Deutschland. https://www.bund.net/themen/aktuelles/detail-aktuelles/news/tausende-tonnen-mikroplastik-durch-reifenabrieb-von-der-strasse-in-unsere-lungen/ [Zugriff: 25.02.2025].

Bundesumweltministerium (2020): Modebewusstsein und nachhaltiger Konsum durch Upcycling. In: YouTube. https://www.youtube.com/watch?v=dow7fbB2Clk [Zugriff: 31.07.2024].

Christ, Michaela/Sommer, Bernd (2023): Weltrettungskompetenz? Überlegungen zu BNE aus der Perspektive der sozial-ökologischen Transformationsforschung. In: ZEP – Zeitschrift für internationale Bildungsforschung und Entwicklungspädagogik 48, 2: 25–30.

Clarke, Adele E. (2012): Situationsanalyse: Grounded Theory nach dem Postmodern Turn. Wiesbaden: Springer.

Clarke, Adele E./Friese, Carrie/Washburn, Rachel (2018): Situational analysis: Grounded theory after the interpretive turn. 2. Aufl. Los Angeles: SAGE.

Clifford, James/Marcus, George E. (2009): Writing culture: The poetics and politics of ethnography [1986]. 25th anniversary ed. Berkeley: University of California Press.

Custer, Dwayne (2014): Autoethnography as a transformative research method. In: The Qualitative Report 19, 37, 1–13.

CYC LOOP (2017): Upcycling und Globales Lernen: „Naturtextilien & textile Kunststoffe". https://www.globaleslernen.de/sites/default/files/files/education-material/textil-2017.pdf [Zugriff: 26.02.2025].

de Haan, Gerhard (2008a): Gestaltungskompetenz als Kompetenzkonzept der Bildung für nachhaltige Entwicklung. In: Bormann, Inka/de Haan, Gerhard (Hrsg.): Kompetenzen der Bildung für nachhaltige Entwicklung: Operationalisierung, Messung, Rahmenbedingungen, Befunde. Wiesbaden: VS Verlag für Sozialwissenschaften, 23–43.

de Haan, Gerhard (2008b): Gestaltungskompetenz – Lernen für die Zukunft. Definition von Gestaltungskompetenz und ihrer Teilkompetenzen. Transfer-21. http://www.transfer-21.de/indexb4c1.html?p=222 [Zugriff: 18.12.2025].

Derwanz, Heike (2019): Unsichtbares sichtbar machen: Zu Kleidungsreparaturen als einer Strategie zur Bildung nachhaltiger Entwicklung. In: Röben, Peter/Dutz, Katharina/Wegner, Helmer (Hrsg.): Reparatur in der Bildung für nachhaltige Entwicklung: Tagungsband der RETIBNE-Abschlusstagung. Oldenburg: Carl von Ossietzky Universität Oldenburg, 142–157.

Derwanz, Heike (2020a): Die Didaktik textiler Sachkultur historisch gelesen. In: Derwanz, Heike/Mühr, Patricia (Hrsg.): Gelkatzenwäsche – Kommentierte Neuherausgabe der Schriften Ingrid Köllers zur Didaktik textiler Sachkultur. Oldenburg: Institut für Materielle Kultur, Carl von Ossietzky Universität Oldenburg, 107–136.

Derwanz, Heike (2020b): Protest im Fast-Fashion-Alltag. Visible mending als textile Intervention. In: Zeitschrift für Geschlechterforschung und visuelle Kultur 68, 116–129.

Derwanz, Heike (2021): Clothes in affluence. Habilitationsschrift (unveröffentlicht). Bremen: Universität Bremen.

Derwanz, Heike (2022): Noch was? Die Bildung für nachhaltige Entwicklung als neue Herausforderung für den Textilunterricht. In: Eichelberger, Elisabeth/Huber Nievergelt, Verena/Käser, Andreas (Hrsg.): Forschendes Lernen und Lehren im Textilen und Technischen Gestalten – Tagungsband. Bern: hep Verlag, 211–226.

Derwanz, Heike (2023): Am Überfluss lernen – Öffentliche Tauschkisten als Postwachstumslabore. In: Kühn, Cornelia (Hrsg.): Gemeinwohlorientiert, ökologisch, sozial. Wiesbaden: Springer, 175–190.

Dewey, John/Bentley, Arthur F. (1949): Knowing and the known. Boston: Beacon Press.

Diaz-Bone, Rainer (2013): Review essay: Situational analysis — Strauss meets Foucault? In: Forum Qualitative Sozialforschung / Forum: Qualitative Social Research 14, 1, o. S.

Diaz-Bone, Rainer/Schwegler, Guy (2023): Performativität und epistemologischer Bruch. Zum ambivalenten Verhältnis von Sozialforschung und performativen Sozialwissenschaften. In: Zeitschrift für Qualitative Forschung 24, 1, 124–138.

diemusikmeinerkirche (2024): Religiöses Upcycling mit Kindern: Kreative Projekte zur Analyse von Traditionen und Artefakten. In: Die Musik meiner Kirche. https://diemusikmeinerkirche.de/upcycling-mit-kindern/ [Zugriff: 26.02.2025].

DIY Eule (2024): 3 coole Upcycling-Näh-Ideen: Jeans, Wollpullis & Jacket. In: YouTube. https://www.youtube.com/watch?v=-nEmmyPxFmc [Zugriff: 30.07.2024].
Duit, Reinders/Mikelskis-Seifert, Silke (2007): Kontextorientierter Unterricht. Wie man es einbettet, so wird es gelernt. In: Naturwissenschaften im Unterricht. Physik, 4–8.
DW The 77 Percent (2021): The truth about „African" wax prints. In: YouTube. https://www.youtube.com/watch?v=dmBOQ_OsNT8 [Zugriff: 09.02.2025].
Ehn, Billy (2011): ng-it-yourself: Autoethnography of manual work. In: Ethnologia Europaea 41, 53–64.
Eichelberger, Elisabeth (2018): Textiles Gestalten: Ein Unterrichtsfach mit Potenzial. In: IKP – Integraler Methodenpool – Fachdidaktische Methoden. http://www.integrale-kunstpaedagogik.de/assets/ikp_kpm_fd_1_2018_textiles_gestalten_eichelberger_2018.pdf [Zugriff: 03.03.2025].
Eichelberger, Elisabeth (Hrsg.) (2014): Weiter im Fach: textiles Gestalten erkenntnis- und lernendenorientiert unterrichten. Baltmannsweiler: Schneider Hohengehren.
Eichelberger, Elisabeth (Hrsg.) (2021): Entsorgetragen: „ausgemustert, abgelegt – und jetzt? Wenn Mode in den Container wandert". Bericht über eine Aktion am zweiten Nachhaltigkeitstag der drei Berner Hochschulen vom 01.11.2019. Oldenburg: Carl von Ossietzky Universität Oldenburg.
Eichelberger, Elisabeth/Holliger, Susanna (2020): Was tun, wenn das Lieblingsstück kaputt ist. In: IKP – Integraler Methodenpool – Fachdidaktische Methoden. http://www.integrale-kunstpaedagogik.de/assets/ikp__kd_ökologische_kp_textil_repair_eichelberger_2020.pdf [Zugriff: 16.02.2025].
Eichelberger, Elisabeth/Rychner, Marianne (2008): Textilunterricht. Lesarten eines Schulfachs: Theoriebildung in Fachdiskurs und Schulalltag. Baltmannsweiler: Schneider Hohengehren.
Engel, Juliane/Göhlich, Michael/Möller, Elke/Stiftinger, Sophia (2021): Glokalisierte Klassenräume? ‚Doing Ethics' als Bearbeitung von Ungewissheit. In: ZISU – Zeitschrift für interpretative Schul- und Unterrichtsforschung 10, 1–2021, 25–42.
Eugster, Benjamin/Schwarz, Richard (2017): Vorgelagerte Selbstermächtigung. In: Selber machen: Diskurse und Praktiken des „Do it yourself". Bielefeld: Transcript Verlag.
European Commission, Joint Research Centre (2022): GreenComp – der europäische Kompetenzrahmen für Nachhaltigkeit. Luxemburg: Publications Office.
Familie.de (o. J.): Ideen & Anleitungen zum Basteln, Stricken & Kinderschminken | T-Shirt gestalten, Stempeln, Kinder, Baby, DIY. In: Pinterest. https://de.pinterest.com/pin/ideen-anleitungen-zum-basteln-stricken-kinderschminken--409194316138023422/ [Zugriff: 22.02.2025].
Fraunhofer UMSICHT (2024): Mikroplastik: Reifen- und Fahrbahnabrieb. In: Fraunhofer-Institut für Umwelt-, Sicherheits- und Energietechnik UMSICHT. https://www.umsicht.fraunhofer.de/de/presse-medien/pressemitteilungen/2024/reifen-und-fahrbahnabrieb.html [Zugriff: 25.02.2025].
Garrison, Jim/Öhman, Johan/Östman, Leif (Hrsg.) (2022): Deweyan transactionalism in education: Beyond self-action and inter-action. London: Bloomsbury.
Geertz, Clifford (1983): Dichte Beschreibung: Beiträge zum Verstehen kultureller Systeme. Frankfurt am Main: Suhrkamp.

Gesellschaft für Didaktik des Sachunterrichts (Hrsg.) (2013): Perspektivrahmen Sachunterricht. Vollständig überarbeitete und erweiterte Ausgabe. Bad Heilbrunn: Verlag Julius Klinkhardt.

Gesellschaft für Fachdidaktik (GFD)/Österreichische Gesellschaft für Fachdidaktik (ÖGFD) (2024): Fachdidaktik im Zentrum von Forschungstransfer und Transferforschung. In: Hemmer, Michael/Angele, Claudia/Bertsch, Christian/Kapelari, Suzanne/Leitner, Gabriela/Rothgangel, Martin (Hrsg.): Fachdidaktik im Zentrum von Forschungstransfer und Transferforschung: Beiträge der GFD-ÖGFD-Tagung Wien 2022. Münster: Waxmann.

Getzin, Sofia/Singer-Brodowski, Mandy (2016): Transformatives Lernen in einer Degrowth-Gesellschaft. In: Socience: Journal of Science-Society Interfaces 1, 1, 33–49.

Girwidz, Raimund/Hepp, Ralph (2008): Vom Wischtuch zur Regenjacke. Funktionstextilien als Kontext für die Untersuchung von Adhäsion und Kohäsion. In: Naturwissenschaften im Unterricht. Physik, 65–74.

Göllner, Michael/Niessen, Anne (2021): Potenziale der Situationsanalyse nach A. E. Clarke für qualitative musikpädagogische Studien. In: Beiträge empirischer Musikpädagogik 12, 1–18.

Goslar VHS (2025): Der Nähmaschinenführerschein – Upcycling mit Soluvlies. https://www.vhs-goslar.de/kurssuche/kurs [Zugriff: 26.01.2025].

Götsch, Michaela (2023): Plastik – Power oder Plage? Erkenntnisse aus der Erprobung BNE-orientierter Lehr-Lern-Formen im Fach Textiles und Technisches Gestalten / Design und Technik im Rahmen eines fachdidaktischen Seminars. In: Progress in Science Education (PriSE) 6, 3, 115–131.

Gott, Suzanne/Loughran, Kristyne S./Quick, Betsy D./Rabine, Leslie W. (2017): African-Print Fashion Now!: A Story of Taste, Globalization, and Style. In: African Arts 50, 1, 42–59.

Grewe, Maria (2017): Teilen, Reparieren, Mülltauchen: Kulturelle Strategien im Umgang mit Knappheit und Überfluss. Bielefeld: Transcript Verlag.

Grundmeier, Anne-Marie (2013): Textil im Kontext – aktuelle didaktisch-methodische Perspektiven. In: …textil… Wissenschaft Forschung Bildung 84, 3, 11–20.

Grundmeier, Anne-Marie/Bothner, Sabine (2023): Bildung für Nachhaltige Entwicklung (BNE) durch Design Thinking in textilen Kontexten. In: Brunner, Georg et al. (Hrsg.): Querschnittskompetenzen im Lehramt – und darüber hinaus. Tagungsband zum Tag der Lehre und des Lernens 2022. Freiburg: OPUS-PHFR. https://phfr.bsz-bw.de/frontdoor/index/index/docId/3175 [Zugriff: 03.03.2025].

Grundmeier, Anne-Marie/Höfer, Dirk (2023): Mode – Textil – Nachhaltigkeit: Entwicklung, Implementierung und Evaluation eines BNE-Moduls für die Hochschullehre in Europa. Freiburg: Pädagogische Hochschule Freiburg. https://phfr.bsz-bw.de/frontdoor/deliver/index/docId/3170/file/FashionDIET_Grundmeier_DE.pdf [Zugriff: 03.03.2025].

Grupe, Margot/von Gierke, Hildegard/Hasse, Helene/Kölling, Elisabeth/Willms, Gertrud (Hrsg.) (1914): Die neue Nadelarbeit. Lehrbuch für Schule und Haus. 3. Aufl. Berlin: Verlag Albrecht Dürer-Haus.

Hallinger, Philip/Nguyen, Vien-Thong (2020): Mapping the Landscape and Structure of Research on Education for Sustainable Development: A Bibliometric Review. In: Sustainability 12, 5: 1947.

Hamborg, Steffen (2017): „Wo Licht ist, ist auch Schatten“ – Kritische Perspektiven auf Bildung für nachhaltige Entwicklung und die BNE-Forschung im deutschsprachigen Raum. In: Brodowski, Michael (Hrsg.): Bildung für nachhaltige Entwicklung: Interdisziplinäre Perspektiven. Berlin: Logos Verlag, 15–31.

Hamborg, Steffen (2022): „Know your Lifestyle“ – Zur Theorie und Empirie von Subjektanrufungen im Kontext nachhaltigen Konsums. In: Bosančić, Saša/Keller, Reiner (Hrsg.): Diskurse, Dispositive und Subjektivitäten. Wiesbaden: Springer, 91–116.

Hamborg, Steffen (2023): Zuviel des Guten. Proklamationen und Realitäten der Bildung im Spiegel von Nachhaltigkeit und Transformation. In: DDS – Die Deutsche Schule 115, 2: 153–161.

Haraway, Donna J. (2016): Playing String Figures with Companion Species. In: Staying with the Trouble: Making Kin in the Chthulucene. New York: Duke University Press, 9–29.

Haraway, Donna J. (2018): Modest_Witness@Second_Millennium. FemaleMan_Meets_OncoMouse [1997]. 2. Aufl. New York: Routledge.

Hardenberg, Elena (2022): Textiles Gestalten in der Grundschule – nicht der kindlichen Bildung wert? In: Stichworte 2021 – Jahresbericht und Magazin des Fachgebietes Textiles Gestalten der Universität Osnabrück: 8–39.

Hasenfratz, Martina (2018): Die Nachhaltigkeit der Dinge: Praktiken, Artefakte, Affekte. In: Neckel, Sighard/Besedovsky, Natalia/Boddenberg, Moritz/Hasenfratz, Martina/Pritz, Sarah Miriam/Wiegand, Timo (Hrsg.): Die Gesellschaft der Nachhaltigkeit: Umrisse eines Forschungsprogramms. Bielefeld: Transcript Verlag, 101–122.

Heinrichs, Harald (2021): Teaching Sustainable Development in a Sensory and Artful Way – Concepts, Methods, and Examples. In: Sustainability 13, 24: 13619.

Helmhold, Heidi (2007): Duft der Zeit. Emotionales Erfahrungsgedächtnis in Performanzen des Textilen. In: Becker, Christian (Hrsg.): Perspektiven textiler Bildung. Baltmannsweiler: Schneider Verlag Hohengehren.

Henkel, Anna/Lüdtke, Nico/Buschmann, Nikolaus/Hochmann, Lars (Hrsg.) (2018): Reflexive Responsibilisierung: Verantwortung für nachhaltige Entwicklung. Bielefeld: Transcript Verlag.

Hensley, Nathan (2021): Sustainability education in the Anthropocene: Storytelling, the environmental humanities, and the unknown. In: Journal of Sustainability Education 25: o. S.

Herrmann, Ina/Flasche, Viktoria (2015): Schulkultur und Raum. In: Böhme, Jeanette/Hummrich, Merle/Kramer, Rolf-Torsten (Hrsg.): Schulkultur: Theoriebildung im Diskurs. Wiesbaden: Springer, 351–378.

Herzog, Marianne (1992): Fachdidaktische Theoriebildung für den Textilunterricht. In: Herzog, Marianne/Royl, Wolfgang (Hrsg.): Textilunterricht in europäischer Dimension – Kulturelle Bildung im Europa der Regionen. Baltmannsweiler: Schneider Verlag Hohengehren, 179–187.

Heyl, Thomas/Schäfer, Lutz (2016). Frühe ästhetische Bildung – mit Kindern künstlerische Wege entdecken. Wiesbaden: Springer.

Hirscher, Anja-Lisa (2020): When skillful participation becomes design. Making clothes together. Dissertationsschrift. Aalto: School of Art and Design. https://shop.aalto.fi/media/filer_public/69/65/6965be51-9ec0-4fcd-ac62-6f19026f2c46/aaltoartsbook_hirscher_whenparticipationbecomesdesign.pdf [Zugriff: 03.03.2025].

Hirscher, Anja-Lisa/Mazzarella, Francesco/Fuad-Luke, Alastair (2019): Socializing Value Creation Through Practices of Making Clothing Differently: A Case Study of a Makershop With Diverse Locals. In: Fashion Practice 11, 1: 53–80.

Hoffmeister, Anouk/Marguin, Séverine/Schendzielorz, Cornelia (2018): Feldnotizen 2.0. Über Digitalität in der ethnografischen Beobachtungspraxis. In: Sonderband 3 der ZfdG: Wie Digitalität die Geisteswissenschaften verändert: Neue Forschungsgegenstände und Methoden.

Hofverberg, Hanna (2019): Crafting Sustainable Development. Studies of Teaching and Learning Craft in Environmental and Sustainability Education. Uppsala: Uppsala Universität (= Digital Comprehensive Summaries of Uppsala Dissertations from the Faculty of Educational Sciences 15). https://mau.diva-portal.org/smash/get/diva2:1665157/FULLTEXT01.pdf [Zugriff: 03.03.2025].

Hofverberg, Hanna (2020): Entangled threads and crafted meanings – students' learning for sustainability in remake activities. In: Environmental Education Research 26, 9–10: 1281–1293.

Hofverberg, Hanna (2022): Transactants in Action: Examples from a Craft Remake School project. In: Garrison, Jim/Öhman, Johan/Östman, Leif (Hrsg.): Deweyan Transactionalism in Education: Beyond Self-action and Inter-action. London: Bloomsbury Academic, 137–148.

Hofverberg, Hanna/Kronlid, David O. (2018): Human-material relationships in environmental and sustainability education – an empirical study of a school embroidery project. In: Environmental Education Research 24, 7: 955–968.

Hofverberg, Hanna/Maivorsdotter, Ninitha (2018): Recycling, crafting and learning – an empirical analysis of how students learn with garments and textile refuse in a school remake project. In: Environmental Education Research 24, 6: 775–790.

Holfelder, Anne-Katrin (2018): Orientierungen von Jugendlichen zu Nachhaltigkeitsthemen: Zur didaktischen Bedeutung von implizitem Wissen im Kontext BNE. Wiesbaden: Springer.

Holst, Jorrit/Grund, Julius/Brock, Antje (2024): Whole Institution Approach: Measurable and highly effective in empowering learners and educators for sustainability. In: Sustainability Science 19, 4: 1359–1376.

Holz, Verena (2016): Bildung für nachhaltige Entwicklung: kulturwissenschaftliche Forschungsperspektiven. Leverkusen-Opladen: Verlag Barbara Budrich.

Huil, Eyleen (2022): Das Kerncurriculum neu gedacht – Die Textile Kette als Projektunterricht in der ersten und zweiten Klasse. In: Stichworte 2021 – Jahresbericht und Magazin des Fachgebietes Textiles Gestalten der Universität Osnabrück: 40–76.

Idel, Till-Sebastian/Rabenstein, Kerstin (2018): Lernkulturanalyse. In: Heinrich, Martin/Wernet, Andreas (Hrsg.): Rekonstruktive Bildungsforschung: Zugänge und Methoden. Wiesbaden: Springer.

Ingold, Tim (2013): Making: Anthropology, Archaeology, Art and Architecture. London/New York: Routledge.

Ingold, Tim (2015): Bauen Knoten Verbinden. In: Zeitschrift für Medien- und Kulturforschung 6, 1, 81–100.

Inwole (o. J.): Upcycling als Alternative zur globalen Textilindustrie. https://www.bne-brandenburg.de/materialien/inwole-BNE-Modul3.pdf [Zugriff: 03.03.2025].

J. B. (1903): Rezension „Handarbeit der Mädchen“ – von Johanna Hipp. In: Kunst und Handwerk: Zeitschrift für Kunstgewerbe und Kunsthandwerk seit 1851 12: 344.

Jahnke, Elisabeth (2021): Entsorgst du schon oder trägst du noch? In: Eichelberger, Elisabeth (Hrsg.): Entsorgetragen: ausgemustert, abgelegt – und jetzt? Wenn Mode in den Container wandert: Bericht über eine Aktion am zweiten Nachhaltigkeitstag der drei Berner Hochschulen vom 01.11.2019 auf dem Campus der Pädagogischen Hochschule in Bern. Studien zur Materiellen Kultur Vermittlung, Band 5. Oldenburg: Institut für Materielle Kultur, Carl von Ossietzky Universität Oldenburg.

Jansen, Annegret (2025): Politische Urteilsbildung von Jugendlichen zu komplexen Problemstellungen einer nachhaltigen Entwicklung: Eine Interventions- und Interviewstudie im Kontext schulischen und außerschulischen Lernens. Wiesbaden: Springer.

Jessen, Svenja (2022): Slow Fashion – Eine Materialkiste zum alternativen Kleiderkonsum als Praxismaterial für Schule und Forschung. In: Fokus Lehrerbildung. https://hse.hypotheses.org/3769 [Zugriff: 03.03.2025].

Jessen, Svenja (2024): Textiler Kompost: Eine ästhetische Forschung mit Studierenden zur Vergänglichkeit von Kleidung. In: ZEP – Zeitschrift für internationale Bildungsforschung und Entwicklungspädagogik 49, 1: 32–33.

Jessen, Svenja/Derwanz, Heike (2020): Slow Fashion: Lernkiste zum nachhaltigen Konsum von Kleidung. In: Eine Welt in der Schule – Aus der Praxis für die Praxis 147 (Dezember): 4–7.

Jessen, Svenja/Derwanz, Heike (2024): Service Learning als Brücke. Methoden- und Wissenstransfer zwischen textiler Fachdidaktik, Modedesign und Bildung für nachhaltige Entwicklung. In: Hemmer, Michael/Angele, Claudia/Bertsch, Christian/Kapelari, Suzanne/Leitner, Gabriela/Rothgangel, Martin (Hrsg.): Fachdidaktik im Zentrum von Forschungstransfer und Transferforschung: Beiträge der GFD-ÖGFD-Tagung Wien 2022. Münster: Waxmann.

Jickling, Bob (1992): Why I Don't Want My Children to Be Educated for Sustainable Development. In: Journal of Environmental Education 23, 4: 5–8.

Jickling, Bob (2017): Post-Sustainability and Environmental Education: Framing Issues. In: Jickling, Bob/Sterling, Stephen (Hrsg.): Post-Sustainability and Environmental Education: Remaking Education for the Future. Cham: Palgrave Macmillan. 1–11.

Jonas, Michael/Hassemer, Simeon (2022): Praxeologische Ethnografie des Reparierens und Selbermachens. In: Jonas, Michael (Hrsg.): Schauplätze des Reparierens und Selbermachens. Bielefeld: Transcript Verlag, 45–68.

Jonas, Michael/Nessel, Sebastian/Tröger, Nina (2021): Reparieren, Selbermachen, Längernutzen: Kreislaufwirtschaften als Alternative zum ressourcenintensiven, linearen Massenkonsum? In: Jonas, Michael/Nessel, Sebastian/Tröger, Nina (Hrsg.): Reparieren, Selbermachen und Kreislaufwirtschaften. Wiesbaden: Springer, 1–24.

Jubas, Kaela/Seidel, Jackie (2016): Knitting as Metaphor for Work: An Institutional Autoethnography to Surface Tensions of Visibility and Invisibility in the Neoliberal Academy. In: Journal of Contemporary Ethnography 45, 1: 60–84.

Jucker, Rolf/Mathar, Reiner (Hrsg.) (2015): Schooling for Sustainable Development in Europe: Concepts, Policies and Educational Experiences at the End of the UN Decade of Education for Sustainable Development. Cham: Springer.

Kämpf-Jansen, Helga (2012): Ästhetische Forschung: Wege durch Alltag, Kunst und Wissenschaft. Zu einem innovativen Konzept ästhetischer Bildung. Marburg: Tectum.

Kämpf-Jansen, Helga/Czaplinski, Ilona (2007): Z. B. Tüten-Taschen – Ein Alltagsgegenstand im Kontext ästhetischer Forschung. In: Becker, Christian (Hrsg.): Perspektiven textiler Bildung. Baltmannsweiler: Schneider Verlag Hohengehren, 153–166.

Kehren, Yvonne (2017): Bildung und Nachhaltigkeit. Zur Aktualität des Widerspruchs von Bildung und Herrschaft am Beispiel der Forderung der Vereinten Nationen nach einer „nachhaltigen Entwicklung". In: Pädagogische Korrespondenzen 55: 59–71.

Keller, Reiner (2023): Die Situiertheit der Situation. In: Gauditz, Leslie/Klages, Anna-Lisa/Kruse, Stefanie/Marr, Eva/Mazur, Ana/Schwertel, Tamara/Tietje, Olaf (Hrsg.): Die Situationsanalyse als Forschungsprogramm: Theoretische Implikationen, Forschungspraxis und Anwendungsbeispiele. Wiesbaden: Springer Fachmedien.

Kitzlinger, Nadine/Grundmeier, Anne-Marie/Bender, Ute (2022): Adaptives Lernen in der Konsumbildung – Förderung von Bewertungskompetenz mit Hilfe des Qualitätskreises für Bekleidung & Accessoires. In: HiBiFo – Haushalt in Bildung & Forschung 11, 2: 83–94.

Klaar, Susanne/Öhman, Johan (2012): Action with friction: a transactional approach to toddlers' physical meaning making of natural phenomena and processes in preschool: European Early Childhood Education Research Journal. In: European Early Childhood Education Research Journal 20, 3, 439–454.

Klafki, Wolfgang (1993): Allgemeinbildung heute – Grundzüge internationaler Erziehung. In: Pädagogisches Forum 1: 21–28.

Knörzer, Martina (2020): Upcycling – Welt kreativ gestalten: Aufwerten statt wegwerfen. In: Wulfmeyer, Meike (Hrsg.): Bildung für nachhaltige Entwicklung im Sachunterricht – Grundlagen und Praxisbeispiele. Baltmannsweiler: Schneider Verlag Hohengehren.

Kolhoff-Kahl, Iris (2005): Textildidaktik. Eine Einführung. Augsburg: Auer.

Kolhoff-Kahl, Iris (2016): Biografisches Lernen oder textile Lebensmuster. In: Textildidaktik: Eine Einführung. 5. Aufl. Augsburg: Auer.

Köller, Ingrid (1999): Didaktik textiler Sachkultur. In: El-Gebali-Rüter, Traute (Hrsg.): Textile Sachkultur erschließen: Beiträge aus Forschung, Lehre und Schulpraxis. Baltmannsweiler: Schneider Verlag Hohengehren, 39–57.

Köller, Ingrid (2020): Textildidaktik als Didaktik textiler Sachkultur [1997]. In: Derwanz, Heike/Mühr, Patricia (Hrsg.): Geldkatzenwäsche – Kommentierte Neuherausgabe der Schriften Ingrid Köllers zur Didaktik textiler Sachkultur. Studien zur Materiellen Kultur 39. Oldenburg: Institut für Materielle Kultur, Carl von Ossietzky Universität Oldenburg, 29–37. https://uol.de/f/3/inst/materiellekultur/Forschung/Schriftenreihe_Studien_zur_Materiellen_Kultur/Publikationen/Studien_Mat_Kult_Band_31-40/Band39_Geldkatzenwaesche_Derwanz_Muehr_2020_01.pdf [Zugriff: 03.03.2025].

Koordinierungsstelle BNE (o. J.): BNE-Meilensteine – BNE-Portal-Kampagne. https://www.bne-portal.de/bne/de/einstieg/bne-meilensteine/bne-meilensteine_node.html [Zugriff: 10.02.2025].

Kopnina, Helen (2011): What Is (Responsible) Consumption? Discussing Environment and Consumption with Children from Different Socioeconomic Backgrounds in The Netherlands. In: The Environmentalist 31, 3: 216–226.

Kopnina, Helen (2013): Schooling the World: Exploring the Critical Course on Sustainable Development through an Anthropological Lens. In: International Journal of Educational Research 62: 220–228.

Kugler, Katharina (2023): Die „Reparatur-Rallye“: Ein Unterrichtsprojekt zur Reparatur von Kleidung mit Schüler*innen der Primarstufe. In: Journal für Elementar- und Primarbildung 2, 2: 115–124.

Kuhlmann, Nele/Ricken, Norbert (2022): Subjektivierung von Schüler*innen. In: Bennewitz, Hedda/de Boer, Heike/Thiersch, Sven (Hrsg.): Handbuch der Forschung zu Schülerinnen und Schülern. Münster: Waxmann, 99–109.

Kultusministerkonferenz (2023): Bildung für nachhaltige Entwicklung – Informationen der Länder (Beschluss der KMK vom 09.02.2023). https://www.kmk.org/fileadmin/Dateien/pdf/Bildung/AllgBildung/2023-02-17_BNE-Info-Laender.pdf [Zugriff: 29.01.2025].

Kultusministerkonferenz (2024): Empfehlung der Kultusministerkonferenz zur Bildung für nachhaltige Entwicklung in der Schule. https://www.kmk.org/fileadmin/veroeffentlichungen_beschluesse/2024/2024_06_13-BNE-Empfehlung.pdf [Zugriff: 29.01.2025].

Ladj-Teichmann, Dagmar (1983): Erziehung zur Weiblichkeit durch Textilarbeiten. Ein Beitrag zur Sozialgeschichte der Frauenarbeit im 19. Jahrhundert. Weinheim: Beltz

Leger, Matthias (2023): The Same but Different. On the Possibilities of Combining Practice Theory and Situational Analysis. In: Forum Qualitative Sozialforschung / Forum: Qualitative Social Research 24, 2. o. S.

Leino, Mare (2007): Sustainable Education and Socialization Through Mistakes. In: Journal of Teacher Education for Sustainability 7: 67–78.

Leuschner, Christina/Knoke, Andreas (2012): Selbst entdecken ist die Kunst: Ästhetische Forschung in der Schule. München: kopaed.

Localish (2021): African prints: the story behind the style. In: YouTube. https://www.youtube.com/watch?v=Riwur5yRmLE [Zugriff: 08.02.2025].

Löw, Martina (2004): Raum. Die topologische Dimension von Kultur. In: Jaeger, Friedrich/Liebsch, Burkhard (Hrsg.): Handbuch der Kulturwissenschaften. Stuttgart: J.B. Metzler, 46–60.

Machold, Claudia/Wienand, Carmen (2021): Die Herstellung von Differenz in der Grundschule: Eine Langzeitethnographie. Weinheim: Beltz Juventa.

Maivorsdotter, Ninitha/Wickman, Per-Olof (2011): Skating in a Life Context: Examining the Significance of Aesthetic Experience in Sport Using Practical Epistemology Analysis. In: Sport, Education & Society 16, 5: 613–628.

Marchand, Silke (2015): Nachhaltig entscheiden lernen: Urteilskompetenzen für nachhaltigen Konsum bei Jugendlichen. Bad Heilbrunn: Klinkhardt.

Marcus, George E. (1995): Ethnography in/of the World System. The Emergence of Multi-Sited Ethnography. In: Annual Review of Anthropology 24: 95–117.

Maria Montessori Grundschule (2024): FREI DAY – Bericht 2023/24. https://www.gsrusshuette.de/freiday-was-ist-das/ [Zugriff: 10.02.2025].

Matthies, Ellen/Wallis, Hannah (2018): Was kann die Umweltpsychologie zu einer nachhaltigen Entwicklung beitragen? Umweltpsychologische Forschung zu globalen Umweltproblemen und Ressourcenkonsum. In: Schmitt, Claudia Thea/Bamberg, Eva (Hrsg.): Psychologie und Nachhaltigkeit. Wiesbaden: Springer, 37–46.

Meier, Michael/Eckermann, Torsten (2022): Teilnehmende Beobachtung von Schüler*innen. In: Bennewitz, Hedda/de Boer, Heike/Thiersch, Sven (Hrsg.): Handbuch der Forschung zu Schülerinnen und Schülern. Münster: Waxmann, 144–152.

Mentges, Gabriele/Schack, Nina/Jenß, Heike (2005): Kulturanthropologie des Textilen. Berlin: Edition Ebersbach.

Mey, Günter (2020): Performative Sozialwissenschaft – im Gespräch: Editorial. In: Journal für Psychologie 28, 1: 3–14.

Mey, Günter/Mruck, Katja (2020): Grounded-Theory-Methodologie. In: Mey, Günter/Mruck, Katja (Hrsg.): Handbuch Qualitative Forschung in der Psychologie. Wiesbaden: Springer, 513–535.

Meyer, Christiane/Höbermann, Christine (2020): Bewusstseinsbildung für eine „Fashion for Future": Didaktische Konzepte und Materialien für den Unterricht. Hannover: Leibniz Universität Hannover (Hannoversche Materialien zur Didaktik der Geographie, Band 7) https://doi.org/10.15488/10302 [Zugriff: 03.03.2025].

Meyer, Christiane/Mittrach, Stephanie (2023): Bildung für nachhaltige Entwicklung: Globale Verflechtungen am Beispiel der Textil- und Bekleidungsindustrie. In: Gryl, Inga/Lehner, Michael/Fleischhauer, Tom/Hoffmann, Karl Walter (Hrsg.): Geographiedidaktik. Berlin: Springer, 285–297.

Mikelskis-Seifert, Silke/Duit, Reinders/Euler, Manfred/Wodzinski, Rita (2006): Neue Konzepte für den Physikunterricht – Implementationsmodelle aus „Physik im Kontext". Lehren und Lernen mit neuen Medien. Berlin. Gesellschaft für Didaktik der Chemie und Physik. 26; Jahrestagung / Gesellschaft für Didaktik der Chemie und Physik. 2005.

Ministerium für Bildung, Wissenschaft und Kultur des Landes Schleswig-Holstein (Hrsg.) (2022a): Fachanforderungen Textillehre – Primarstufe/Grundschule. https://fachportal.lernnetz.de/sh/fachanforderungen/textillehre.html [Zugriff: 09.02.2025].

Ministerium für Bildung, Wissenschaft und Kultur des Landes Schleswig-Holstein (Hrsg.) (2022b): Leitfaden zu den Fachanforderungen Textillehre Primarstufe/Grundschule. https://fachportal.lernnetz.de/sh/fachanforderungen/textillehre.html [Zugriff: 09.02.2025].

Mittrach, Stephanie (2018): Textilien und Flüsse: Der Einfluss der Textilveredelung auf den Lebens- und Wirtschaftsraum Fluss. In: Praxis Geographie 48, 4: 36–40.

Mittrach, Stephanie/Meyer, Christiane (2020): Subjektive Theorien von Geographielehrkräften zur gesellschaftlichen Transformation. Zum Potenzial der textilen Kette für eine „Transformative Literacy". In: Hemmer, Michael/Lindau, Anne-Kathrin/Peter, Carina/Rawohl, Matthias/Schrüfer, Gabriele (Hrsg.): Lehrerprofessionalität und Lehrerbildung im Fach Geographie im Fokus von Theorie, Empirie und Praxis. Münster: readbox unipress, 263–276.

Mo, Cara (2014): Madame Tay: Know Your Wax. http://madame-tay.blogspot.com/2014/01/know-your-wax.html [Zugriff: 09.02.2025].

Monentia (2023): REFASHION Vlog | Klamotten-Upcycling-Ideen. https://www.youtube.com/watch?v=egfACfI03gg [Zugriff: 30.07.2024].

Mörgeli, Claudia (2024): Lernen am Artefakt: Pädagogisch-didaktische Grundlagen für das dialogisch ästhetisch-forschende Lernen. Bielefeld: Transcript Verlag.

Mörsch, Carmen/Sturm, Eva (2020): Vorwort. In: Henschel, Alexander (Hrsg.): Was heißt hier Vermittlung? Kunstvermittlung und ihr umstrittener Begriff. Wien: Zaglossus, 5–18.

Muckenfuß, Heinz (1995): Lernen im sinnstiftenden Kontext. Entwurf einer zeitgemäßen Didaktik des Physikunterrichts. Berlin: Cornelsen.

Mühr, Patricia (2020): Restitution: Von der Didaktik textiler Sachkultur zur Vermittlung von Material Literacy. In: Derwanz, Heike/Mühr, Patricia (Hrsg.): *Gelkatzenwäsche – Kommentierte Neuherausgabe der Schriften Ingrid Köllers zur Didaktik textiler Sachkultur.* Oldenburg: Institut für Materielle Kultur, Carl von Ossietzky Universität Oldenburg, 131–142.

Nadig, Maya (2017): „Das sind keine wissenschaftlichen Gespräche, was hier läuft …“. In: Bonz, Jochen/Eisch-Angus, Katharina/Hamm, Marion/Sülzle, Almut (Hrsg.): *Ethnografie und Deutung: Gruppensupervision als Methode reflexiven Forschens.* Wiesbaden: Springer, 141–162.

Nationale Plattform Bildung für nachhaltige Entwicklung (2017): *Nationaler Aktionsplan Bildung für nachhaltige Entwicklung.* https://www.bne-portal.de/bne/shareddocs/downloads/files/nationaler_aktionsplan_bildung-er_nachhaltige_entwicklung_neu.pdf?__blob=publicationFile&v=3 [Zugriff: 29.01.2025].

Neckel, Sighard (2018): Ökologische Distinktion. Soziale Grenzziehung im Zeichen von Nachhaltigkeit. In: Neckel, Sighard/Besedovsky, Natalia/Boddenberg, Moritz/Hasenfratz, Martina/Pritz, Sarah Miriam/Wiegand, Timo (Hrsg.): *Die Gesellschaft der Nachhaltigkeit: Umrisse eines Forschungsprogramms.* Bielefeld: Transcript Verlag, 59–76.

Neckel, Sighard/Besedovsky, Natalia/Boddenberg, Moritz/Hasenfratz, Martina/Pritz, Sarah Miriam/Wiegand, Timo (2018): *Die Gesellschaft der Nachhaltigkeit: Umrisse eines Forschungsprogramms.* Bielefeld: Transcript Verlag.

Neuhold, Petra (2021): Autoethnografie – ein vielversprechender Ansatz für die Lehrer*innenbildung(sforschung). In: Fridrich, Christian/Knecht, Harald/Petz, Ruth/Potzmann, Renate/Riegler, Peter/Süss-Stepancik, Evelyn (Hrsg.): *PH Wien – Forschungsperspektiven.* Berlin: LIT Verlag, 211–221.

Niedersächsisches Kultusministerium (2012): *Kerncurriculum für die Oberschule Schuljahrgänge 5–10. Textiles Gestalten.* Hannover. https://cuvo.nibis.de/index.php?p=download&upload=136 [Zugriff: 03.03.2025].

Niedersächsisches Kultusministerium (2019): *Schulverwaltungsblatt*, 165–173. https://www.mk.niedersachsen.de/download/142315/Schulverwaltungsblatt_4_2019_-_Amtlicher_Teil.pdf [Zugriff: 12.02.2025].

Niedersächsisches Kultusministerium (2021): *Bildung für nachhaltige Entwicklung (BNE).* https://www.mk.niedersachsen.de/download/166879/BNE-Erlass_Niedersachsen.pdf [Zugriff: 03.03.2025].

Niedersächsisches Kultusministerium (2024a): *Kerncurricula für die Grundschule Schuljahrgänge 1–4. Kunst, Gestaltendes Werken, Textiles Gestalten.* https://cuvo.nibis.de/index.php?p=detail_view&docid=1671&k0_0=Fach&v0_0=Kunst&k0_1=Dokumentenart&v0_1=Kerncurriculum [Zugriff: 04.03.2025].

Niedersächsisches Kultusministerium (2024b): *Weiterführende Hinweise zu den Kerncurricula der Fächer Kunst, Gestaltendes Werken, Textiles Gestalten für die Grundschule Schuljahrgänge 1–4.* https://www.bildungsportal-niedersachsen.de/fileadmin/4_Allgemeinbildung/Unterrichtsfaecher/Kunst/Weiterfuehrende_Hinweise_KC_KU_GW_TG_GS_2024.pdf [Zugriff: 24.01.2025].

Niemeyer, Beatrix (2023): Transformationswissen – Wissenstransformation. Nachdenken über BNE. Ein Essay. In: ZEP – Zeitschrift für internationale Bildungsforschung und Entwicklungspädagogik 483, 2, 10–13.

Ninnemann, Katja/Jahnke, Isa (2019): Den dritten Pädagogen neu denken Wie CrossActionSpaces Perspektiven der Lernraumgestaltung verändern. In: Getto, Barbara/Hintze, Patrick/Kerres, Michael (Hrsg.): Digitalisierung und Hochschulentwicklung. Proceedings zur 26. Tagung der Gesellschaft für Medien in der Wissenschaft e.V. Münster: Waxmann, 135–147.

Norddeutscher Rundfunk (NDR) (2024): FREI DAY in der Schule: Projektmanagement auf dem Stundenplan. https://www.ndr.de/nachrichten/niedersachsen/neu_anders_machen/FREI-DAY-in-der-Schule-Projektmanagement-auf-dem-Stundenplan,freiday110.html [Zugriff: 10.12.2024].

Odegard, Nina (2012): When matter comes to matter – working pedagogically with junk materials. In: Education Inquiry 3, 3, S. 387–400.

Offenberger, Ursula (2019): Anselm Strauss, Adele Clarke und die feministische Gretchenfrage. Zum Verhältnis von Grounded-Theory-Methodologie und Situationsanalyse. In: *Forum Qualitative Sozialforschung / Forum: Qualitative Social Research* 20, 2, o. S.

Paseka, Angelika/Keller-Schneider, Manuela/Combe, Arno (Hrsg.) (2018): *Ungewissheit als Herausforderung für pädagogisches Handeln.* Wiesbaden: Springer.

Pettig, Fabian (2021): Transformative Lernangebote kritisch-reflexiv gestalten. Fachdidaktische Orientierungen einer emanzipatorischen BNE. In: *GW-Unterricht* 34, 5–17.

Pithouse-Morgan, Kathleen/Pillay, Daisy/Naicker, Inbanathan (2021): Autoethnography as/in Higher Education. In: *Handbook of Autoethnography.* 2. Aufl. New York: Routledge.

Ploder, Andrea/Stadlbauer, Johanna (2017): Starke Reflexivität: Autoethnografie und Ethnopsychoanalyse im Gespräch. In: Bonz, Jochen/Eisch-Angus, Katharina/Hamm, Marion/Sülzle, Almut (Hrsg.): *Ethnografie und Deutung: Gruppensupervision als Methode reflexiven Forschens.* Wiesbaden: Springer, 421–438.

Pohlmann, Angela (2020): Praxistheorie: Ansätze sozialer Praktiken am Beispiel der Nachhaltigkeit akademischen Lernens und Lehrens. In: Barth, Thomas/Henkel, Anna (Hrsg.): *10 Minuten Soziologie.* Bielefeld: Transcript Verlag, 127–138.

Powell, Charlotte (2012): Style Africa Exhibition Birmingham Museum. https://www.flickr.com/photos/14545665@N04/7389288154/ [Zugriff: 08.02.2025].

Prange, Klaus (2019): *Die Zeigestruktur der Erziehung: Grundriss der Operativen Pädagogik.* Paderborn: Ferdinand Schöningh.

Przyborski, Aglaja/Wohlrab-Sahr, Monika (2014): *Qualitative Sozialforschung: Ein Arbeitsbuch.* München: Oldenbourg Wissenschaftsverlag.

Rabenstein, Kerstin/Idel, Till-Sebastian/Ricken, Norbert (2015): Zur Verschiebung von Leistung im individualisierten Unterricht. Empirische und theoretische Befunde zur schulischen Leitdifferenz. In: Budde, Jürgen/Blasse, Nina/Bossen, Andrea/Rißler, Georg (Hrsg.): *Heterogenitätsforschung.* Weinheim u. a.: Beltz Juventa, 241–258.

Rabenstein, Kerstin/Wagener-Böck, Nadine (2022): Praktiken von Schüler*innen. In: Bennewitz, Hedda/de Boer, Heike/Thiersch, Sven (Hrsg.): *Handbuch der Forschung zu Schülerinnen und Schülern.* Münster: Waxmann, 79–87.

Reckwitz, Andreas (2016): *Kreativität und soziale Praxis: Studien zur Sozial- und Gesellschaftstheorie.* Bielefeld: Transcript Verlag.

Redecker, Anke (2020): Urteilen lernen in Ungewissheitsszenarien. Bildung für nachhaltige Entwicklung als unterrichtliches Diskussionsangebot. In: *transfer Forschung – Schule*, 59–70.

Reich, Kersten (2020): Ergebnisse und Handlungsempfehlungen des Fachtreffens Bildung für nachhaltige Entwicklung (BNE) und Inklusion im Rahmen der Umsetzung des Orientierungsrahmens Globale Entwicklung in der Schule. https://ges.engagement-global.de/publikationen.html?file=files/2_Mediathek/Mediathek_Microsites/OR-Schulprogramm/Downloads/Veroeffentlichungen_Orientierungsrahmen/BNE%20Inklusiv.pdf&cid=132014 [Zugriff: 03.03.2025].

Richter, Sophia (2023): Reflexiv beschreiben. Die ethnographische Collage als Auswertungs- und Darstellungsstrategie. In: *Zeitschrift für Qualitative Forschung (ZQF)* 24, 2, 292–308.

Ricken, Norbert/Reh, Sabine (2017): Prüfungen – Systematische Aspekte der Geschichte einer pädagogischen Praxis. Einführung in den Thementeil. In: *Zeitschrift für Pädagogik* 63, 247–258.

Rieckmann, Marco (2018): Learning to transform the world: Key competencies in ESD. In: UNESCO (Hrsg.): *Issues and Trends in Education for Sustainable Development*. Paris, 39–60. https://europa.eu/capacity4dev/file/69206/download?token=r_65VVK_ [Zugriff: 03.03.2025].

Rieckmann, Marco/Getzin, Sofia (2019): Im Dialog. Bildung für nachhaltige Entwicklung / Education for Sustainable Development. In: Oberrauch, Anna/Kosler, Thorsten/Juen-Kretschmer, Christa/Mayr-Keiler, Kerstin/Örley, Gregor/Plattner, Irmgard (Hrsg.): *transfer Forschung – Schule. Bildung für nachhaltige Entwicklung*. Bad Heilbrunn: Julius Klinkhardt, 129–138.

Rieckmann, Marco/Holz, Verena (2017): Verankerung von Bildung für nachhaltige Entwicklung in der Lehrerbildung in Deutschland. In: *ZEP – Zeitschrift für internationale Bildungsforschung und Entwicklungspädagogik* 40, 3, 4–10.

Rieckmann, Marco/Vierbuchen, Marie-Christine (2020): Bildung für nachhaltige Entwicklung und inklusive Bildung. In: *ZEP – Zeitschrift für internationale Bildungsforschung und Entwicklungspädagogik* 43, 1, 4–10.

Risberg, Jonas/Anderson, Joacim (2022): Sensing Together: Transaction in Handicraft Education. In: Garrison, Jim/Öhman, Johan/Östman, Leif (Hrsg.): *Deweyan Transactionalism in Education*. London: Bloomsbury Academic, 149–164.

Röben, Peter/Dutz, Katharina/Wegner, Helmer (Hrsg.) (2019): *Reparatur in der Bildung für nachhaltige Entwicklung: Tagungsband der Abschlusstagung*. Oldenburg: Carl von Ossietzky Universität Oldenburg.

Rose, Nadine/Ricken, Norbert (2018): Interaktionsanalyse als Adressierungsanalyse – eine Perspektive der Subjektivationsforschung. In: Heinrich, Martin/Wernet, Andreas (Hrsg.): *Rekonstruktive Bildungsforschung: Zugänge und Methoden*. Wiesbaden: Springer, 159–175.

Ryser, Sarah (2021): Bildung für nachhaltige Entwicklung im technischen und textilen Gestalten. Eine Schweizer Perspektive. In: *technik-education* 1, 2, 3–11.

Ryser, Sarah/Stettler, Andreas (2024): Lehrpersonen zwischen normativen BNE-Konzepten, praktischen Bedingungen im Unterricht und dem gesellschaftlichen Nachhaltigkeitsdiskurs. In: Penning, Isabelle/Binder, Martin/Friese, Marianne (Hrsg.): *Teilhabe an gesellschaftlicher Transformation stärken*. Bielefeld: wbv, 83–93.

Schartner, Astrid (2022): Upcycling – Der rebellische Dilettantismus. Relevanz von Nachhaltigkeit im Zusammenhang mit Do-it-Yourself und der Punk-Bewegung in Lehrkonzepten. In: *Journal für Elementar- und Primarbildung* 1, 1, 164–173.

Schatzki, Theodore R. (1996): *Social Practices: A Wittgensteinian Approach to Human Activity and the Social.* Cambridge: Cambridge University Press.

Scheunpflug, Annette (1995): *Die Geschichte der entwicklungspolitischen Bildung: Zur pädagogischen Konstruktion der „Dritten Welt“*. Frankfurt am Main: IKO-Verlag für Interkulturelle Kommunikation.

Schindler, Larissa (2015): Körper-Bildung: Wissensvermittlung in Bewegungstrainings. In: Alkemeyer, Thomas/Kalthoff, Herbert/Rieger-Ladich, Markus (Hrsg.): *Bildungspraxis. Körper – Räume – Artefakte.* Weilerswist: Velbrück, 89–110.

Schmitt, Annette/Simon, Eric (2021): *Ko-Konstruktion in der Kita-Praxis.* Hürth: Carl Link.

Schmuck, Beate (2015): Vom Textilen aus! Konzeptionelle Überlegungen zu einer kulturanthropologischen Textildidaktik. In: Rusch, Waltraud (Hrsg.): *Textil Kultur Mode – 40 Jahre Fachverband ...textil....* Norderstedt: Books on Demand, 64–80.

Schreiber, Jörg-Robert/Siege, Hannes/Ständige Konferenz der Kultusminister der Länder in der Bundesrepublik Deutschland (Hrsg.) (2016): *Orientierungsrahmen für den Lernbereich Globale Entwicklung im Rahmen einer Bildung für nachhaltige Entwicklung.* 2., aktualisierte und erweiterte Aufl. Berlin: Cornelsen.

Schule im Aufbruch (2025): Lernen die Welt zu verändern. In: *FREI DAY*. https://frei-day.org/ [Zugriff: 10.02.2025].

Schule im Aufbruch (o. J.): Lernformat. In: *FREI DAY*. https://frei-day.org/der-frei-day/lernformat/ [Zugriff: 10.02.2025].

Seggern, Janne von/Holst, Jorrit/Singer-Brodowski, Mandy (2023): The self in the mirror: fostering researchers' reflexivity in transdisciplinary and transformative studies at the science-policy interface. In: *Ecology and Society* 28, 2.

Shove, Elizabeth (2014): On "The Design of Everyday Life". In: Tecnoscienza – Italian Journal of Science & Technology Studies 5, 2, 33–42.

Singer-Brodowski, Mandy (2018): Über die Transformation von Selbst- und Weltverhältnissen hin zu einer Weltbeziehungsbildung. In: Verband Entwicklungspolitik und Humanitäre Hilfsorganisationen deutscher Nichtregierungsorganisationen (Hrsg.): *Globales Lernen: Wie transformativ ist es?* Berlin: VENRO, 27–33.

Singer-Brodowski, Mandy/Brock, Antje/Grund, Julius/de Haan, Gerhard (2021): Reflections on the science-policy interface within education for sustainable development in Germany. In: *Environmental Education Research* 27, 4, 554–570.

Singer-Brodowski, Mandy/Etzkorn, Nadine/Grapentin-Rimek, Theresa (2019): Pfade der Transformation: die Verbreitung von Bildung für nachhaltige Entwicklung im deutschen Bildungssystem. Opladen: Verlag Barbara Budrich.

Singer-Brodowski, Mandy/Schneidewind, Uwe (2014): Transformative Literacy: Gesellschaftliche Veränderungsprozesse verstehen und gestalten. In: *Bildung für nachhaltige Entwicklung: Jahrbuch 2014*, 131–140.

Sommerfeld, Dietlind (1978): *Textiles Werken.* Didaktische Grundrisse. 3. neubearbeite Aufl. Bad Heilbrunn: Klinkhardt.

Sørensen, Estrid (2009): *The Materiality of Learning: Technology and Knowledge in Educational Practice.* New York: Cambridge University Press.

Southerland, Sherry A./Gess-Newsome, Julie/Johnston, Adam (2003): Portraying science in the classroom: The manifestation of scientists' beliefs in classroom practice. In: Journal of Research in Science Teaching 40, 7, 669–691.

Sparkes, Andrew C. (2024): Autoethnography as an ethically contested terrain: Some thinking points for consideration. In: *Qualitative Research in Psychology* 21, 1, 107–139.

Starr, Lisa J. (2010): The use of autoethnography in educational research. In: *Canadian Journal for New Scholars in Education / Revue canadienne des jeunes chercheures et chercheurs en éducation* 3, 1.

Steiner, Petra H. (2018): Soziale Welten der Erwachsenenbildung: Eine professionstheoretische Verortung. Bielefeld, Transcript Verlag.

Stettler, Andreas/Ryser, Sarah (2022): Strategien von TTG-Lehrpersonen zwischen normativen BNE-Konzepten und Bedingungen im Unterricht. Bern: Pädagogische Hochschule Bern. https://www.phbern.ch/sites/default/files/20220203_Abstract_Ryser_Stettler_1.pdf [Zugriff: 20.06.2022].

Stollenwerk, Thomas (2015): Studie zum Begriff Nachhaltigkeit. In: *BIORAMA*. https://www.biorama.eu/fischer-interview/ [Zugriff: 25.01.2025].

Strauss, Anselm (1993). Continual permutations of action. New York, NY: Aldine de Gruyter.

Strübing, Jörg (2019): Grounded Theory und Theoretical Sampling. In: Baur, Nina/Blasius, Jörg (Hrsg.): *Handbuch Methoden der empirischen Sozialforschung*. Wiesbaden: Springer, 525–544.

Strübing, Jörg (2022): Ethnographie und Grounded Theory. In: Poferl, Angelika/Schröer, Norbert (Hrsg.): *Handbuch Soziologische Ethnographie*. Wiesbaden: Springer, 281–294.

Strübing, Jörg (2023): Situationsanalyse als Praxeologie? Zur Diversität von Theorie-Empirie-Verhältnissen in der Situationsanalyse. In: Gauditz, Leslie/Klages, Anna-Lisa/Kruse, Stefanie/Marr, Eva/Mazur, Ana/Schwertel, Tamara/Tietje, Olaf (Hrsg.): Die Situationsanalyse als Forschungsprogramm: Theoretische Implikationen, Forschungspraxis und Anwendungsbeispiele. Wiesbaden: Springer, 103–121.

Sung, Kyungeun (2020): Upcycling for teaching and learning in higher education: Literature review. In: Leal Filho, Walter u. a. (Hrsg.): *Universities as Living Labs for Sustainable Development*. Cham: Springer, 371–382.

Sung, Kyungeun/Singh, Jagdeep/Bridgens, Ben (Hrsg.) (2021): *State-of-the-Art Upcycling Research and Practice*. Cham: Springer.

Sybing, Roehl (2022): Dead reckoning: A framework for analyzing positionality statements in ethnographic research reporting. In: *Written Communication* 39, 4, 757–789.

TEXAID Textilverwertungs-AG (2017): *Stoffwechsel – Eine Reise in zehn Modulen. Unterrichtsdossier zum Thema Textilrecycling. Arbeitsmaterial Mittelstufe*. https://www.pusch.ch/fileadmin/kundendaten/de/Schule/Dokumente/Dossiers/Textilrecycling-Mittelstufe.pdf [Zugriff: 02.12.2021].

Tsouparopoulou, Christina/Meier, Thomas (2015): Artefakt. In: Meier, Thomas/Ott, Michael R./Sauer, Rebecca (Hrsg.): *Materiale Textkulturen. Konzepte, Materialien, Praktiken*. Berlin: De Gruyter, 47–62.

Ulrich, Ingrid/Zimmermann, Sabine (1983): Vergangenes erhalten – Neues gestalten. In: Handarbeit und Hauswirtschaft Jh. 35, 9: 245–247.

UNESCO-Kommission Deutschland (o. J. a): Bildung für nachhaltige Entwicklung. https://www.unesco.de/bildung/bildung-fuer-nachhaltige-entwicklung [Zugriff: 03.03.2025].

UNESCO-Kommission Deutschland (o. J. b): FREI DAY. https://bne.unesco.de/bildung/bne-akteure/frei-day [Zugriff: 10.02.2025].

Van Poeck, Katrien/Goeminne, Gert/Vandenabeele, Joke (2016): Revisiting the democratic paradox of environmental and sustainability education: Sustainability issues as matters of concern. In: *Environmental Education Research* 22, 6, 806–826.

Van Poeck, Katrien/Östman, Leif (2021): Learning to find a way out of non-sustainable systems. In: *Environmental Innovation and Societal Transitions* 39, 155–172.

Van Poeck, Katrien/Vandenabeele, Joke (2012): Learning from sustainable development: Education in the light of public issues. In: *Environmental Education Research* 18, 4, 541–552.

Vare, Paul/Scott, William (2007): Learning for a change. In: *Journal of Education for Sustainable Development* 1, 191–198.

Vollmer, Helmut J. (2017): Zur jüngeren Entwicklung der Fachdidaktiken in Deutschland. In: Bayrhuber, Horst/Abraham, Ulf/Frederking, Volker/Jank, Werner/Rothgangel, Martin/Vollmer, Helmut J. (Hrsg.): *Auf dem Weg zu einer Allgemeinen Fachdidaktik*. Münster: Waxmann, 11–14.

Wals, Arjen E.J. (2010): Between knowing what is right and knowing that is it wrong to tell others what is right: on relativism, uncertainty and democracy in environmental and sustainability education. In: *Environmental Education Research* 16, 1, 143–151.

Weide, Christina Maria (2012): *Mode ist doch nicht so wichtig …!? Vorstellungen von Grundschüler*innen zu Mode, Bekleidung und dem modischen Wandel*. Dissertationsschrift. Oldenburg: Carl von Ossietzky Universität.

Weis, Mirjam/Reiss, Kristina/Mang, Julia/Schiepe-Tiska, Anja/Diedrich, Jennifer (2020): *Global Competence in PISA 2018. Einstellungen von Fünfzehnjährigen in Deutschland zu globalen und interkulturellen Themen*. Münster: Waxmann.

Weselek, Johanna (2022): *Bildung für nachhaltige Entwicklung zwischen politischer Erwartung und schulischer Praxis: Eine bildungs- und umweltsoziologische Analyse*. Wiesbaden: Springer.

Weselek, Johanna/Wohnig, Alexander (2020): Praxisvorstellungen und -erfahrungen von Studierenden und Referendar/-innen zur Umsetzung von Bildung für nachhaltige Entwicklung in Schule und Unterricht. In: *Zeitschrift für Didaktik der Gesellschaftswissenschaften* 11, 2, 72–90.

Whisker, Craig (2018): Review: Adele E. Clarke, Carrie Friese & Rachel Washburn (2018). *Situational Analysis: Grounded Theory After the Interpretive Turn*. In: *Forum Qualitative Sozialforschung / Forum: Qualitative Social Research* 19, 3, o. S.

Wickman, Per-Olof (2012a): Using pragmatism to develop didactics in Sweden. In: *Zeitschrift für Erziehungswissenschaft* 15, 3, 483–501.

Wickman, Per-Olof (2012b): A comparison between practical epistemology analysis and some schools in French didactics. In: *Éducation et didactique* 6, 2, 145–159.

Wickman, Per-Olof/Östman, Leif (2002): Learning as discourse change: A sociocultural mechanism. In: *Science Education* 86, 5, 601–623.

Wiescholek, Sybille (2018): Textile Bildungschancen zwischen Omnipräsenz und Exteriorisierung. In: *…textil…* 4, 6–10.

Wiescholek, Sybille (2019): *Textile Bildung im Zeitalter der Digitalisierung: Vermittlungschancen zwischen Handarbeit und Technisierung*. Bielefeld: Transcript Verlag.

Wiesemann, Jutta/Lange, Jochen (2015): Schülerhandeln und die Dinge des Lernens. Zum Verhältnis von Sinn und Objektgebrauch. In: Alkemeyer, Thomas/Kalthoff, Herbert/ Rieger-Ladich, Markus (Hrsg.): *Bildungspraxis*. Weilerswist: Velbrück Wissenschaft, 261–282.

Wittgenstein, Ludwig (1969): Über Gewissheit. In: Anscombe, G. E. M./Wright, G. H. (Hrsg.): *Ludwig Wittgenstein: Werkausgabe*. https://www.wittgensteinproject.org/w/index.php/Über_Gewißheit [Zugriff: 22.02.2025].

Wolf, Eike/Thiersch, Sven (2022): Rekonstruktive Situationsanalyse. Ein Forschungszugang zu pädagogischer Sozialität im digitalisierten Unterricht. In: Kondratjuk, Maria/Dörner, Olaf/Tiefel, Sandra/Ohlbrecht, Heike (Hrsg.): *Qualitative Forschung auf dem Prüfstand*. Opladen: Verlag Barbara Budrich, 163–186.

Wolf, Karsten D./Wegmann, Konstanze (2020): Situationsanalyse in der medienpädagogischen Mediatisierungsforschung: Kommunikative Figurationen des informellen Lernens. In: *MedienPädagogik: Zeitschrift für Theorie und Praxis der Medienbildung*, 79–119.

Woodward, Sophie (2016): Object interviews, material imaginings and „unsettling" methods: Interdisciplinary approaches to understanding materials and material culture. In: *Qualitative Research* 16, 4, 359–374.

World Commission on Environment and Development (1987): *Our Common Future*. Report of the World Commission on Environment and Development. New York: United Nations.

Wulfmeyer, Meike (2007): Bildung für nachhaltige Entwicklung im Textilunterricht. In: Becker, Christian (Hrsg.): *Perspektiven textiler Bildung*. Baltmannsweiler: Schneider Verlag Hohengehren, 135–142.

Zhuo, Zihui/Ren, Zheng/Zhu, Zhiwen (2023): Attitude–behavior gap in green consumption behavior: A review. Rochester, NY: Social Science Research Network. https://papers.ssrn.com/abstract=4673201 [Zugriff: 22.02.2025].

Zobl, Elke (2020): Making art, taking part! DIY-Kulturen und künstlerische Interventionen im Kontext einer kritischen Vermittlungspraxis. In: Rajal, Elke/Marchart, Oliver/Maier, Carina/Landkammer, Nora (Hrsg.): *Making Democracy – Aushandlungen von Freiheit, Gleichheit und Solidarität im Alltag*. Bielefeld: Transcript Verlag, 137–161.

Zobl, Elke/Huber, Laila (2018): Was tun? Das Verhandeln von Partizipation und das spielerische Öffnen von liminalen Räumen an den Schnittstellen von intervenierender Kunst, kritischer Kunstvermittlung und Forschung. https://www.p-art-icipate.net/was-tun-das-verhandeln-von-partizipation-und-das-spielerische-oeffnen-von-liminalen-raeumen-an-den-schnittstellen-von-intervenierender-kunst-kritischer-kunstvermittlung-und-forschung/ [Zugriff: 04.03.2025].

FSC
www.fsc.org
MIX
Papier | Fördert
gute Waldnutzung
FSC® C083411

Kolibri 360 GmbH
Ferdinand-Jühlke-Straße 7
99095 Erfurt, Deutschland
produktsicherheit@kolibri360.de